博士后文库
中国博士后科学基金资助出版

复杂条件下 GNSS 精密导航定位理论方法及应用

章浙涛　著

科学出版社
北京

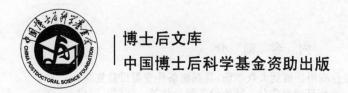

内 容 简 介

随着GNSS从专业应用扩展到大众市场，其观测条件变得日益复杂，如信号类型多样化、观测环境恶劣化、接收设备轻量化等。此时，用户容易存在非模型化误差突出、数据质量频繁恶化、数学模型解算异常等难题，影响导航定位精度和可靠性。如何确保在多频多模场景、恶劣观测环境以及低成本接收机等复杂条件下仍能实现精密卫星导航定位服务，是一项重要的研究内容。因此，本书系统地研究解决复杂条件下GNSS 高精度高可靠性导航定位理论、方法及其应用问题，丰富和拓展了 GNSS 乃至大地测量数据处理理论与方法。针对卫星导航产业，本书内容具有提质量、增效能、扩应用的鲜明特色。

本书可供从事卫星导航定位研究、开发、设计和管理的高校师生、科研人员以及技术人员等使用。

图书在版编目（CIP）数据

复杂条件下 GNSS 精密导航定位理论方法及应用 / 章浙涛著. -- 北京：科学出版社, 2025. 1. -- (博士后文库). -- ISBN 978-7-03-080801-1

Ⅰ. P228.4

中国国家版本馆 CIP 数据核字第 2024MQ9838 号

责任编辑：陈 静 高慧元 / 责任校对：胡小洁

责任印制：师艳茹 / 封面设计：迷底书装

科 学 出 版 社 出版

北京东黄城根北街 16 号

邮政编码：100717

http://www. sciencep. com

北京中科印刷有限公司印刷

科学出版社发行 各地新华书店经销

*

2025 年 1 月第 一 版 开本：720×1 000 1/16

2025 年 1 月第一次印刷 印张：19 1/4

字数：388 000

定价：188.00 元

（如有印装质量问题，我社负责调换）

“博士后文库”序言

1985年，在李政道先生的倡议和邓小平同志的亲自关怀下，我国建立了博士后制度，同时设立了博士后科学基金。30多年来，在党和国家的高度重视下，在社会各方面的关心和支持下，博士后制度为我国培养了一大批青年高层次创新人才。在这一过程中，博士后科学基金发挥了不可替代的独特作用。

博士后科学基金是中国特色博士后制度的重要组成部分，专门用于资助博士后研究人员开展创新探索。博士后科学基金的资助，对正处于独立科研生涯起步阶段的博士后研究人员来说，适逢其时，有利于培养他们独立的科研人格、在选题方面的竞争意识以及负责的精神，是他们独立从事科研工作的“第一桶金”。尽管博士后科学基金资助金额不大，但对博士后青年创新人才的培养和激励作用不可估量。四两拨千斤，博士后科学基金有效地推动了博士后研究人员迅速成长为高水平的研究人才，“小基金发挥了大作用”。

在博士后科学基金的资助下，博士后研究人员的优秀学术成果不断涌现。2013年，为提高博士后科学基金的资助效益，中国博士后科学基金会联合科学出版社开展了博士后优秀学术专著出版资助工作，通过专家评审遴选出优秀的博士后学术著作，收入“博士后文库”，由博士后科学基金资助、科学出版社出版。我们希望，借此打造专属于博士后学术创新的旗舰图书品牌，激励博士后研究人员潜心科研，扎实治学，提升博士后优秀学术成果的社会影响力。

2015年，国务院办公厅印发了《关于改革完善博士后制度的意见》（国办发〔2015〕87号），将“实施自然科学、人文社会科学优秀博士后论著出版支持计划”作为“十三五”期间博士后工作的重要内容和提升博士后研究人员培养质量的重要手段，这更加凸显了出版资助工作的意义。我相信，我们提供的这个出版资助平台将对博士后研究人员激发创新智慧、凝聚创新力量发挥独特的作用，促使博士后研究人员的创新成果更好地服务于创新驱动发展战略和创新型国家的建设。

祝愿广大博士后研究人员在博士后科学基金的资助下早日成长为栋梁之才，为实现中华民族伟大复兴的中国梦做出更大的贡献。

中国博士后科学基金会理事长

《博士后文库》序言

前　言

与传统定位手段相比，全球导航卫星系统(global navigation satellite system，GNSS)技术不仅具有高精度高可靠性的特点，还具有全天候、高连续和广覆盖等优势，因此近年来已成为定位、导航和授时服务的骨干和核心中枢，为众多行业带来了巨大的机遇，极大地满足了人类探索未知领域和获取精确位置的需求，推动了地球空间信息技术的革命。目前，GNSS 已广泛应用于大地测量、工程测量、摄影测量与遥感、地图制图学与地理信息工程，对我国的经济建设、社会发展以及国防安全起到了重要作用。理想情况下，GNSS 技术可以获得厘米级甚至毫米级的定位精度。然而，GNSS 实际应用场景较为复杂，往往难以获得精确可靠的导航定位结果。目前，传统双频观测值朝着多频多模方向发展，良好环境朝着复杂多变环境方向发展，高端接收机朝着低成本终端方向发展等，从而导致观测条件复杂化，给 GNSS 高精度高可靠性导航定位带来了巨大挑战。

本书系统介绍了复杂条件下 GNSS 精密导航定位理论、方法及应用，深入剖析了多频多模场景、恶劣观测环境以及低成本接收机等复杂条件下的高精度高可靠性卫星导航定位关键技术。第 1 章介绍了复杂条件下 GNSS 精密导航定位的发展现状、基本原理以及存在的挑战。第 2 章讨论了 GNSS 导航定位的各类误差源的性质及其处理思路，并分析了 GNSS 精密导航定位的函数模型和随机模型。第 3 章提出了针对多频多模场景的快速精密导航定位关键技术，包括四频相位模糊度固定理论、多频相位模糊度固定理论、多源异构卫星多路径半天球图建模方法、基于观测值域的多频多路径参数化方法，以及多频多模观测值全协方差矩阵估计方法。第 4 章提出了面向恶劣观测环境的实时动态导航定位关键技术，包括附加质量控制的最优整数等变估计方法、附不等式和等式约束的弹性精密导航定位方法、顾及卫星空间几何分布的方差因子构建方法、顾及地形地貌的复合随机模型及其 GNSS 实时监测应用，以及顾及非模型化误差的约束随机模型及其 GNSS 动态定位应用。第 5 章提出了基于低成本接收机的高可靠性导航定位关键技术，包括非模型化误差抑制的单接收机信号噪声分析理论，适用于任意频率的单站 GNSS 信号随机特性评估理论，顾及多路径及大气延迟的低成本设备随机模型估计方法，易于实现的多路径、差分码偏差(differential code bias，DCB)和系统间偏差(inter-system bias，ISB)分析方法，以及顾及多路径的扩展稳健估计及其 GNSS 应用。第 6 章总结了本书的贡献，并对研究领域的未来发展方向进行了展望。

本书针对复杂条件下的 GNSS 精密导航定位问题进行了深入且系统的研究，包含了作者在该领域近年来的主要最新进展。在此，特别感谢作者的博士后合作导师西安测绘研究所杨元喜院士、香港理工大学陈武教授等的无私帮助，特别感谢作者博士阶段导师同济大学李博峰教授、沈云中教授，加拿大卡尔加里大学 Yang Gao 教授等的悉心培养，特别感谢作者硕士阶段导师中南大学朱建军教授、匡翠林教授等的全程指导，特别感谢西南交通大学钟萍副教授的重要启蒙。同时，也非常感谢许许多多业界同仁的交流和帮助。章浙涛负责全书的撰写工作，另外参与全书撰写工作的还有袁海军、李雪珍、王力、于一迪、李媛等，在此表示感谢。

由于作者水平有限，书中难免存在疏漏之处，恳请各位读者批评指正。

章浙涛

2025 年 1 月

缩略词表

ACF (autocorrelation function) 自相关函数
AR (ambiguity resolution) 模糊度固定
ARMA (auto regressive moving average) 自回归移动平均
BDS (Beidou navigation satellite system) 北斗卫星导航系统
BIE (best integer equivariant) 最优整数等变
BIQUE (best invariant quadratic unbiased estimation) 最优不变二次无偏估计
CCF (cross-correlation function) 交叉相关函数
CORS (continuously operating reference station) 连续运行参考站
C/N0 (carrier-to-noise power density ratio) 载噪比
DCB (differential code bias) 差分码偏差
DD (double-differenced) 双差
DIA (detection, identification, and adaptation) 探测、识别与调整
DOY (day of year) 年积日
EKF (extended Kalman filtering) 扩展卡尔曼滤波
EWL (extra wide lane) 超宽巷
FCAR (four-frequency carrier ambiguity resolution) 四频相位模糊度固定
FCB (fractional cycle bias) 相位小数偏差
FiCAR (five-frequency carrier ambiguity resolution) 五频相位模糊度固定
GB (geometry-based) 基于几何
GEO (geostationary earth orbit) 地球静止轨道
GF (geometry-free) 无几何
GFix (geometry-fixed) 几何固定
GIM (global ionospheric map) 全球电离层格网
GNSS (global navigation satellite system) 全球导航卫星系统
GPS (global positioning system) 全球定位系统
IC (ionosphere-corrected) 电离层改正
IF (ionosphere-free) 无电离层
IGS (international GNSS service) 国际 GNSS 服务
IGSO (inclined geosynchronous orbit) 倾斜地球同步轨道
ILS (integer least squares) 整数最小二乘
IMU (inertial measurement unit) 惯性测量单元
ISB (inter-system bias) 系统间偏差

KF (Kalman filtering)	卡尔曼滤波
LAMBDA (least-squares ambiguity decorrelation adjustment)	最小二乘模糊度降相关平差
LiDAR (light detection and ranging)	激光雷达
LS (least squares)	最小二乘
LS-VCE (least squares variance component estimation)	最小二乘方差分量估计
MAD (mean absolute deviation)	平均绝对偏差
MCAR (multi-frequency carrier ambiguity resolution)	多频相位模糊度固定
MCM (multi-frequency code multipath)	多频伪距多路径
MDB (minimal detectable bias)	最小可探测粗差
MEO (medium earth orbit)	中圆地球轨道
MHM (multipath hemispherical map)	多路径半天球图
MINQUE (minimum norm quadratic unbiased estimation)	最小范数二次无偏估计
ML (medium lane)	中巷
MPM (multi-frequency phase multipath)	多频相位多路径
NL (narrow lane)	窄巷
NLOS (non-line-of-sight)	非视距
OMC (observed minus computed)	观测值减计算值
PAR (partial ambiguity resolution)	部分模糊度固定
PDOP (position dilution of precision)	位置精度因子
PNT (positioning, navigation and timing)	定位、导航与授时
PPP (precise point positioning)	精密单点定位
RMSE (root mean square error)	均方根误差
RMLE (restricted maximum likelihood estimation)	限制极大似然估计
RTD (real-time differenced positioning)	实时差分定位
RTK (real-time kinematic positioning)	实时动态定位
SD (single-differenced)	单差
SDF (spatial distribution factor)	空间分布因子
SNR (signal-to-noise ratio)	信噪比
SPP (standard point positioning)	标准单点定位
STD (standard deviation)	标准差
TCAR (three-frequency carrier ambiguity resolution)	三频相位模糊度固定
TNL (total noise level)	总噪声水平
TTFF (time to first fix)	首次固定时间
UD (undifferenced)	非差
VCE (variance component estimation)	方差分量估计
WL (wide lane)	宽巷

目　录

第1章 绪 论

本章主要介绍复杂条件下全球导航卫星系统(global navigation satellite system, GNSS)精密导航定位面临的挑战,同时介绍 GNSS 导航定位的基本原理和基础方法。

1.1 引 言

近年来，GNSS 不仅能提供高精度高可靠性的定位、导航与授时(positioning, navigation and timing，PNT)等服务，还具有全天候、高连续和广覆盖等优势，已被广泛应用于经济建设、社会发展和国防安全等各个重要领域，极大地满足了人类获取精确位置的需求，并推动了地球空间信息技术的变革。在实际使用时，GNSS 用户需要根据不同的应用需求，选取合适的观测值和定位方式，从而获取相应可靠的导航定位结果。目前，GNSS 主要包括中国的北斗卫星导航系统(Beidou navigation satellite system，BDS)、美国的全球定位系统(global positioning system，GPS)、俄罗斯的格洛纳斯导航卫星系统(global navigation satellite system，GLONASS)以及欧盟的伽利略导航卫星系统(Galileo navigation satellite system，Galileo)。理想情况下，GNSS 技术可以获得厘米级甚至毫米级的定位精度。然而，在实际应用中，GNSS 应用场景较为复杂，难以获得精确可靠的导航定位结果。具体来说，从传统双频观测值朝着多频多模方向发展，从良好环境朝着复杂多变环境方向发展，从高端接收机朝着低成本终端方向发展等，这些复杂化应用场景给 GNSS 高精度高可靠性导航定位带来了巨大挑战。

事实上，上述多频多模场景、恶劣观测环境和低成本接收机等复杂条件往往导致难以实现理想的导航定位结果，其关键原因就是存在非模型化误差。广义上，GNSS 非模型化误差是指由于时空复杂性以及认知有限性，观测值中存在无法通过差分和线性组合、经验模型改正及传统参数化吸收等方式处理的残余误差(Zhang et al.，2017a；Li et al.，2018)。这些残余误差从成分上进行分类，可分为有色噪声、残余系统误差以及特殊粗差等；从来源上进行分类，可分为测站相关误差、大气相关误差以及卫星相关误差等；从性质上进行分类，可分为频率相关误差、距离相关误差，以及时间相关误差等(Zhang et al.，2022；Zhang et al.，2023b；Zhang et al.，2023c)。显然，非模型化误差制约了高精度、高可靠性 GNSS 实时的应用，长期采用固化的误差处理方法已无法进一步提高 GNSS 的精度和可靠性；此外，随着 GNSS 为代表的位置服务行业的发展，尤其是我国新一代的北斗卫星导航系统的广泛应用，传统的误差处理模式严重制约了用户高精度高可靠性需求。

因此，解决上述非模型化误差问题，同时以此为突破口研究实现复杂条件下GNSS精密导航定位是新一代GNSS乃至大地测量数据处理领域面临的一个重要问题，也是不可忽视的难点。综上，本书将系统深入地研究如何处理这些残余误差，提升GNSS在复杂条件下精密导航定位的应用效果，并为微PNT、综合PNT、弹性PNT以及智能PNT理论提供重要支撑(杨元喜和李晓燕，2017；杨元喜，2018；杨元喜等，2021；杨元喜等，2023)。

在复杂观测条件下，国内外同行已取得了残余误差制约高精度高可靠性GNSS实时应用的共识，并针对严重影响GNSS高精度应用的大气误差和多路径效应开展了相关研究工作(Zhang et al.，2017a)。在GNSS动态导航定位应用领域，往往只关注残余误差对导航解的影响，并不关注残余误差本身，因此通常将残余误差与观测白噪声合并为有色噪声处理(Gazit，1997)。其中，有色噪声随机模型的合理确定(Jazwinski，1970；Yang et al.，2001；Yang and Zhang，2005；杨元喜和徐天河，2003)，采用序贯平差或卡尔曼(Kalman)滤波方法求解，从而达到补偿残余系统误差的效果(Salzmann，1995；赵长胜和陶本藻，2008；Petovello et al.，2009；Zhang Z et al.，2018a)。此类方法的本质是通过随机模型补偿残余系统误差，但大部分成果只考虑了有色噪声相邻历元的相关性，且对有色噪声平差系统质量控制缺乏系统性研究。

此外，对流层误差和电离层误差是制约高精度高可靠性GNSS应用的关键因素，通常通过函数模型补偿吸收、减小参数估值偏差、提高参数估值精度(Li et al.，2011；Raquet and Lachapelle，1999；Schön et al.，2005；Schüler，2006)。由于大气误差的物理背景复杂，传统的参数化方法很难适应复杂多变的观测环境，有时非但不能有效补偿误差，反而降低参数估值质量(Koch，1999)，此外，尽管理论上引入足够数量的参数能充分吸收误差，但过多附加参数会导致模型过度参数化，降低参数估值的可靠性(Kotsakis，2005)。对流层延迟通常采用天顶延迟和映射函数参数化方式，但由于对流层延迟的空间各异性及投影函数精度有限，对流层残余系统误差(特别是低高度角卫星)显著存在，严重影响了模糊度快速固定和高精度定位。电离层一阶延迟可通过参数化或频间组合消除，但非模型化的高阶项误差可达数毫米乃至数厘米(Hoque and Jakowski，2007)，且在低纬度地区变化极不规则(Aquino et al.，2009；袁运斌，2002)，是影响高精度GNSS应用的主要因素。多路径效应与观测环境密切相关，再加上我国北斗卫星导航系统的特殊星座分布特点导致无法建立合理的、通用的多路径模型，目前已成为北斗研究的热点课题(Wanninger and Beer，2015；Wang et al.，2015；Ye et al.，2015)。现有的多路径研究成果大多采用基于时间重复性的恒星日滤波处理静态连续运行参考站(continuously operating reference station，CORS)数据(Ge et al.，2000；Park et al.，2004；Ragheb et al.，2007；周乐韬，2007)，或者采用基于空间重复性的半天球图进行数据处理(Moore et al.，2014；Fuhrmann et al.，2015；Dong et al.，2016)，鲜有涉及实时动态定位的多路径研究。总之，目前对大气误差和多路径的处理研究主要针对可模型化误差部分，对残余误差的处理研究却甚少。因此，有必要对高精度高可靠性 GNSS 应用中大气误差和多路径等非模型化误差深入研究，构建严密的、系统性的理论和方法体系。

模糊度固定是多频多模 GNSS 高精度应用的前提，而模糊度的快速、可靠固定依赖于残余误差的有效处理。首先，残余误差的有效补偿将提高模糊度浮点解的精度、减小浮点解偏差、加快收敛速度(Dai et al., 2003; Borsa et al., 2007; Geng et al., 2010)。特别地，对于低高度角卫星、新引入卫星以及重新初始化的模糊度，残余误差的影响尤为严重，若能利用残余误差的倾向性和时空相关性精确地求解并预报残余误差，必将加快这些模糊度的固定效率、提升高精度定位的可用性，特别是在可用卫星数有限的观测环境(Colombo et al.，1999；Chen et al.，2004；Zhang and Lachapelle，2001)。其次，残余误差的有效处理能提高模糊度可靠性的检验功率，目前对模糊度可靠性的检验统计量都是以浮点模糊度估值无偏为理论基础，只考虑浮点解的方差-协方差矩阵，忽略了浮点解本身的质量(Teunissen，1998，1999；Xu，2006；李博峰等，2012)，然而残余误差的存在导致浮点解有偏，使得可靠性检验中估值无偏的理论基础不成立，影响检验统计量的分布、降低检验功率、放大弃真纳伪概率。因此，需要发展以残余误差处理为基础的联合几何域和观测值域(浮点解本身)的模糊度可靠性检验理论，研究以检验功率最大、弃真纳伪概率最小为目标的可靠性检验方法。另外，残余误差的精确求解与预报将有助于改善周跳探测与修复、数据中断修复、粗差探测等数据预处理效果，提高数据质量和高精度服务连续性(Liu，2011；Zhang and Li，2011)。

在测量数据处理中，通常将观测模型异常归结为观测粗差，发展了以整体检验和 w 检验来判断粗差是否显著存在并定位粗差的理论(Baarda，1968)以及采用均值漂移为基础的函数模型补偿法消除粗差(杨元喜，2006)的方法，以此发展的探测、识别与调整(detection, identification, and adaptation, DIA)方法已成功地应用于 GNSS 领域(Teunissen，1990a)。然而，残余系统误差也可能导致观测模型异常，但非模型化误差与粗差的本质不同，它的特点是普遍存在但不可模型化，那么如何构造检验统计量来判断残余系统误差显著性值得深入研究。在导航应用中，采用随机模型补偿法处理残余系统误差，对残余系统误差、白噪声和动力学模型误差的自适应平衡已有系统性研究，并取得了良好的导航应用效果(杨元喜，2006)。在高精度高可靠性 GNSS 应用中，若能精确估计并预报残余系统误差，将有助于改善模糊度解、提高定位精度、增强系统可靠性(Zhang and Lachapelle，2001)。

1.2 GNSS 精密导航定位基本原理

使用卫星导航定位系统实现空间精密定位涉及诸多学科的知识，如测绘工程、导航工程、遥感科学与技术、地理信息科学、计算机、通信、控制、自动化及电子信息等。总体上，GNSS定位基本原理主要包括四个方面的内容。

(1)空间距离后方交会。GNSS采用测站到卫星之间的距离通过空间后方交会来确定用户空间位置。假设卫星的位置是已知的，且能测量用户到卫星间的距离，如果已知一颗卫星的位置，则用户的位置分布在以卫星为中心、以用户到卫星的距离为半径的球面上。当用户观测到第2颗卫星时，则用户的位置分布在两个球面相交的圆上。如果继续观测到第3颗卫星，则3个球面相交确定出两个交点，用户在其中一个交点，另外一个交点通常离用户位置较远可直接排除。因此，从几何角度看，由3颗卫星即可确定出用户的位置，这就是卫星空间距离后方交会的基本原理。在实际应用中，接收机钟差的存在将导致几何距离无法精确测量，因此理论上至少需要4颗卫星才能确定用户的位置。当然，在真正具体应用时，导航定位所需卫星数与观测方程紧密相关，不能一概而论。

(2)站星几何距离测量。GNSS利用电磁波测距的方式测量用户到卫星间的距离，实质上测量的是电磁波信号从卫星发射到地面接收的时间差，这就要求精确确定卫星发射信号时刻、接收机接收信号时刻以及卫星钟和接收机钟的同步。目前，卫星钟采用高精度的原子钟，最早发明于第二次世界大战期间。原子钟的工作原理基于原子跃迁理论来确定高精度的时间间隔，其稳定性达到10^{-16}。目前，原子钟有铯原子钟、氢原子钟和铷原子钟等。对于如何让卫星钟和接收机钟同步并确定卫星信号发射时刻，通常GNSS接收机采用码相关法、互相关法、平方法以及Z跟踪技术等方式实现。

(3)卫星位置计算。卫星位置和卫星钟差通过星历文件计算得到，这些星历文件由GNSS地面控制部分生成并注入卫星。主控站和监测站通过观测资料推算编制卫星的星历、卫星钟差和大气误差的修正参数等，并把这些数据传送到注入站，再由注入站将这些数据注入卫星的存储系统。星历文件主要分广播星历和精密星历两种，广播星历是指将预报的卫星轨道信息通过导航电文的形式播发给接收机用户，然后用户经过解码获得的卫星星历。广播星历通常包括相对某一参考历元的开普勒轨道参数以及必要的轨道摄动改正项参数。精密星历是指一些组织根据各自建立的卫星跟踪网对导航卫星进行精密观测，通过事后处理计算出卫星精确轨道信息。

(4)误差精细处理。GNSS卫星信号在传播过程中受到观测卫星、大气传播和测站环境等因素的影响，因此精密定位时需要消除或抑制这些误差的影响，从而获取用户的精确位置。误差根据成分不同，可分为偶然误差、系统误差和粗差，需要用相应的方法进行处理；根据来源不同，可分为测站相关误差、大气相关误差和卫星相关误差，同样需要用相应的方法进行处理。此外，若误差无法通过差分和线性组合、经验模型改正以及传统参数化吸收等方式进行处理，则这些误差称为非模型化误差，非模型化误差通常需要用特殊的针对性方法进行处理。

1.3 GNSS 精密导航定位基础方法

由导航定位基本原理可知，其关键的基础问题主要有两个，一个是如何对各类误差进行处理，另一个则是如何对未知参数进行估计。

1.3.1 误差处理方法

类似于传统测量误差，GNSS 观测值误差主要包括粗差、系统误差和偶然误差。此外，GNSS 中还存在一部分非模型化误差(章浙涛，2020)。粗差主要通过数据探测和稳健估计理论最大限度地避免，而偶然误差则只能通过一定的数据处理方式进行抑制。因此，主要探讨 GNSS 中的系统误差处理方法，GNSS 系统误差往往具有一定的性质或者规律，因此必须设法加以削弱或消除，否则会严重影响定位精度，目前主要有以下三类处理方式。

1. 差分和线性组合

由于误差具有一定的性质或规律，因此利用误差的性质或规律，通过差分或线性组合的方式可以处理部分系统误差，大幅度削弱甚至消除误差的影响。具体来说，针对差分方法，进行星间单差(single-differenced，SD)可以消除接收机钟差和接收机硬件延迟误差，进行站间单差可以消除卫星钟差和卫星硬件延迟误差，进行历元间单差可以消除接收机和卫星硬件延迟误差，以及相位模糊度；针对线性组合方法，可以构建无几何(geometry-free，GF)模型消除卫地距项，构建无电离层(ionosphere-free，IF)模型消除一阶电离层误差。

2. 经验模型改正

误差改正模型可以是根据误差机理而推导的理论公式，或者是基于大量数据拟合的经验公式，也可以是结合两种方法的综合模型。双频电离层延迟改正模型可归类为理论公式，而各种对流层延迟改正模型属于综合模型。由于改正模型本身存在误差，以及需经验获取各类参数，因此仍会有一部分误差无法消除而残留在观测值中，从而影响导航定位精度。

3. 合理参数化吸收

对一部分误差尤其是影响比较显著的误差，可采用参数估计方法进行处理。例如，对于电离层延迟，可采用电离层估计(ionosphere-float)模型、电离层加权(ionosphere-weighted)模型等；而对于对流层延迟，则可采用单参数估计法或者多参数估计方法等。在参数化过程中，要避免参数设置过多的问题，否则容易导致模型强度变低并可能引起模型解算异常，因此在实际应用中需要格外注意。

1.3.2 参数估计方法

在 GNSS 导航定位中，对于载体位置、接收机钟差、相位模糊度、对流层以及电离层等未知参数的估计通常可采用最小二乘(least squares，LS)或是卡尔曼滤波(Kalman filtering，KF)的方式。当然，根据实际应用情况，还可采用其他估计方式，如适用于静态数据的序贯平差，适用于多源数据的图优化等。

首先是最小二乘法，GNSS 导航定位中的观测模型一般可简化为

$$\boldsymbol{L} = \boldsymbol{A}\boldsymbol{X} + \boldsymbol{E} \tag{1.1}$$

式中，$\boldsymbol{L}$ 表示观测向量；$\boldsymbol{A}$ 表示未知参数的设计矩阵(design matrix)；$\boldsymbol{X}$ 表示坐标和模糊度等未知参数向量；$\boldsymbol{E}$ 表示观测噪声和残余观测误差向量。若观测值的方差-协方差矩阵 $\boldsymbol{D}$ 已知，则由最小二乘原理可得

$$\begin{cases} \hat{\boldsymbol{X}} = (\boldsymbol{A}^{\mathrm{T}}\boldsymbol{D}^{-1}\boldsymbol{A})^{-1}\boldsymbol{A}^{\mathrm{T}}\boldsymbol{D}^{-1}\boldsymbol{L} \\ \boldsymbol{D}_{\hat{\boldsymbol{X}}} = (\boldsymbol{A}^{\mathrm{T}}\boldsymbol{D}^{-1}\boldsymbol{A})^{-1} \end{cases} \tag{1.2}$$

式中，$\hat{\boldsymbol{X}}$ 表示参数估计值；$\boldsymbol{D}_{\hat{\boldsymbol{X}}}$ 表示参数估计值的方差-协方差矩阵。

其次是卡尔曼滤波法，同样地，基于卡尔曼滤波的函数模型通常包括状态方程和观测方程两部分，其表达式如下所示：

$$\begin{cases} \boldsymbol{L}_i = \boldsymbol{A}_i\boldsymbol{X}_i + \boldsymbol{E}_i \\ \boldsymbol{X}_i = \boldsymbol{\Psi}_{i,i-1}\hat{\boldsymbol{X}}_{i-1} + \boldsymbol{W}_i \end{cases} \tag{1.3}$$

式中，i 表示第 i 历元；$\hat{\boldsymbol{X}}_{i-1}$ 表示第 $i-1$ 个历元的估计参数；$\boldsymbol{W}_i$ 表示历元的状态噪声；$\boldsymbol{\Psi}_{i,i-1}$ 表示邻近历元的状态转换矩阵。任意历元 $\hat{\boldsymbol{X}}_i$ 的解算步骤如下，首先是建立状态预测方程：

$$\bar{\boldsymbol{X}}_i = \boldsymbol{\Psi}_{i,i-1}\hat{\boldsymbol{X}}_{i-1} \tag{1.4}$$

接着建立协方差预测方程：

$$\boldsymbol{D}_{\bar{\boldsymbol{X}}_i} = \boldsymbol{\Psi}_{i,i-1}\boldsymbol{D}_{\hat{\boldsymbol{X}}_{i-1}}\boldsymbol{\Psi}_{i,i-1}^{\mathrm{T}} + \boldsymbol{D}_{\boldsymbol{W}_i} \tag{1.5}$$

计算滤波增益矩阵：

$$\boldsymbol{K}_i = \boldsymbol{D}_{\bar{\boldsymbol{X}}_i}\boldsymbol{A}_i^{\mathrm{T}}(\boldsymbol{A}_i\boldsymbol{D}_{\bar{\boldsymbol{X}}_i}\boldsymbol{A}_i^{\mathrm{T}} + \boldsymbol{D}_i)^{-1} \tag{1.6}$$

构建状态参数估计方程：

$$\hat{\boldsymbol{X}}_i = \bar{\boldsymbol{X}}_i + \boldsymbol{K}_i(\boldsymbol{L}_i - \boldsymbol{A}_i\bar{\boldsymbol{X}}_i) \tag{1.7}$$

最后构建状态协方差估计方程：

$$D_{\hat{X}_i} = D_{\bar{X}_i} - D_{\bar{X}_i} A_i^{\mathrm{T}} (A_i D_{\bar{X}_i} A_i^{\mathrm{T}} + D_i)^{-1} A_i D_{\bar{X}_i} \tag{1.8}$$

1.4　本书内容安排

本书从三个方面介绍复杂条件下的 GNSS 精密导航定位的理论、方法及应用：针对多频多模场景的快速精密导航定位，面向恶劣观测环境的实时动态导航定位，以及基于低成本接收机的高可靠性导航定位。

第 1 章对复杂条件下的 GNSS 精密导航定位进行了概述。首先，阐述了多频多模场景、恶劣观测环境以及低成本接收机等复杂条件下实现 GNSS 精密导航定位的难点问题和关键所在，同时介绍了 GNSS 导航定位的基本原理。此外，分析了 GNSS 导航定位的基础方法，即误差处理方法以及参数估计方法。最后，对本书内容做了一个简要介绍并附上了数学运算符的相关说明。

第 2 章描述了 GNSS 精密导航定位数学模型的基本理论。首先，从测站相关、大气相关以及卫星相关三个方面阐述了 GNSS 的误差源。其次，给出了 GNSS 精密导航定位函数模型，包括绝对定位函数模型和相对定位函数模型两类。最后，给出了 GNSS 精密导航定位随机模型，包括方差元素和协方差元素两类。

第 3 章研究了针对多频多模场景的快速精密导航定位问题。首先，提出了北斗四频相位模糊度固定理论，包括对北斗四频相位模糊度固定问题进行了概述，给出了四频相位模糊度固定的基本模型和基本方法，并对四频相位模糊度固定进行了性能分析。其次，扩展和统一了 GNSS 多频相位模糊度固定理论，包括对 GNSS 多频相位模糊度固定问题进行了概述，讨论了 GNSS 多频观测值的线性组合，给出了多频相位模糊度单历元固定模型和固定方法，并用实际数据进行了验证。接着，提出了多源异构卫星多路径半天球图建模方法，包括对多源异构卫星多路径半天球图构建问题进行了概述，给出了高精度高可靠性半天球图模型建模方法，同时导出了考虑不同变量的半天球图模型精化方法，对半天球图模型改正的定位性能进行了评估并应用于实际。然后，提出了基于观测值域的多频多路径参数化方法，包括对 GNSS 模糊度固定中的多路径处理问题进行了概述，讨论了顾及多路径的五频观测值线性组合，给出了基于观测值域的多频多路径参数化方法，并将其应用于伪距和相位观测值中的多路径抑制。最后，提出了多频多模观测值全协方差矩阵估计方法，包括讨论了 GNSS 观测值的物理相关性，导出了一个先验的全协方差矩阵数学模型，给出了高计算效率的全协方差矩阵估计方法，并利用实测数据对几种处理物理相关性不同的定位模式进行了评估。

第 4 章研究了面向恶劣观测环境的实时动态导航定位问题。首先，提出了附加质量控制的最优整数等变估计方法，包括对峡谷等恶劣观测环境下的模糊度解算问题进行了概述，讨论了峡谷RTK模糊度解算方法，给出了附加质量控制的最优整数等变估计原理，并将其应用于实际静态和动态数据中。其次，提出了附不等式和等式约束的弹性精密导航定位方法，包括讨论了附不等式和等式约束的GNSS导航定位基本原理，给出了附不等式和等式约束的弹性精密导航定位方法，并对该弹性实时动态精密定位方法进行了性能分析并应用于实际。接着，提出了顾及卫星空间几何分布的方差因子构建方法，包括给出了顾及卫星空间几何分布的方差因子构建原理与方法，并对顾及卫星空间几何分布的方差因子进行了定位性能分析并应用于实际。然后，提出了顾及地形地貌的复合随机模型，包括对峡谷等恶劣观测环境下的随机模型构建问题进行了概述，给出了一种顾及地形地貌的复合随机模型并分析了其构建原理和步骤，同时将该复合随机模型应用于GNSS实时监测中。最后，提出了一种顾及非模型化误差的约束随机模型，包括给出了一种顾及非模型化误差的约束随机模型并分析了其构建原理和步骤，同时将该约束随机模型应用于GNSS动态定位中。

第5章研究了基于低成本接收机的高可靠性导航定位问题。首先，提出了非模型化误差抑制的单接收机信号噪声分析理论，包括讨论了传统GNSS信号噪声分析方法及对非模型化误差的抑制，给出了非模型化误差抑制的单接收机信号噪声分析原理与基本方法，并将其应用于单接收机信号噪声评估中。其次，提出了适用于任意频率的单站GNSS信号随机特性评估理论，包括对GNSS信号随机特性评估问题进行了概述，给出了适用于任意频率的单站GNSS信号随机特性评估方法，并将其应用于实际的GNSS信号随机特性评估中。接着，提出了顾及多路径及大气延迟的低成本设备随机模型估计方法，包括对低成本设备的随机模型估计问题进行了概述，给出了顾及多路径及大气延迟的低成本设备随机模型估计方法基本原理，并将其应用于各类低成本接收机数据中。然后，提出了几种易于实现的多路径、差分码偏差(differential code bias，DCB)和系统间偏差(inter-system bias，ISB)分析方法，包括对多路径、DCB和ISB分析方法问题尤其是低成本接收机中的适用情况进行了概述，并依次给出了多路径、DCB和ISB误差参数处理方法并应用于实际数据。最后，提出了顾及多路径的扩展稳健估计方法，包括对GNSS观测值中的异常数据处理问题进行了概述，给出了顾及多路径的扩展稳健估计方法的基本原理，并将其应用于GNSS实际静态和动态数据中。

第6章总结了本书的主要内容以及贡献，同时也对未来复杂条件下的GNSS精密导航定位问题进行了展望。

此外，为了方便阅读和查找，本书使用的符号如下：

Δ表示站间单差算子；

∇表示星间单差算子；

$\langle\bullet\rangle$表示历元间单差算子；

$[\bullet]_{\text{round}}$ 表示四舍五入算子；

$E[\bullet]$表示期望算子；

$D[\bullet]$表示方差算子；

$\|\bullet\|$表示范数算子；

$\boldsymbol{A}^{\mathrm{T}}$ 表示矩阵 $\boldsymbol{A}$ 的转置；

$\otimes$表示克罗内克积(Kronecker product)算子；

Cov表示协方差算子；

blkdiag表示分块对角矩阵算子；

diag表示对角矩阵算子；

exp表示指数函数算子；

min 表示求最小值算子；

rank 表示矩阵秩算子；

trace表示矩阵迹算子。

第 2 章　GNSS 精密导航定位数学模型

本章主要分析 GNSS 观测值的各类误差，同时给出 GNSS 导航定位的数学模型，包括函数模型和随机模型两部分。

2.1　GNSS 观测值误差源

根据误差来源，GNSS 导航定位观测值误差通常可以分为三类，分别是测站相关、大气相关以及卫星相关的误差。

2.1.1　测站相关误差

这一类误差主要包括多路径效应、接收机钟差、接收机天线相位中心偏差、地球固体潮以及海洋潮汐等误差。由于接收机天线相位中心偏差、地球固体潮以及海洋潮汐等误差可以通过经验模型改正，下面着重介绍多路径效应和接收机钟差。

首先是多路径效应，理论上接收机应该接收到的是仅包含直接来自卫星的信号，但信号在测站附近往往会发生反射、衍射甚至遮挡等传播现象形成非直射信号，造成接收机接收到的信号，不仅包含直接信号，还包含间接信号，这种现象称为多路径效应。通常，多路径效应是直接信号和由反射、衍射和遮挡等引起的间接信号的叠加。由直接信号被遮挡导致接收机只接收到间接信号，此时又可称为非视距(non-line-of-sight，NLOS)传播现象。因此，多路径效应除指传统由反射引起的多路径外，还可包括衍射、NLOS 传播等。由于差分技术无法消除多路径，多路径是 GNSS 高精度应用中一项重要的误差源。多路径效应会直接影响伪距观测值和相位观测值的精度，对伪距观测值的影响通常在 10～20m，甚至会达到 100m。此外，多路径严重时还会引起信号失锁。对于相位观测值，多路径则通常为几毫米到几厘米。因此根据定位精度的需要，在实际应用时需要注意此误差项是否可以忽略。

其次是接收机钟差，GNSS 接收机内部钟一般为石英钟。因为石英钟精度有限，随着时间的推移，接收机钟差会逐渐发生偏移。大部分的接收机都是通过周期性地插入时钟跳跃来调整时钟，从而尽量使接收机内部的石英钟与对应的 GNSS 时间系统同步，通常将上述现象称为钟跳。不同接收机制造商对钟跳的处理略有差异。即使将钟跳修复后，剩余部分的接收机钟差仍能达到 1ms，因此在实际应用中不能忽略此误差项。

2.1.2 大气相关误差

这一类误差主要包括电离层延迟和对流层延迟，下面进行着重介绍。

首先是电离层延迟，在地球大气层顶部的电离层大气中(一般位于地球上空距地面 50～1000km)，在太阳紫外线、X 射线、γ 射线和高能粒子等的作用下，电离层中的中性气体分子大部分被电离产生密度较高的电子和正离子而形成一个电离区域。电离层中的电子密度不仅与大气高度有关，而且受到太阳及其他天体的辐射强度、季节、时间以及地理位置等因素的影响。根据大气物理学的概念，若电磁波在某种介质中的传播速度与电磁波的频率有关，则该种介质被称为弥散性介质。介质的弥散现象是由传播介质内的电场和入射波的外电场之间的电磁转换效应产生的。当介质的原子频率和入射波的频率接近一致时，便会发生共振而影响电磁波的传播速度。与其他电磁波一样，GNSS 信号通过电离层时受到这一介质弥散特性的影响，使得信号传播路径发生弯曲，传播速度也发生变化，从而使测量的距离发生偏差，这种影响称为电离层延迟。

其次是对流层延迟，其泛指电磁波信号在穿过高度位于 50km 以下的未被电离的中性大气层(包括对流层和平流层)时所产生的信号延迟。整个大气层近 99%的重量集中在该层。对流层与地面接触而从地面得到辐射能量，因此对流层温度一般随高度的上升而降低，平均高度每升高 1km，温度降低约 6.5℃。在水平方向，温度差异每 100km 一般不会超过 1.0℃。由于 80%以上的中性大气延迟发生在对流层，因此将发生在中性大气层的信号延迟统称为对流层延迟。与电离层类似，电磁波穿过对流层时，其传播路径同样会发生弯曲和延迟，从而使得距离测量产生偏差。但对流层的大气密度比电离层大，大气状态也更复杂。由于对流层大气实际上是中性的，它对频率低于 30GHz 的电磁波传播可以认为是非弥散性的。电磁波在该中性大气层中的传播速度与频率无关，即中性大气的折射率与电磁波的频率和波长无关。

2.1.3 卫星相关误差

这一类误差主要包括卫星轨道误差、卫星钟差、卫星天线相位中心偏差、卫星天线相位缠绕、地球自转改正及相对论效应等误差。由于卫星天线相位中心偏差、卫星天线相位缠绕、地球自转改正及相对论效应等误差可以通过经验模型改正，下面着重介绍卫星轨道误差和卫星钟差。

首先是卫星轨道误差，GNSS 卫星的运行轨道理论上是精确已知的，即设计的运行轨道，但是由卫星星历提供的卫星实际运行轨道与其理论运行轨道之间往往存在差异。这种卫星星历给出的卫星空间位置与卫星实际位置间的偏差就是卫星星历误差。由人造卫星轨道理论可知，知道了卫星轨道就知道了卫星在空间的位置及运动速度；反之，知道了卫星的位置和运动速度也就知道了卫星的轨道。因此，卫星星历误差也可表述为由卫星星历所给出的卫星在空间的位置及运动速度与卫星的实际位置及运动速度之间的偏差。由于卫星空间位置是由地面监控系统对卫星进行连续跟踪监测而求定的，所以卫星星历误差又称为卫星轨道误差(魏子卿和葛茂荣，1998)。当卫星轨道发生变化时，地面监控系统向卫星发送改正信息，进而更新卫星的星历。然而即使根据地面控制系统发送的信息更新卫星星历后，卫星轨道依然存在误差并影响定位结果，影响可达米级。由于卫星在运动中受多种摄动力的复杂影响，而通过地面监测站又难以充分可靠地测定这些作用力并掌握其作用规律。因此，卫星轨道误差的估计和处理一般较为困难。

其次是卫星钟差，卫星位置是时间的函数，所以卫星观测量以精密的测时为基础。与卫星位置相应的时间信息是通过卫星信号的编码信息传送给用户的。钟差为钟的钟面时间与标准时间(GPS 时)的时间差。无论伪距观测还是相位观测，都要求卫星钟与接收机钟保持严格同步。实际上，虽然卫星上设有高精度的原子钟(如铷钟和铯钟)，但是它们与理想的标准时间之间仍不可避免地存在偏差或者漂移。偏差总量在 0.1～1.0ms，引起的等效距离误差可达 30～300km。实际应用中，卫星上的时钟由 GNSS 地面控制系统监测，并与地面控制系统中使用的更准确的时钟进行比较。在下行链路数据中，卫星向用户提供其时钟偏移的估计，估计精度可能因不同的 GNSS 系统而不同，通常情况下估算精度约为±2m。为了在定位应用中获得更准确的位置信息，需要补偿卫星钟差这一系统误差。

2.2　GNSS 精密导航定位函数模型

在实际应用中，根据所求得的位置参数是绝对坐标还是相对坐标进行划分，GNSS 定位基本模型包括两种：一是绝对定位，二是相对定位。

2.2.1　绝对定位函数模型

在绝对定位中，只需使用一台接收机进行独立定位并确定接收机的绝对坐标，也可称为单点定位。根据卫星星历和一台 GNSS 接收机的伪距观测值来确定该接收机绝对坐标的方法，称为标准单点定位(standard point positioning，SPP)。标准单点定位的优势是操作简便，且易于实现。具体地，设在某个历元，用于 GNSS(以码分多址为例)标准单点定位的非差(undifferenced，UD)非组合伪距观测值 P 的观测方程如下(单位为 m)(Leick et al.，2015；李征航和黄劲松，2010)：

$$P_{r,f}^{s} = \rho_{r}^{s} + c\delta t_{r} - c\delta t^{s} + \xi_{r,f} - \xi^{s,f} + I_{r,f}^{s} + T_{r}^{s} + \Omega_{r,f}^{s} + \varepsilon_{r,f}^{s} \tag{2.1}$$

式中，上下标 s、r 和 f 分别表示卫星、接收机和频率；ρ_{r}^{s} 表示接收机至卫星间的距离；c 表示真空中的光速；δt_{r} 和 δt^{s} 分别表示接收机钟差和卫星钟差；$\xi_{r,f}$ 和 $\xi^{s,f}$

分别表示接收机和卫星端的伪距硬件延迟；$I_{r,f}^{s}$ 表示电离层延迟；T_{r}^{s} 表示对流层延迟；$\Omega_{r,f}^{s}$ 表示伪距多路径效应；$\varepsilon_{r,f}^{s}$ 表示伪距观测值噪声。需要指出的是，接收机和卫星的天线相位中心偏差及相位缠绕、相对论效应、地球自转改正、地球固体潮、海洋潮汐等误差项已经被改正，因此没有将上述误差项放入式(2.1)的观测方程中。

将式(2.1)的观测方程线性化后即可得到函数模型并对其进行求解，但由于 SPP 所采用的伪距观测值精度较低，且受到测站相关、大气相关以及卫星相关误差的影响，因此定位精度一般较低。

为了获取更高的定位精度，可采用以相位观测值为主的方式进行单点定位。即利用国际 GNSS 服务(International GNSS Service，IGS)等组织发布的或自己解算得到的精密卫星轨道和钟差产品，利用一台 GNSS 接收机的相位和伪距观测值来确定该接收机绝对坐标的方法，称为精密单点定位(precise point positioning，PPP)。类似地，设在某个历元，用于 GNSS(以码分多址为例)精密单点定位的非差非组合相位观测值 Φ 的观测方程如下(单位为 m)(Leick et al.，2015；李征航和黄劲松，2010)：

$$\Phi_{r,f}^{s}=\rho_{r}^{s}+\lambda_{f}N_{r,f}^{s}+c\delta t_{r}-c\delta t^{s}+\zeta_{r,f}-\zeta^{s,f}-I_{r,f}^{s}+T_{r}^{s}+\omega_{r,f}^{s}+\epsilon_{r,f}^{s} \tag{2.2}$$

式中，λ_{f} 表示频率为 f 的相位观测值的波长；$N_{r,f}^{s}$ 表示相位模糊度；$\zeta_{r,f}$ 和 $\zeta^{s,f}$ 分别表示接收机和卫星端的相位硬件延迟；$\omega_{r,f}^{s}$ 表示相位多路径效应；$\epsilon_{r,f}^{s}$ 表示相位观测值噪声。需要指出的是，接收机和卫星的天线相位中心偏差及相位缠绕、相对论效应、地球自转改正、地球固体潮、海洋潮汐等误差项同样已经被改正，因此没有将上述误差项放入式(2.2)的观测方程中。

类似地，对式(2.2)的观测方程线性化后得到函数模型即可开始进行求解。然而，式(2.2)的观测方程秩亏，因此常常无法同时求解以上参数。在实际应用时，需要结合 IGS 组织提供的高精度卫星星历和钟差等产品，并将某些参数进行合并求解。根据一天的观测值数据，精密单点定位的精度通常能够达到厘米级(Geng，2011；李星星，2013)。

2.2.2　相对定位函数模型

虽然绝对定位仅需一台接收机即可进行定位，但许多系统误差项难以被很好地改正或是吸收，因此在实际应用中往往会利用不同接收机观测值通过差分的方式进行处理从而减少系统误差的影响并用于定位。这种需要若干台接收机同时接收 GNSS 信号并确定接收机之间相对坐标的定位方式，称为相对定位。

最常见的相对定位方式是双差(double-differenced，DD)定位，即利用站间单差和星间单差的方式。根据式(2.1)的观测方程，双差伪距定位的观测方程如下(单位为 m)：

$$\nabla\Delta P_{rq,f}^{sg}=\nabla\Delta\rho_{rq}^{sg}+\nabla\Delta I_{rq,f}^{sg}+\nabla\Delta T_{rq}^{sg}+\nabla\Delta\Omega_{rq,f}^{sg}+\nabla\Delta\varepsilon_{rq,f}^{sg} \tag{2.3}$$

式中，上标 s 和 g 分别表示参考卫星和共视卫星；下标 r 和 q 分别表示参考站和移动站；$\nabla\Delta P_{rq,f}^{sg}$ 表示双差伪距观测值；$\nabla\Delta\rho_{rq}^{sg}$ 表示接收机至卫星间的双差距离；$\nabla\Delta I_{rq,f}^{sg}$ 表示双差电离层延迟；$\nabla\Delta T_{rq}^{sg}$ 表示双差对流层延迟；$\nabla\Delta\Omega_{rq,f}^{sg}$ 表示双差伪距多路径效应；$\nabla\Delta\varepsilon_{rq,f}^{sg}$ 表示双差伪距观测值噪声。可以发现双差伪距观测方程的误差项变少了，其中接收机钟差和卫星钟差，以及接收机和卫星端的伪距硬件延迟都被消除。此外，由于对流层延迟和电离层延迟在不同测站间具有一定的相似性，大气相关误差也被削弱了。由此可见，利用双差伪距观测方程的定位方式，如基于伪距的实时差分定位(real-time differenced positioning，RTD)，其定位精度要优于传统的 SPP。

类似地，为了获取更高的定位精度，可以利用相位观测值为主的方式进行相对定位。最常见的是基于相位的实时动态定位(real-time kinematic positioning，RTK)方式，根据式(2.2)的观测方程，相位双差定位的观测方程如下(单位为 m)：

$$\nabla\Delta\Phi_{rq,f}^{sg}=\nabla\Delta\rho_{rq}^{sg}+\lambda_f\nabla\Delta N_{rq,f}^{sg}-\nabla\Delta I_{rq,f}^{sg}+\nabla\Delta T_{rq}^{sg}+\nabla\Delta\omega_{rq,f}^{sg}+\nabla\Delta\epsilon_{rq,f}^{sg} \tag{2.4}$$

式中，$\nabla\Delta\Phi_{rq,f}^{sg}$ 表示双差相位观测值；$\nabla\Delta N_{rq,f}^{sg}$ 表示双差整周模糊度；$\nabla\Delta\omega_{rq,f}^{sg}$ 表示双差相位多路径效应；$\nabla\Delta\epsilon_{rq,f}^{sg}$ 表示双差相位观测值噪声。类似地，可以发现双差相位观测方程的误差项也变少了，其中接收机钟差和卫星钟差，以及接收机和卫星端的相位硬件延迟都被消除。此外，对流层延迟和电离层延迟也被削弱了。因此，RTK 通常具有较高的定位精度。事实上，该定位方式也是目前市场上应用最为广泛和成熟的。

2.3 GNSS 精密导航定位随机模型

GNSS 数学模型的另一组成部分是随机模型。首先，用户根据自己的定位方式构建非差非组合观测值的方差-协方差矩阵，再结合协方差传播律，即可得到相应的随机模型。因此，非差非组合观测值的随机模型是最基本、最重要的一种随机模型。非差非组合观测值的随机模型主要包括两个部分：一是主对角线上的方差元素，二是非主对角线上的协方差元素。

2.3.1 方差元素

随机模型中的方差元素用来表征观测值精度的大小，从而确定每组观测值在平差时的贡献。方差元素的估计是通过加权模型实现的，目前最为常用的有三类加权模型，即等权模型、高度角模型和载噪比模型。

等权模型认为 GNSS 观测值具有同方差性(homoscedasticity)，即所有观测值的精度可以被视为相同，并满足如下条件(Bischoff et al.，2005)：

$$\sigma_{\text{equ}}^2 = C \tag{2.5}$$

式中，σ_{equ} 表示等权模型下的观测值精度；C 表示模型系数。然而，事实上不同 GNSS 观测值的精度往往存在差异，即不满足同方差性。目前，数据处理中普遍采用高度角模型来实现 GNSS 观测值的异方差性(heteroscedasticity)，即认为卫星高度角越高的观测值精度越高。因此，将观测值的精度表达成以卫星高度角为变量的函数：

$$\sigma_{\text{ele}}^2 = f(\theta) \tag{2.6}$$

式中，σ_{ele} 表示高度角模型下的观测值精度；θ 表示卫星高度角。实际应用中，高度角函数 $f(\theta)$ 具有几种不同的形式，其中最为常用的是指数函数形式和正弦函数形式。指数函数形式的高度角模型如下(Eueler and Goad，1991；Han，1997a)：

$$\sigma_{\text{ele}}^2 = a_0 + a_1 \cdot \exp(-\theta / a_2) \tag{2.7}$$

式中，a_0、a_1 和 a_2 表示模型系数。正弦函数形式如下(Amiri-Simkooei et al.，2009；Li，2016；Li et al.，2017a)：

$$\sigma_{\text{ele}}^2 = a / (b + \sin\theta)^2 \tag{2.8}$$

式中，a 和 b 表示模型系数。此外，为方便使用，也可以通过简化形式表达(Dach et al.，2015；King，1995)：

$$\sigma_{\text{ele}}^2 = a / \sin^2\theta \tag{2.9}$$

式中符号定义同式(2.8)。

另一种表征观测值精度异方差性的加权模型是载噪比模型。载噪比模型的原理是 GNSS 观测值和载噪比都被同一个跟踪环所记录，因此载噪比的质量与 GNSS 观测值的精度是高度正相关的(Langley，1997)。将观测值的精度表达成以载噪比为变量的函数：

$$\sigma_{\text{C/N0}}^2 = f(\text{C} / \text{N0}) \tag{2.10}$$

式中，$\sigma_{\text{C/N0}}$ 表示载噪比模型下的观测值精度；C/N0(carrier-to-noise power density ratio)表示载噪比。目前，最为常用的载噪比函数 $f(\text{C}/\text{N0})$ 是奥地利格拉茨技术大学(Technical University Graz)研究团队提出的 SIGMA 系列模型(Wieser and Brunner，2000)：

$$\sigma_{\text{C/N0}}^2 = d_0 + d_1 \cdot 10^{-\frac{\text{C/N0}}{10}} \tag{2.11}$$

式中，d_0 和 d_1 表示模型系数。为方便使用，也可以通过简化形式表达(Brunner et al.，1999；Hartinger and Brunner，1999；Talbot，1988)：

$$\sigma_{\mathrm{C/N0}}^2 = d_1 \cdot 10^{-\frac{\mathrm{C/N0}}{10}} \tag{2.12}$$

式中符号定义同式(2.11)。

2.3.2 协方差元素

随机模型中的协方差元素则用来表征观测值之间的关系，即物理相关性(physical correlation)。物理相关性分为三种：空间相关性(spatial correlation)、交叉相关性(cross correlation)和时间相关性(temporal correlation)。在物理相关性中，由于观测值采用了差分或组合的处理，还可能存在数学相关性(mathematical correlation)，可以通过协方差传播律准确求得。一个历元数为 2、卫星数为 3 的双频伪距和相位非差非组合观测值的全协方差矩阵如图 2.1 所示。其中，T_1、T_2 分别为历元号；P_1、P_2 分别为两个频率的伪距观测值；L_1、L_2 分别为两个频率的相位观测值；p、q、r 为三颗卫星。

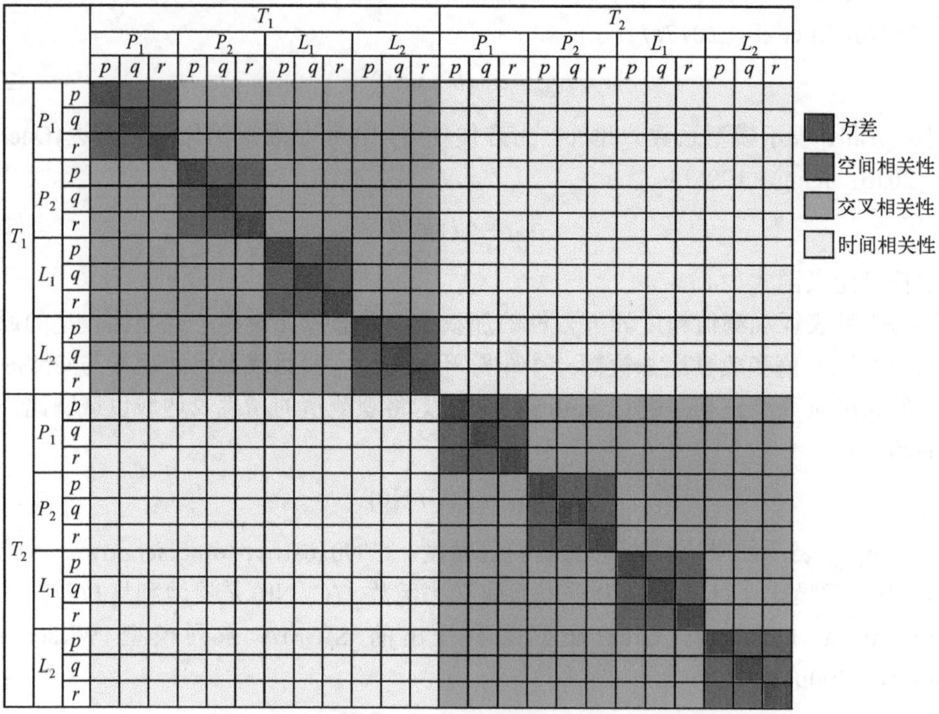

图 2.1　双频伪距和相位非差非组合观测值的全协方差矩阵示意图
历元数为 2，卫星数为 3

分析图 2.1 可知，空间相关性是指来自同一个历元，同一种观测值类型中不同通道(channel)的观测值之间的相关性；交叉相关性指的是同一个历元，同一种通道中不同观测值类型的观测值之间的相关性；时间相关性则是指同一种观测值类型，同一种通道中不同历元的观测值之间的相关性。

事实上，上述物理相关性在不同的定位模式中可能有不同的具体含义。例如，在非差非组合定位模式中，空间相关性有两种具体含义，一种是指同一个历元，来自同一个测站不同卫星的观测值之间的相关性；另一种是指同一个历元，来自同一颗卫星不同测站的观测值之间的相关性。而在差分定位模式中(如双差定位)，空间相关性是指同一个历元，不同卫星的观测值之间的相关性。因此，在实际应用时，需要明确方差-协方差矩阵中物理相关性的具体含义。

针对上述协方差元素的估计方法最常用的是方差分量估计(variance component estimation，VCE)，例如，被广泛使用的最小范数二次无偏估计(minimum norm quadratic unbiased estimation，MINQUE)。具体地，对上述全协方差矩阵 $\boldsymbol{Q}$ 进行参数化(Amiri-Simkooei et al.，2013；Li，2016；Zhang Z et al.，2018a)：

$$\boldsymbol{Q}=\sum_{i=1}^{l}\theta_i\boldsymbol{T}_i \tag{2.13}$$

式中，l 是方差-协方差分量的个数；$\boldsymbol{\theta}=[\theta_1,\theta_2,\cdots,\theta_i]^{\mathrm{T}}$ 是待估的方差-协方差分量矩阵，θ_i 则是待估计的未知方差分量，i 是索引；$\boldsymbol{T}_i$ 是伴随矩阵(adjoint matrix)。若线性函数 $\sum_{i=1}^{l}\alpha_i\theta_i$ 的最小范数二次无偏估计是二次型函数 $\boldsymbol{L}^{\mathrm{T}}\boldsymbol{ML}$ ($\boldsymbol{L}$ 为观测值向量)，则需矩阵 $\boldsymbol{M}$ 满足如下条件(Rao，1971；Wang et al.，2002)：

$$\mathrm{trace}(\boldsymbol{MQMQ})=\min \tag{2.14}$$

式中，满足 $\boldsymbol{MB}=\boldsymbol{0}$ ($\boldsymbol{B}$ 表示设计矩阵)以及 $\mathrm{trace}(\boldsymbol{MT}_i)=\alpha_i\ (i=1,2,\cdots,l)$。此时，可估计 $\boldsymbol{\theta}$：

$$\hat{\boldsymbol{\theta}}=\boldsymbol{S}^{-1}\boldsymbol{W} \tag{2.15}$$

式中，$\boldsymbol{W}=[\boldsymbol{V}^{\mathrm{T}}\boldsymbol{CT}_1\boldsymbol{CV},\boldsymbol{V}^{\mathrm{T}}\boldsymbol{CT}_2\boldsymbol{CV},\cdots,\boldsymbol{V}^{\mathrm{T}}\boldsymbol{CT}_l\boldsymbol{CV}]^{\mathrm{T}}$，$\boldsymbol{C}=\boldsymbol{Q}^{-1}-\boldsymbol{Q}^{-1}\boldsymbol{B}(\boldsymbol{B}^{\mathrm{T}}\boldsymbol{Q}^{-1}\boldsymbol{B})^{-1}\boldsymbol{B}^{\mathrm{T}}\boldsymbol{Q}^{-1}$，$\boldsymbol{V}$ 表示残差阵；$\boldsymbol{S}$ 表达式如下所示：

$$\boldsymbol{S}=\begin{bmatrix}\mathrm{trace}(\boldsymbol{CT}_1\boldsymbol{CT}_1) & \mathrm{trace}(\boldsymbol{CT}_1\boldsymbol{CT}_2) & \cdots & \mathrm{trace}(\boldsymbol{CT}_1\boldsymbol{CT}_l)\\ \mathrm{trace}(\boldsymbol{CT}_2\boldsymbol{CT}_1) & \mathrm{trace}(\boldsymbol{CT}_2\boldsymbol{CT}_2) & \cdots & \mathrm{trace}(\boldsymbol{CT}_2\boldsymbol{CT}_l)\\ \vdots & \vdots & & \vdots\\ \mathrm{trace}(\boldsymbol{CT}_l\boldsymbol{CT}_1) & \mathrm{trace}(\boldsymbol{CT}_l\boldsymbol{CT}_2) & \cdots & \mathrm{trace}(\boldsymbol{CT}_l\boldsymbol{CT}_l)\end{bmatrix}$$

显然，因为待估的方差-协方差分量与方差-协方差矩阵 $\boldsymbol{Q}$ 相关，所以上述步骤需要进行迭代操作，且在第一次循环的时候需要确定初值。只有当 $\hat{\boldsymbol{\theta}}$ 收敛时，此迭代才可以停止，且最后 $\hat{\boldsymbol{\theta}}$ 应满足如下条件：

$$\boldsymbol{W}(\hat{\boldsymbol{\theta}}) = \boldsymbol{S}(\hat{\boldsymbol{\theta}})\hat{\boldsymbol{\theta}} \tag{2.16}$$

另外一种被广泛使用的是最小二乘方差分量估计(least squares variance components estimation，LS-VCE)，其一个显著的特点是具有高度简便性(Pukelsheim，1976；Teunissen and Amiri-Simkooei，2008；Amiri-Simkooei et al.，2009)。构建 LS-VCE 的法方程，可得

$$\boldsymbol{\Theta}\boldsymbol{\sigma} = \boldsymbol{\omega} \tag{2.17}$$

式中，$\boldsymbol{\sigma} = [\sigma_1, \sigma_2, \cdots, \sigma_l]^{\mathrm{T}}$ 为待估参数；$l \times l$ 矩阵 $\boldsymbol{\Theta}$ 和 $l \times 1$ 矩阵 $\boldsymbol{\omega}$ 中的元素分别满足

$$\Theta_{ij} = \frac{1}{2}\mathrm{trace}\left(\boldsymbol{Q}_i \boldsymbol{Q}^{-1} \boldsymbol{P}_{\boldsymbol{H}}^{\perp} \boldsymbol{Q}_j \boldsymbol{Q}^{-1} \boldsymbol{P}_{\boldsymbol{H}}^{\perp}\right) \tag{2.18}$$

$$\omega_i = \frac{1}{2}\boldsymbol{V}^{\mathrm{T}} \boldsymbol{Q}^{-1} \boldsymbol{Q}_i \boldsymbol{Q}^{-1} \boldsymbol{V} \tag{2.19}$$

其中，$\boldsymbol{P}_{\boldsymbol{H}}^{\perp} = \boldsymbol{I} - \boldsymbol{H}(\boldsymbol{H}^{\mathrm{T}}\boldsymbol{Q}^{-1}\boldsymbol{H})^{-1}\boldsymbol{H}^{\mathrm{T}}\boldsymbol{Q}^{-1}$ 表示正交变换，$\boldsymbol{H}$ 表示设计矩阵；$\boldsymbol{Q}_i$ 和 $\boldsymbol{Q}_j$ 分别表示第 i 个和第 j 个待估参数的伴随矩阵。最后，未知方差分量和相应的协方差矩阵分别可估计如下：

$$\hat{\boldsymbol{\sigma}} = \boldsymbol{\Theta}^{-1}\boldsymbol{\omega} \tag{2.20}$$

$$\boldsymbol{Q}_{\hat{\sigma}} = \boldsymbol{\Theta}^{-1} \tag{2.21}$$

除此之外，求解协方差元素的方法还有相关函数法(Bona，2000；Howind et al.，1999；Li et al.，2008；Tiberius and Kenselaar，2000)、自回归移动平均(auto regressive moving average，ARMA)模型(Luo，2013；Satirapod et al.，2001；Wang et al.，2002)、Allan 方差(Li et al.，2018)和 Mátern covariance family 方法(Kermarrec and Schön，2014，2017a)等经典方法，并取得了良好的效果。事实上，在实际应用中，也可以根据实际情况进行合理改进，或通过多种方法联合使用，从而可以得到更为准确可靠的结果。

第 3 章　针对多频多模场景的快速精密导航定位

本章主要分析第一类典型复杂条件即多频多模场景下，如何实现快速精密导航定位，包括四频相位模糊度固定理论、多频相位模糊度固定理论、多源异构卫星多路径半天球图建模方法、基于观测值域的多频多路径参数化方法以及多频多模观测值全协方差矩阵估计方法。

3.1　四频相位模糊度固定理论

传统的三频相位模糊度固定(three-frequency carrier ambiguity resolution，TCAR)理论已不能很好地满足目前的四频观测数据。基于此，本节系统研究了四频相位模糊度固定(four-frequency carrier ambiguity resolution，FCAR)理论(Zhang Z et al.，2020)。首先给出了四频相位模糊度固定的概念，其次着重介绍分析了四频相位模糊度固定基本模型和方法，最后利用实测数据对四频相位模糊度固定进行了评估。

3.1.1　四频相位模糊度固定概述

模糊度固定是高精度 GNSS 应用的前提条件。然而，在基线长度较长的情况下，模糊度往往不能被轻易固定。因此，当有 3 个可用频率时，通常会采用三频相位模糊度固定方法。TCAR 方法能够有效地提高模糊度固定的效率和准确性，尤其适用于大尺度或复杂环境下的 RTK 定位。

早期，模糊度固定(ambiguity resolution，AR)主要聚焦在固定准则上，包括四舍五入、序贯取整(bootstrapping)、整数最小二乘(integer least squares，ILS)准则等(Dong and Bock，1989；Teunissen，1993，1998)。20 世纪 90 年代后期以来，许多研究都在重点关注如何充分利用所有频率的观测值。Forssell 等(1997)和 Vollath 等(1999)首先介绍并研究了 TCAR 方法。de Jonge 等(2000)和 Hatch 等(2000)提出了级联模糊度固定(cascaded integer resolution)的概念，本质上与传统的 TCAR 方法相同。传统 TCAR 方法指的是根据波长从最长到最短的顺序通过四舍五入的方法固定所选线性组合的整周模糊度。通常，线性组合根据波长可分为超宽巷(extra wide lane，EWL，$\lambda \geqslant 293\text{cm}$)、宽巷(wide lane，WL，$75\text{cm} \leqslant \lambda < 293\text{cm}$)、中巷(medium lane，ML，$19\text{cm} \leqslant \lambda < 75\text{cm}$)和窄巷(narrow lane，NL，$10\text{cm} \leqslant \lambda < 19\text{cm}$)信号。传统 TCAR 方法是基于无几何模型的 bootstrapping 算法。然而，在模糊度固定方面，

bootstrapping 考虑了待固定模糊度之间的相关性。ILS 方法通过寻找浮点模糊度的最小范数解来考虑所有待固定模糊度之间的相关性，表现更为优越(Teunissen et al.，2002)。随后，TCAR 方法也进一步扩展到使用基于几何(geometry-based，GB)模型(Feng and Rizos，2005；Feng and Li，2008)。

为了进一步提高 TCAR 方法的性能，Cocard 等(2008)和 Feng(2008)系统地研究了三频 GPS 观测值的最佳虚拟信号。此外，Li 等(2010)使用 GF 模型和 IF 模型的线性组合来实现与距离无关的模糊度固定。之后，又有相关学者在 TCAR 方法中考虑电离层延迟和多路径效应(Zhao et al.，2015；Chen et al.，2016)，并系统研究了质量控制问题(Verhagen et al.，2012；Li T et al.，2014)。

许多研究人员在真实的三频 GPS 和北斗二号(BDS-2)数据基础上，证明了 TCAR 方法的可行性(Wang and Rothacher，2013；Tang et al.，2014；Zhang and He，2016；Li，2018)。目前，北斗三号(BDS-3)已正式开通，并提供全球服务(Yang Y et al.,2019,2020)，北斗三号的设计星座由 3 颗地球静止轨道(geostationary earth orbit，GEO)卫星、3 颗倾斜地球同步轨道(inclined geosynchronous orbit，IGSO)卫星和 24 颗中圆地球轨道(medium earth orbit，MEO)卫星构成，具备独特的星间链路功能。值得一提的是，北斗三号公开提供至少四个频率的数据，因此可以应用 FCAR 方法进一步提高实时精密定位能力。个别研究表明，FCAR 的理论和方法不同于 TCAR 的理论和方法(Werner and Winkel，2003；Ji et al.，2007)。但是，截至目前，仍未有对 FCAR 方法的综合研究。而北斗三号的多频数据为评估 FCAR 方法的性能提供了一个很好的机会，因此研究 FCAR 方法的理论及其在实际数据中的应用是很有必要的。

3.1.2　四频相位模糊度固定基本模型

以北斗三号系统为例，对 FCAR 模型和方法进行综合研究。首先，给出四频观测值的线性组合；其次，根据不同的最优准则找到所有对应的最优线性组合；最后，与三频进行对比，说明四频相位模糊度固定的优势。

具体地，第一步给出四频 GNSS 观测值的线性组合基本解析式。目前，北斗三号在 B1、B2 和 B3 三个频段提供 B1I、B1C、B2a 和 B3I 四个公开授权服务信号，此外还拥有 PPP 服务功能的 B2b 信号。北斗三号五个频率信号的具体信息如表 3.1 所示。其中 Mcps(mega chips per second)表示百万码片/秒。由表 3.1 可知，这五种信号的码速率并不相同。其中，B3I 和 B2a 的码速率分别是 B1I 和 B1C 的 5 倍和 10 倍。因此，B3I 和 B2a 的码标准差(standard deviation，STD)小于 B1I 和 B1C。

表 3.1　北斗三号五频信号的详细信息

信号	频率/MHz	波长/m	码速率/Mcps
B1C	1575.420	0.1903	1.023
B1I	1561.098	0.1920	2.046
B3I	1268.520	0.2363	10.23
B2a	1176.450	0.2548	10.23
B2b	1207.140	0.2483	10.23

对于任意四个频率 f_1、f_2、f_3 和 f_4，假设满足 $f_1 > f_2 > f_3 > f_4$。在北斗三号系统中，可以分别参考 $f_1 = 1575.420\text{MHz}$、$f_2 = 1561.098\text{MHz}$、$f_3 = 1268.520\text{MHz}$ 和 $f_4 = 1176.450\text{MHz}$。双差线性组合伪距和相位观测值一般可以表示为

$$\nabla\Delta P_{(u_1,u_2,u_3,u_4)} = \frac{u_1 \cdot f_1 \cdot \nabla\Delta P_1 + u_2 \cdot f_2 \cdot \nabla\Delta P_2 + u_3 \cdot f_3 \cdot \nabla\Delta P_3 + u_4 \cdot f_4 \cdot \nabla\Delta P_4}{u_1 \cdot f_1 + u_2 \cdot f_2 + u_3 \cdot f_3 + u_4 \cdot f_4} \tag{3.1}$$

$$\nabla\Delta \Phi_{(u_1,u_2,u_3,u_4)} = \frac{u_1 \cdot f_1 \cdot \nabla\Delta \Phi_1 + u_2 \cdot f_2 \cdot \nabla\Delta \Phi_2 + u_3 \cdot f_3 \cdot \nabla\Delta \Phi_3 + u_4 \cdot f_4 \cdot \nabla\Delta \Phi_4}{u_1 \cdot f_1 + u_2 \cdot f_2 + u_3 \cdot f_3 + u_4 \cdot f_4} \tag{3.2}$$

式中，u_1、u_2、u_3 和 u_4 是任意整数系数；$\nabla\Delta P_1$、$\nabla\Delta P_2$、$\nabla\Delta P_3$ 和 $\nabla\Delta P_4$ 分别是关于 f_1、f_2、f_3 和 f_4 的双差伪距观测值；$\nabla\Delta \Phi_1$、$\nabla\Delta \Phi_2$、$\nabla\Delta \Phi_3$ 和 $\nabla\Delta \Phi_4$ 分别是关于 f_1、f_2、f_3 和 f_4 的双差相位观测值。对应的组合频率、波长和整周模糊度可表示为

$$f_{(u_1,u_2,u_3,u_4)} = u_1 \cdot f_1 + u_2 \cdot f_2 + u_3 \cdot f_3 + u_4 \cdot f_4 \tag{3.3}$$

$$\lambda_{(u_1,u_2,u_3,u_4)} = \frac{c}{u_1 \cdot f_1 + u_2 \cdot f_2 + u_3 \cdot f_3 + u_4 \cdot f_4} \tag{3.4}$$

$$\nabla\Delta N_{(u_1,u_2,u_3,u_4)} = u_1 \cdot \nabla\Delta N_1 + u_2 \cdot \nabla\Delta N_2 + u_3 \cdot \nabla\Delta N_3 + u_4 \cdot \nabla\Delta N_4 \tag{3.5}$$

式中，c 是真空中的光速；$\nabla\Delta N_1$、$\nabla\Delta N_2$、$\nabla\Delta N_3$ 和 $\nabla\Delta N_4$ 分别是关于 f_1、f_2、f_3 和 f_4 的双差模糊度。

同理，四频线性组合即虚拟信号的观测方程可被推导为

$$\nabla\Delta P_{(u_1,u_2,u_3,u_4)} = \nabla\Delta\rho + \nabla\Delta\delta_{orb} + \nabla\Delta T + \beta_{(u_1,u_2,u_3,u_4)}\nabla\Delta I^1 + \theta_{(u_1,u_2,u_3,u_4)}\nabla\Delta I^2 + \nabla\Delta\varepsilon_{(u_1,u_2,u_3,u_4)} \tag{3.6}$$

$$\begin{aligned}\nabla\Delta \Phi_{(u_1,u_2,u_3,u_4)} = {} & \nabla\Delta\rho + \nabla\Delta\delta_{orb} + \nabla\Delta T - \beta_{(u_1,u_2,u_3,u_4)}\nabla\Delta I^1 - \theta_{(u_1,u_2,u_3,u_4)}\nabla\Delta I^2 \\ & - \lambda_{(u_1,u_2,u_3,u_4)}\nabla\Delta N_{(u_1,u_2,u_3,u_4)} + \nabla\Delta\epsilon_{(u_1,u_2,u_3,u_4)}\end{aligned} \tag{3.7}$$

式中，$\nabla\Delta\rho$ 是双差卫地距；$\nabla\Delta\delta_{orb}$ 是双差轨道误差；$\nabla\Delta T$ 是双差对流层延迟；$\nabla\Delta I^1$

是载波相位上 f_1 的一阶双差电离层延迟；$\nabla\Delta I^2$ 是载波相位上 f_1 的二阶双差电离层延迟；$\nabla\Delta\varepsilon_{(u_1,u_2,u_3,u_4)}$ 和 $\nabla\Delta\epsilon_{(u_1,u_2,u_3,u_4)}$ 分别是 $\nabla\Delta P_{(u_1,u_2,u_3,u_4)}$ 和 $\nabla\Delta\Phi_{(u_1,u_2,u_3,u_4)}$ 的观测噪声。$\beta_{(u_1,u_2,u_3,u_4)}$ 定义为相对于一阶电离层延迟的电离层尺度因子，满足

$$\beta_{(u_1,u_2,u_3,u_4)}=\frac{f_1^2(u_1/f_1+u_2/f_2+u_3/f_3+u_4/f_4)}{u_1\cdot f_1+u_2\cdot f_2+u_3\cdot f_3+u_4\cdot f_4} \tag{3.8}$$

$\theta_{(u_1,u_2,u_3,u_4)}$ 定义为关于二阶电离层延迟的电离层尺度因子，满足

$$\theta_{(u_1,u_2,u_3,u_4)}=\frac{f_1^3(u_1/f_1^2+u_2/f_2^2+u_3/f_3^2+u_4/f_4^2)}{u_1\cdot f_1+u_2\cdot f_2+u_3\cdot f_3+u_4\cdot f_4} \tag{3.9}$$

对于观测噪声项，根据伪距观测噪声 $\nabla\Delta\varepsilon_1$、$\nabla\Delta\varepsilon_2$、$\nabla\Delta\varepsilon_3$ 和 $\nabla\Delta\varepsilon_4$ 以及相位观测噪声 $\nabla\Delta\epsilon_1$、$\nabla\Delta\epsilon_2$、$\nabla\Delta\epsilon_3$ 和 $\nabla\Delta\epsilon_4$，同时假设这些观测噪声是独立的，可以推导出组合伪距和相位观测值的方差：

$$\sigma^2_{\nabla\Delta\varepsilon_{(u_1,u_2,u_3,u_4)}}=\eta^2_{(u_1,u_2,u_3,u_4)}\sigma^2_{\nabla\Delta\varepsilon} \tag{3.10}$$

$$\sigma^2_{\nabla\Delta\epsilon_{(u_1,u_2,u_3,u_4)}}=\mu^2_{(u_1,u_2,u_3,u_4)}\sigma^2_{\nabla\Delta\epsilon} \tag{3.11}$$

式中，$\sigma_{\nabla\Delta\varepsilon}$ 是相对于四个频率的伪距 STD 的等效伪距 STD，即 $\sigma_{\nabla\Delta\varepsilon_1}$、$\sigma_{\nabla\Delta\varepsilon_2}$、$\sigma_{\nabla\Delta\varepsilon_3}$ 和 $\sigma_{\nabla\Delta\varepsilon_4}$。因此，存在 $\sigma_{\nabla\Delta\varepsilon}=\sigma_{\nabla\Delta\varepsilon_1}=\alpha_{12}\sigma_{\nabla\Delta\varepsilon_2}=\alpha_{13}\sigma_{\nabla\Delta\varepsilon_3}=\alpha_{14}\sigma_{\nabla\Delta\varepsilon_4}$ 的关系，其中，α_{12}、α_{13} 和 α_{14} 表示系数。据北斗三号系统规定，B1C、B1I、B3I 和 B2a 的伪距观测值精度不同，因此不适用于等权模型。为了更高效可靠地估计这些不同伪距观测值的精度，引入码速率作为其中一个参考指标进行估计。由表 3.1 可知，本书中的码速率 $\alpha_{12}=0.5$、$\alpha_{23}=0.1$ 和 $\alpha_{34}=0.1$。同样地，$\sigma_{\nabla\Delta\epsilon}$ 是相对于四个频率的相位 STD 的等效相位 STD，即 $\sigma_{\nabla\Delta\epsilon_1}$、$\sigma_{\nabla\Delta\epsilon_2}$、$\sigma_{\nabla\Delta\epsilon_3}$ 和 $\sigma_{\nabla\Delta\epsilon_4}$。其中，相位 STD 是相同的，即 $\sigma_{\nabla\Delta\epsilon}=\sigma_{\nabla\Delta\epsilon_1}=\sigma_{\nabla\Delta\epsilon_2}=\sigma_{\nabla\Delta\epsilon_3}=\sigma_{\nabla\Delta\epsilon_4}$。因此，噪声放大因子 $\eta_{(u_1,u_2,u_3,u_4)}$ 和 $\mu_{(u_1,u_2,u_3,u_4)}$ 可以表示为

$$\eta^2_{(u_1,u_2,u_3,u_4)}=\frac{(u_1\cdot f_1)^2+(\alpha_{12}\cdot u_2\cdot f_2)^2+(\alpha_{13}\cdot u_3\cdot f_3)^2+(\alpha_{14}\cdot u_4\cdot f_4)^2}{(u_1\cdot f_1+u_2\cdot f_2+u_3\cdot f_3+u_4\cdot f_4)^2} \tag{3.12}$$

$$\mu^2_{(u_1,u_2,u_3,u_4)}=\frac{(u_1\cdot f_1)^2+(u_2\cdot f_2)^2+(u_3\cdot f_3)^2+(u_4\cdot f_4)^2}{(u_1\cdot f_1+u_2\cdot f_2+u_3\cdot f_3+u_4\cdot f_4)^2} \tag{3.13}$$

下面讨论四频 GNSS 观测值的最优线性组合，使用式(3.1)和式(3.2)可以形成大量四频北斗三号观测值的线性组合。这些虚拟信号，尤其是波长很长的信号，

可在 FCAR 方法中应用。为了固定四个基本观测值的整周模糊度，必须选择四个独立的虚拟信号。其中信号独立是指这些虚拟信号彼此之间无法直接线性表示，即组成这些信号的系数矩阵为满秩矩阵。但是，这样的选择有无限多个。因此，必须根据组合波长、一阶/二阶电离层尺度因子和伪距/相位噪声放大因子等最优准则来确定最优虚拟信号。理论上，高质量的线性组合具有波长长、电离层尺度因子小、噪声放大因子小等特点，此时借助这些高质量的线性组合，可以实现对模糊度的精确固定。

为了识别最优虚拟信号，本书描述了 u_1、u_2、u_3 和 u_4 的所有线性组合的参数，并在研究中取了−10～10 区间内的值，因为只有少数有用的组合在−10～10 的区间之外，如无电离层的信号。本章旨在寻找有效的组合建立最优准则，便于在不同的基线长度上能够更好地解决模糊度固定问题，这也是找出最优虚拟信号的关键因素。表 3.2 列出了 GPS、BDS-2 和 BDS-3 具有最小噪声放大因子（μ）或一阶电离层尺度因子绝对值（$|\beta|$）的 EWL 和 WL 信号。由表 3.2 可以看出，无论是 EWL 信号还是 WL 信号，北斗三号在这三个系统中都具有最小的 μ 和 $|\beta|$ 值。这表明四频 BDS-3 比三频 GPS 和 BDS-2 具有质量更高的线性组合。此外，表 3.2 可以帮助 EWL RTK（Li et al.，2017a）用户找出潜在的最佳信号，如被电离层削弱的信号。

表 3.2　具有最小噪声放大因子和一阶电离层尺度因子绝对值的 EWL 和 WL 信号

系统	信号	min(μ)	min($\|\beta\|$)
GPS	EWL	$\mu_{(0,1,-1)}=33.2415$	$\beta_{(1,-6,5)}=-0.0744$
	WL	$\mu_{(1,0,-1)}=4.9282$	$\beta_{(1,-5,4)}=-0.6616$
BDS-2	EWL	$\mu_{(0,1,-1)}=28.5287$	$\beta_{(1,-5,4)}=0.6521$
	WL	$\mu_{(1,0,-1)}=5.5752$	$\beta_{(1,-4,3)}=-0.6179$
BDS-3	EWL	$\mu_{(0,0,1,-1)}=18.7907$	$\beta_{(-4,5,-3,2)}=-0.0516$
	WL	$\mu_{(1,0,0,-1)}=4.9282$	$\beta_{(-2,5,-10,7)}=0.0033$

同时具有小的电离层尺度因子绝对值和噪声放大因子的线性组合往往在模糊度固定方面备受关注，因此上述阈值策略可用于确定高质量的线性组合。对于北斗三号的观测，所有满足 $\left|\beta_{(u_1,u_2,u_3,u_4)}\right|<1.8$ 和 $\left|\mu_{(u_1,u_2,u_3,u_4)}\right|<215$ 的高质量 EWL 信号如表 3.3 所示。从表中可以发现，四个频率比三个频率可以提供更多的组合。在所有这些高质量的 EWL 信号中，最优相位线性组合 $\nabla\Delta\Phi_{(1,-1,0,0)}$ 的最长波长为 20.9323m，而其电离层尺度因子绝对值和噪声放大因子都不大。此外，一些虚拟信号也是潜在的最优线性组合，例如，$\nabla\Delta\Phi_{(-4,5,-3,2)}$ 具有绝对值最小的一阶电离层尺度因子，$\nabla\Delta\Phi_{(0,0,1,-1)}$ 具有最小的伪距和相位噪声放大因子。

表 3.3　高质量北斗三号 EWL 信号的波长、电离层尺度因子和噪声放大因子

u_1	u_2	u_3	u_4	$\lambda_{(u_1,u_2,u_3,u_4)}$ / m	$\beta_{(u_1,u_2,u_3,u_4)}$	$\theta_{(u_1,u_2,u_3,u_4)}$	$\mu_{(u_1,u_2,u_3,u_4)}$	$\eta_{(u_1,u_2,u_3,u_4)}$
1	−1	0	0	20.9323	−1.0092	−2.0276	154.8580	122.7609
2	−1	−4	3	6.6603	1.4166	6.7117	157.9818	73.4116
−4	5	−3	2	5.8610	−0.0516	1.5860	214.7472	145.1773
3	−2	−4	3	5.0526	0.8311	4.6022	141.2986	84.5322
−3	4	−3	2	4.5789	−0.2610	0.7955	137.7586	86.7861
4	−3	−4	3	4.0702	0.4733	3.3131	135.6624	91.6563
−1	1	1	−1	3.8560	−1.7836	−4.7098	36.1791	22.7231
−2	3	−3	2	3.7571	−0.3953	0.2888	90.2667	49.5164
−3	5	−7	5	3.6632	0.9235	5.0375	171.3760	76.0167
5	−4	−4	3	3.4076	0.2319	2.4437	134.1262	96.5675
0	0	1	−1	3.2561	−1.6631	−4.2926	18.7909	1.8791
−1	2	−3	2	3.1854	−0.4887	−0.0637	60.3380	24.0401
−2	4	−7	5	3.1176	0.6357	3.9853	132.5099	47.4391
−7	8	−2	1	2.9903	−1.1212	−2.2640	168.5116	126.4409
6	−5	−4	3	2.9305	0.0582	1.8177	134.2008	100.1483

为了更直观地比较三频和四频的线性组合，三频 GPS 和北斗二号(BDS-2)及四频北斗三号(BDS-3)的高质量 EWL/WL/ML/NL 信号总数(基本相位观测值除外)如图 3.1 所示。需要指出的是，高质量的 WL、ML 和 NL 信号分别满足 $\left|\beta_{(u_1,u_2,u_3,u_4)}\right|<1.4$ 和 $\left|\mu_{(u_1,u_2,u_3,u_4)}\right|<85$ 、 $\left|\beta_{(u_1,u_2,u_3,u_4)}\right|<1$ 和 $\left|\mu_{(u_1,u_2,u_3,u_4)}\right|<10$ ， 以及 $\left|\beta_{(u_1,u_2,u_3,u_4)}\right|<1$ 和 $\left|\mu_{(u_1,u_2,u_3,u_4)}\right|<2$。由图 3.1 可以看出，北斗三号的高质量 EWL/WL/ML/NL 信号数量明显多于 GPS 和北斗二号，尤其是 WL 信号。其中，BDS-3、GPS、BDS-2 的高质量 WL 信号总数分别为 111 个、7 个和 6 个。这表明四频北斗三号具有提供多种高质量 WL 信号的明显优势。北斗三号的高质量 EWL/ML/NL 虚拟信号的平均数量为 16 个，而 GPS 和北斗二号仅为 2 个，因此，四频观测值在模糊度固定方面具有巨大潜力。

然而，有时候虽然具有绝对值最小的电离层尺度因子或最小噪声放大因子的虚拟信号在这些方面表现出色，但由于其波长相对较小，可能无法在模糊度固定方面发挥最佳作用。因此，采用了总噪声水平(total noise level，TNL)的概念。给每个误差源的误差预先设定一个值，可以根据式(3.6)和式(3.7)推导出伪距(以 m 为单位)和相位(以周为单位)的 TNL：

$$\sigma_{\mathrm{TN}_P}=\sqrt{\sigma_{\nabla\Delta\delta_{orb}}^2+\sigma_{\nabla\Delta T}^2+\beta_{(u_1,u_2,u_3,u_4)}^2\sigma_{\nabla\Delta I^1}^2+\theta_{(u_1,u_2,u_3,u_4)}^2\sigma_{\nabla\Delta I^2}^2+\sigma_{\nabla\Delta\varepsilon_{(u_1,u_2,u_3,u_4)}}^2} \tag{3.14}$$

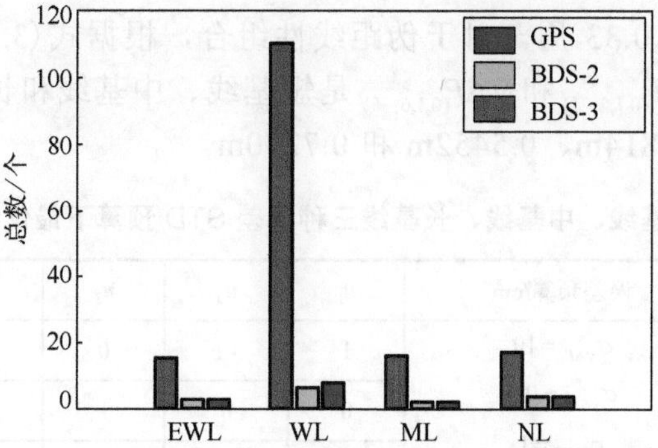

图 3.1　GPS、BDS-2 和 BDS-3 的高质量 EWL/WL/ML/NL 信号总数

$$\sigma_{\mathrm{TN}_\Phi}=\frac{1}{\lambda_{(u_1,u_2,u_3,u_4)}}\sqrt{\sigma^2_{\nabla\Delta\delta_{orb}}+\sigma^2_{\nabla\Delta T}+\beta^2_{(u_1,u_2,u_3,u_4)}\sigma^2_{\nabla\Delta I^1}+\theta^2_{(u_1,u_2,u_3,u_4)}\sigma^2_{\nabla\Delta I^2}+\sigma^2_{\nabla\Delta\epsilon_{(u_1,u_2,u_3,u_4)}}} \tag{3.15}$$

式中，σ_{TN_P} 和 $\sigma_{\mathrm{TN}_\Phi}$ 分别是伪距和相位 TNL；$\sigma_{\nabla\Delta\delta_{orb}}$ 是双差轨道误差的 STD；$\sigma_{\nabla\Delta T}$ 是双差对流层延迟的 STD；$\sigma_{\nabla\Delta I^1}$ 和 $\sigma_{\nabla\Delta I^2}$ 分别是一阶和二阶双差电离层延迟的 STD。显然，最优线性组合满足 $\sigma_{\mathrm{TN}_P}=\min$ 或 $\sigma_{\mathrm{TN}_\Phi}=\min$。表 3.4 给出了短基线（$d\leqslant 100\mathrm{km}$）、中基线（$100\mathrm{km}<d<200\mathrm{km}$）和长基线（$d\geqslant 200\mathrm{km}$）(Li et al.，2010)情况下的粗略误差 STD，这有助于确定最佳虚拟信号。

表 3.4　短基线、中基线、长基线的双差伪距和相位误差 STD　　　（单位：cm）

项目	短基线	中基线	长基线
B1C 相位噪声	≈1	≈1	≈1
B1C 伪距噪声	≈100	≈100	≈100
一阶电离层延迟	<10	<40	<100
二阶电离层延迟	<0.5	<1	<2
对流层延迟	<1	≈2.5	<20
轨道误差	<0.5	<1	<10

由表 3.5 可知，在短基线、中基线、长基线三种条件下相位观测的最佳线性组合，其中选择了三个具有最小 TNL 的独立虚拟信号。可以再次发现 $\nabla\Delta\Phi_{(1,-1,0,0)}$ 是最好的 EWL 信号，因为该信号的 TNL 明显小于任何其他潜在最佳虚拟信号的 TNL，其平均 TNL 约为 0.08 周。根据 TNL，在最常见的短基线中 $\nabla\Delta\Phi_{(0,0,1,-1)}$ 和 $\nabla\Delta\Phi_{(0,1,-2,1)}$ 的值都小于 0.13 周，这表明在第二和第三个最优虚拟信号的帮助下，模糊度固定在短基线上有相当高的准确度。同样地，在中基线、长基线中 TNL

分别小于 0.21 周和 0.33 周。对于伪距线性组合，根据式(3.14)计算伪距 TNL，组合 $\nabla\Delta P_{(0,0,1,1)}$、$\nabla\Delta P_{(0,1,2,-1)}$ 和 $\nabla\Delta P_{(0,1,6,-6)}$ 是短基线、中基线和长基线的最优线性伪距组合，分别为 0.1814m、0.5452m 和 0.7270m。

表 3.5　FCAR 中短基线、中基线、长基线三种误差 STD 预算下最优线性相位组合的 TNL

基线长度	误差预算/cm	u_1	u_2	u_3	u_4	$\sigma_{\mathrm{TN}_\Phi}$ /周
短基线	$\sigma_{\nabla\Delta I^1}=10$ $\sigma_{\nabla\Delta I^2}=0.5$ $\sigma_{\nabla\Delta T}=1$ $\sigma_{\nabla\Delta\delta_{orb}}=0.5$	1	−1	0	0	0.0741
		0	0	1	−1	0.0774
		0	1	−2	1	0.1288
中基线	$\sigma_{\nabla\Delta I^1}=40$ $\sigma_{\nabla\Delta I^2}=1$ $\sigma_{\nabla\Delta T}=2.5$ $\sigma_{\nabla\Delta\delta_{orb}}=1$	1	−1	0	0	0.0765
		0	1	−3	2	0.1777
		−1	1	1	−1	0.2079
长基线	$\sigma_{\nabla\Delta I^1}=100$ $\sigma_{\nabla\Delta I^2}=2$ $\sigma_{\nabla\Delta T}=20$ $\sigma_{\nabla\Delta\delta_{orb}}=10$	1	−1	0	0	0.0890
		−1	2	−3	2	0.2537
		2	−1	−4	3	0.3210

根据相位 TNL 和不同的偏差，假设相位 TNL 为正态分布，则理论上模糊度固定正确的概率密度函数满足

$$P(-0.5<x<0.5)=\int_{-0.5}^{0.5}\frac{1}{\sigma_{\mathrm{TN}_\Phi}\sqrt{2\pi}}\exp\left(-\frac{(x-\mathrm{bias})^2}{2\sigma_{\mathrm{TN}_\Phi}^2}\right)\mathrm{d}x \tag{3.16}$$

式中，x表示浮点解和真实整周模糊度之间的差值。图 3.2 说明了三种不同的最优 EWL 信号在不同偏差下模糊度固定正确的概率，其中左、中和右依次表示短基线、中基线和长基线。每幅子图中三个不同的 EWL 信号分别是 GPS 的 $\nabla\Delta\Phi_{(0,1,-1)}$、BDS-2 的 $\nabla\Delta\Phi_{(0,1,-1)}$ 和 BDS-3 的 $\nabla\Delta\Phi_{(1,-1,0,0)}$。从图中可以看出，BDS-3 信号的性能比 GPS 和 BDS-2 信号要好得多。其中，在中基线和短基线中，当偏差小于 6.5m 时，BDS-3 的概率几乎为 100%，而 GPS 和 BDS-2 仅在偏差约小于 2.0m 时才大于 80%。在长基线的情况下，BDS-3 的概率仍然很高，偏差在 6.0m 左右，其值仍然是 100%。但是，此时 GPS 和 BDS-3 的对应概率接近于 0。如图 3.2 所示，有很多高质量的 BDS-3 的 EWL 和 WL 信号如 $\nabla\Delta\Phi_{(1,-1,0,0)}$，而只有少量高质量的 GPS 和 BDS-2 的 EWL 和 WL 信号。因此，在四个频率的情况下模糊度固定正确的概率更高。

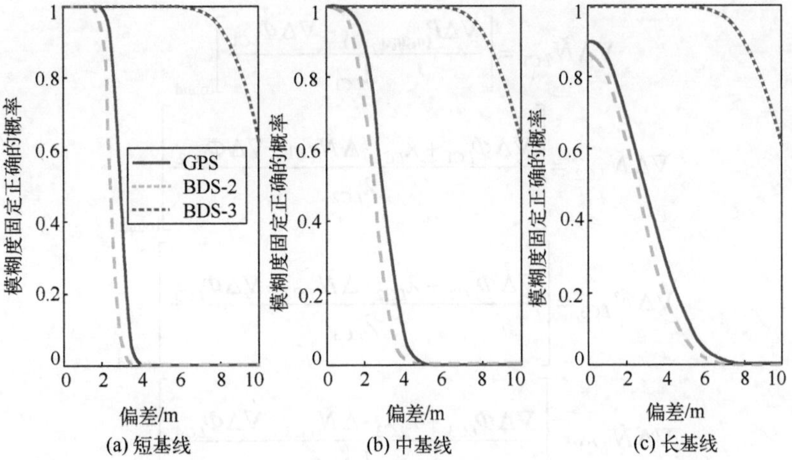

图 3.2　最佳 EWL 信号的偏差与模糊度正确解算的概率之间的关系

3.1.3　四频相位模糊度固定基本方法

本小节将推导两种经典 FCAR 基本方法：第一种方法是 GF-FCAR 方法，即根据卫星和接收机之间的距离对观测值进行参数化。第二种方法是 GB-FCAR 方法，根据坐标分量对观测值进行参数化。在本书中，为更直观地评估 FCAR 方法采用四舍五入固定模糊度，实际中也可以使用 bootstrapping 或 ILS 进行模糊度搜索。

1. GF-FCAR 方法

因为在 GF 模型中模型是秩亏的，所以通常使用虚拟伪距和相位信号，或两个虚拟相位信号来求解整周模糊度，然后表示为

$$\begin{aligned}&\nabla\Delta P_{(u_5,u_6,u_7,u_8)}-\nabla\Delta\Phi_{(u_1,u_2,u_3,u_4)}\\&=\lambda_{(u_1,u_2,u_3,u_4)}\nabla\Delta N_{(u_1,u_2,u_3,u_4)}+(\beta_{(u_5,u_6,u_7,u_8)}+\beta_{(u_1,u_2,u_3,u_4)})\nabla\Delta I^1\\&\quad+(\theta_{(u_5,u_6,u_7,u_8)}+\theta_{(u_1,u_2,u_3,u_4)})\nabla\Delta I^2+\nabla\Delta\varepsilon_{(u_5,u_6,u_7,u_8)}-\nabla\Delta\epsilon_{(u_1,u_2,u_3,u_4)}\end{aligned}\tag{3.17}$$

$$\begin{aligned}&\nabla\Delta\Phi_{(u_5,u_6,u_7,u_8)}-\nabla\Delta\Phi_{(u_1,u_2,u_3,u_4)}\\&=\lambda_{(u_1,u_2,u_3,u_4)}\nabla\Delta N_{(u_1,u_2,u_3,u_4)}-\lambda_{(u_5,u_6,u_7,u_8)}\nabla\Delta N_{(u_5,u_6,u_7,u_8)}\\&\quad+(\beta_{(u_1,u_2,u_3,u_4)}-\beta_{(u_5,u_6,u_7,u_8)})\nabla\Delta I^1+(\theta_{(u_1,u_2,u_3,u_4)}-\theta_{(u_5,u_6,u_7,u_8)})\nabla\Delta I^2\\&\quad+\nabla\Delta\epsilon_{(u_5,u_6,u_7,u_8)}-\nabla\Delta\epsilon_{(u_1,u_2,u_3,u_4)}\end{aligned}\tag{3.18}$$

式中，u_5、u_6、u_7和u_8是任意整数系数。

基于 GF 模型，首先选择 4 个独立的线性组合。在 GF-FCAR 方法中，4 个频率的整周模糊度解算需要经过 4 个步骤，其数学表达式如下：

$$\nabla\Delta\check{N}_{LC1}=\left[\frac{\nabla\Delta P_{(u_5,u_6,u_7,u_8)}-\nabla\Delta\Phi_{LC1}}{\lambda_{LC1}}\right]_{\text{round}} \tag{3.19}$$

$$\nabla\Delta\check{N}_{LC2}=\left[\frac{\nabla\Delta\Phi_{LC1}+\lambda_{LC1}\cdot\Delta\check{N}_{LC1}-\nabla\Delta\Phi_{LC2}}{\lambda_{LC2}}\right]_{\text{round}} \tag{3.20}$$

$$\nabla\Delta\check{N}_{LC3}=\left[\frac{\nabla\Delta\Phi_{LC2}+\lambda_{LC2}\cdot\Delta\check{N}_{LC2}-\nabla\Delta\Phi_{LC3}}{\lambda_{LC3}}\right]_{\text{round}} \tag{3.21}$$

$$\nabla\Delta\check{N}_{LC4}=\left[\frac{\nabla\Delta\Phi_{LC3}+\lambda_{LC3}\cdot\Delta\check{N}_{LC3}-\nabla\Delta\Phi_{LC4}}{\lambda_{LC4}}\right]_{\text{round}} \tag{3.22}$$

式中，$\nabla\Delta\Phi_{LC1}$、$\nabla\Delta\Phi_{LC2}$、$\nabla\Delta\Phi_{LC3}$和$\nabla\Delta\Phi_{LC4}$是 4 个线性组合；λ_{LC1}、λ_{LC2}、λ_{LC3}和λ_{LC4}分别是波长；$\nabla\Delta\check{N}_{LC1}$、$\nabla\Delta\check{N}_{LC2}$、$\nabla\Delta\check{N}_{LC3}$和$\nabla\Delta\check{N}_{LC4}$是四舍五入后对应的双差模糊度，理论上，可以直接为 FCAR 方法选择 4 种最佳相位线性组合，例如，高质量的 EWL 或 WL 信号。然而，$u_1+u_2+u_3+u_4=0$条件下只有 3 个独立的组合(如 EWL 和 WL 信号)。因此，应该选择一个额外的线性组合满足$u_1+u_2+u_3+u_4=1$(如基本信号)，因为它与$u_1+u_2+u_3+u_4=0$的情况无关。固定选择 4 个线性组合的模糊度后，可以检索 1 个基本观测值的模糊度如下：

$$\begin{bmatrix}\nabla\Delta\check{N}_1\\ \nabla\Delta\check{N}_2\\ \nabla\Delta\check{N}_3\\ \nabla\Delta\check{N}_4\end{bmatrix}=\begin{bmatrix}u_{11}&u_{12}&u_{13}&u_{14}\\ u_{21}&u_{22}&u_{23}&u_{24}\\ u_{31}&u_{32}&u_{33}&u_{34}\\ u_{41}&u_{42}&u_{43}&u_{44}\end{bmatrix}^{-1}\begin{bmatrix}\nabla\Delta\check{N}_{LC1}\\ \nabla\Delta\check{N}_{LC2}\\ \nabla\Delta\check{N}_{LC3}\\ \nabla\Delta\check{N}_{LC4}\end{bmatrix} \tag{3.23}$$

式中，$\begin{bmatrix}u_{11}&u_{12}&u_{13}&u_{14}\\ u_{21}&u_{22}&u_{23}&u_{24}\\ u_{31}&u_{32}&u_{33}&u_{34}\\ u_{41}&u_{42}&u_{43}&u_{44}\end{bmatrix}$是满秩矩阵，即满足 $\text{rank}\left(\begin{bmatrix}u_{11}&u_{12}&u_{13}&u_{14}\\ u_{21}&u_{22}&u_{23}&u_{24}\\ u_{31}&u_{32}&u_{33}&u_{34}\\ u_{41}&u_{42}&u_{43}&u_{44}\end{bmatrix}\right)=4$ 的设计矩阵。

为了提高模糊度固定率，式(3.19)～式(3.22)需要进行一些变换。首先，如果固定$\nabla\Delta\Phi_{LC1}$或者$\Delta\Phi_{LC2}$的噪声大于$\nabla\Delta P_{(u_5,u_6,u_7,u_8)}$，固定线性组合就不能作为精密的伪观测值。也就是说，式(3.20)甚至式(3.21)应该像式(3.19)一样进行处理，其中$\nabla\Delta P_{(u_5,u_6,u_7,u_8)}$仍然被视为精密的伪观测值。其次，如果$\nabla\Delta\Phi_{LC4}$的双差模糊度不容易固定，则可以在固定$\nabla\Delta\Phi_{LC1}$、$\nabla\Delta\Phi_{LC2}$和$\nabla\Delta\Phi_{LC3}$的基础上形成另一种具有较小噪声的固定线性组合进行辅助。

2. GB-FCAR 方法

在 GB 模型中基线组成部分被参数化，应用递推程序来固定模糊度，第一步通常是固定三个独立的 EWL/WL 的模糊度。其中，第一个虚拟信号与伪距最优线性组合一起进行模糊度固定：

$$\begin{bmatrix} \boldsymbol{v}_P \\ \boldsymbol{v}_{LC1} \end{bmatrix} = \begin{bmatrix} \boldsymbol{A} & \boldsymbol{0} \\ \boldsymbol{A} & \boldsymbol{I}\cdot\lambda_{LC1} \end{bmatrix} \begin{bmatrix} \boldsymbol{x} \\ \nabla\Delta\boldsymbol{N}_{LC1} \end{bmatrix} - \begin{bmatrix} \boldsymbol{l}_P \\ \boldsymbol{l}_{LC1} \end{bmatrix} \tag{3.24}$$

式中，$\boldsymbol{v}_P$ 和 $\boldsymbol{v}_{LC1}$ 分别是伪距最优线性组合和第一个虚拟信号的残差向量；$\boldsymbol{A}$ 是关于基线组成部分 $\boldsymbol{x}$ 的设计矩阵；$\boldsymbol{I}$ 是单位矩阵；$\nabla\Delta\boldsymbol{N}_{LC1}$ 是第一个虚拟信号的双差模糊度；$\boldsymbol{l}_P$ 和 $\boldsymbol{l}_{LC1}$ 分别是伪距最优线性组合和第一个虚拟信号的观测值减计算值(observed minus computed，OMC)的差值向量。如果第一个固定后的虚拟信号可作为精密的伪观测值，则可借助第一个固定的虚拟信号解算第二个虚拟信号的模糊度：

$$\begin{bmatrix} \boldsymbol{v}'_{LC1} \\ \boldsymbol{v}_{LC2} \end{bmatrix} = \begin{bmatrix} \boldsymbol{A} & \boldsymbol{0} \\ \boldsymbol{A} & \boldsymbol{I}\cdot\lambda_{LC2} \end{bmatrix} \begin{bmatrix} \boldsymbol{x} \\ \nabla\Delta\boldsymbol{N}_{LC2} \end{bmatrix} - \begin{bmatrix} \boldsymbol{l}'_{LC1} \\ \boldsymbol{l}_{LC2} \end{bmatrix} \tag{3.25}$$

式中，$\boldsymbol{v}'_{LC1}$ 和 $\boldsymbol{v}_{LC2}$ 分别是第一个固定和第二个虚拟信号的残差向量；$\nabla\Delta\boldsymbol{N}_{LC2}$ 是第二个虚拟信号的双差模糊度；$\boldsymbol{l}'_{LC1}$ 和 $\boldsymbol{l}_{LC2}$ 分别是第一个固定和第二个虚拟信号的 OMC 向量。同理，第三个虚拟信号的模糊度可以解算如下：

$$\begin{bmatrix} \boldsymbol{v}'_{LC2} \\ \boldsymbol{v}_{LC3} \end{bmatrix} = \begin{bmatrix} \boldsymbol{A} & \boldsymbol{0} \\ \boldsymbol{A} & \boldsymbol{I}\cdot\lambda_{LC3} \end{bmatrix} \begin{bmatrix} \boldsymbol{x} \\ \nabla\Delta\boldsymbol{N}_{LC3} \end{bmatrix} - \begin{bmatrix} \boldsymbol{l}'_{LC2} \\ \boldsymbol{l}_{LC3} \end{bmatrix} \tag{3.26}$$

式中，$\boldsymbol{v}'_{LC2}$ 和 $\boldsymbol{v}_{LC3}$ 分别是第二个固定和第三个虚拟信号的残差向量；$\nabla\Delta\boldsymbol{N}_{LC3}$ 是第三个虚拟信号的双差模糊度；$\boldsymbol{l}'_{LC2}$ 和 $\boldsymbol{l}_{LC3}$ 分别是第二个固定和第三个虚拟信号的 OMC 向量。此外，可将更精确的伪观测值甚至伪距数据代入观测方程，以提供更多的多余观测数。最后，如果第四个独立的信号(如基本信号)无法通过上述三个虚拟信号快速固定，则可以选择形成另外三个精度更高的独立虚拟信号。因此，一旦三个独立虚拟信号的模糊度固定，另外三个独立虚拟信号的模糊度可以计算如下：

$$\nabla\Delta\check{N}_{LC1'} = \varpi_1\nabla\Delta\check{N}_{LC1} + \vartheta_1\nabla\Delta\check{N}_{LC2} + \varsigma_1\nabla\Delta\check{N}_{LC3} \tag{3.27}$$

$$\nabla\Delta\check{N}_{LC2'} = \varpi_2\nabla\Delta\check{N}_{LC1} + \vartheta_2\nabla\Delta\check{N}_{LC2} + \varsigma_2\nabla\Delta\check{N}_{LC3} \tag{3.28}$$

$$\nabla\Delta\check{N}_{LC3'} = \varpi_3\nabla\Delta\check{N}_{LC1} + \vartheta_3\nabla\Delta\check{N}_{LC2} + \varsigma_3\nabla\Delta\check{N}_{LC3} \tag{3.29}$$

式中，ϖ_1、ϖ_2、ϖ_3、ϑ_1、ϑ_2、ϑ_3、ς_1、ς_2 和 ς_3 是整数系数；$\nabla\Delta\check{N}_{LC1'}$、$\nabla\Delta\check{N}_{LC2'}$ 和 $\nabla\Delta\check{N}_{LC3'}$ 是另外三个独立虚拟信号的固定双差模糊度。此方式特别适用于复杂条件下，原因是这三个固定的虚拟信号可作为精确的伪观测值，从而帮助解决第四个独立信号的模糊度。其方程可以表示为

$$\begin{bmatrix} \boldsymbol{v}'_{LC1'} \\ \boldsymbol{v}'_{LC2'} \\ \boldsymbol{v}'_{LC3'} \\ \boldsymbol{v}_L \end{bmatrix} = \begin{bmatrix} \boldsymbol{A} & \boldsymbol{0} \\ \boldsymbol{A} & \boldsymbol{0} \\ \boldsymbol{A} & \boldsymbol{0} \\ \boldsymbol{A} & \boldsymbol{I}\cdot\lambda_L \end{bmatrix} \begin{bmatrix} \boldsymbol{x} \\ \nabla\Delta\boldsymbol{N}_L \end{bmatrix} - \begin{bmatrix} \boldsymbol{l}'_{LC1'} \\ \boldsymbol{l}'_{LC2'} \\ \boldsymbol{l}'_{LC3'} \\ \boldsymbol{l}_L \end{bmatrix} \tag{3.30}$$

式中，$\boldsymbol{v}'_{LC1'}$、$\boldsymbol{v}'_{LC2'}$和$\boldsymbol{v}'_{LC3'}$是另外三个固定虚拟信号的残差向量；$\boldsymbol{v}_L$、λ_L和$\boldsymbol{l}_L$分别是第四个独立信号的残差向量、波长和 OMC 向量；$\nabla\Delta\boldsymbol{N}_L$是第四个独立信号的双差模糊度；$\boldsymbol{l}'_{LC1'}$、$\boldsymbol{l}'_{LC2'}$和$\boldsymbol{l}'_{LC3'}$是这三个固定虚拟信号的 OMC 向量，第四个信号可以更容易地进行固定。尽管 GB 模型比 GF 模型更强大，但在它们的性能相似的情况下，可以选择使用更为简单的 GF 模型。

3.1.4 四频相位模糊度固定性能评估

为了评估 FCAR 模型和方法的性能，本书应用三个不同基线长度的数据集(No.1、No.2 和 No.3)，范围为 4.9m～61.6km。数据集由带有扼流圈天线的 Trimble Alloy 接收机收集的北斗三号四频观测值组成。表 3.6 列出了所用数据集的详细信息，包括年积日(day of year，DOY)、观测持续时间和采样间隔。

表 3.6　基线数据集的详细信息

数据集	距离/km	DOY(日期-天)	持续时间/h	采样间隔/s
No.1	0.0049	2019-304	24	30
No.2	27.6	2019-300	24	30
No.3	61.6	2019-314	24	30

实验数据集分别采用 GF-FCAR 方法和 GB-FCAR 方法处理，同时涵盖单历元和多历元解算策略。根据前面的分析，对于这三个短基线，选取 TNL 最小的伪距观测值，即$\nabla\Delta P_{(0,0,1,1)}$。此外，三个独立的 EWL/WL 信号$\nabla\Delta\Phi_{(1,-1,0,0)}$、$\nabla\Delta\Phi_{(0,0,1,-1)}$和$\nabla\Delta\Phi_{(0,1,-2,1)}$的模糊度易成功固定。在 FCAR 过程中，尽量选择使用较少的原始信号对观测值进行线性组合，以减少周跳和数据中断的影响。在 GF-FCAR 方法中，$\nabla\Delta\Phi_{(5,4,-7,-2)}$被视为精密的伪观测值，其模糊度可以直接用上述固定的 EWL/WL 信号计算。而在 GB-FCAR 方法中，固定$\nabla\Delta\Phi_{(5,4,-7,-2)}$、$\nabla\Delta\Phi_{(4,3,-5,-2)}$和$\nabla\Delta\Phi_{(2,2,-3,-1)}$用作独立的精密的伪观测值。最后，第四个独立信号采用基本相位观测值$\nabla\Delta\Phi_{(0,0,0,1)}$。在此过程中，截止高度角设置为 15°。对流层延迟和电离层延迟分别由改进的 Hopfield 模型和 Ionosphere-Fixed 模型处理。在 GB 模式下，应用高度角相关随机模型。周跳在多历元模式下通过 TurboEdit 方法进行处理(Zhang and Li，2020)。

首先应用单历元处理策略，由于模糊度是逐个历元处理的，不需要检测和识别周跳。为了评估每个线性组合的性能，采用了广泛使用的指标——模糊度固定率，其定义如下：

$$\kappa = \frac{n_{\text{suc}}}{n_t} \times 100\% \tag{3.31}$$

式中，κ 是模糊度固定率；n_{suc} 和 n_t 分别是模糊度成功固定的历元数和总历元数。为了公平地比较，本书通过预先将固定基线解与精确参考坐标进行比较来确认“真实”的模糊度。

由表 3.7 可知，单历元 GF-FCAR 方法和 GB-FCAR 方法的模糊度固定率。对于最短的基线 No.1，GF-FCAR 方法和 GB-FCAR 方法都能达到 100%的模糊度固定率。这表明 FCAR 方法确实可以有效地固定模糊度。对于较长的基线 No.2，三个 EWL/WL 信号 $\nabla\Delta\Phi_{(1,-1,0,0)}$、$\nabla\Delta\Phi_{(0,0,1,-1)}$ 和 $\nabla\Delta\Phi_{(0,1,-2,1)}$ 的所有模糊度都可以得到正确固定，第四个信号 $\nabla\Delta\Phi_{(0,0,0,1)}$ 的固定率平均达到 95%。由表 3.7 可知，GF-FCAR 方法和 GB-FCAR 方法的模糊度固定率分别为 94.24%和 95.80%。随着基线长度的增加，如基线 No.3 所示，三个 EWL/WL 信号的模糊度固定率仍然接近或达到 100%，而第四个信号的模糊度固定率超过了平均值 82%，略有下降，但由于此时更关注大气延迟，因此可以接受。所有的结果都表明 FCAR 方法在长基线 RTK 中具有很大的潜力。此外，由于 GF 模型没有估计基线解，从而忽略了不同卫星的联系，而 GB 模型中使用了更多的多余观测值，GB-FCAR 方法的效果略好于 GF-FCAR 方法。

表 3.7　每条基线的单历元模糊度固定率　　(单位：%)

数据集	方法	$\nabla\Delta\Phi_{(1,-1,0,0)}$	$\nabla\Delta\Phi_{(0,0,1,-1)}$	$\nabla\Delta\Phi_{(0,1,-2,1)}$	$\nabla\Delta\Phi_{(0,0,0,1)}$
No.1	GF-FCAR	100	100	100	100
	GB-FCAR	100	100	100	100
No.2	GF-FCAR	100	100	100	94.24
	GB-FCAR	100	100	100	95.80
No.3	GF-FCAR	100	100	99.97	79.65
	GB-FCAR	100	100	100	84.79

由于在实际应用中无法轻松验证通过四舍五入得到的单历元固定模糊度，多历元模式的验证更真实可靠。因此，这里采用了多历元处理策略进行验证，并将首次固定时间(time to first fix，TTFF)用于评估模糊度固定的能力。这里的临界阈值是广泛使用的固定偏差和方差(fixed-fraction-and-variance)策略，其中偏差和 STD 分别为 $b_{\text{thre}} = 0.2$ 周、$\sigma_{\text{thre}} = 0.1$ 周(Li B et al.，2014a)。表 3.8 给出了所有卫星计算得到的每条基线的模糊度 TTFF，单位为历元数。可以清楚地看到，所有基线的模糊度都可以立即固定。具体来说，无论是 GF-FCAR 方法还是 GB-FCAR 方法，基线 No.1 的模糊度固定只需要一个历元。根据基线 No.2 和基线 No.3 的结果，$\nabla\Delta\Phi_{(1,-1,0,0)}$ 和 $\nabla\Delta\Phi_{(0,0,1,-1)}$ 的模糊度仍然可以立即固定，而 $\nabla\Delta\Phi_{(0,1,-2,1)}$ 的模糊度可以在大约三个历元内固定。再

次证明了所选择的三个 EWL/WL 信号确实是高质量的。借助依赖于上述三个 EWL/WL 信号的精密伪观测值，第四个独立信号 $\nabla\Delta\Phi_{(0,0,0,1)}$ 也可以在大约五个历元内固定。此外，还可以发现 GB-FCAR 方法略优于 GF-FCAR 方法，与表 3.7 结果一致。

表 3.8　每条基线的模糊度固定的 TTFF　(单位：历元数)

数据集	方法	$\nabla\Delta\Phi_{(1,-1,0,0)}$	$\nabla\Delta\Phi_{(0,0,1,-1)}$	$\nabla\Delta\Phi_{(0,1,-2,1)}$	$\nabla\Delta\Phi_{(0,0,0,1)}$
No.1	GF-FCAR	1.00	1.00	1.00	1.00
	GB-FCAR	1.00	1.00	1.00	1.00
No.2	GF-FCAR	1.00	1.00	1.29	1.33
	GB-FCAR	1.00	1.00	1.08	1.24
No.3	GF-FCAR	1.00	1.06	2.36	4.50
	GB-FCAR	1.00	1.00	1.00	1.08

由图 3.3 可知单历元浮点模糊度和“真实”模糊度的偏差，以及来自基线 No.1 的四种使用线性组合的频数分布直方图，一种颜色表示一颗卫星。可以清楚地看到，这四种线性组合的偏差均小于 0.50 周，呈零均值正态分布，说明单历元模糊度固定的可行性。仔细查看图 3.3，可以发现这些偏差中的大多数都小于 0.25 周，$\nabla\Delta\Phi_{(1,-1,0,0)}$ 甚至小于 0.10 周，说明 FCAR 方法的固定率足够高。由此可见，FCAR 方法确实有效可靠。

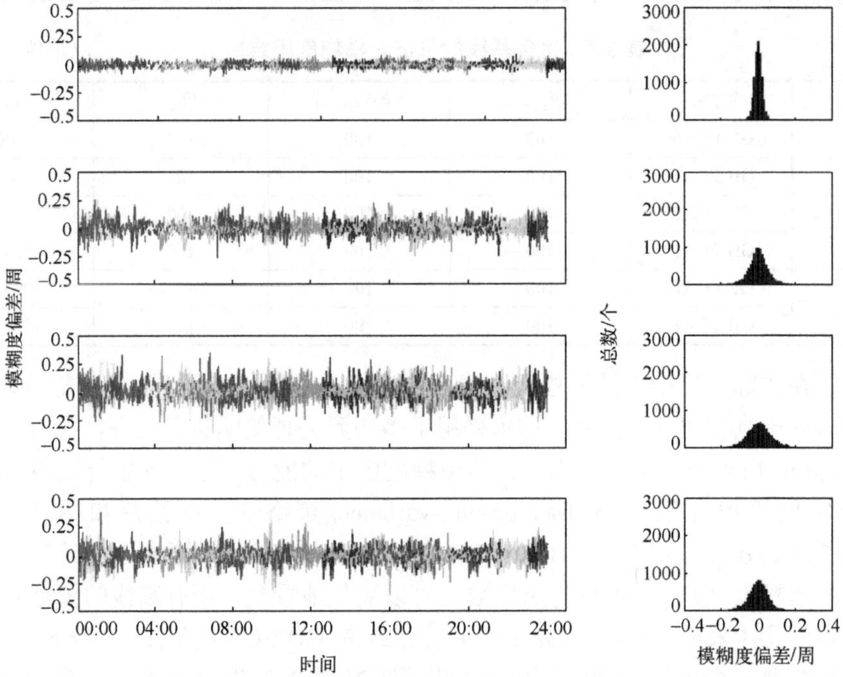

图 3.3　从左到右分别表示从数据集 No.1 中估计的模糊度偏差和相应的直方图

从上到下分别表示 $\nabla\Delta\Phi_{(1,-1,0,0)}$、$\nabla\Delta\Phi_{(0,0,1,-1)}$、$\nabla\Delta\Phi_{(0,1,-2,1)}$ 和 $\nabla\Delta\Phi_{(0,0,0,1)}$ 的结果，一种颜色表示一颗卫星

由图 3.4 可知，通过单历元 FCAR 策略从三个数据集中估计 EWL 信号 $\nabla\Delta\Phi_{(1,-1,0,0)}$ 的模糊度偏差，其中一种颜色表示一颗卫星。所有卫星的平均值(Mean)和 STD 值分别展示在每个子图的右上角和右下角。从图中可以看出，这三个数据集的平均值和 STD 值均显著小于 0.0020 周和 0.0300 周，其中数据集 No.1 的值分别仅为 0.0003 周和 0.0212 周。因此，表明 EWL 信号的模糊度可以瞬时固定。此外，这三个数据集在基线长度方面没有显著差异。因此，它在大尺度或复杂环境的 EWL RTK 中具有巨大的潜力，因为在这些环境中常规的模糊度固定可能需要数分钟到数小时。

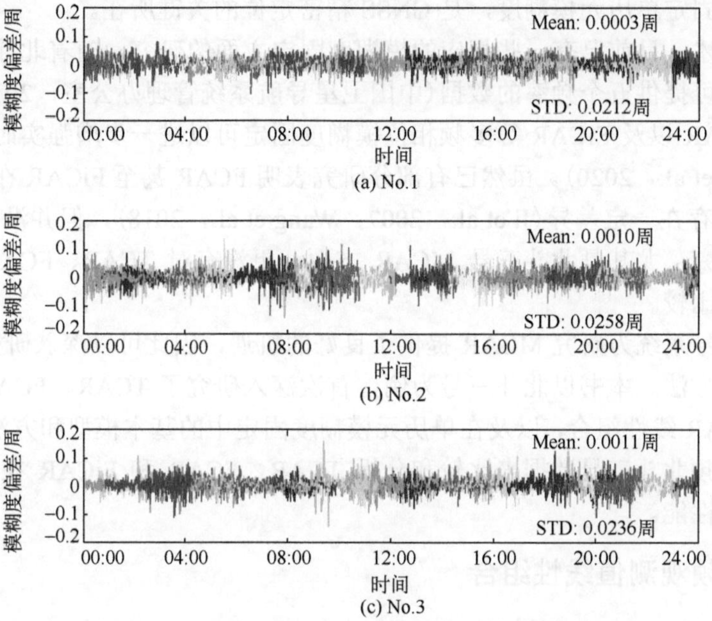

图 3.4　估计的 EWL 信号 $\nabla\Delta\Phi_{(1,-1,0,0)}$ 的模糊度偏差

所有卫星的平均值和 STD 值分别展示在每个子图的右上角和右下角，一种颜色表示一颗卫星

3.2　多频相位模糊度固定理论

为了进一步扩展和统一 TCAR、FCAR、五频相位模糊度固定(five-frequency carrier ambiguity resolution，FiCAR)甚至更多频率在内的多频相位模糊度固定(multi-frequency carrier ambiguity resolution，MCAR)理论，系统研究了 GNSS 多频相位模糊度固定理论(章浙涛等，2020)。下面首先介绍 GNSS 多频相位模糊度固定的基本情况；其次着重分析给出 GNSS 多频观测值线性组合；最后以北斗为例，讨论多频相位模糊度单历元固定模型和方法。

3.2.1　多频相位模糊度固定概述

如前所述，整周模糊度固定是高精度 GNSS 定位的重要前提，尤其是在实时精密定位中更需要对模糊度进行快速可靠的固定。然而，在大尺度定位或是面向复杂环境定位中，非模型化误差的存在(Li and Zhang，2019；Zhang et al.，2017a)，如对流层延迟、电离层延迟、多路径效应等，引起模糊度有偏，浮点解精度降低，影响模糊度的解算(李博峰等，2012；耿江辉等，2020；李博峰，2014)。如何快速解算模糊度并固定单历元模糊度，是 GNSS 精密定位的关键所在。

如前所述，目前已有一些相应的模糊度固定方面的研究。随着北斗三号正式开通，理论上可提供五个频率的数据(中国卫星导航系统管理办公室，2018，2019)，TCAR、FCAR 以及 FiCAR 等多频相位模糊度固定可以进一步增强实时精密定位性能(Zhang Z et al.，2020)。虽然已有部分研究表明 FCAR 甚至 FiCAR 在策略和性能上与 TCAR 存在一定差异(Ji et al.，2007；Wang et al.，2018)，但并没有 MCAR 方面的深入研究，尤其是北斗三号 MCAR 方面，更没有对 TCAR、FCAR 和 FiCAR 方面的系统比较。

北斗三号系统为研究 MCAR 提供了良好的机遇，因此可以深入研究 MCAR 的基本原理及方法。本书以北斗三号为例，首次深入研究了 TCAR、FCAR 和 FiCAR 在内的 MCAR 线性组合，以及在单历元模糊度固定中的基本模型和方法。此外，通过实测的五频北斗三号数据来比较和分析 TCAR、FCAR 和 FiCAR 在内的 MCAR 线性组合的性能。

3.2.2　多频观测值线性组合

设有三个或三个以上的 GNSS 频率可供使用，即满足多频观测条件，此时 GNSS 多频观测值线性组合的频率、波长和双差整周模糊度分别为

$$f_{[m]} = u_1 \cdot f_1 + u_2 \cdot f_2 + \cdots + u_m \cdot f_m \tag{3.32}$$

$$\lambda_{[m]} = \frac{c}{u_1 \cdot f_1 + u_2 \cdot f_2 + \cdots + u_m \cdot f_m} \tag{3.33}$$

$$\nabla\Delta N_{[m]} = u_1 \cdot \nabla\Delta N_1 + u_2 \cdot \nabla\Delta N_2 + \cdots + u_m \cdot \nabla\Delta N_m \tag{3.34}$$

式中，频率数 $m \geqslant 3$；c 表示真空中的光速；u_1，u_2，…，u_m 表示任意整数系数；f_1，f_2，…，f_m 表示频率值，且本书满足 $f_1 > f_2 > \cdots > f_m$；$\nabla\Delta N_1$，$\nabla\Delta N_2$，…，$\nabla\Delta N_m$ 表示相应的双差整周模糊度，因此保留整数特性。相应的多频双差伪距和相位线性组合观测值可表示为

$$\nabla\Delta P_{[m]} = \nabla\Delta P_{(u_1,u_2,\cdots,u_m)} = \frac{u_1\cdot f_1\cdot\nabla\Delta P_1 + u_2\cdot f_2\cdot\nabla\Delta P_2+\cdots+u_m\cdot f_m\cdot\nabla\Delta P_m}{u_1\cdot f_1+u_2\cdot f_2+\cdots+u_m\cdot f_m} \tag{3.35}$$

$$\nabla\Delta \Phi_{[m]} = \nabla\Delta \Phi_{(u_1,u_2,\cdots,u_m)} = \frac{u_1\cdot f_1\cdot\nabla\Delta \Phi_1 + u_2\cdot f_2\cdot\nabla\Delta \Phi_2+\cdots+u_m\cdot f_m\cdot\nabla\Delta \Phi_m}{u_1\cdot f_1+u_2\cdot f_2+\cdots+u_m\cdot f_m} \tag{3.36}$$

式中，$\nabla\Delta P_1$，$\nabla\Delta P_2$，…，$\nabla\Delta P_m$ 表示频率 f_1，f_2，…，f_m 对应的双差伪距观测值；$\nabla\Delta \Phi_1$，$\nabla\Delta \Phi_2$，…，$\nabla\Delta \Phi_m$ 表示频率 f_1，f_2，…，f_m 对应的双差相位观测值。显然，上述多频双差伪距和相位线性组合观测值即虚拟信号，可展开

$$\nabla\Delta P_{[m]} = \nabla\Delta\rho + \nabla\Delta\delta_{orb} + \nabla\Delta T + \beta_{[m]}\nabla\Delta I^1 + \theta_{[m]}\nabla\Delta I^2 + \nabla\Delta\varepsilon_{[m]} \tag{3.37}$$

$$\nabla\Delta \Phi_{[m]} = \nabla\Delta\rho + \nabla\Delta\delta_{orb} + \nabla\Delta T - \beta_{[m]}\nabla\Delta I^1 - \theta_{[m]}\nabla\Delta I^2 - \lambda_{[m]}\nabla\Delta N_{[m]} + \nabla\Delta\epsilon_{[m]} \tag{3.38}$$

式中，$\nabla\Delta\varepsilon_{[m]}$ 和 $\nabla\Delta\epsilon_{[m]}$ 分别表示 $\nabla\Delta P_{[m]}$ 和 $\nabla\Delta \Phi_{[m]}$ 的观测值噪声。此外，$\beta_{[m]}$ 和 $\theta_{[m]}$ 分别表示一阶和二阶电离层延迟对应的尺度因子：

$$\beta_{[m]} = \frac{f_1^2(u_1/f_1+u_2/f_2+\cdots+u_m/f_m)}{u_1\cdot f_1+u_2\cdot f_2+\cdots+u_m\cdot f_m} \tag{3.39}$$

$$\theta_{[m]} = \frac{f_1^3(u_1/f_1^2+u_2/f_2^2+\cdots+u_m/f_m^2)}{u_1\cdot f_1+u_2\cdot f_2+\cdots+u_m\cdot f_m} \tag{3.40}$$

一般地，设各频率的观测值噪声相等且独立，即满足 $\nabla\Delta\varepsilon_1=\nabla\Delta\varepsilon_2=\cdots=\nabla\Delta\varepsilon_m=\nabla\Delta\varepsilon$，$\nabla\Delta\epsilon_1=\nabla\Delta\epsilon_2=\cdots=\nabla\Delta\epsilon_m=\nabla\Delta\epsilon$，其中 $\nabla\Delta\varepsilon$ 和 $\nabla\Delta\epsilon$ 分别表示等价双差伪距和相位观测值噪声。相应的多频双差伪距和相位线性组合观测值噪声精度满足

$$\sigma^2_{\nabla\Delta\varepsilon_{[m]}} = \eta^2_{[m]}\sigma^2_{\nabla\Delta\varepsilon} \tag{3.41}$$

$$\sigma^2_{\nabla\Delta\epsilon_{[m]}} = \eta^2_{[m]}\sigma^2_{\nabla\Delta\epsilon} \tag{3.42}$$

式中，$\sigma_{\nabla\Delta\varepsilon}$ 和 $\sigma_{\nabla\Delta\epsilon}$ 分别表示等价双差伪距和相位观测值噪声精度；$\eta_{[m]}$ 表示比例系数，并有 $\eta^2_{[m]}=\dfrac{(u_1\cdot f_1)^2+(u_2\cdot f_2)^2+\cdots+(u_m\cdot f_m)^2}{(u_1\cdot f_1+u_2\cdot f_2+\cdots+u_m\cdot f_m)^2}$。

3.2.3　多频相位模糊度单历元固定模型

本书构建充足且波长较长的虚拟信号来实现单历元模糊度固定。在 TCAR、FCAR 以及 FiCAR 中，分别需要选择 3 个、4 个和 5 个独立信号。每种类型的 MCAR 通过不同形式的组合，有无穷多个选择。因此，需要根据一定准则选取最优组合作为多频相位模糊度单历元固定模型，例如，依据信号波长，电离层尺度因子或观测值噪声比例系数等。显然，一个高质量的线性组合通常满足信号波长较长、电离层

延迟尺度因子较小以及观测值噪声比例系数较小等条件。

以北斗为例，探索 TCAR、FCAR 以及 FiCAR 理论上的最优组合，需要详细研究各种不同系数组合的虚拟信号性质。根据官方最新发布的文件，北斗三号系统三频数据通常是指 B1C、B3I 和 B2a 这三类信号，北斗三号四频数据通常是指 B1C、B1I、B3I 和 B2a 这四类信号，北斗三号五频数据通常是指 B1C、B1I、B3I、B2b 和 B2a 这五类信号。由于需要实现模糊度单历元固定，首先考虑信号波长较长、电离层尺度因子较小和观测值噪声比例系数较小的最优超宽巷组合，类似于 3.1 节，本书将同时满足系数范围在常用的 $[-10,10]$，以及 $\lambda \geqslant 2.93\text{m}$、$\left|\beta_{[m]}\right| < 1.8$ 和 $\left|\eta_{[m]}\right| < 250$ 的信号作为高质量信号。北斗三号三频、四频和五频场景下满足上述条件的高质量信号总数分别为 3 个、32 个和 604 个，具体数量对比如图 3.5 所示。可以发现，频率数越大，高质量信号越多，其中五频的高质量信号分别约为四频和三频的 20 倍和 200 倍，呈现指数式增长。因此，当频率数增加时，MCAR 中可供选择的高质量信号越多。

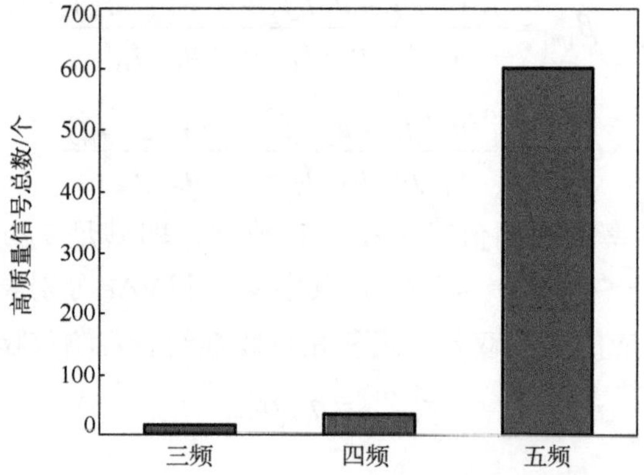

图 3.5　北斗三号三频、四频和五频场景下的高质量信号总数

表 3.9～表 3.11 是北斗三号三频、四频和五频场景下高质量信号的具体信息，由于四频和五频场景下满足条件的高质量信号较多，在表 3.10 和表 3.11 中仅列出具有最长信号波长，最小一阶、二阶电离层延迟尺度因子，以及最小观测值噪声比例系数的超宽巷组合。由表 3.9～表 3.11 可以看出，高质量信号具有较长波长的同时，电离层延迟尺度因子和噪声比例系数都控制在一定水平，因此可用于单历元模糊度固定。此外，比较三频、四频和五频场景，高质量信号的质量更好，即具有更长的信号波长、更小的电离层尺度因子和更小的观测值噪声比例系数。具体来说，针对三频情形，共有 $\nabla\Delta\Phi_{(1,-4,3)}$、$\nabla\Delta\Phi_{(-1,5,-4)}$ 以及 $\nabla\Delta\Phi_{(0,1,-1)}$ 三个高质量虚拟信号；针对四频情形，其满足条件信号中 $\nabla\Delta\Phi_{(1,-1,0,0)}$ 拥有更长的波长 20.9323m，$\nabla\Delta\Phi_{(-4,5,-3,2)}$ 和 $\nabla\Delta\Phi_{(-1,2,-3,2)}$ 分别拥有更小的一阶和二阶电离层延迟尺度因子绝对

值；针对五频情形，可以进一步得到更高质量的虚拟信号，例如，拥有几乎可以达到与无电离层组合相当的信号，即仅有 $\beta_{[5]}=-0.0023$ 的 $\nabla\Delta\Phi_{(-1,2,-4,2,1)}$ 以及 $\theta_{[5]}=-0.0023$ 的 $\nabla\Delta\Phi_{(-4,5,-1,-5,5)}$。综上，证明了频率数越多，MCAR 模糊度固定效率理论上应该越高。

表 3.9　北斗三号三频场景下高质量信号及其相关信息

u_1	u_2	u_3	$\lambda_{[3]}$ /m	$\beta_{[3]}$	$\theta_{[3]}$	$\eta_{[3]}$
1	−4	3	9.7684	2.5487	10.7901	207.8346
−1	5	−4	4.8842	−3.7690	−11.8339	131.2034
0	1	−1	3.2561	−1.6631	−4.2926	18.7909

表 3.10　北斗三号四频场景下高质量信号及其相关信息

u_1	u_2	u_3	u_4	$\lambda_{[4]}$ /m	$\beta_{[4]}$	$\theta_{[4]}$	$\eta_{[4]}$
1	−1	0	0	20.9323	−1.0092	−2.0276	154.8580
−4	5	−3	2	5.8610	−0.0516	1.5860	214.7472
0	0	1	−1	3.2561	−1.6631	−4.2926	18.7909
−1	2	−3	2	3.1854	−0.4887	−0.0637	60.3380

表 3.11　北斗三号五频场景下高质量信号及其相关信息

u_1	u_2	u_3	u_4	u_5	$\lambda_{[5]}$ /m	$\beta_{[5]}$	$\theta_{[5]}$	$\eta_{[5]}$
1	−1	0	0	0	20.9323	−1.0092	−2.0276	154.8580
−1	2	−4	2	1	4.7266	−0.0023	1.6645	105.9863
−4	5	−1	−5	5	3.6632	−0.4973	−0.0023	160.8438
0	0	1	0	−1	3.2561	−1.6631	−4.2926	18.7909

然而，在实际应用中，上述拥有长波长，或最小电离层延迟尺度因子，或最小观测值噪声比例系数的高质量信号由于误差相对于自身波长不是最小，并不一定能够获得最佳的模糊度固定效果。因此，同样需要引入 TNL 这个概念。具体地，假设观测方程中各误差项的精度已知，则根据观测方程式(3.37)和式(3.38)可得伪距和相位的 TNL，其单位分别为 m 和周，如下：

$$\sigma_{\mathrm{TN}_P}=\sqrt{\sigma^2_{\nabla\Delta\delta_{orb}}+\sigma^2_{\nabla\Delta T}+\beta^2_{[m]}\sigma^2_{\nabla\Delta I^1}+\theta^2_{[m]}\sigma^2_{\nabla\Delta I^2}+\sigma^2_{\nabla\Delta\varepsilon_{[m]}}} \tag{3.43}$$

$$\sigma_{\mathrm{TN}_\Phi}=\frac{1}{\lambda_{[m]}}\sqrt{\sigma^2_{\nabla\Delta\delta_{orb}}+\sigma^2_{\nabla\Delta T}+\beta^2_{[m]}\sigma^2_{\nabla\Delta I^1}+\theta^2_{[m]}\sigma^2_{\nabla\Delta I^2}+\sigma^2_{\nabla\Delta\epsilon_{[m]}}} \tag{3.44}$$

式中，σ_{TN_P} 和 $\sigma_{\mathrm{TN}_\Phi}$ 分别表示伪距和相位的 TNL；$\sigma_{\nabla\Delta\delta_{orb}}$ 表示轨道误差精度；$\sigma_{\nabla\Delta T}$ 表

示对流层延迟精度；$\sigma_{\nabla\Delta I^1}$ 和 $\sigma_{\nabla\Delta I^2}$ 分别表示一阶和二阶电离层延迟精度。显然，此时最优线性组合满足 $\sigma_{\mathrm{TN}_P}=\min$ 或 $\sigma_{\mathrm{TN}_\Phi}=\min$。为确定最优线性组合，表 3.4 给出了不同基线长度类型下的各项误差项的大致精度，包括短基线（$l\leqslant 100\mathrm{km}$）、中基线（$100\mathrm{km}<l<200\mathrm{km}$）以及长基线（$l\geqslant 200\mathrm{km}$）三种情形(Li et al.，2010)。

表 3.12～表 3.14 分别是北斗三号三频、四频和五频场景下短基线、中基线和长基线中的最优相位线性组合。需要指出的是，这些线性组合的系数和为 0 且互相独立，因此后续只需再确定一组独立线性组合(如系数和为 1)即可进行所有频率的模糊度固定。由表 3.12～表 3.14 可以发现，在三频、四频和五频观测条件下，由于 $\sigma_{\mathrm{TN}_\Phi}$ 都小于 0.5 周，理论上这些最优线性组合都可以进行单历元模糊度固定。此外，由于同等基线长度条件下，频率数越大可组成的最优线性组合的 $\sigma_{\mathrm{TN}_\Phi}$ 越小，因此随着频率数的增加，理论上模糊度的固定效率将更高。具体来说，以长基线为例，三频、四频和五频条件下的最后一个宽巷或超宽巷的 $\sigma_{\mathrm{TN}_\Phi}$ 分别小于等于 0.3382 周、0.3210 周和 0.1955 周。综上，再次证明了 MCAR 的优势，且频率数越多模糊度的固定效率越高，可实现超快速精密定位。

表 3.12　三频场景下短基线、中基线和长基线中的最优相位线性组合

基线	u_1	u_2	u_3	$\lambda_{[3]}$ /m	$\sigma_{\mathrm{TN}_\Phi}$ /周
短基线	0	1	−1	3.2561	0.0774
	1	−2	1	1.3955	0.1318
中基线	1	−3	2	2.4421	0.1875
	0	1	−1	3.2561	0.2129
长基线	1	−3	2	2.4421	0.3096
	1	−4	3	9.7684	0.3382

表 3.13　四频场景下短基线、中基线和长基线中的最优相位线性组合

基线	u_1	u_2	u_3	u_4	$\lambda_{[4]}$ /m	$\sigma_{\mathrm{TN}_\Phi}$ /周
短基线	1	−1	0	0	20.9323	0.0741
	0	0	1	−1	3.2561	0.0774
	0	1	−2	1	1.4952	0.1288
中基线	1	−1	0	0	20.9323	0.0765
	0	1	−3	2	2.7646	0.1777
	−1	1	1	−1	3.8560	0.2079
长基线	1	−1	0	0	20.9323	0.0890
	−1	2	−3	2	3.1854	0.2537
	2	−1	−4	3	6.6603	0.3210

表 3.14　五频场景下短基线、中基线和长基线中的最优相位线性组合

基线	u_1	u_2	u_3	u_4	u_5	$\lambda_{[5]}$ /m	$\sigma_{\mathrm{TN}_\varphi}$ /周
短基线	0	0	0	1	−1	9.7684	0.0591
	0	0	1	−1	0	4.8842	0.0674
	1	−1	0	0	0	20.9323	0.0741
	0	1	−2	0	1	1.4952	0.1288
中基线	1	−1	0	0	0	20.9323	0.0765
	0	0	0	1	−1	9.7684	0.0912
	0	0	1	−2	1	9.7684	0.1165
	0	1	−3	0	2	2.7646	0.1777
长基线	1	−1	0	0	0	20.9323	0.0890
	−1	1	0	1	−1	18.3158	0.1610
	−1	1	1	−2	1	18.3158	0.1626
	0	1	−3	−1	3	3.8560	0.1955

依据式(3.44)和表 3.4，用类似的方法可确定最优伪距线性组合，最优伪距线性组合主要用来生成精度更高的虚拟信号从而辅助模糊度固定等。以短基线为例，北斗三号系统三频、四频和五频场景下的最优伪距线性组合分别为 $\nabla\Delta P_{(1,1,0)}$、$\nabla\Delta P_{(0,1,1,0)}$ 以及 $\nabla\Delta P_{(0,1,1,0,0)}$，精度皆高于原始伪距信号。需要注意的是，当不同频率之间的伪距观测值精度差距很大且不可忽略时，最优伪距线性组合会产生变化，因此在实际使用时需要考虑该问题。

3.2.4　多频相位模糊度单历元固定方法

目前，MCAR 的单历元模糊度固定方法主要可分为 GF-MCAR 和 GB-MCAR 两类。GB-MCAR 方法是将基线三维坐标分量进行参数化从而确定模糊度，具有更好的几何强度，且可提供更多的多余观测数，因此在模糊度较难固定时，可采用 GB-MCAR 的方法；而在模糊度相对较易固定时，因为 GF 更为简单，所以建议使用 GF-MCAR 的方法。为了更直观地研究单历元模糊度固定效果，采用四舍五入的 GF-MCAR 方法进行固定。

GF-MCAR 的模型如下所示：

$$
\begin{aligned}
\nabla\Delta P_{[m_1]} - \nabla\Delta \Phi_{[m_2]} = {} & \lambda_{[m_2]}\nabla\Delta N_{[m_2]} + (\beta_{[m_1]} + \beta_{[m_2]})\nabla\Delta I^1 \\
& + (\theta_{[m_1]} + \theta_{[m_2]})\nabla\Delta I^2 + \nabla\Delta\varepsilon_{[m_1]} - \nabla\Delta\epsilon_{[m_2]}
\end{aligned}
\tag{3.45}
$$

$$\begin{aligned}\nabla\Delta\Phi_{[m_1]}-\nabla\Delta\Phi_{[m_2]}=&\lambda_{[m_2]}\nabla\Delta N_{[m_2]}-\lambda_{[m_1]}\nabla\Delta N_{[m_1]}+(\beta_{[m_2]}-\beta_{[m_1]})\nabla\Delta I^1\\&+(\theta_{[m_2]}-\theta_{[m_1]})\nabla\Delta I^2+\nabla\Delta\epsilon_{[m_1]}-\nabla\Delta\epsilon_{[m_2]}\end{aligned}\tag{3.46}$$

式中，m_1、m_2 表示不同频率的组合，在 GF 模型中，根据需要固定的模糊度数，选择相同数量的独立的模糊度依次进行固定，可按照 TNL 从小到大的顺序依次进行固定，即通常由超宽巷或宽巷开始，固定形式主要分为如下两种：

$$\nabla\Delta\check{N}_{LC1}=\left[\frac{\nabla\Delta P_{[m]}-\nabla\Delta\Phi_{LC1}}{\lambda_{LC1}}\right]_{\text{round}}\tag{3.47}$$

$$\nabla\Delta\check{N}_{LC2}=\left[\frac{\nabla\Delta\Phi_{LC1}+\lambda_{LC1}\cdot\nabla\Delta\check{N}_{LC1}-\nabla\Delta\Phi_{LC2}}{\lambda_{LC2}}\right]_{\text{round}}\tag{3.48}$$

式中，$\nabla\Delta\Phi_{LC1}$ 和 $\nabla\Delta\Phi_{LC2}$ 分别表示第一个和第二个相位线性组合，其波长分别为 λ_{LC1} 和 λ_{LC2}；$\nabla\Delta\check{N}_{LC1}$ 和 $\nabla\Delta\check{N}_{LC2}$ 分别表示 $\nabla\Delta\Phi_{LC1}$ 和 $\nabla\Delta\Phi_{LC2}$ 所对应的固定后的双差整周模糊度。通常，如果模糊度固定后的 $\nabla\Delta\Phi_{LC1}$ 的精度高于 $\nabla\Delta P_{[m]}$，则用式(3.48)代替式(3.47)，即此时由模糊度固定后的超宽巷或者宽巷信号作为精密的伪观测值。一旦足够数量的 m 个线性组合的模糊度固定完成，即可固定相应的 m 个原始频率观测值的模糊度，即

$$\begin{bmatrix}\nabla\Delta\check{N}_1\\\nabla\Delta\check{N}_2\\\vdots\\\nabla\Delta\check{N}_m\end{bmatrix}=\begin{bmatrix}u_{11}&u_{12}&\cdots&u_{1m}\\u_{21}&u_{22}&\cdots&u_{2m}\\\vdots&\vdots&&\vdots\\u_{m1}&u_{m2}&\cdots&u_{mm}\end{bmatrix}^{-1}\begin{bmatrix}\nabla\Delta\check{N}_{LC1}\\\nabla\Delta\check{N}_{LC2}\\\vdots\\\nabla\Delta\check{N}_{LCm}\end{bmatrix}\tag{3.49}$$

式中，$\begin{bmatrix}u_{11}&u_{12}&\cdots&u_{1m}\\u_{21}&u_{22}&\cdots&u_{2m}\\\vdots&\vdots&&\vdots\\u_{m1}&u_{m2}&\cdots&u_{mm}\end{bmatrix}$ 表示满秩设计矩阵。

此外，在大尺度条件或者复杂环境下，MCAR 中的模糊度有时难以固定，尤其是最后一个窄巷模糊度可根据已固定的相位线性组合转换成精度更高的中巷或窄巷信号作为精密的伪观测值，从而提高模糊度固定效率和可靠性。具体操作如下，设有 m 个频率的模糊度需要固定，则可利用前 $m-1$ 个已固定的独立超宽巷或宽巷信号的模糊度将其转换成精度更高的中巷或窄巷信号的模糊度，即有

$$\nabla\Delta\check{\boldsymbol{N}}_{LC1'}=\alpha_1\nabla\Delta\check{\boldsymbol{N}}_{LC1}+\alpha_2\nabla\Delta\check{\boldsymbol{N}}_{LC2}+\cdots+\alpha_{m-1}\nabla\Delta\check{\boldsymbol{N}}_{LC[m-1]}\tag{3.50}$$

式中，$\nabla\Delta\check{\boldsymbol{N}}_{LC1'}$ 表示第 1 个中巷或窄巷信号固定后的双差模糊度；$\nabla\Delta\check{\boldsymbol{N}}_{LC1}$、$\nabla\Delta\check{\boldsymbol{N}}_{LC2}$

和 $\nabla\Delta\check{N}_{LC[m-1]}$ 分别表示第 1 个、第 2 个和第 $m-1$ 个超宽巷或宽巷信号固定后的双差模糊度；α_1、α_2 和 α_{m-1} 分别表示整数系数。

为验证和比较 MCAR 的有效性和优越性，下面选取了上海地区的实测数据进行了单历元模糊度固定实验，其中采用 Trimble Alloy 接收机，收集 27.6km 和 82.5km 两条基线的数据，数据采样率为 1s，截止高度角设为 15°，时长为 3h，数据包含北斗三号 MEO 卫星的五个频率的数据，因此可进行 TCAR、FCAR 和 FiCAR。在 TCAR 中，采用 $\nabla\Delta\Phi_{(0,1,-1)}$、$\nabla\Delta\Phi_{(1,-2,1)}$ 和 $\nabla\Delta\Phi_{(0,0,1)}$ 依次进行固定，其中最优伪距线性组合采用的是 $\nabla\Delta P_{(1,1,0)}$；在 FCAR 中，采用 $\nabla\Delta\Phi_{(1,-1,0,0)}$、$\nabla\Delta\Phi_{(0,0,1,-1)}$、$\nabla\Delta\Phi_{(0,1,-2,1)}$ 和 $\nabla\Delta\Phi_{(0,0,0,1)}$ 依次进行固定，其中最优伪距线性组合采用的是 $\nabla\Delta P_{(0,1,1,0)}$；在 FiCAR 中，采用了 $\nabla\Delta\Phi_{(0,0,0,1,-1)}$、$\nabla\Delta\Phi_{(0,0,1,-1,0)}$、$\nabla\Delta\Phi_{(1,-1,0,0,0)}$、$\nabla\Delta\Phi_{(0,1,-2,0,1)}$ 和 $\nabla\Delta\Phi_{(0,0,0,0,1)}$ 依次进行固定，其中最优伪距线性组合采用的是 $\nabla\Delta P_{(0,1,1,0,0)}$。在 GF-MCAR 中，为提高最后一个原始频率相位信号的模糊度固定效率，将已固定的相位线性组合转换成精度更高的中巷或窄巷信号，并用来作为精密的伪观测值。具体来说，分别在 TCAR、FCAR 和 FiCAR 中采用 $\nabla\Delta\Phi_{(3,-2,-1)}$、$\nabla\Delta\Phi_{(5,4,-7,-2)}$ 和 $\nabla\Delta\Phi_{(5,4,-6,-3,0)}$ 线性组合。

在单历元模糊度固定中，采用模糊度固定率 κ 作为评价指标来评价固定性能，这里再次给出如下公式：

$$\kappa=\frac{n_{\text{suc}}}{n_t}\times 100\% \tag{3.51}$$

式中，n_{suc} 和 n_t 分别表示模糊度固定成功的历元数和总历元数。为确保实验结果的正确性，事先验证了将作为真值的模糊度代入基线解算中的正确性。表 3.15 和表 3.16 展示了 TCAR、FCAR 和 FiCAR 中所使用信号的模糊度固定效果。可以发现，在多频相位模糊度固定中，两条基线所有信号的模糊度平均固定率在 94.73%，因此证明了 MCAR 的有效性。具体来说，第一条长度为 27.6km 的基线中，FiCAR、FCAR 以及 TCAR 最后一个信号的模糊度固定率分别达到了 94.96%、94.82%以及 82.69%；而第二条长度为 82.5km 的基线中，相应的模糊度固定率仍能保持在 75.88%、74.04% 以及 67.57%，因此表明 MCAR 在基线长度较长时仍能取得较好的效果。横向比较 TCAR、FCAR 以及 FiCAR 的模糊度固定效果，两条基线所有信号的模糊度平均固定率分别为 90.35%、95.58%以及 96.67%，再次证明了频率数越大，模糊度固定率越高。事实上，这是由于频率数越大，高质量虚拟信号数量就越多，且质量也更好，因而在模糊度固定时存在差异。因此，MCAR 在大尺度条件或是复杂环境的精密定位中，采用 MCAR 具有较好的应用前景。

表 3.15　27.6km 基线的 TCAR、FCAR 和 FiCAR 的单历元模糊度固定率（单位：%）

方法	1	2	3	4	5
TCAR	100	96.43	82.69	—	—

续表

方法	1	2	3	4	5
FCAR	100	100	99.99	94.82	—
FiCAR	100	100	100	100	94.96

表 3.16　82.5km 基线的 TCAR、FCAR 和 FiCAR 的单历元模糊度固定率（单位：%）

方法	1	2	3	4	5
TCAR	99.93	95.45	67.57	—	—
FCAR	99.95	99.93	95.94	74.04	—
FiCAR	99.99	99.95	99.95	95.97	75.88

为了更直观地进行比较，计算了第一条基线 TCAR、FCAR 和 FiCAR 中单历元模糊度浮点解与模糊度真值之间的残差。图 3.6～图 3.8 分别表示的是 TCAR、FCAR 和 FiCAR 中每个待固定信号的所有卫星的残差，其中一种颜色代表一颗卫星。可以明显地发现，图中所有超宽巷和宽巷信号的残差绝大多数能落在−0.5 周～0.5 周的区间内，保证了单历元模糊度固定的有效性。进一步比较图 3.6～图 3.8，可以发现对应的信号频率数越大，其残差越平稳，这再一次证明了 MCAR 的优越性。事实上，频率数越大，线性组合抵抗非模型化误差的能力越强(Zhang Z et al.，2019)，因此精度越高。

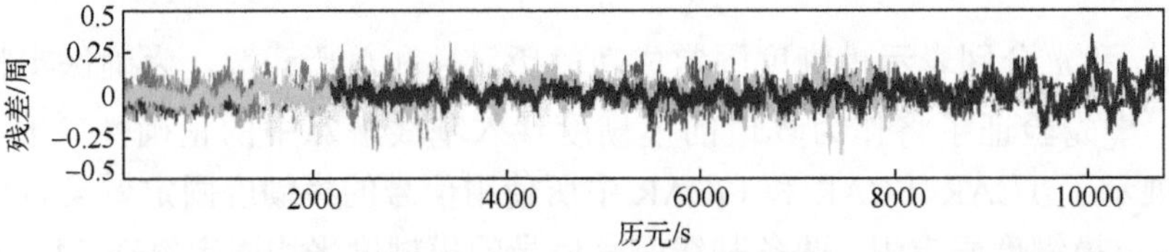

(a) $\nabla\Delta\Phi_{(0,1,-1)}$

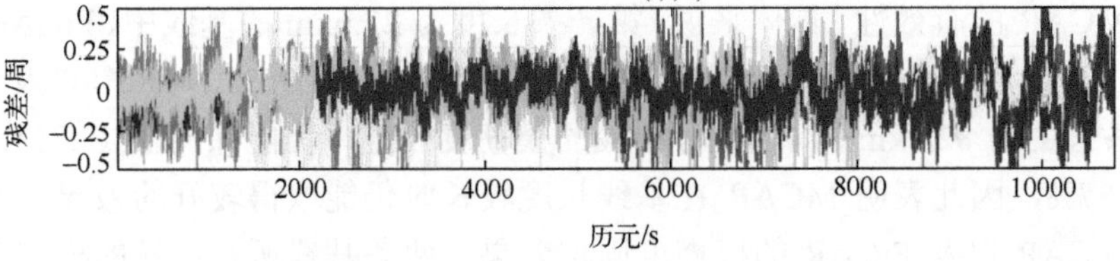

(b) $\nabla\Delta\Phi_{(1,-2,1)}$

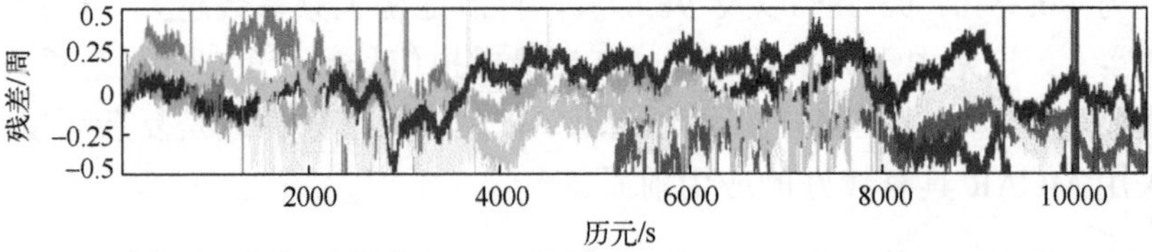

(c) $\nabla\Delta\Phi_{(0,0,1)}$

图 3.6　北斗三号 TCAR 的模糊度浮点解与真值之间的残差

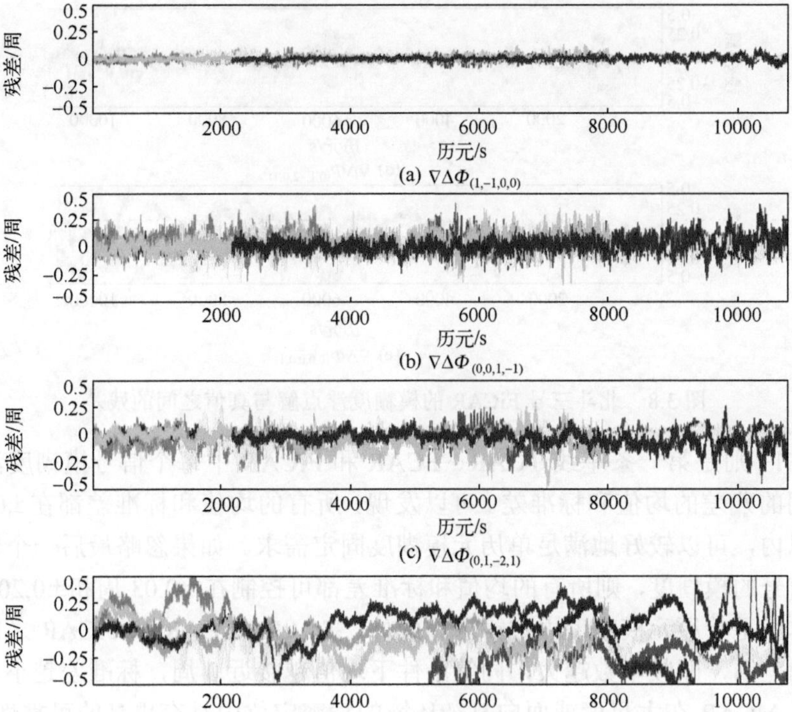

(a) $\nabla\Delta\Phi_{(1,-1,0,0)}$

(b) $\nabla\Delta\Phi_{(0,0,1,-1)}$

(c) $\nabla\Delta\Phi_{(0,1,-2,1)}$

(d) $\nabla\Delta\Phi_{(0,0,0,1)}$

图 3.7　北斗三号 FCAR 的模糊度浮点解与真值之间的残差

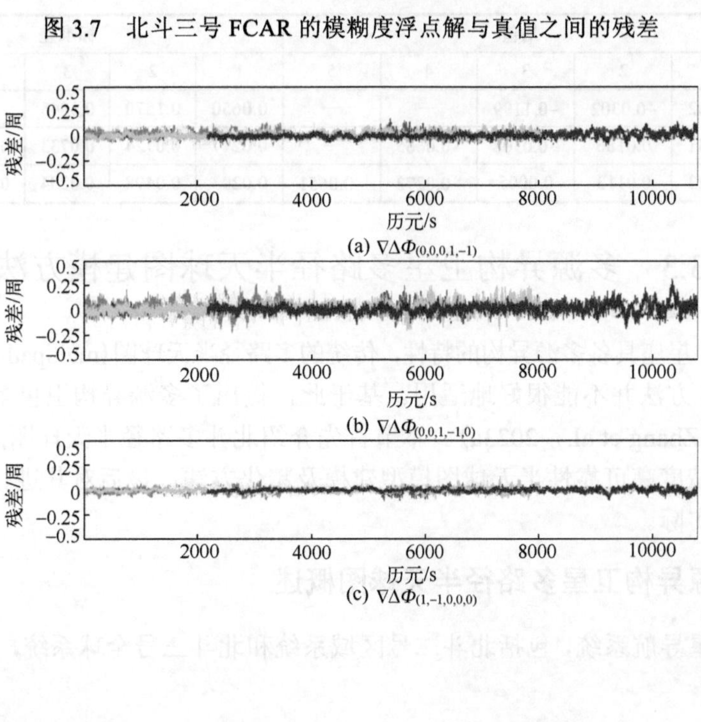

(a) $\nabla\Delta\Phi_{(0,0,0,1,-1)}$

(b) $\nabla\Delta\Phi_{(0,0,1,-1,0)}$

(c) $\nabla\Delta\Phi_{(1,-1,0,0,0)}$

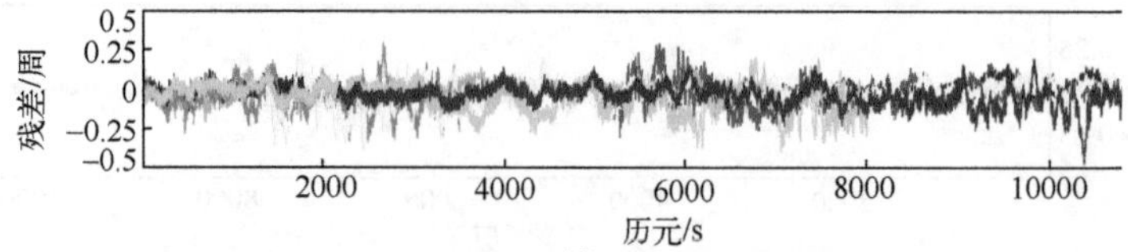

(d) $\nabla\Delta\Phi_{(0,1,-2,0,1)}$

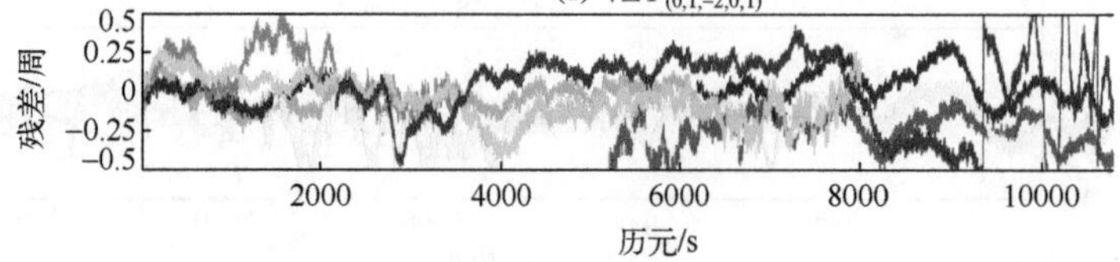

(e) $\nabla\Delta\Phi_{(0,0,0,0,1)}$

图 3.8　北斗三号 FiCAR 的模糊度浮点解与真值之间的残差

表 3.17 则是第一条基线 TCAR、FCAR 和 FiCAR 中每个信号模糊度浮点解与真值之间的残差的均值和标准差。可以发现，所有的均值和标准差都在±0.20 周和 0.40 周以内，可以较好地满足单历元模糊度固定需求。如果忽略最后一个较难固定的原始信号的模糊度，则所有的均值和标准差都可控制在±0.03 周和±0.20 周以内，可以基本满足单历元模糊度固定需求。此外，TCAR、FCAR 和 FiCAR 之间也存在较明显的差别，即频率数越大，同等条件下均值越接近 0 周，标准差越小，因此再次证明了 MCAR 在大尺度或面向复杂环境的精密定位中具有更高的可靠性。

表 3.17　TCAR、FCAR 和 FiCAR 中模糊度浮点解与真值之间的残差的均值和标准差(单位：周)

方法	均值					标准差				
	1	2	3	4	5	1	2	3	4	5
TCAR	0.0002	−0.0302	−0.1199	—	—	0.0650	0.1570	0.3945	—	—
FCAR	0.0031	0.0186	−0.0308	−0.0665	—	0.0217	0.0724	0.0733	0.1908	—
FiCAR	0.0073	0.0113	0.0005	−0.0272	−0.0651	0.0293	0.0498	0.0204	0.0769	0.1895

3.3　多源异构卫星多路径半天球图建模方法

由于北斗星座具备多源异构的特性，传统的多路径半天球图(multipath hemispherical map，MHM)方法并不能很好地适用。基于此，提出了多源异构卫星多路径半天球图建模方法(Zhang et al.，2023a)。本节首先介绍北斗多路径半天球图的基本情况；接着探讨高精度高可靠性半天球图模型建模及精化方法；最后对其进行定位性能评估并应用于实际。

3.3.1　多源异构卫星多路径半天球图概述

北斗卫星导航系统，包括北斗二号区域系统和北斗三号全球系统，于 2020 年建成并正式投入使用(Yang Y et al., 2020)，北斗系统是一个典型的由多源异构卫星组成的系统，含有多种不同轨道类型的卫星。理论上，BDS 可以提供毫米级甚至更高精度的定位服务(Xi et al., 2018)，但前提是建立正确的数学模型，包括函数模型和随机模型(Teunissen and Montenbruck，2017；Leick et al., 2015)。然而，由于 GNSS 观测值中存在非模型化误差，特别是多路径效应，很难获得高精度和高可靠性的定位结果(Li et al., 2018；Yuan et al., 2022a；Zhang and Li，2020)。

多路径效应是直接信号和由反射和衍射等引起的间接信号的叠加。对于给定的环境和接收机，进行额外的数据处理尤为重要，如射线跟踪方法(Lau and Cross，2007a)、3D 映射辅助策略(Miura et al., 2015)、小波分析(Su et al., 2018)，以及人工智能方法(Sun et al., 2021)等。在实际应用中，可以选择信噪比(signal-to-noise ratio，SNR)和载噪比来反映多路径效应的特征(Strode and Groves，2016；Zhang Z et al., 2019；Bilich et al., 2008)，也可以应用基于伪距和相位观测值的多路径组合(Moradi et al., 2015；Gao et al., 2019；Zhang et al., 2021)来抑制多路径效应。

为了更好地处理多路径效应引起的误差，基于多路径效应时间重复性的恒星日滤波被广泛地应用。具体而言，由于卫星轨道的周期重复性，观测值残差将具有周期性。恒星日滤波可以直接被应用于坐标域(Genrich and Bock，1992；Choi et al., 2004；Bock et al., 2000)中，随后更多地应用在基于非差、单差和双差的观测值域(Ragheb et al., 2007；Zhong et al., 2010；Ye et al., 2015)中。然而，恒星日滤波的局限性在于不能很好地应用于实时和动态的情况。此时，可以采用 MHM，因为只要测站周围环境保持相对不变，多路径效应就具有空间重复性。此方法可应用于相对定位(Dong et al., 2016)模型和绝对定位(Zheng et al., 2019)模型。此外，在 MHM 中可以采用如同体积单元(Fuhrmann et al., 2015)、趋势面分析(Lu et al., 2021)等优化策略来获得更准确的网格值。

如上所述，BDS-2 和 BDS-3 在 GNSS 领域得到广泛应用，由于 MHM 在实时动态场景中具有一定的优势，因此优先使用 MHM。然而，在 BDS-2/BDS-3 精密定位中，基于 MHM 去处理多路径效应，仍然是一个棘手的问题。具体而言，首先，MHM 模型的构建方式多种多样，但目前还没有兼顾模型精度和效率的建模方法。其次，理论上精化的 MHM 模型更加精确，但其可靠性和可用性会受到影响。最后，BDS 由异构星座组成，多路径效应的处理与 GPS 等其他传统系统不同(Dai et al., 2017；Zhao et al., 2016)。遗憾的是，在 BDS-2/BDS-3 精密相对定位中，还没有基于 MHM 的多路径抑制性能评估的系统研究。

本书系统地研究了基于半天球图模型的多路径削弱方法及其在 BDS-2/BDS-3 精密相对定位中的应用。首先，通过合理的检验统计剔除异常值的多路径改正数样本，推导出高精度、高可靠性的 MHM 建模方法。其次，综合考虑卫星、系统和频率类型的情况，应用并比较不同的精化策略。最后，从模糊度固定率、浮点解和固定解精度三个方面对不同的 MHM 方法进行了深入的分析讨论。

3.3.2 高精度高可靠性半天球图模型建模方法

为了获得足够精确的 MHM，提出了严密的建模过程和质量控制策略。具体来说，主要有四个步骤：①从观测数据中获得双差多路径改正数；②将双差多路径改正数转换为单差多路径改正数；③剔除每个网格中的异常样本；④估计多路径改正数。

首先，由 GNSS 精密相对定位模型得到双差多路径改正数。具体地，给定参考卫星 s、参考站 r 和移动站 q，假设存在 n 颗公共卫星和 m 个可用频率，函数模型表示为

$$\begin{bmatrix} \nabla\Delta \boldsymbol{P} \\ \nabla\Delta \boldsymbol{\Phi} \end{bmatrix} = \begin{bmatrix} \boldsymbol{e}_m \otimes \boldsymbol{A}_n & \boldsymbol{0} \\ \boldsymbol{e}_m \otimes \boldsymbol{A}_n & \boldsymbol{\Lambda}_m \otimes \boldsymbol{I}_n \end{bmatrix} \begin{bmatrix} \boldsymbol{b} \\ \boldsymbol{a} \end{bmatrix} + \begin{bmatrix} \nabla\Delta \boldsymbol{\varepsilon} \\ \nabla\Delta \boldsymbol{\epsilon} \end{bmatrix} \tag{3.52}$$

式中，双差伪距观测值 $\nabla\Delta\boldsymbol{P}=[\nabla\Delta\boldsymbol{P}_1^{\mathrm{T}},\cdots,\nabla\Delta\boldsymbol{P}_m^{\mathrm{T}}]^{\mathrm{T}}$，$\nabla\Delta\boldsymbol{P}_m=[\nabla\Delta P_{rq,m}^{s1},\cdots,\nabla\Delta P_{rq,m}^{sn}]^{\mathrm{T}}$；双差相位观测值 $\nabla\Delta\boldsymbol{\Phi}=[\nabla\Delta\boldsymbol{\Phi}_1^{\mathrm{T}},\cdots,\nabla\Delta\boldsymbol{\Phi}_m^{\mathrm{T}}]^{\mathrm{T}}$，$\nabla\Delta\boldsymbol{\Phi}_m=[\nabla\Delta \Phi_{rq,m}^{s1},\cdots,\nabla\Delta \Phi_{rq,m}^{sn}]^{\mathrm{T}}$；双差伪距观测值误差 $\nabla\Delta\boldsymbol{\varepsilon}=[\nabla\Delta\boldsymbol{\varepsilon}_1^{\mathrm{T}},\cdots,\nabla\Delta\boldsymbol{\varepsilon}_m^{\mathrm{T}}]^{\mathrm{T}}$，$\nabla\Delta\boldsymbol{\varepsilon}_m=[\nabla\Delta \varepsilon_{rq,m}^{s1},\cdots,\nabla\Delta \varepsilon_{rq,m}^{sn}]^{\mathrm{T}}$；双差相位观测值误差 $\nabla\Delta\boldsymbol{\epsilon}=[\nabla\Delta\boldsymbol{\epsilon}_1^{\mathrm{T}},\cdots,\nabla\Delta\boldsymbol{\epsilon}_m^{\mathrm{T}}]^{\mathrm{T}}$，$\nabla\Delta\boldsymbol{\epsilon}_m=[\nabla\Delta \epsilon_{rq,m}^{s1},\cdots,\nabla\Delta \epsilon_{rq,m}^{sn}]^{\mathrm{T}}$；双差整周模糊度 $\boldsymbol{a}=[\nabla\Delta\boldsymbol{a}_1^{\mathrm{T}},\cdots,\nabla\Delta\boldsymbol{a}_m^{\mathrm{T}}]^{\mathrm{T}}$，$\nabla\Delta\boldsymbol{a}_m=[\nabla\Delta N_{rq,m}^{s1},\cdots,\nabla\Delta N_{rq,m}^{sn}]^{\mathrm{T}}$，$\boldsymbol{A}_n$ 表示三个方向 $\boldsymbol{b}=[\mathrm{d}x,\mathrm{d}y,\mathrm{d}z]^{\mathrm{T}}$ 上基线分量的设计矩阵；$\boldsymbol{\Lambda}_m=\mathrm{diag}(\lambda_1,\cdots,\lambda_m)$ 表示 $\boldsymbol{a}$ 的设计矩阵；$\boldsymbol{e}_m$ 和 $\boldsymbol{I}_n$ 分别表示全为 1 的列向量和 $n\times n$ 的单位矩阵。相应的随机模型为

$$\mathrm{Cov}\begin{bmatrix} \nabla\Delta \boldsymbol{P} \\ \nabla\Delta \boldsymbol{\Phi} \end{bmatrix} = \begin{bmatrix} \boldsymbol{Q}_P & \boldsymbol{Q}_{P\Phi} \\ \boldsymbol{Q}_{\Phi P} & \boldsymbol{Q}_{\Phi} \end{bmatrix} \tag{3.53}$$

式中，$\boldsymbol{Q}_P$ 和 $\boldsymbol{Q}_\Phi$ 分别表示 $\boldsymbol{P}$ 和 $\boldsymbol{\Phi}$ 的方差-协方差矩阵；$\boldsymbol{Q}_{P\Phi}$ 和 $\boldsymbol{Q}_{\Phi P}$ 分别表示 $\boldsymbol{P}$ 和 $\boldsymbol{\Phi}$ 之间的方差-协方差矩阵。用适当的方法固定模糊度之后，双差观测值残差可以推导如下：

$$\begin{bmatrix} \hat{\boldsymbol{W}}_{DD} \\ \hat{\boldsymbol{V}}_{DD} \end{bmatrix} = \begin{bmatrix} \boldsymbol{e}_m \otimes \boldsymbol{A}_n & \boldsymbol{0} \\ \boldsymbol{e}_m \otimes \boldsymbol{A}_n & \boldsymbol{\Lambda}_m \otimes \boldsymbol{I}_n \end{bmatrix} \begin{bmatrix} \hat{\boldsymbol{b}} \\ \hat{\boldsymbol{a}} \end{bmatrix} - \begin{bmatrix} \nabla\Delta \boldsymbol{P} \\ \nabla\Delta \boldsymbol{\Phi} \end{bmatrix} \tag{3.54}$$

式中，$\hat{\boldsymbol{W}}_{DD}$ 和 $\hat{\boldsymbol{V}}_{DD}$ 表示从基线分量 $\hat{\boldsymbol{b}}$ 和双差整周模糊度 $\hat{\boldsymbol{a}}$ 的估计中获得的双差伪距和相位观测值残差。当基线长度足够短时，如残余的电离层和对流层延迟等其他类型的非模型化误差可以被视为已完全消除，因此伪距残差和相位残差在很大程度上可被视为多路径改正数。

其次，由于 MHM 是根据某一颗卫星建立的，因此需要将双差多路径改正数(双

差残差）转换为接收机间单差改正数。根据协方差传播定律，可得

$$\begin{bmatrix} \hat{\boldsymbol{W}}_{DD} \\ \hat{\boldsymbol{V}}_{DD} \end{bmatrix} = \boldsymbol{\Gamma} \cdot \begin{bmatrix} \hat{\boldsymbol{W}}_{SD} \\ \hat{\boldsymbol{V}}_{SD} \end{bmatrix} \tag{3.55}$$

式中，$\hat{\boldsymbol{W}}_{SD}$ 和 $\hat{\boldsymbol{V}}_{SD}$ 分别表示伪距和相位接收机间单差残差。参考卫星的存在导致设计矩阵 $\boldsymbol{\Gamma}$ 秩亏，无法直接根据式(3.55)得到卫星间单差残差。因此，尽管有可能引入额外的偏差，但仍需要添加额外的约束条件。在本节中基于高度角，采用了使用广泛的零均值假设，可表示为(Zhong et al.，2010；Alber et al.，2000)

$$\sum_{i=1}^{n} f_e \hat{W}_{DD}^{i} = 0 \tag{3.56}$$

$$\sum_{i=1}^{n} f_e \hat{V}_{DD}^{i} = 0 \tag{3.57}$$

式中，$\hat{W}_{DD}^{i}$ 和 $\hat{V}_{DD}^{i}$ 分别表示 $\hat{\boldsymbol{W}}_{DD}$ 和 $\hat{\boldsymbol{V}}_{DD}$ 的第 i 个双差残差；f_e 表示基于高度角加权方案。值得注意的是，在长期观测中，由于可用的卫星星座分布不同，添加的零均值基准可能存在差异。因此，在 MHM 中引入零均值假设并不是完全严格的，也可以使用更精密的策略，如随机游走约束(Hu et al.，2023)、多点半球网格模型(Tang et al.，2021)等。本节采用了质量控制策略，既保证普适性又兼顾可行性。具体而言，在获取双差观测值残差时，只选择高度角较大(如高于 θ)的卫星作为参考卫星，以尽可能减小零均值假设的误差。根据 GNSS 观测值的随机特征，θ 至少为 35°（Zhang et al.，2017b）。保险起见，本节将 θ 的值设置为 60°，然后在假设基站不受多路径效应影响的情况下，可以将卫星间单差残差作为最终的多路径改正数来使用。

接着，利用多路径改正数样本获得精确的网格值，并引入另一个质量控制问题。网格值表示相应方位角和高度角的多路径改正数。考虑到最终多路径改正数的潜在异常值，提前删除绝对值较大的多路径改正数。在本节中，假设 GNSS 的观测值服从正态分布(Li et al.，2018；Luo et al.，2011)，采用剔除超过 STD 两倍的样本作为质量控制方法。此外，只有当样本数大于某一值时，才能通过最终多路径改正数的平均值来估计网格值。其中，最小样本量 $\mathrm{num}_{\min}$ 可确定如下：

$$\mathrm{num}_{\min} \geqslant Z_{1-\alpha/2}^{2} \left(\frac{\mathrm{STD}}{E} \right)^{2} \tag{3.58}$$

式中，$Z_{1-\alpha/2}$ 表示具有显著性水平 α 的标准正态分布的分位数；STD 表示绝对误差 E 的标准差，绝对误差 E 表示网格中多路径改正数与相应参考值之间的差值。在保证普适性的前提下，α 的值设为 5%，STD 与 E 的比值为 2。因此，每个网格中的 $\mathrm{num}_{\min}$

为 16。

最后，根据最终的多路径改正数均值及相应高度角和方位角，可以根据特定的准则来建立高精度和高可靠性的 MHM 模型。也就是说，忽略观测值类型，可以构建统一的 MHM 模型。此外，还可以根据系统、卫星和频率类型构建精化的 MHM 模型。在 MHM 的辅助下，可以获得多路径改正数并用于后续定位。

3.3.3　考虑不同变量的半天球图模型精化

在南京市某校园内进行了静态实验，对不同条件下构建的 MHM 模型进行了分析。值得注意的是，MHM 虽然可以用于动态场景，但只适用于海洋等特殊场景。具体而言，在动态场景下，接收机的移动通常会缩小 MHM 模型的可用覆盖范围，多路径改正更有可能出现在零值网格中。此时，传统建模方法及本章所用方法并不适用，但可以采取一些策略来减少动态场景下的不利影响。特别是根据系统、卫星和频率类型构建精化的 MHM 模型时，可以使用更多的数据对模型进行构建，也可以采用较低分辨率的 MHM 以便尽可能覆盖到更多的区域。因此，本节主要针对静态场景进行研究，移动站和基准站的天线安装在一栋高层建筑的屋顶上。图 3.9 展示了数据采集的场景，配备 3D 扼流圈天线 CGX601A 的基准站位于开阔环境中，没有任何遮蔽物。扼流圈天线可以在很大程度上抑制来自屋顶和地面的多路径信号，因此认为基准站的数据不存在多路径效应。移动站位于基准站附近，距离基准站约 18.27m，使用普通天线。可以看到，在移动站周围，南侧有一堵墙，东侧有一个遮蔽物，所在环境具有代表性。这些障碍物阻碍了 GNSS 信号的传播，特别是来自南面的信号。因此，移动站不可避免地受到多路径效应影响。

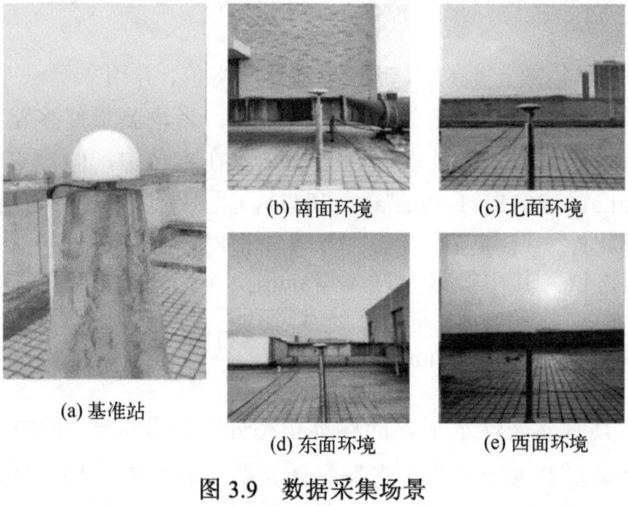

(a) 基准站　(b) 南面环境　(c) 北面环境　(d) 东面环境　(e) 西面环境

图 3.9　数据采集场景

为保证实验结果的说服力，采用自主研发的 M-RTK(multi-GNSS RTK)软件和单历元动态模式处理 BDS-2/BDS-3 B1I(1561.098MHz)和 B3I(1268.520MHz)MEO 卫星、IGSO 卫星和 GEO 卫星三种卫星的观测数据。表 3.18 列出了针对不同方法的通用数据处理策略。实验周期为 2022 年 DOY 113～DOY 123。由于设计基线长度足够短，在用经验模型改正电离层和对流层延迟后，可以认为利用双差模型消除了大气延迟和轨道误差。此外，采用扩展卡尔曼滤波(extended Kalman filtering，EKF)求解浮点模糊度，用最小二乘模糊度降相关平差(least-squares ambiguity decorrelation adjustment，LAMBDA)(Teunissen，1995)单历元搜索整周模糊度，并用 Ratio 法进行检验。

表 3.18　通用数据处理策略

项目	策略
系统	BDS-2、BDS-3
卫星	GEO、IGSO、MEO
频率	B1I、B3I
星历	广播星历
采样间隔/s	1
截止高度角/(°)	10
对流层改正	Saastamoinen 模型
电离层改正(ionosphere-corrected，IC)	Klobuchar 模型
模糊度解算	LAMBDA
Ratio	3.0
随机模型	高度角模型
参数估计	EKF

如上所述，MHM 模型的改正数是基于固定解下的双差残差，且所有网格由站心坐标系中的高度角和方位角定义，格网分辨率相对较高，为 0.5°×0.5°，以便于进行比较。此外，同时建立了伪距和载波相位观测值的 MHM 模型。为了全面研究不同 MHM 模型的性能，采用了六种不同的方案，它们分别是 No-MHM、Uni-MHM、Sat-MHM、Sys-MHM、Fre-MHM 和 All-MHM 方法，这六种方法的详细说明见表 3.19。具体为，No-MHM 方法不使用 MHM 模型；Uni-MHM 方法是指使用统一的 MHM 模型来削弱多路径效应；Sat-MHM、Sys-MHM 和 Fre-MHM 方法则指 MHM 模型分别根据所使用的卫星、系统和频率的类型进行精化；All-MHM 方法意味着 MHM 模型根据系统、卫星和频率综合进行精化。值得注意的是，Sat-MHM、Sys-MHM、Fre-MHM 和 All-MHM 方法可统称为改进的 MHM 模型。根据表 3.19，可以发现不同的 MHM 模型数量是不同的。例如，All-MHM 方法有 24 个 MHM 模型，算法复杂程度较高，效率较低，即计算时间较长，需要的存储空间较大。

表 3.19 不同类型的精化伪距和相位 MHM 模型说明

方法	MHM 数量	说明
No-MHM	0	不使用 MHM 模型
Uni-MHM	1×2	使用统一的 MHM 模型
Sat-MHM	3×2	使用仅根据卫星类型进行精化的 MHM 模型
Sys-MHM	2×2	使用仅根据系统类型进行精化的 MHM 模型
Fre-MHM	2×2	使用仅根据频率类型进行精化的 MHM 模型
All-MHM	12×2	使用根据系统、卫星和频率类型精化的 MHM 模型

下面将全面研究改进的 MHM 模型的性质，重点研究不同 MHM 模型的稳定性和差异性。图 3.10～图 3.16 展示了从 2022 年 DOY 117～DOY 123 连续 7 天内由不同系统、卫星和频率构建的载波相位 MHM 模型的天空图。方位角从站心确定的北方向顺时针测量，高度角从水平面向上测量。圆心表示 90° 的高度角，最大的圆表示 0° 的高度角。值得注意的是，由于伪距 MHM 模型精度相对较差，不予展示。一般来说，数据处理的精度主要取决于精度最高的观测值，但是为了提高冗余度，让更多类型的观测值参与到平差中是必要的，关键在于确定不同类型观测值的精度。

首先可以看出，当卫星的高度角相对较低时，GNSS 信号更容易受到多路径效应的影响，低高度角的多路径改正数的绝对值一般大于高高度角的改正数的绝对值。此外，当方位角在 180° ～360° 时，多路径改正数趋于正，而当方位角在 0° ～180° 时，多路径改正数趋于负。这证明了多路径效应与复杂的环境高度相关，通常周围环境的非均匀遮挡，导致多路径误差是非各向同性的。然后，可观察到在单天 MHM 模型中，由于在实验期间 BDS-2 卫星的数量只有 15 颗，而 BDS-3 卫星的数量大约是 30 颗，BDS-2 多路径改正数的数量远远少于 BDS-3 多路径改正数的数量。结果表明，由于样本相对有限，BDS-2 MHM 模型的可靠性低于 BDS-3 MHM 模型。此外，由于 GEO 卫星在小范围内出现重复移动，GEO 卫星的 MHM 模型类似于点。实际上，由于 GEO 卫星运动并非静止的，GEO 卫星的改正数应该是变化的。这一点表明，GEO 卫星的多路径误差可能不适合用 MHM 进行改正，因为此时，特定 GEO 卫星的 MHM 多路径改正数几乎为常数。同样，IGSO 卫星的 MHM 模型像数字“8”的形状。当卫星处于低高度角时，BDS-3 的 IGSO 卫星的改正数为正，而 BDS-2 信号的 IGSO 卫星改正数的符号具有一定的不规则性。由于 MEO 卫星是为全球覆盖而设计的，因此 MEO 卫星的 MHM 模型比 GEO 和 IGSO 卫星的 MHM 模型范围更广。对比 BDS-2 和 BDS-3 的 B1I 和 B3I 信号的 MHM 模型，基于 B3I 信号的多路径改正数比基于 B1I 信号的多路径改正数波动更大，尤其是对于 MEO 和 GEO 卫星。

其次，仔细观察 7 天的 MHM 网格值，可以看到多路径改正数的范围为−15～

15mm。这一现象与多路径误差通常小于 1/4 波长的理论值一致。此外，IGSO 和 GEO 卫星的 MHM 网格值保持稳定，因此 IGSO 和 GEO 卫星生成的 MHM 模型具有较高的相似性。然而，由 MEO 卫星构建的 MHM 模型是随时间变化的，这表明 MEO 卫星的轨道在 7 天内并不重合。可以理解为，相对于站心的高度角和方位角的轨道重复周期对于北斗 IGSO 和 GEO 卫星来说大约是一个恒星日，而对于北斗 MEO 卫星来说大约是七个恒星日。综上所述，IGSO 和 GEO 卫星的 MHM 模型几乎没有变化，而 MEO 卫星的 MHM 模型在 7 天内是时变的。

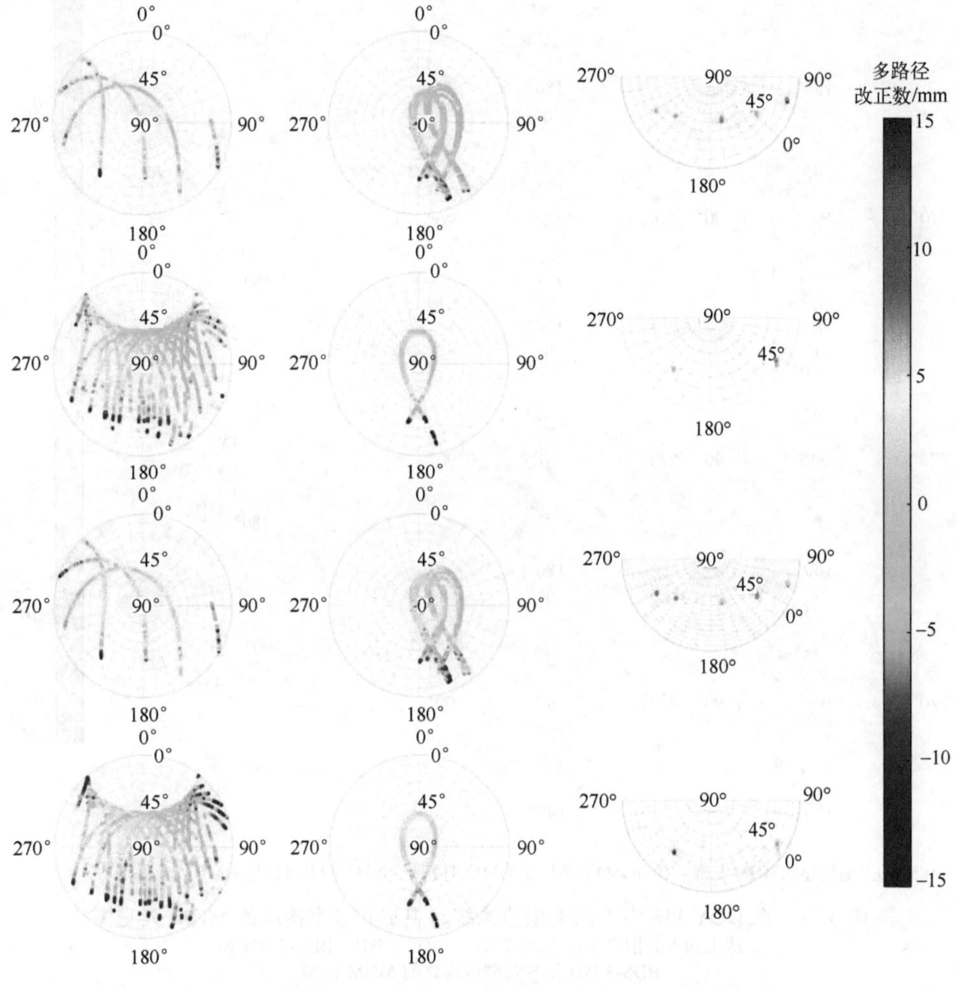

(a) MEO卫星构建的MHM模型　(b) IGSO卫星构建的MHM模型　(c) GEO卫星构建的MHM模型

图 3.10　在 DOY 117 中不同类型的系统、卫星和频率构成的 MHM 天空图

从上到下分别表示由 BDS-2 B1I、BDS-3 B1I、BDS-2 B3I 和 BDS-3 B3I 信号观测值构建的 MHM 模型

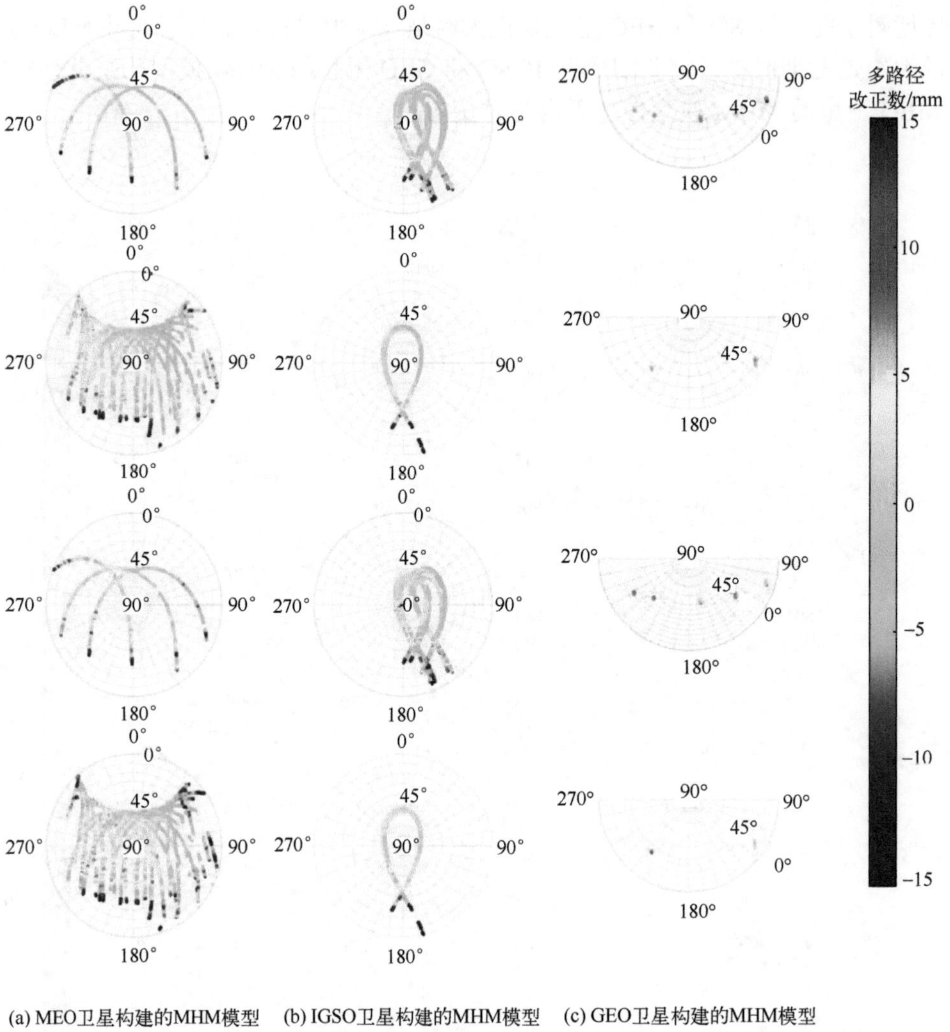

图 3.11　在 DOY 118 中不同类型的系统、卫星和频率构成的 MHM 天空图

从上到下分别表示由 BDS-2 B1I、BDS-3 B1I、BDS-2 B3I 和 BDS-3 B3I 信号观测值构建的 MHM 模型

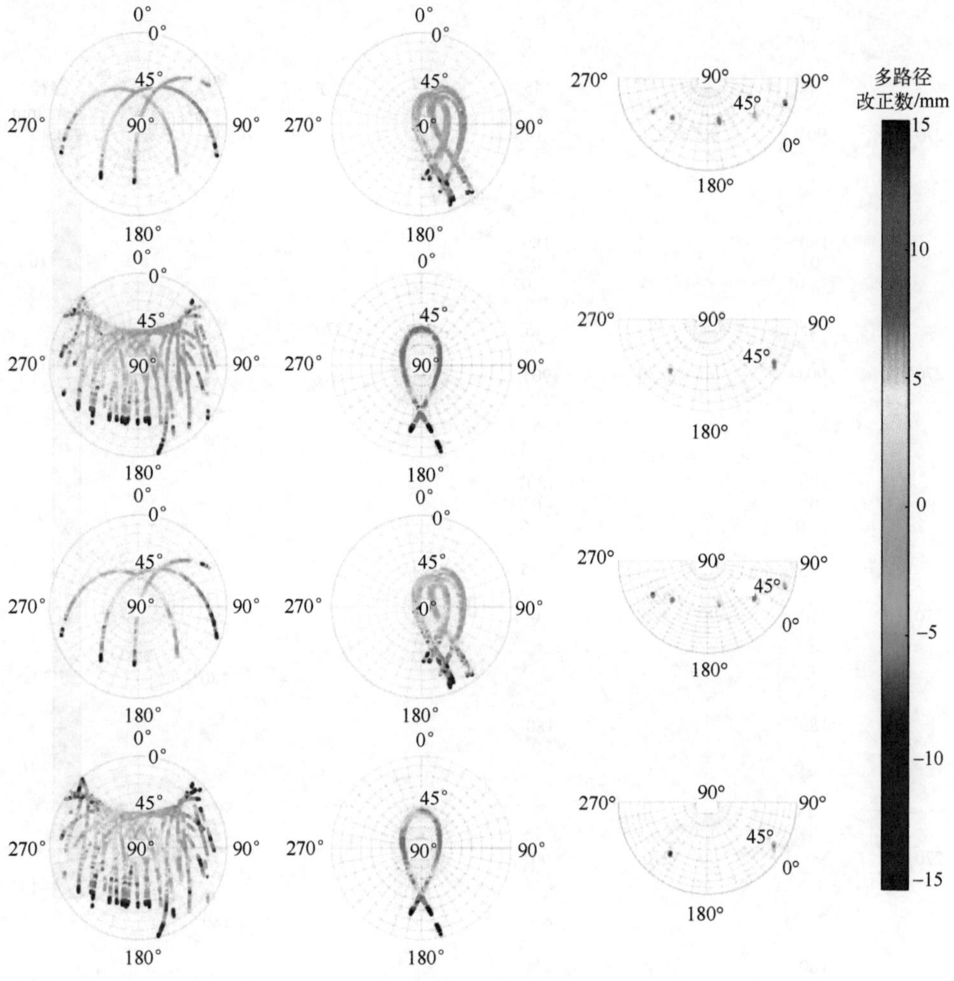

(a) MEO卫星构建的MHM模型　(b) IGSO卫星构建的MHM模型　(c) GEO卫星构建的MHM模型

图 3.12　在 DOY 119 中不同类型的系统、卫星和频率构成的 MHM 天空图

从上到下分别表示由 BDS-2 B1I、BDS-3 B1I、BDS-2 B3I 和 BDS-3 B3I 信号观测值构建的 MHM 模型

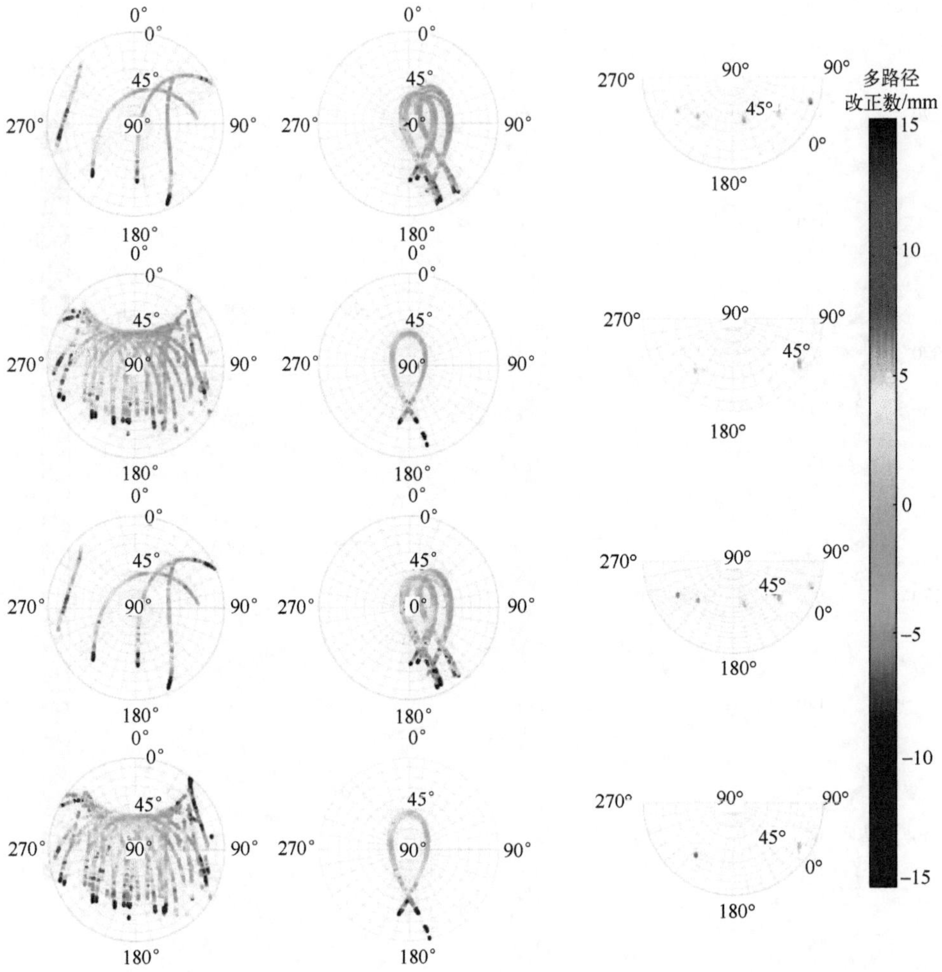

(a) MEO卫星构建的MHM模型　(b) IGSO卫星构建的MHM模型　(c) GEO卫星构建的MHM模型

图 3.13　在 DOY 120 中不同类型的系统、卫星和频率构成的 MHM 天空图

从上到下分别表示由 BDS-2 B1I、BDS-3 B1I、BDS-2 B3I 和 BDS-3 B3I 信号观测值构建的 MHM 模型

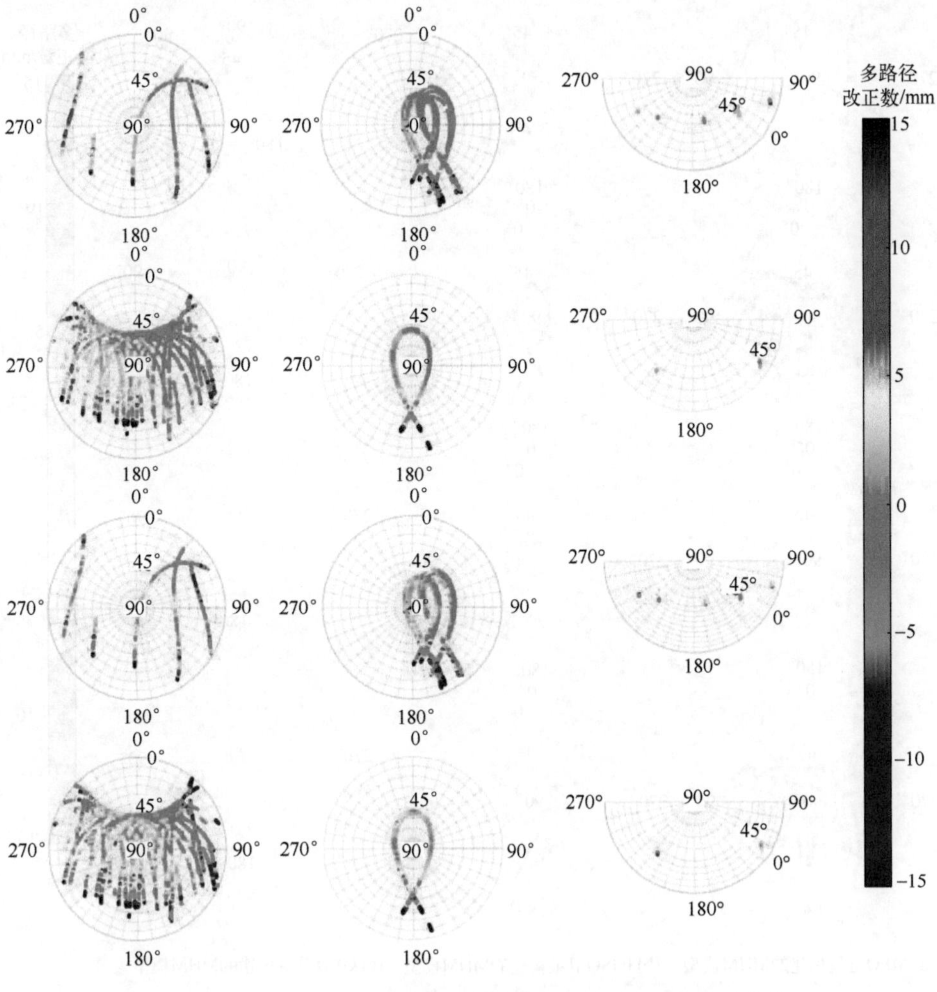

(a) MEO卫星构建的MHM模型　(b) IGSO卫星构建的MHM模型　(c) GEO卫星构建的MHM模型

图 3.14　在 DOY 121 中不同类型的系统、卫星和频率构成的 MHM 天空图
从上到下分别表示由 BDS-2 B1I、BDS-3 B1I、BDS-2 B3I 和
BDS-3 B3I 信号观测值构建的 MHM 模型

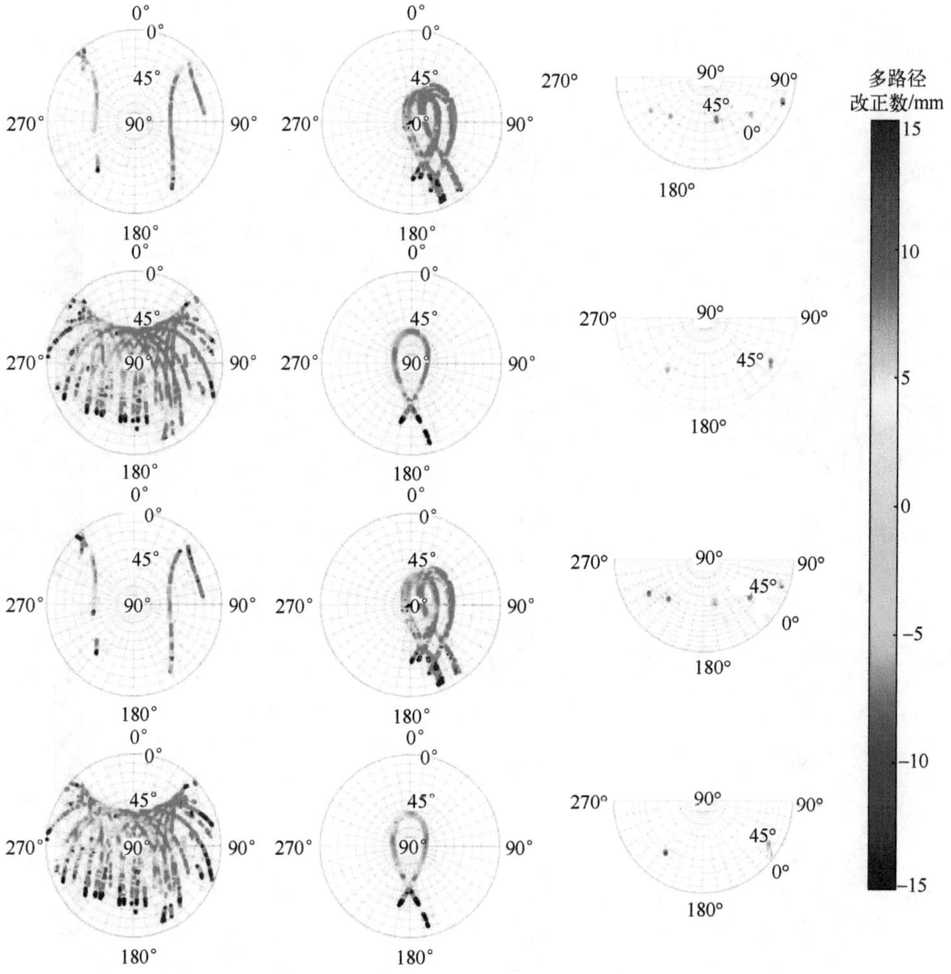

(a) MEO卫星构建的MHM模型　(b) IGSO卫星构建的MHM模型　(c) GEO卫星构建的MHM模型

图 3.15　在 DOY 122 中不同类型的系统、卫星和频率构成的 MHM 天空图

从上到下分别表示由 BDS-2 B1I、BDS-3 B1I、BDS-2 B3I 和 BDS-3 B3I 信号观测值构建的 MHM 模型

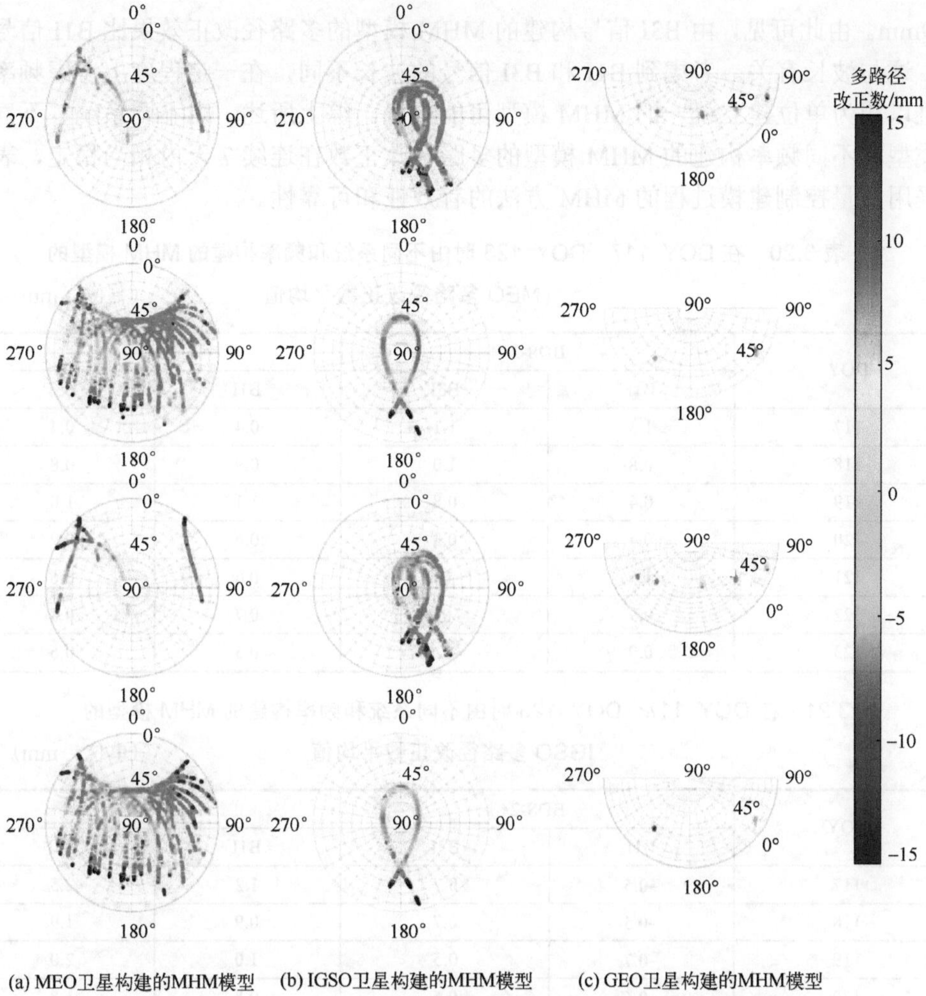

图 3.16　在 DOY 123 中不同类型的系统、卫星和频率构成的 MHM 天空图
从上到下分别表示由 BDS-2 B1I、BDS-3 B1I、BDS-2 B3I 和 BDS-3 B3I 信号观测值构建的 MHM 模型

为了定量分析 MHM 模型之间的差异，分别计算了不同系统和频率(DOY 117～DOY 123)构建的 MHM 模型对 MEO、IGSO 和 GEO 卫星的多路径改正数的平均值，列于表 3.20～表 3.22 中。从这三个表中可以看出，BDS-2 和 BDS-3 的平均绝对偏差(mean absolute deviation，MAD)值分别为 1.00mm 和 0.96mm。可以发现，由于硬件的差异造成 BDS-2 的 MAD 值略高于 BDS-3。同样，MEO、IGSO 和 GEO 卫星的 MAD 值分别为 0.79mm、1.11mm 和 1.04mm。可以看出，因为 MEO 的观测值精度普遍优于 IGSO 和 GEO 卫星，所以 IGSO 和 GEO 卫星的 MAD 值大于 MEO 卫星。此外，三种类型卫星的 MHM 模型的 MAD 值在 7 天内几乎没有变化，表明所提出的建模方法具有较高的稳定性。同样，B1I 和 B3I 信号的 MAD 值分别为 0.78mm 和

1.19mm。由此可见，由 B3I 信号构建的 MHM 模型的多路径改正效果比 B1I 信号显著，这与波长有关。考虑到 B1I 和 B3I 信号的波长不同，在一定程度上考虑频率因素且以周为单位建立统一的 MHM 模型可能更好。综上所述，由不同系统、不同卫星类型和不同频率构建的 MHM 模型的多路径改正数在连续 7 天内相当稳定，表明了采用质量控制建模过程的 MHM 方法的有效性和可靠性。

表 3.20　在 DOY 117～DOY 123 时由不同系统和频率构建的 MHM 模型的 MEO 多路径改正数平均值　（单位：mm）

DOY	BDS-2		BDS-3	
	B1I	B3I	B1I	B3I
117	1.3	1.1	0.4	0.4
118	0.8	1.0	0.9	0.8
119	0.4	0.8	1.1	1.0
120	0.4	0.3	0.6	0.9
121	1.5	−0.1	0.6	0.6
122	0.9	−0.3	0.7	0.8
123	0.9	−2.5	0.5	0.6

表 3.21　在 DOY 117～DOY 123 时由不同系统和频率构建的 MHM 模型的 IGSO 多路径改正数平均值　（单位：mm）

DOY	BDS-2		BDS-3	
	B1I	B3I	B1I	B3I
117	−0.5	0.7	1.2	2.5
118	−0.5	0.7	0.9	1.9
119	−0.7	0.5	1.0	2.0
120	−0.6	0.5	0.8	1.8
121	−0.6	0.6	0.9	2.2
122	−0.7	0.4	1.2	2.5
123	−0.5	0.6	1.4	2.7

表 3.22　在 DOY 117～DOY 123 时由不同系统和频率构建的 MHM 模型的 GEO 多路径改正数平均值　（单位：mm）

DOY	BDS-2		BDS-3	
	B1I	B3I	B1I	B3I
117	1.5	−2.2	0.0	−0.6
118	−1.4	−1.7	0.2	−0.9
119	−1.1	−2.1	−0.5	−1.1

续表

DOY	BDS-2		BDS-3	
	B1I	B3I	B1I	B3I
120	−0.9	−1.1	0.2	−0.8
121	−1.2	−1.9	−0.1	−1.2
122	−1.1	−2.0	0.2	−0.6
123	−1.6	−1.9	0.3	−0.9

接下来，为了进一步展示 DOY 117～DOY 123 的 MHM 模型的分布变化，先分别获取了 DOY 118～DOY 123 的 MHM 模型和 DOY 117 的 MHM 模型之间的交集；然后，将 DOY 117 的 MHM 模型与 DOY 118～DOY 123 的 MHM 模型的交集相减，得到差分天空图。图 3.17 分别展示了 DOY 118～DOY 123 的 MHM 模型和 DOY 117

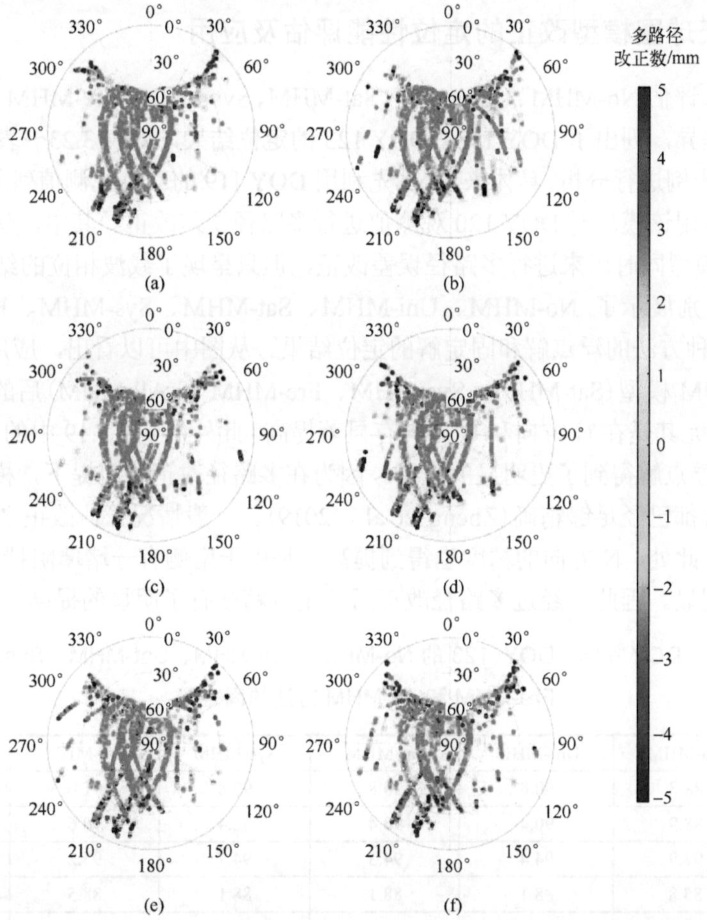

图 3.17　DOY 118～DOY 123 的 MHM 模型与 DOY 117 的 MHM 模型之间交集的差分天空图
图(a)～(f) 分别表示 DOY 118、119、120、121、122、123 的 MHM 模型和 DOY 117 的 MHM 模型之间交集的差分天空图

的 MHM 模型之间的交集的差分天空图。本节重点分析了 7 天内 MHM 的分布变化，可以看出，MEO、IGSO 和 GEO 卫星产生的 MHM 网格值有一些变化，幅度在−5.00～5.00mm。具体来说，MEO、IGSO 和 GEO 卫星的 MAD 值分别为 1.24mm、0.82mm 和 0.73mm。由 MEO 卫星残差计算的 MHM 网格几乎不重叠，而 GEO 和 IGSO 卫星的 MHM 网格重叠，这与前面的分析是一致的。由于 MEO 卫星的轨道周期约为 7 天，MEO 卫星连续 2 天的多路径误差在时间上不具有重复性，但仍具有一定的空间重复性。对于 MEO 卫星来说，利用 7 天或更长时间的数据来构建高精度和高可靠性的 MHM 模型是最合适的。这也说明了 IGSO 和 GEO 卫星的轨道重复周期与 MEO 卫星不同。DOY 118～DOY 123 的 MHM 模型与 DOY 117 的 MHM 模型的交集相减后，不同的 MHM 模型的绝对值减小，分布变得更加松散和不规则。总体而言，连续 7 天的 MHM 模型是稳定的，尤其是 IGSO 和 GEO 卫星。

3.3.4 半天球图模型改正的定位性能评估及应用

为了深入评估 No-MHM、Uni-MHM、Sat-MHM、Sys-MHM、Fre-MHM 和 All-MHM 方法之间的差异，列出了 DOY 118～DOY 123 的定位结果，如表 3.23～表 3.26 所示，以 DOY 120 为例进行分析，具体来说，首先利用 DOY 119 的双差观测值残差构建 MHM 模型，然后运用该模型对 DOY 120 观测值进行多路径误差改正。其中，伪距和载波相位的 MHM 模型同时用来进行多路径误差改正，但只呈现了载波相位的结果。图 3.18 和图 3.19 分别展示了 No-MHM、Uni-MHM、Sat-MHM、Sys-MHM、Fre-MHM 和 All-MHM 六种方法的浮点解和固定解的定位结果。从图中可以看出，应用 Uni-MHM 和改进的 MHM 模型(Sat-MHM、Sys-MHM、Fre-MHM 和 All-MHM)后的定位结果更为精确可靠，尤其是在 N 方向和 U 方向有显著提高。此外，与图 3.19 中的固定解相比，图 3.18 中的浮点解得到了更明显的改善。因为在多路径改正的前提下，模糊度固定后得到的固定解都已经足够精确(Zheng et al.，2019)。一般情况下，改正之后 U 方向的精度会提高，此处，N 方向的精度也得到提高，是由于南侧有一堵墙阻挡了直接信号，多路径效应明显。因此，经过多路径改正后，定位精度有了明显的提高。

表 3.23 DOY 118～DOY 123 的 No-MHM、Uni-MHM、Sat-MHM、Sys-MHM、Fre-MHM 和 All-MHM 方法的固定率 (单位：%)

DOY	No-MHM	Uni-MHM	Sat-MHM	Sys-MHM	Fre-MHM	All-MHM
118	88.8	90.8	90.8	90.8	91.0	90.7
119	88.9	90.4	90.4	90.4	90.6	90.5
120	92.9	94.4	94.3	94.7	95.2	94.5
121	85.8	88.1	88.1	88.1	88.5	88.3
122	85.4	88.5	88.5	88.5	88.7	88.2
123	82.4	85.7	85.6	85.7	85.9	85.3

表 3.24　No-MHM、Uni-MHM、Sat-MHM、Sys-MHM、Fre-MHM 和 All-MHM 方法的 E 方向 RMSE 统计值

项目	DOY	No-MHM	Uni-MHM	Sat-MHM	Sys-MHM	Fre-MHM	All-MHM
浮点解/m	118	0.2072	0.2250	0.2183	0.2267	0.2232	0.2134
	119	0.2096	0.2232	0.2196	0.2171	0.2233	0.1999
	120	0.1965	0.1954	0.1962	0.1934	0.1732	0.1913
	121	0.1809	0.1986	0.1947	0.2018	0.1984	0.1968
	122	0.1651	0.1754	0.1658	0.1764	0.1752	0.1688
	123	0.1731	0.2057	0.2003	0.2036	0.2054	0.1951
固定解/mm	118	1.89	1.86	1.93	1.87	1.88	1.86
	119	2.05	1.99	2.01	1.99	2.01	2.00
	120	1.90	1.71	1.71	1.68	1.55	1.71
	121	1.88	1.81	1.82	1.81	1.81	1.83
	122	1.97	1.87	1.88	1.87	1.88	1.90
	123	1.90	1.77	1.78	1.78	1.78	1.79

表 3.25　No-MHM、Uni-MHM、Sat-MHM、Sys-MHM、Fre-MHM 和 All-MHM 方法 N 方向的 RMSE 统计值

项目	DOY	No-MHM	Uni-MHM	Sat-MHM	Sys-MHM	Fre-MHM	All-MHM
浮点解/m	118	0.3164	0.2982	0.2929	0.2840	0.2998	0.2750
	119	0.3174	0.2642	0.2514	0.2517	0.2646	0.2411
	120	0.3264	0.2628	0.2584	0.2659	0.2565	0.2576
	121	0.2833	0.2282	0.2227	0.2213	0.2296	0.2115
	122	0.2189	0.2064	0.2008	0.2022	0.2042	0.1931
	123	0.2275	0.2367	0.2301	0.2325	0.2365	0.2212
固定解/mm	118	2.49	2.12	2.18	2.12	2.12	2.17
	119	2.93	2.34	2.36	2.35	2.34	2.37
	120	2.57	2.18	2.21	2.19	2.15	2.22
	121	2.61	2.29	2.32	2.31	2.31	2.37
	122	2.91	2.23	2.27	2.25	2.25	2.31
	123	2.79	2.20	2.27	2.22	2.21	2.27

表 3.26　No-MHM、Uni-MHM、Sat-MHM、Sys-MHM、Fre-MHM 和 All-MHM 方法 U 方向 RMSE 统计值

项目	DOY	No-MHM	Uni-MHM	Sat-MHM	Sys-MHM	Fre-MHM	All-MHM
浮点解/m	118	0.9068	0.7357	0.7063	0.7109	0.7313	0.7008
	119	0.6957	0.7407	0.7416	0.7370	0.7382	0.6886
	120	0.6285	0.5961	0.5964	0.6072	0.5852	0.5797
	121	0.7001	0.5542	0.5685	0.5487	0.5574	0.5369
	122	0.6576	0.6352	0.6540	0.6312	0.6357	0.6067
	123	0.6082	0.5852	0.5981	0.5798	0.5826	0.5875
固定解/mm	118	7.22	6.46	6.53	6.48	6.51	6.55
	119	8.54	7.64	7.63	7.66	7.68	7.72
	120	7.50	6.79	6.79	7.01	7.73	6.78
	121	7.16	7.08	7.10	7.10	7.09	7.10
	122	7.38	7.22	7.27	7.25	7.22	7.26
	123	7.24	6.98	6.99	6.99	7.00	7.02

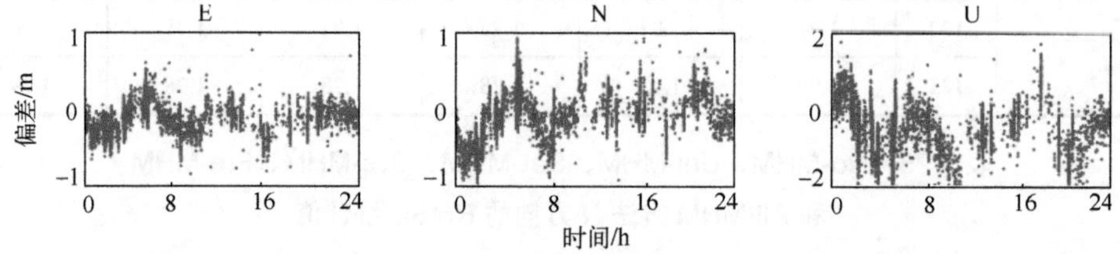

(a) No-MHM

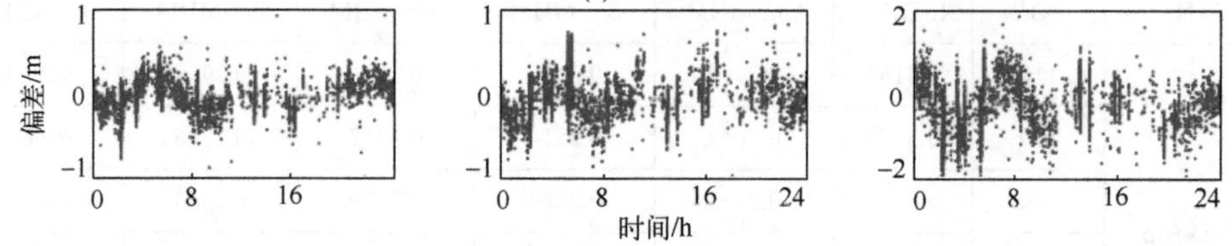

(b) Uni-MHM

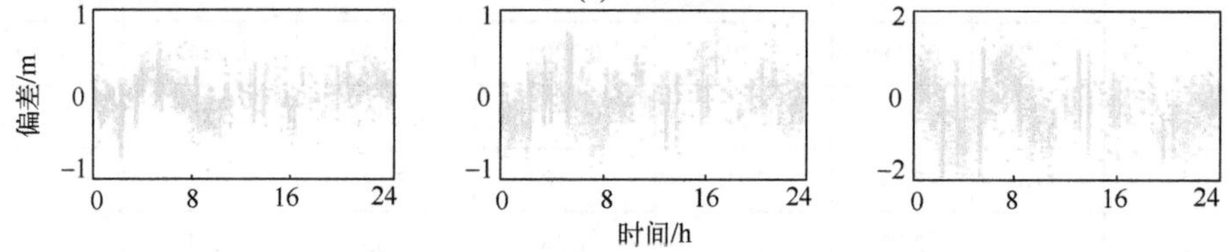

(c) Sat-MHM

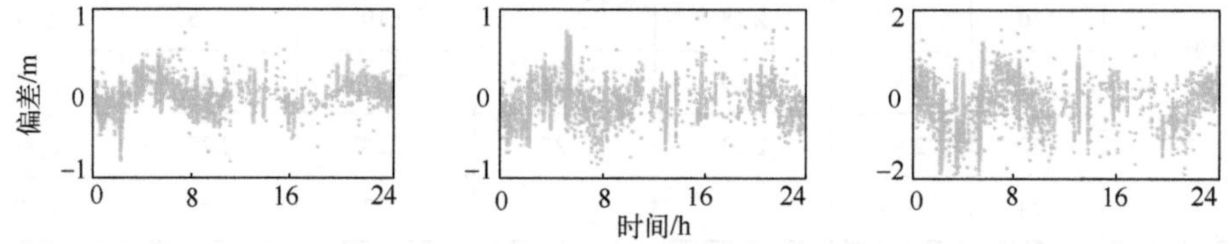

(d) Sys-MHM

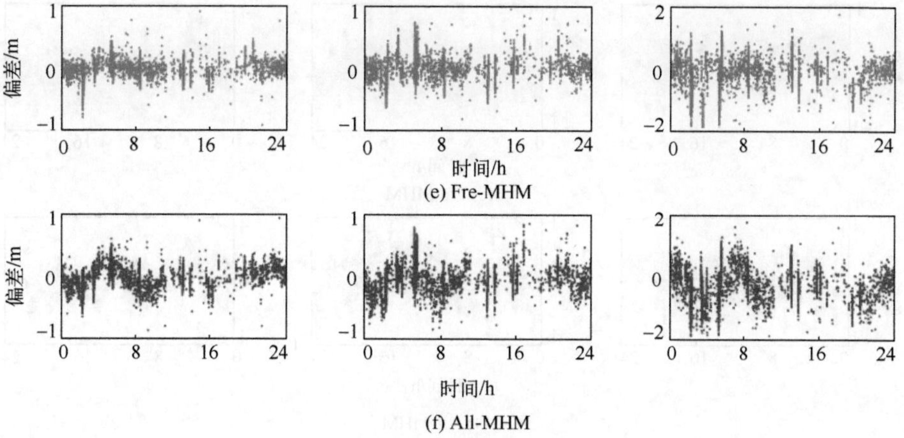

图 3.18 DOY 120 浮点解定位结果

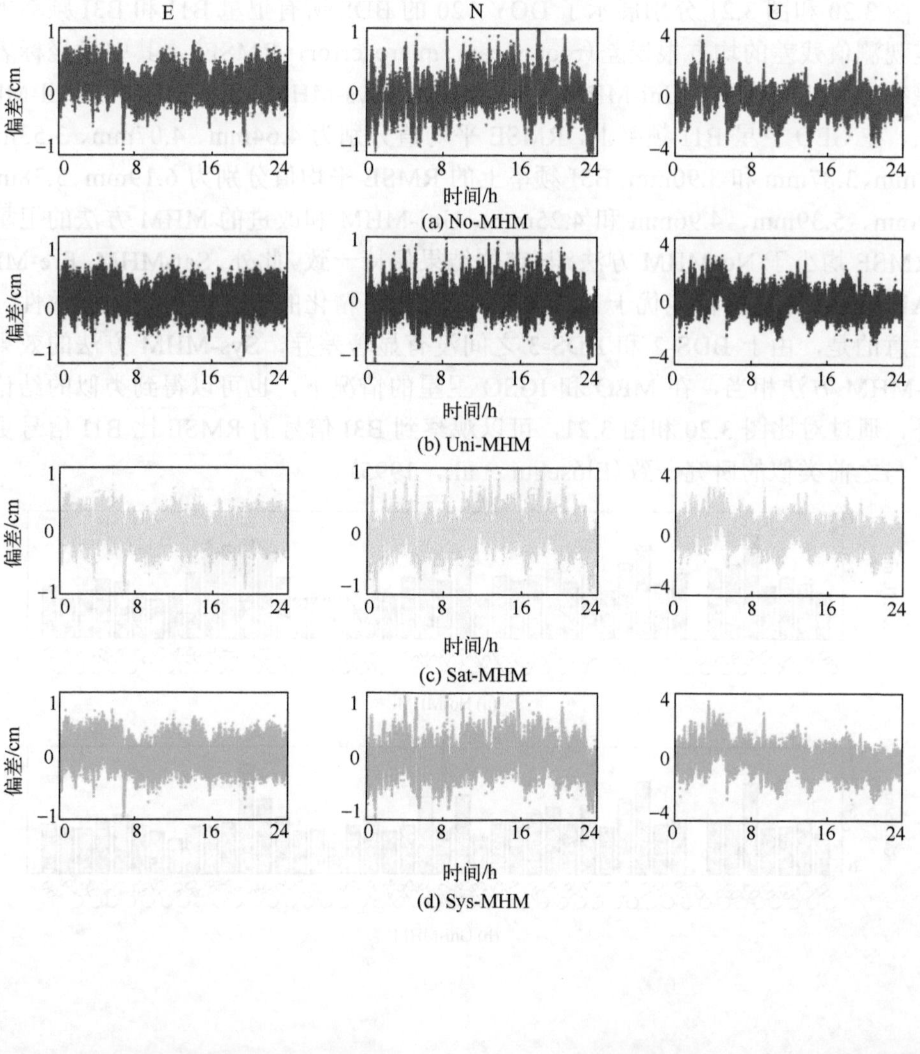

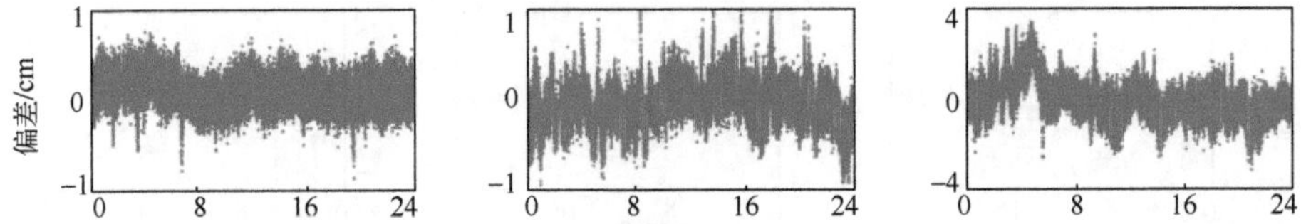

(e) Fre-MHM

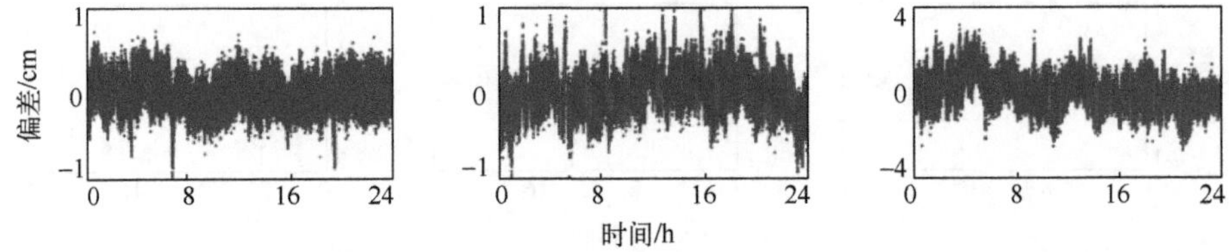

(f) All-MHM

图 3.19　DOY 120 固定解定位结果

图 3.20 和图 3.21 分别展示了 DOY 120 的 BDS 所有卫星 B1I 和 B3I 频率上的双差观测值残差的均方根误差(root mean square error，RMSE)，其中横坐标表示卫星编号。No-MHM、Uni-MHM、Sat-MHM、Sys-MHM、Fre-MHM 和 All-MHM 方法，在 GEO 卫星 B1I 频率上，RMSE 平均值分别为 4.64mm、4.07mm、3.53mm、4.08mm、3.87mm 和 3.90mm，B3I 频率上的 RMSE 平均值分别为 6.19mm、5.38mm、3.62mm、5.39mm、4.96mm 和 4.25mm。Uni-MHM 和改进的 MHM 方法的卫星残差 RMSE 均小于 No-MHM 方法，与定位结果保持一致。此外，Sat-MHM、Fre-MHM 和 All-MHM 方法的性能优于 Uni-MHM，表明了精化的 MHM 模型的有效性。值得注意的是，由于 BDS-2 和 BDS-3 之间没有显著差异，Sys-MHM 方法的效果与 Uni-MHM 方法相当，在 MEO 和 IGSO 卫星的情况下，也可以得到类似的结论。此外，通过对比图 3.20 和图 3.21，可以观察到 B3I 信号的 RMSE 比 B1I 信号更显著，与之前类似的研究一致(Elósegui et al.，1995)。

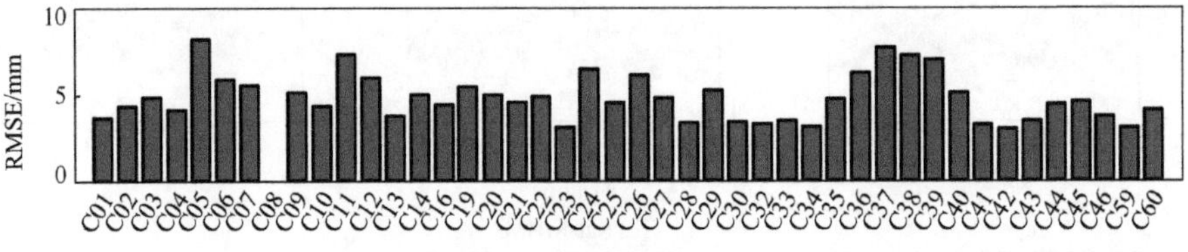

(a) No-MHM

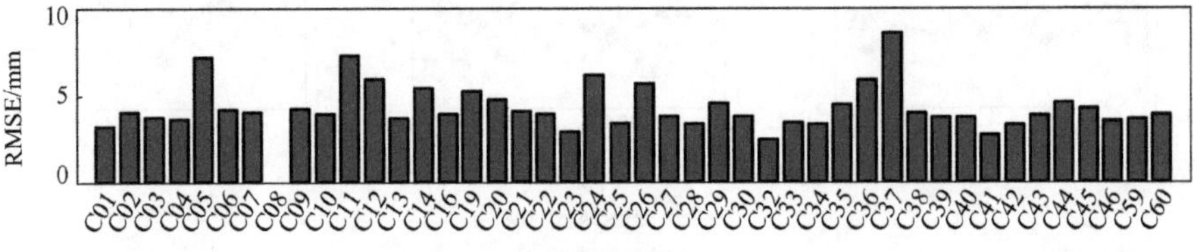

(b) Uni-MHM

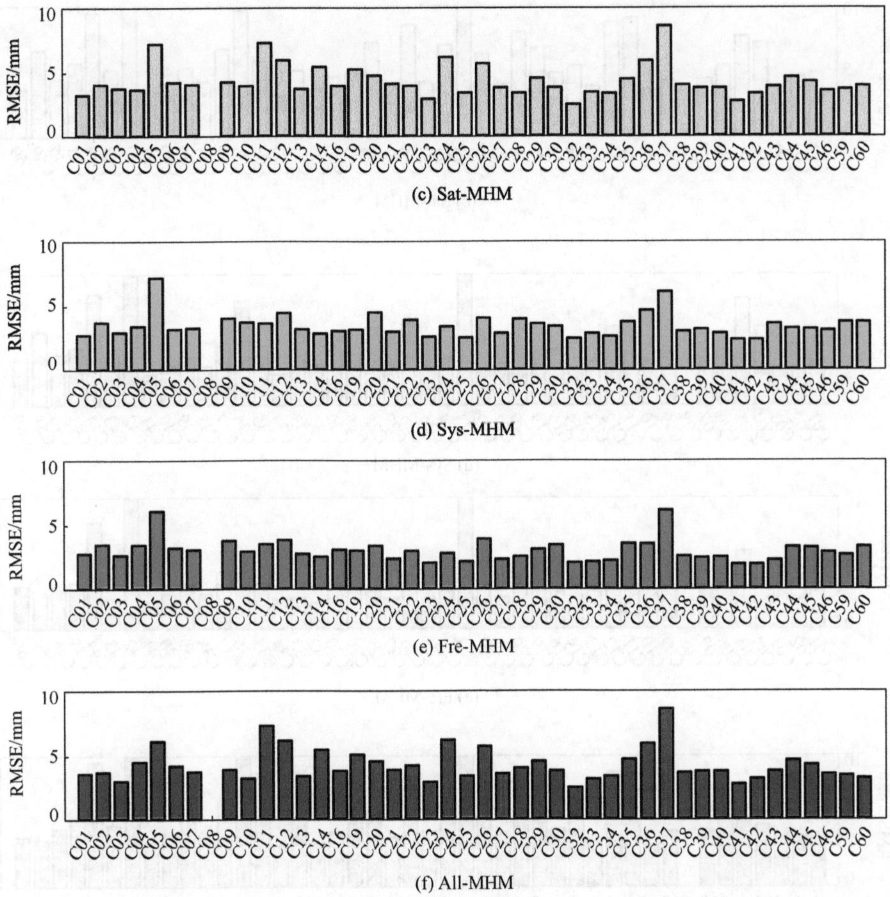

(c) Sat-MHM

(d) Sys-MHM

(e) Fre-MHM

(f) All-MHM

图 3.20　DOY 120 的 BDS B1I 信号的卫星双差残差 RMSE

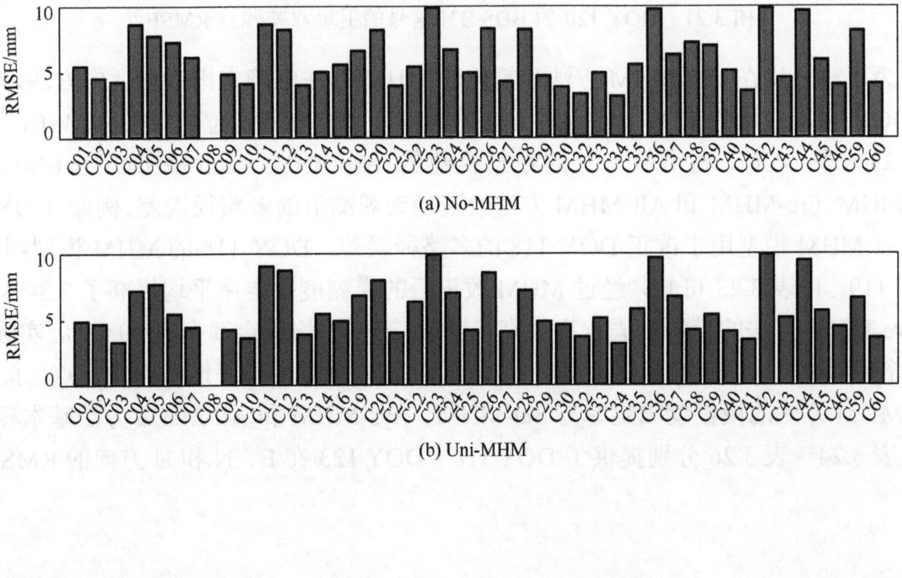

(a) No-MHM

(b) Uni-MHM

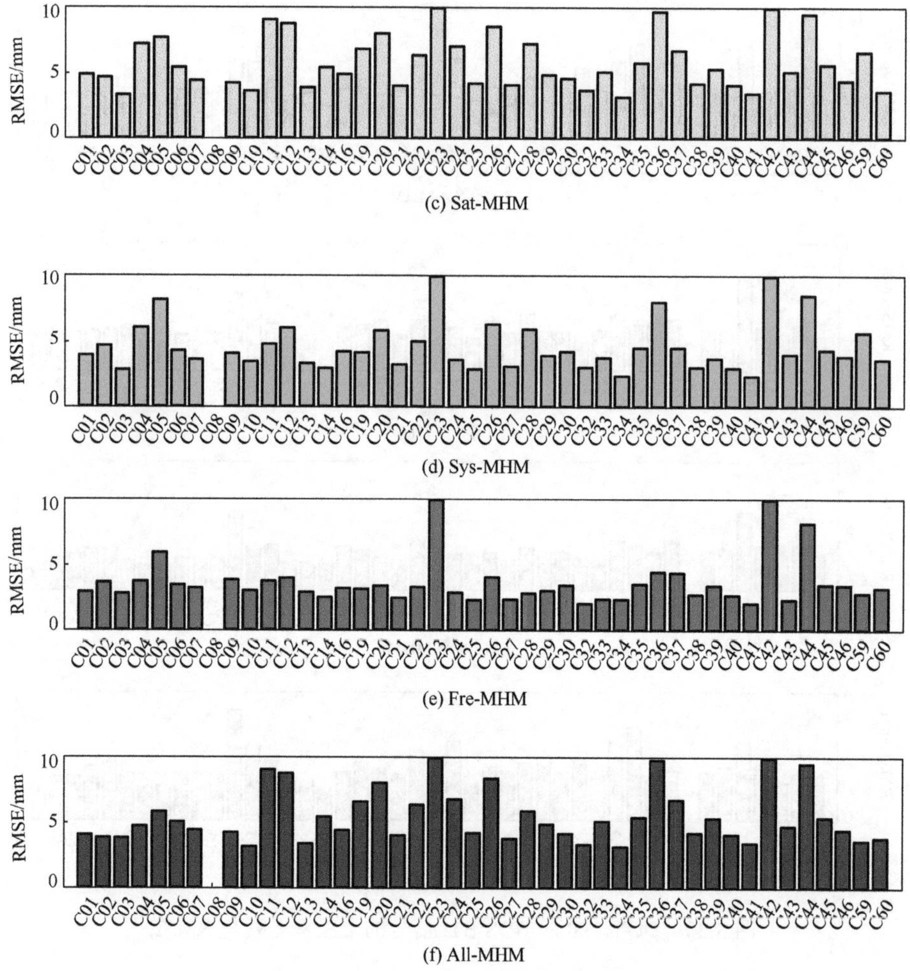

图 3.21　DOY 120 的 BDS B3I 信号的卫星双差残差 RMSE

为了进一步在 Uni-MHM 方法和精化的 MHM 方法中确定出最合适的方法，统计了 DOY 118～DOY 123 上述六种方法的模糊度固定率和定位结果的 RMSE，列于表 3.23～表 3.26。利用前一天的数据构建的 No-MHM、Uni-MHM、Sat-MHM、Sys-MHM、Fre-MHM 和 All-MHM 方法改正当天观测值的多路径误差。例如，DOY 117 的所有 MHM 模型用于改正 DOY 118 的多路径误差，DOY 118 的 MHM 模型则用于 DOY 119。由表 3.23 可知，经过 MHM 改正后的模糊度固定率平均提高了 2.34%，其中 Fre-MHM 方法的模糊度固定率最高，连续 7 天的平均固定率高达 89.98%。实际上，多路径效应对于不同的频率是不同的，在数学建模中需要更好地考虑这一点。此外，Uni-MHM 方法的模糊度固定率与 Sat-MHM、Sys-MHM 和 All-MHM 方法基本相当。

表 3.24～表 3.26 分别提供了 DOY 118～DOY 123 在 E、N 和 U 方向的 RMSE 统

计值。可以发现，经过 MHM 改正的定位精度有所提升。具体地，对于浮点解，除了信号没有受到严重干扰的 E 方向外，在 N 和 U 方向上可以分别获得约 4.00cm 和 6.00cm 的改善。E 方向精度不能提高的原因是在多路径效应不明显的情况下，MHM 模型可能会进行不正确的改正。对于固定解，在这样的变形监测环境中可以获得毫米级的定位精度。在 E、N 和 U 方向使用 MHM 改正后，分别可以获得约 4.9%、17.2%和 5.6%的改善，N 方向定位精度显著提高的原因是在移动站的南侧有一堵墙，多路径效应严重。比较 Uni-MHM 方法和改进的 MHM 方法的结果，All-MHM 方法在浮点解方面表现最好，3D RMSE 为 0.69m，而对于固定解，Uni-MHM 方法已经非常精确，3D RMSE 仅为 7.60mm，甚至略好于 Sys-MHM、Fre-MHM 和 All-MHM 方法。虽然精化的 MHM 方法计算复杂度较高，但与 Uni-MHM 方法相比，精度的提高非常有限。综上所述，在应用了采用质量控制建模的 MHM 后，在考虑效率时可以使用 Uni-MHM。

如前面内容所提到的，MEO 卫星的轨道重复周期约为 7 个恒星日。然而，获得 MEO 卫星 7 天前的 MHM 模型是困难的。此外，IGSO 和 GEO 卫星的 MHM 模型需要前一天的数据。因此，有必要讨论 MEO 卫星轨道重复周期对 MHM 模型的影响。此处，使用 DOY 113、DOY 119 的单天数据分别构建 MHM 模型，以及 DOY 113～DOY 119 的 7 天数据的 MHM 模型(包括 MEO、IGSO 和 GEO 卫星在内)来改正 DOY 120 观测值的多路径误差。图 3.22 绘制了由 DOY 113、DOY 119 和 7 天数据构建的 MEO 卫星 MHM 模型的天空图。从图中可以看出，由于 MEO 卫星的轨道重复周期，DOY 113 和 DOY 119 的 MHM 模型的分布有所不同。此外，7 天 MHM 模型网格的数量远远多于单天的 MHM 模型。根据图 3.22，在 3 个 MHM 模型中，多路径改正数的符号在 MHM 模型的左侧趋于正，而在 MHM 模型的右侧趋于负。结果表明，在静态环境中，多路径效应保持稳定。

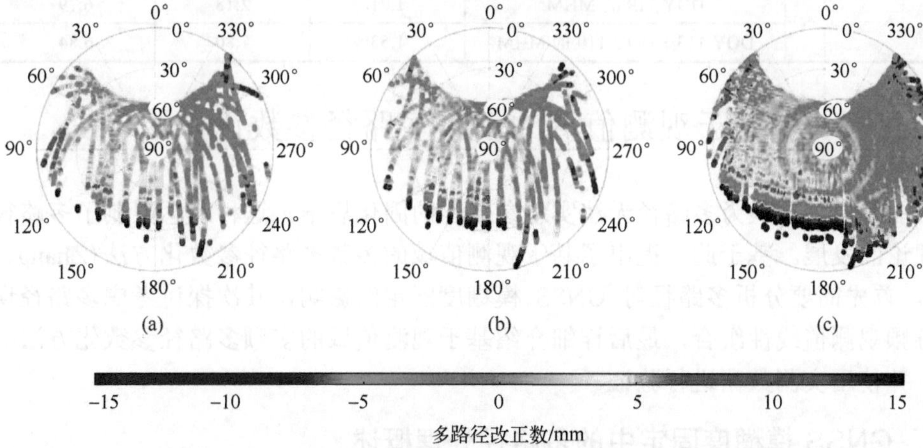

图 3.22　MEO 卫星的 MHM 模型的天空图

图(a)～图(c)分别表示 DOY 113、DOY 119 和 DOY 113～DOY 119 数据的结果

No-MHM、DOY 113 的 MHM、DOY 119 的 MHM 和 DOY 113～DOY 119 的 MHM 的 RMSE 统计值见表 3.27。可以看出，后三种策略都可以提高浮点解和固定解的定位精度，其中 7 天 MHM 方法的效果最好。具体来说，7 天的 MHM 模型由于 MHM 模型覆盖所有卫星的轨道重复周期，网格数量最多，使浮点解的 3D RMSE 从 0.73m 提高到 0.65m，固定解的 3D RMSE 从 8.15mm 提高到 7.24mm，在动态场景使用中有广阔的前景。对于 DOY 113 的 MHM 方法，浮点解和固定解的 3D RMSE 分别为 0.66m 和 7.63mm。DOY 119 的 MHM 方法对应的值分别为 0.68m 和 7.33mm。可以发现，两种单天的 MHM 方法改正效果大致相同。原因有二：一是 DOY 113 的 MHM 对 MEO 卫星具有较好的多路径改正能力，但不能很好地改正 IGSO 和 GEO 卫星的多路径误差，而 DOY 119 的 MHM 则正好相反；二是 7 天前的 MHM 方法的性能高度依赖于稳定的环境，这在现实中是很难保证的。因此，如果对精度和可靠性要求较高，则可以考虑采用 7 天 MHM 法，但计算量较大。另外，从兼顾效率和精度的角度考虑，使用单天的 MHM 同样是一种可行的方法。

表 3.27　No-MHM、DOY 113 的 MHM、DOY 119 的 MHM 和 DOY 113～DOY 119 的 MHM 定位结果 RMSE 统计值

项目	方法	E	N	U
浮点解/m	No-MHM	0.1965	0.3264	0.6285
	DOY 113 的 MHM	0.1866	0.2793	0.5668
	DOY 119 的 MHM	0.1954	0.2628	0.5961
	DOY 113～DOY 119 的 MHM	0.1749	0.2507	0.5792
固定解/mm	No-MHM	1.90	2.57	7.50
	DOY 113 的 MHM	1.62	2.14	7.14
	DOY 119 的 MHM	1.71	2.18	6.79
	DOY 113～DOY 119 的 MHM	1.53	1.80	6.84

3.4　基于观测值域的多频多路径参数化方法

目前普遍存在认为多路径无法实现参数化的固化思维，这种观念限制了多路径处理理论的发展。基于此，提出了基于观测值域的多频多路径参数化方法(Zhang, 2021)。首先简要分析多路径对 GNSS 模糊度固定的影响，其次探讨考虑多路径误差的五频观测值线性组合，最后详细介绍基于观测值域的多频多路径参数化方法的原理，并使用实测数据进行验证。

3.4.1　GNSS 模糊度固定中的多路径处理概述

随着 BDS-3 系统五频的开放，多频多模技术在 GNSS 应用中已经成为普遍趋势。

在RTK中，AR是高精度定位与导航的先决条件。为了提高AR的成功率与效率，需要对伪距和相位观测值的误差项进行适当的处理。然而，非模型化误差通常不能忽略，如大气延迟和多路径效应(Li et al.，2018)。

早期的研究主要集中在利用单频或者双频数据获得高效率、高可靠性的模糊度。然后在ILS中使用降相关性方法(Teunissen，1995)。随后，三频GNSS的出现给AR带来了巨大的机遇。Forssell等(1997)和Vollath等(1999)提出了TCAR的概念。TCAR方法明显提高了AR的成功率和效率(Cocard et al.，2008)。虽然TCAR方法基于GF模型，但GB模型有着更好的几何强度，也可以用于模糊度固定(Feng，2008；Zhang and He，2016)。目前，BDS-3和Galileo卫星能够播发四频或五频信号，使得FCAR和FiCAR成为可能，进一步提高了AR的成功率和有效性(Zhang Z et al.，2020)。

在多频模糊度解算中(TCAR、FCAR和FiCAR)，非模型化误差的存在会降低浮点解的精度，因此消除或避免非模型化误差是最重要的问题之一。电离层延迟和对流层延迟可以通过观测值组合、模型改正或参数化来大幅度消除或减弱(Wang and Rothacher，2013；Li，2018)。Li等(2010)使用GF和IF组合生成模拟信号，提出了一种距离无关的AR方法。Zhao等(2015)在三频线性组合上应用了一种修正TCAR方法去削弱剩余的电离层延迟。BDS有三种轨道类型的卫星(Tang et al.，2014；Li et al.，2020)，因此研究了BDS-2和BDS-3场景下的AR。多路径误差不能通过以上传统方法处理(Luo et al.，2014；Leick et al.，2015；Zhang Z et al.，2019)，因此，在峡谷环境、低成本接收机或者长基线中，研究额外的数据处理方法显得尤为重要。通常，波长更长的信号会受到更显著的多路径误差的影响(Lima and Moraes，2021)，基于卫星重复周期，提出了恒星日滤波方法。由于卫星具有空间重复性，在静态或者相对静态的环境下，也可以应用提供多路径改正的MHM模型(Moore et al.，2014；Fuhrmann et al.，2015)，针对相对定位和绝对定位模式，分别可参考文献Dong等(2016)和Zheng等(2019)。另外，也可以使用其他的方法，如前端信号处理(McGraw and Braasch，1999；Henkel et al.，2016)、先进的信号跟踪方法(Yang R et al.，2020)、改进的天线阵列(Daneshmand et al.，2013)、小波分析(Pugliano et al.，2016)、射线跟踪法(Lau and Cross，2007a)、支持向量机(Phan et al.，2013)和Vondrak滤波法(Zheng et al.，2005)等。

然而，当前在MCAR等领域对多路径的处理仍然存在很多限制。首先，传统多路径处理方法主要集中在非参数化方法，其中的误差不能完全被模型化或者消除。很少有研究关注MCAR中的多路径削弱(Moradi et al.，2015；Chen et al.，2016；Wang et al.，2018)。但这其实是非常重要的，因为后面内容证明了在MCAR中多路径效应会被放大。实际上，传统方法大多类似于时间或空间域的模型改正。目前，对于伪距和相位观测值，还没有通用的观测值域参数化方法。理论上，多路径参数化可能是最好的选择，因为它可以充分考虑时间和空间特性。但是，如何对多路径误差进行参数化仍然是一个亟待解决的问题。其次，传统的多路径抑制方法在实时或动态情况下表现不佳，如果加上复杂条件，多路径误差可能成为非模型化误差的主要误差源。

当进行 MCAR 时，多路径误差在长基线中总是有明显的不利影响，但经常被忽略。基于此，本书提出了一种适合大尺度场景的基于观测值域的伪距和相位多路径参数化抑制方法。具体地，首先在五个或至少四个频率的情况下构造预处理多频伪距多路径(multi-frequency code multipath，MCM)和多频相位多路径(multi-frequency phase multipath，MPM)组合，然后利用最小二乘准则估计伪距和相位观测值的多路径误差。

3.4.2 顾及多路径的五频观测值线性组合

如果在多频 GNSS 中有 m 个(本节中 $m=5$)频率满足 $f_1>f_2>\cdots>f_m$，则某一线性组合的频率、波长和双差模糊度如下：

$$f_{[m]}=f_{(u_1,u_2,\cdots,u_m)}=u_1\cdot f_1+u_2\cdot f_2+\cdots+u_m\cdot f_m \tag{3.59}$$

$$\lambda_{[m]}=\lambda_{(u_1,u_2,\cdots,u_m)}=c/f_{[m]} \tag{3.60}$$

$$\Delta\nabla N_{[m]}=\Delta\nabla N_{(u_1,u_2,\cdots,u_m)}=u_1\cdot\nabla\Delta N_1+u_2\cdot\nabla\Delta N_2+\cdots+u_m\cdot\nabla\Delta N_m \tag{3.61}$$

式中，$u_1,u_2,\cdots,u_m$ 表示整数系数；λ 表示波长；c 表示真空中的光速；$\nabla\Delta N$ 表示双差整周模糊度。相应地，线性伪距和相位组合如下：

$$\nabla\Delta P_{[m]}=\nabla\Delta P_{(u_1,u_2,\cdots,u_m)}=(u_1\cdot f_1\cdot\nabla\Delta P_1+u_2\cdot f_2\cdot\nabla\Delta P_2+\cdots+u_m\cdot f_m\cdot\nabla\Delta P_m)/f_{[m]} \tag{3.62}$$

$$\Delta\nabla\varPhi_{[m]}=\Delta\nabla\varPhi_{(u_1,u_2,\cdots,u_m)}=(u_1\cdot f_1\cdot\Delta\nabla\varPhi_1+u_2\cdot f_2\cdot\Delta\nabla\varPhi_2+\cdots+u_m\cdot f_m\cdot\Delta\nabla\varPhi_m)/f_{[m]} \tag{3.63}$$

式中，P 和 $\varPhi$ 分别表示伪距和相位观测值。然后可以建立线性组合的观测模型：

$$\Delta\nabla P_{[m]}=\Delta\nabla\rho+\beta_{[m]}\Delta\nabla I^1+\Delta\nabla T+\Delta\nabla\varOmega_{[m]}+\Delta\nabla\varepsilon_{[m]} \tag{3.64}$$

$$\Delta\nabla\varPhi_{[m]}=\Delta\nabla\rho+\lambda_{[m]}\Delta\nabla N_{[m]}-\beta_{[m]}\Delta\nabla I^1+\Delta\nabla T+\Delta\nabla\omega_{[m]}+\Delta\nabla\epsilon_{[m]} \tag{3.65}$$

式中，一阶电离层尺度因子 $\beta_{[m]}=f_1^2(u_1/f_1+u_2/f_2+\cdots+u_m/f_m)/f_{[m]}$；$\rho$ 表示接收机到卫星的距离；I 和 T 表示电离层和对流层延迟；$\varOmega$ 和 ω 表示伪距和相位多路径；ε 和 ϵ 表示伪距和相位观测噪声。

对于 BDS-3 系统的五频信号，详细信息如表 3.1 所示。值得注意的是，不同信号的码速率并不相同，因此伪距精度也不同。为了获得最佳线性组合，使用了伪距和相位 TNL。MCAR 中的基线通常较长，因此应更好地考虑二阶电离层延迟和轨道误差。与其他传统研究不同的是，此处伪距和相位 TNL 中考虑了多路径效应。主要原因是，在复杂条件下多路径效应可能会造成显著影响。此外，多路径效应在 MCAR 中会被放大，下面的实验中会提及这一点。伪距 TNL σ_{TN_P} 和相位 TNL $\sigma_{\mathrm{TN}_\Phi}$ 如下：

$$\sigma_{\mathrm{TN}_P}=\sqrt{\beta_{[m]}^2\sigma_{\Delta\nabla I^1}^2+\theta_{[m]}^2\sigma_{\nabla\Delta I^2}^2+\sigma_{\Delta\nabla T}^2+\mu_{[m]}^2\sigma_{\Delta\nabla\Omega}^2+\sigma_{\nabla\Delta\delta_{orb}}^2+\eta_{[m]}^2\sigma_{\nabla\Delta\varepsilon}^2} \tag{3.66}$$

$$\sigma_{\mathrm{TN}_\Phi}=\sqrt{\beta_{[m]}^2\sigma_{\nabla\Delta I^1}^2+\theta_{[m]}^2\sigma_{\nabla\Delta I^2}^2+\sigma_{\nabla\Delta T}^2+\mu_{[m]}^2\sigma_{\nabla\Delta\omega}^2+\sigma_{\nabla\Delta\delta_{orb}}^2+\mu_{[m]}^2\sigma_{\nabla\Delta\epsilon}^2}\Big/\lambda_{[m]} \tag{3.67}$$

式中，二阶电离层尺度因子 $\theta_{[m]}=f_1^3(u_1/f_1^2+u_2/f_2^2+\cdots+u_m/f_m^2)/f_{[m]}$；多路径和相位噪声放大因子 $\mu_{[m]}^2=((u_1\cdot f_1)^2+(u_2\cdot f_2)^2+\cdots+(u_m\cdot f_m)^2)/f_{[m]}^2$；伪距噪声放大因子 $\eta_{[m]}^2=((u_1\cdot f_1)^2+(\alpha_{12}\cdot u_2\cdot f_2)^2+\cdots+(\alpha_{1m}\cdot u_m\cdot f_m)^2)/f_{[m]}^2$，$\alpha_{1m}$ 表示频率 1 和 m 之间的比例因子；$\sigma_{\nabla\Delta\Omega}$ 和 $\sigma_{\nabla\Delta\omega}$ 表示双差伪距和相位多路径的 STD；$\sigma_{\nabla\Delta\varepsilon}$ 和 $\sigma_{\nabla\Delta\epsilon}$ 表示伪距和相位的双差 STD。根据码速率，一般存在关系 $\sigma_{\nabla\Delta\varepsilon}=\sigma_{\nabla\Delta\varepsilon_1}=\alpha_{12}\sigma_{\nabla\Delta\varepsilon_2}=\alpha_{13}\sigma_{\nabla\Delta\varepsilon_3}=\alpha_{14}\sigma_{\nabla\Delta\varepsilon_4}=\alpha_{15}\sigma_{\nabla\Delta\varepsilon_5}$，其中可设先验值 $\alpha_{12}=0.5$，$\alpha_{13}=0.1$，$\alpha_{14}=0.1$，$\alpha_{15}=0.1$，此外 $\sigma_{\nabla\Delta\epsilon}=\sigma_{\nabla\Delta\epsilon_1}=\sigma_{\nabla\Delta\epsilon_2}=\sigma_{\nabla\Delta\epsilon_3}=\sigma_{\nabla\Delta\epsilon_4}=\sigma_{\nabla\Delta\epsilon_5}$。以上类似的处理方法也可以在其他研究中找到，如 Tang 等(2014)及 Zhang 和 Li(2020)。

为了确定最佳线性组合，表 3.28 给出了不同基线长度的不同双差伪距和相位误差类型的误差估计，该经验值在其他研究中被广泛采用(Li et al.，2010；Zhang Z et al.，2020)。与其他相关研究不同，本书考虑了伪距和相位多路径效应。根据表 3.28，线性相位组合的波长可通过式(3.32)和式(3.33)计算，但需要提前确定选定的五个线性组合是独立的。在 $u_1+u_2+u_3+u_4+u_5=0$ 的条件下只能找到四个独立组合，因此满足 $u_1+u_2+u_3+u_4+u_5=1$ 的原始信号被视为第五个独立信号。值得注意的是，在 MCAR 中，EWL 或 WL 由于其相对较低的噪声水平和较长的波长而易于直接固定，导致所选最佳线性组合之间的相关性往往被忽略。根据 TNL，可以找到不同条件下四种独立的 EWL/WL 最优线性相位组合和 NL 最优线性伪距组合。表 3.29 和表 3.30 列出了五频 BDS-3 系统最佳线性相位和伪距组合的详细信息。

表 3.28　短基线、中基线和长基线的双差伪距和相位误差估计　　(单位：cm)

误差项	短基线	中基线	长基线
相位噪声	1	1	1
B1C 的伪距噪声	100	100	100
相位多路径	1	1	1
伪距多路径	100	100	100
一阶电离层延迟	10	40	100
二阶电离层延迟	0.5	1	2
对流层延迟	1	2.5	20
轨道误差	0.5	1	10

表 3.29　短基线、中基线和长基线条件下五频 BDS-3 观测值的最佳线性相位组合

基线长度	u_1	u_2	u_3	u_4	u_5	$\lambda_{[5]}$ /m	$\sigma_{\mathrm{TN}_\varphi}$ /周
短基线	0	0	0	1	−1	9.7684	0.0815
	0	0	1	−1	0	4.8842	0.0892
	1	−1	0	0	0	20.9323	0.1047
	0	1	−1	0	0	1.0247	0.1558
中基线	1	−1	0	0	0	20.9323	0.1064
	0	0	0	1	−1	9.7684	0.1071
	0	0	1	−2	1	9.7684	0.1530
	0	1	−3	0	2	2.7646	0.2378
长基线	1	−1	0	0	0	20.9323	0.1157
	−1	1	0	1	−1	18.3158	0.1859
	−1	1	1	−2	1	18.3158	0.2043
	0	1	−3	−1	3	3.8560	0.2693

表 3.30　短基线、中基线和长基线条件下五频 BDS-3 观测值的最佳线性伪距组合

基线长度	u_1	u_2	u_3	u_4	u_5	σ_{TN_P} /m
短基线	0	0	1	1	0	0.7293
中基线	0	1	1	0	0	0.9142
长基线	0	1	1	0	0	1.4850

FiCAR 中有两种主要方法。具体来说，一种是 GF-FiCAR 方法，另一种是 GB-FiCAR 方法。对于 GF-FiCAR 方法，可以计算两种主要的特定类型：

$$\nabla\Delta \check{N}_{LC1} = [(\nabla\Delta P_{[m]} - \nabla\Delta \Phi_{LC1}) / \lambda_{LC1}]_{\mathrm{round}} \tag{3.68}$$

$$\nabla\Delta \check{N}_{LC2} = [(\nabla\Delta \Phi_{LC1} - \lambda_{LC1} \cdot \nabla\Delta \check{N}_{LC1} - \nabla\Delta \Phi_{LC2}) / \lambda_{LC2}]_{\mathrm{round}} \tag{3.69}$$

式中，下标 $LC1$ 和 $LC2$ 表示第一和第二线性相位组合；$\nabla\Delta\check{N}$ 表示固定的双差整数模糊度。所选线性组合的模糊度根据 TNL 或波长值逐一固定。在实际应用中，可以根据 $\nabla\Delta P_{[m]}$ 和 $\nabla\Delta\Phi_{LC1}$ 选择式(3.68)或式(3.69)。

在 GB-FiCAR 方法中，三维坐标与模糊度一起解算，主要有两种类型：

$$\begin{bmatrix} \boldsymbol{v}_{P_{[m]}} \\ \boldsymbol{v}_{LC1} \end{bmatrix} = \begin{bmatrix} \boldsymbol{A} & \boldsymbol{0} \\ \boldsymbol{A} & \boldsymbol{I} \cdot \lambda_{LC1} \end{bmatrix} \begin{bmatrix} \boldsymbol{x} \\ \nabla\Delta \boldsymbol{N}_{LC1} \end{bmatrix} - \begin{bmatrix} \boldsymbol{l}_{P_{[m]}} \\ \boldsymbol{l}_{LC1} \end{bmatrix} \tag{3.70}$$

$$\begin{bmatrix} \boldsymbol{v}'_{LC1} \\ \boldsymbol{v}_{LC2} \end{bmatrix} = \begin{bmatrix} \boldsymbol{A} & \boldsymbol{0} \\ \boldsymbol{A} & \boldsymbol{I} \cdot \lambda_{LC2} \end{bmatrix} \begin{bmatrix} \boldsymbol{x} \\ \nabla\Delta \boldsymbol{N}_{LC2} \end{bmatrix} - \begin{bmatrix} \boldsymbol{l}'_{LC1} \\ \boldsymbol{l}_{LC2} \end{bmatrix} \tag{3.71}$$

式中，$\boldsymbol{v}$ 和 $\boldsymbol{v}'$ 表示残差向量和固定残差向量；$\boldsymbol{l}$ 和 $\boldsymbol{l}'$ 表示观测和固定观测向量；$\boldsymbol{A}$ 和

$\boldsymbol{x}$ 表示设计矩阵和基线分量。这里所选择的线性组合的模糊度也通过某个序列依次按顺序固定。类似地，如果 $\boldsymbol{l}'_{LC1}$ 的精度高于 $\boldsymbol{l}_P$ 的精度，可以选择式(3.71)来固定模糊度。此外，可以使用更多的伪距或线性伪距组合观测值，从而产生更多冗余观测值，高精度固定窄巷模糊度也可用式(3.71)进行解算。

下面分析五频观测值线性组合中的多路径效应，首先导出如下多频线性组合中的伪距和相位多路径：

$$\nabla\Delta\Omega_{[m]} = (u_1 \cdot f_1 \cdot \nabla\Delta\Omega_1 + u_2 \cdot f_2 \cdot \nabla\Delta\Omega_2 + \cdots + u_m \cdot f_m \cdot \nabla\Delta\Omega_m) / f_{[m]} \tag{3.72}$$

$$\nabla\Delta\omega_{[m]} = (u_1 \cdot f_1 \cdot \nabla\Delta\omega_1 + u_2 \cdot f_2 \cdot \nabla\Delta\omega_2 + \cdots + u_m \cdot f_m \cdot \nabla\Delta\omega_m) / f_{[m]} \tag{3.73}$$

然后得到多路径因子：

$$\nu = (|u_1| \cdot f_1 + |u_2| \cdot f_2 + \cdots + |u_m| \cdot f_m) / f_{[m]} \tag{3.74}$$

每个原始观测波长对应的最佳组合波长的多路径因子和波长放大率如表 3.31 所示。可以看出，多路径因子相当大，可以达到 488.5，且每个最佳线性相位组合的多路径因子都大于波长放大倍数。具体而言，在短基线、中基线和长基线的情况下，多路径因子分别约为波长放大率的 2.0 倍、3.4 倍和 5.0 倍，该值可能高达 8.6 倍，多路径效应显然不能忽略。这表明在最优线性相位组合中，多路径被放大，因而更容易显著，尤其是在长基线场景下。遗憾的是，此时的 FiCAR 通常无法发挥最佳效果，因此，抑制 FiCAR 中的多路径效应是十分迫切的问题。

表 3.31　在短基线、中基线和长基线情况下，与每个原始观测波长对应的最佳组合波长的多路径因子和波长放大率

基线长度	线性组合	ν	B1C	B1I	B3I	B2b	B2a
短基线	$\nabla\Delta\Phi_{(0,0,0,1,-1)}$	77.67	51.33	50.87	41.33	39.33	38.33
	$\nabla\Delta\Phi_{(0,0,1,-1,0)}$	40.33	25.67	25.43	20.67	19.67	19.17
	$\nabla\Delta\Phi_{(1,-1,0,0,0)}$	219.00	110.00	109.00	88.57	84.29	82.14
	$\nabla\Delta\Phi_{(0,1,-1,0,0)}$	9.67	5.38	5.34	4.34	4.13	4.02
中基线	$\nabla\Delta\Phi_{(1,-1,0,0,0)}$	219.00	110.00	109.00	88.57	84.29	82.14
	$\nabla\Delta\Phi_{(0,0,0,1,-1)}$	77.67	51.33	50.87	41.33	39.33	38.33
	$\nabla\Delta\Phi_{(0,0,1,-2,1)}$	158.33	51.33	50.87	41.33	39.33	38.33
	$\nabla\Delta\Phi_{(0,1,-3,0,2)}$	71.19	14.53	14.40	11.70	11.13	10.85
长基线	$\nabla\Delta\Phi_{(1,-1,0,0,0)}$	219.00	110.00	109.00	88.57	84.29	82.14
	$\nabla\Delta\Phi_{(-1,1,0,1,-1)}$	337.25	96.25	95.38	77.50	73.75	71.87
	$\nabla\Delta\Phi_{(-1,1,1,-2,1)}$	488.50	96.25	95.38	77.50	73.75	71.87
	$\nabla\Delta\Phi_{(0,1,-3,-1,3)}$	129.95	20.26	20.08	16.32	15.53	15.13

3.4.3 基于观测值域的多频多路径参数化方法原理

为了通过观测值域参数化抑制伪距和相位多路径，从非差非组合观测方程出发，建立了接收机间单差 MCM 和单差 MPM 组合，消除了卫星钟差和硬件延迟。此外，单差 MCM 和单差 MPM 组合是 GF 和 IF 组合，因此仅留下与接收机相关的伪距和相位硬件延迟、伪距和相位多路径以及观测值噪声。在单差 MPM 组合中也存在模糊度。接收机单差 MCM 和单差 MPM 组合值如下：

$$\begin{aligned}\Delta\mathrm{MCM}_{ij\varrho}&=(\lambda_\varrho^2-\lambda_j^2)\Delta P_i+(\lambda_i^2-\lambda_\varrho^2)\Delta P_j+(\lambda_j^2-\lambda_i^2)\Delta P_\varrho\\&=(\lambda_\varrho^2-\lambda_j^2)\Delta\xi_i+(\lambda_i^2-\lambda_\varrho^2)\Delta\xi_j+(\lambda_j^2-\lambda_i^2)\Delta\xi_\varrho+(\lambda_\varrho^2-\lambda_j^2)\Delta\Omega_i\\&\quad+(\lambda_i^2-\lambda_\varrho^2)\Delta\Omega_j+(\lambda_j^2-\lambda_i^2)\Delta\Omega_\varrho+\Delta\varepsilon_{\mathrm{MCM}_{ij\varrho}}\end{aligned}\tag{3.75}$$

$$\begin{aligned}\Delta\mathrm{MPM}_{ij\varrho}&=(\lambda_\varrho^2-\lambda_j^2)\Delta\Phi_i+(\lambda_i^2-\lambda_\varrho^2)\Delta\Phi_j+(\lambda_j^2-\lambda_i^2)\Delta\Phi_\varrho\\&=(\lambda_\varrho^2-\lambda_j^2)\lambda_i\Delta N_i+(\lambda_i^2-\lambda_\varrho^2)\lambda_j\Delta N_j+(\lambda_j^2-\lambda_i^2)\lambda_\varrho\Delta N_\varrho\\&\quad+(\lambda_\varrho^2-\lambda_j^2)\Delta\zeta_i+(\lambda_i^2-\lambda_\varrho^2)\Delta\zeta_j+(\lambda_j^2-\lambda_i^2)\Delta\zeta_\varrho+(\lambda_\varrho^2-\lambda_j^2)\Delta\omega_i\\&\quad+(\lambda_i^2-\lambda_\varrho^2)\Delta\omega_j+(\lambda_j^2-\lambda_i^2)\Delta\omega_\varrho+\Delta\epsilon_{\mathrm{MPM}_{ij\varrho}}\end{aligned}\tag{3.76}$$

式中，下标 i、j 和 ϱ 表示频率；ξ 和 ζ 表示伪距和相位硬件延迟；$\Delta\varepsilon_{\mathrm{MCM}_{ij\varrho}}$ 和 $\Delta\epsilon_{\mathrm{MPM}_{ij\varrho}}$ 表示 $\Delta\mathrm{MCM}_{ij\varrho}$ 与 $\Delta\mathrm{MPM}_{ij\varrho}$ 的虚拟观测值噪声。在式(3.75)和式(3.76)中，需要去除单差伪距和相位的硬件延迟以及单差模糊度，以估计单差伪距和相位的多路径。由于硬件延迟和模糊度可以在一段时间内被视为一个常数，使用计算平均值的方法进行去除。相应地，预处理的单差 MCM（$\Delta\mathrm{MCM}'_{ij\varrho}$）和单差 MPM（$\Delta\mathrm{MPM}'_{ij\varrho}$）组合值如下：

$$\begin{aligned}\Delta\mathrm{MCM}'_{ij\varrho}&=(\lambda_\varrho^2-\lambda_j^2)\Delta P_i+(\lambda_i^2-\lambda_\varrho^2)\Delta P_j+(\lambda_j^2-\lambda_i^2)\Delta P_\varrho-\frac{1}{t}\sum_{u=1}^{t}(\Delta\mathrm{MCM}_{ij\varrho}(u))\\&=(\lambda_\varrho^2-\lambda_j^2)\Delta\Omega_i+(\lambda_i^2-\lambda_\varrho^2)\Delta\Omega_j+(\lambda_j^2-\lambda_i^2)\Delta\Omega_\varrho+\Delta\varepsilon_{\mathrm{MCM}_{ij\varrho}}\end{aligned}\tag{3.77}$$

$$\begin{aligned}\Delta\mathrm{MPM}'_{ij\varrho}&=(\lambda_\varrho^2-\lambda_j^2)\Delta\Phi_i+(\lambda_i^2-\lambda_\varrho^2)\Delta\Phi_j+(\lambda_j^2-\lambda_i^2)\Delta\Phi_\varrho-\frac{1}{t}\sum_{u=1}^{t}(\Delta\mathrm{MPM}_{ij\varrho}(u))\\&=(\lambda_\varrho^2-\lambda_j^2)\Delta\omega_i+(\lambda_i^2-\lambda_\varrho^2)\Delta\omega_j+(\lambda_j^2-\lambda_i^2)\Delta\omega_\varrho+\Delta\epsilon_{\mathrm{MPM}_{ij\varrho}}\end{aligned}\tag{3.78}$$

在五个频率的情况下，单个历元中可以使用不同的频率组合形成十个不同的单差 MCM 和单差 MPM 组合值。某一卫星只有五个单差伪距和相位多路径需要确定，因此这些单差伪距和相位多路径可以通过 LS 准则进行参数化和估计。值得注意的是，当有四个频率时，可以形成四种不同的单差 MCM 和单差 MPM 组合。因此，可以唯一地确定四个未知单差伪距和相位多路径。也就是说，这种方法至少适用于四个频率的情况。另外，非差或双差 MCM 和 MPM 多路径组合也可使用类似的方式进行估计。此处使用单差 MCM 和 MPM 组合，因为它们更适合相对模式，且不受参考卫星的影响。

以五频情况为例，多路径参数化的具体步骤如下所述。首先，可以推导出非差、单差或双差多路径参数化的伪距和相位函数模型：

$$\mathbf{MCM} = \boldsymbol{B\Omega} + \boldsymbol{\varepsilon}_{\mathbf{MCM}} \tag{3.79}$$

$$\mathbf{MPM} = \boldsymbol{B\omega} + \boldsymbol{\epsilon}_{\mathbf{MPM}} \tag{3.80}$$

式中，**MCM** 和 **MPM** 分别表示预处理的 MCM 和 MPM 观测向量；$\boldsymbol{B}$ 表示设计矩阵；$\boldsymbol{\Omega}$ 和 $\boldsymbol{\omega}$ 分别表示要估计的伪距和相位多路径向量；$\boldsymbol{\varepsilon}_{\mathbf{MCM}}$ 和 $\boldsymbol{\epsilon}_{\mathbf{MPM}}$ 分别表示 **MCM** 和 **MPM** 的噪声向量。然后，可以将式(3.79)和式(3.80)扩展为

$$\begin{bmatrix} \mathrm{MCM}'_{123} \\ \mathrm{MCM}'_{124} \\ \mathrm{MCM}'_{125} \\ \mathrm{MCM}'_{134} \\ \mathrm{MCM}'_{135} \\ \mathrm{MCM}'_{145} \\ \mathrm{MCM}'_{234} \\ \mathrm{MCM}'_{235} \\ \mathrm{MCM}'_{245} \\ \mathrm{MCM}'_{345} \end{bmatrix} = \begin{bmatrix} \alpha_{32} & \alpha_{13} & \alpha_{21} & 0 & 0 \\ \alpha_{42} & \alpha_{14} & 0 & \alpha_{21} & 0 \\ \alpha_{52} & \alpha_{15} & 0 & 0 & \alpha_{21} \\ \alpha_{43} & 0 & \alpha_{14} & \alpha_{31} & 0 \\ \alpha_{53} & 0 & \alpha_{15} & 0 & \alpha_{31} \\ \alpha_{54} & 0 & 0 & \alpha_{15} & \alpha_{41} \\ 0 & \alpha_{43} & \alpha_{24} & \alpha_{32} & 0 \\ 0 & \alpha_{53} & \alpha_{25} & 0 & \alpha_{32} \\ 0 & \alpha_{54} & 0 & \alpha_{25} & \alpha_{42} \\ 0 & 0 & \alpha_{54} & \alpha_{35} & \alpha_{43} \end{bmatrix} \begin{bmatrix} \Omega_1 \\ \Omega_2 \\ \Omega_3 \\ \Omega_4 \\ \Omega_5 \end{bmatrix} + \begin{bmatrix} \varepsilon_{\mathrm{MCM}_{123}} \\ \varepsilon_{\mathrm{MCM}_{124}} \\ \varepsilon_{\mathrm{MCM}_{125}} \\ \varepsilon_{\mathrm{MCM}_{134}} \\ \varepsilon_{\mathrm{MCM}_{135}} \\ \varepsilon_{\mathrm{MCM}_{145}} \\ \varepsilon_{\mathrm{MCM}_{234}} \\ \varepsilon_{\mathrm{MCM}_{235}} \\ \varepsilon_{\mathrm{MCM}_{245}} \\ \varepsilon_{\mathrm{MCM}_{345}} \end{bmatrix} \tag{3.81}$$

$$\begin{bmatrix} \mathrm{MPM}'_{123} \\ \mathrm{MPM}'_{124} \\ \mathrm{MPM}'_{125} \\ \mathrm{MPM}'_{134} \\ \mathrm{MPM}'_{135} \\ \mathrm{MPM}'_{145} \\ \mathrm{MPM}'_{234} \\ \mathrm{MPM}'_{235} \\ \mathrm{MPM}'_{245} \\ \mathrm{MPM}'_{345} \end{bmatrix} = \begin{bmatrix} \alpha_{32} & \alpha_{13} & \alpha_{21} & 0 & 0 \\ \alpha_{42} & \alpha_{14} & 0 & \alpha_{21} & 0 \\ \alpha_{52} & \alpha_{15} & 0 & 0 & \alpha_{21} \\ \alpha_{43} & 0 & \alpha_{14} & \alpha_{31} & 0 \\ \alpha_{53} & 0 & \alpha_{15} & 0 & \alpha_{31} \\ \alpha_{54} & 0 & 0 & \alpha_{15} & \alpha_{41} \\ 0 & \alpha_{43} & \alpha_{24} & \alpha_{32} & 0 \\ 0 & \alpha_{53} & \alpha_{25} & 0 & \alpha_{32} \\ 0 & \alpha_{54} & 0 & \alpha_{25} & \alpha_{42} \\ 0 & 0 & \alpha_{54} & \alpha_{35} & \alpha_{43} \end{bmatrix} \begin{bmatrix} \omega_1 \\ \omega_2 \\ \omega_3 \\ \omega_4 \\ \omega_5 \end{bmatrix} + \begin{bmatrix} \epsilon_{\mathrm{MPM}_{123}} \\ \epsilon_{\mathrm{MPM}_{124}} \\ \epsilon_{\mathrm{MPM}_{125}} \\ \epsilon_{\mathrm{MPM}_{134}} \\ \epsilon_{\mathrm{MPM}_{135}} \\ \epsilon_{\mathrm{MPM}_{145}} \\ \epsilon_{\mathrm{MPM}_{234}} \\ \epsilon_{\mathrm{MPM}_{235}} \\ \epsilon_{\mathrm{MPM}_{245}} \\ \epsilon_{\mathrm{MPM}_{345}} \end{bmatrix} \tag{3.82}$$

式中，$\alpha_{ij}=\lambda_i^2-\lambda_j^2$（本节中$\alpha_{21}=0$）。根据协方差传播定律，相应的随机模型如下：

$$\mathrm{Cov}(\mathbf{MCM})=\sigma_{\Delta P}^2\mathrm{diag}(\gamma_{123},\gamma_{124},\cdots,\gamma_{345}) \tag{3.83}$$

$$\mathrm{Cov}(\mathbf{MPM})=\sigma_{\Delta \Phi}^2\mathrm{diag}(\gamma_{123},\gamma_{124},\cdots,\gamma_{345}) \tag{3.84}$$

式中，$\gamma_{ij\varrho}=(\lambda_\varrho^2-\lambda_j^2)^2+(\lambda_i^2-\lambda_\varrho^2)^2+(\lambda_j^2-\lambda_i^2)^2$。如有必要，这里也可以使用全协方差矩阵。最后，基于 LS 准则估计伪距和相位多路径：

$$\boldsymbol{\Omega}=[\boldsymbol{B}^{\mathrm{T}}[\mathrm{Cov}(\mathbf{MCM})]^{-1}\boldsymbol{B}]^{-1}\boldsymbol{B}^{\mathrm{T}}[\mathrm{Cov}(\mathbf{MCM})]^{-1}\mathbf{MCM} \tag{3.85}$$

$$\boldsymbol{\omega}=[\boldsymbol{B}^{\mathrm{T}}[\mathrm{Cov}(\mathbf{MPM})]^{-1}\boldsymbol{B}]^{-1}\boldsymbol{B}^{\mathrm{T}}[\mathrm{Cov}(\mathbf{MPM})]^{-1}\mathbf{MPM} \tag{3.86}$$

在估计多路径改正数后，可以获得多路径削弱的观测值。理论上，当使用多路径削弱的双差观测值时，能很大程度上缓解 FiCAR 中的多路径效应。与其他传统方法相比，参数化方法可以在实时或动态情况下基于非差、单差和双差模式进行，因此具有很好的优势。

3.4.4　伪距和相位多路径参数化抑制方法的应用

为了评估和验证该方法的性能，对两条不同长度的基线进行了实验。使用 Trimble 接收机作为参考站和移动站，采集 1Hz 五频 BDS-3 的伪距和相位观测值。参考站采用带扼流圈的高端天线并放置在屋顶上，而不带扼流圈的低成本天线则放置在相对遮挡的地方。因此，存在多路径效应。表 3.32 列出了基线的详细信息，两条不同的基线(No.1 和 No.2)可以代表在单基线 RTK 或网络 RTK 中两个典型的基线长度。

表 3.32　测试中使用的基线的详细信息

基线	长度/km	持续时间/h
No.1	27.58	3
No.2	61.59	3

对传统的 FiCAR 方法和改进的 FiCAR 方法分别进行了应用和比较。每种类型的 FiCAR 方法使用四种不同的 AR 模式，即单历元 GF-FiCAR、单历元 GB-FiCAR、多历元 GF-FiCAR 和多历元 GB-FiCAR，模糊度固定采用四舍五入的方法。此外，采用改进的 Hopfield 模型和电离层固定模型去改正大气延迟，且已检测并修复了周跳。通过比较固定基线解和精确坐标，验证了实际模糊度。根据总噪声水平，固定的第一至第四个信号为$\nabla\Delta\Phi_{(0,0,0,1,-1)}$、$\nabla\Delta\Phi_{(0,0,1,-1,0)}$、$\nabla\Delta\Phi_{(1,-1,0,0,0)}$和$\nabla\Delta\Phi_{(0,1,-1,0,0)}$，则第五个独立信号为$\nabla\Delta\Phi_{(0,0,0,0,1)}$。最优线性伪距组合$\nabla\Delta P_{(0,0,1,1,0)}$被用作精密的伪观测值，固定的

$\nabla\Delta\Phi_{(0,0,1,-1,0)}$ 用作另一个虚拟信号。为了进一步提高成功率，在单历元模式中，第五信号的 AR 可以依赖于高精度固定的 $\nabla\Delta\Phi_{(4,4,-3,-3,-2)}$，其波长和精度分别为 0.1084m 和 0.1420m。此处模糊度 $\nabla\Delta\Phi_{(4,4,-3,-3,-2)}$ 可以用上述四个 EWL 直接计算。在多历元模式下，AR 设置为每 5min 重新初始化一次。为避免 NL $\nabla\Delta\Phi_{(4,4,-3,-3,-2)}$ 引起的浮点解的突然变化，多历元模式下第五个信号的 AR 仅由固定信号辅助 $\nabla\Delta\Phi_{(0,0,1,-1,0)}$。

卫星 PRN 36 的 ΔMCM_{123} 和 ΔMPM_{123} 以及高度角如图 3.23 和图 3.24 所示。可以发现，在此期间，SD-MCM 和 SD-MPM 组合相当稳定。因此，在本节中，通过去除特定时间段(如 3h)内的平均值可以避免硬件延迟和模糊度的影响。来自不同基线的 SD-MCM 或 SD-MPM 组合高度一致。结果表明，与距离无关的单差伪距和相位多路径效应明显存在，甚至占主导地位。

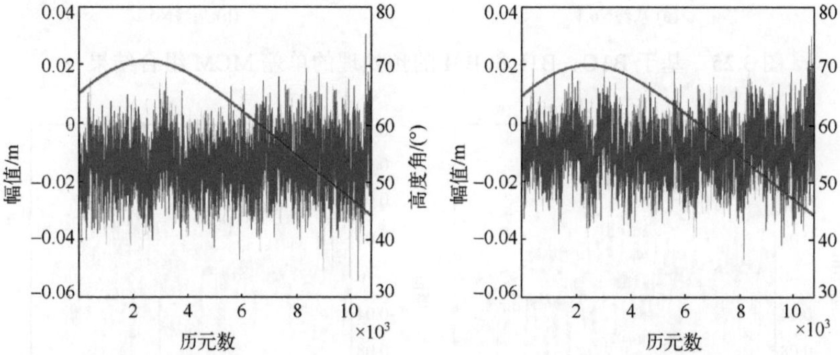

(a) 基线No.1　　(b) 基线No.2

图 3.23　PRN 36 的 B1C、B1I 和 B3I 的 SD-MCM 组合(蓝色)和高度角(红色)

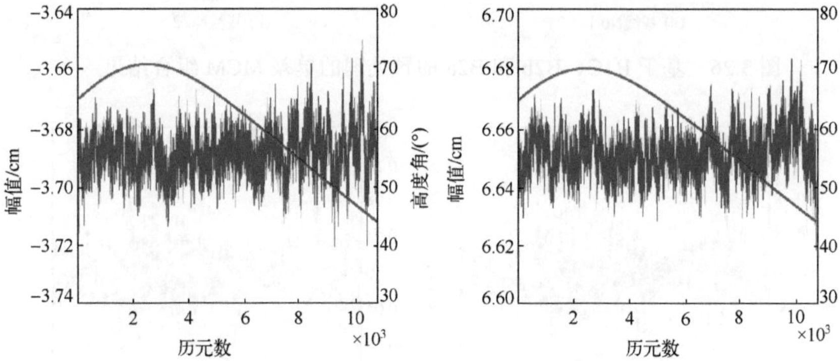

(a) 基线No.1　　(b) 基线No.2

图 3.24　PRN 36 的 B1C、B1I 和 B3I 的 SD-MPM 组合(蓝色)和高度角(红色)

图 3.25～图 3.28 展示了各个频率 $\Delta MCM'_{123}$、$\Delta MCM'_{145}$、$\Delta MPM'_{123}$ 和 $\Delta MPM'_{145}$ 的信息。一种颜色表示一颗卫星。可以清楚地看到，所有预处理的单差 MCM 组合值

在–0.16～0.16m 波动，与卫星和基线长度无关。在预处理的单差 MPM 组合中也可以找到类似的结论，其值在–0.16～0.16cm 波动。

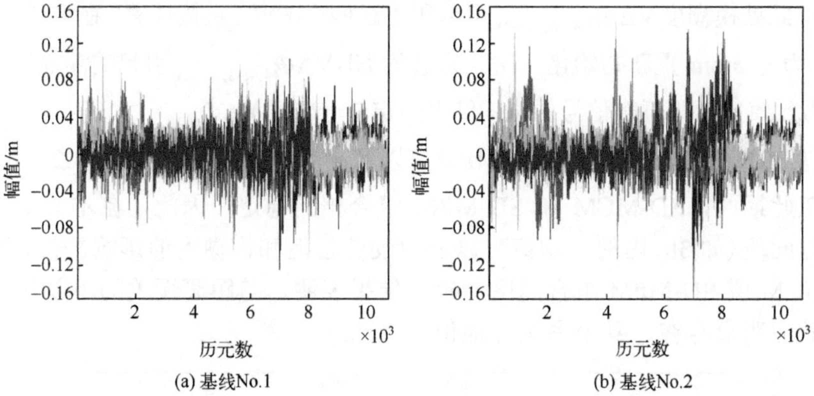

图 3.25　基于 B1C、B1I 和 B3I 的预处理的单差 MCM 组合结果

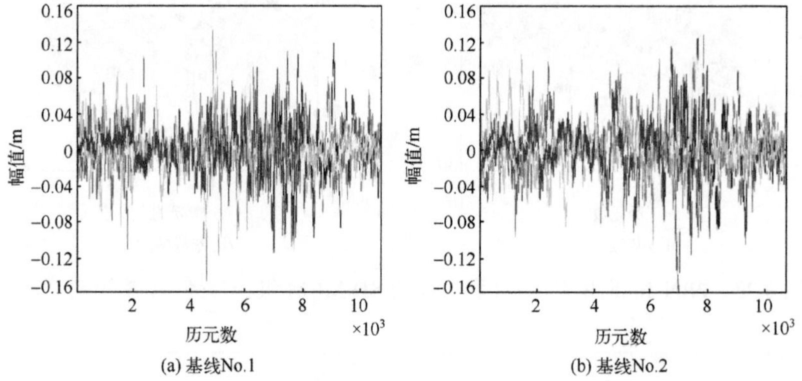

图 3.26　基于 B1C、B2b 和 B2a 的预处理的单差 MCM 组合结果

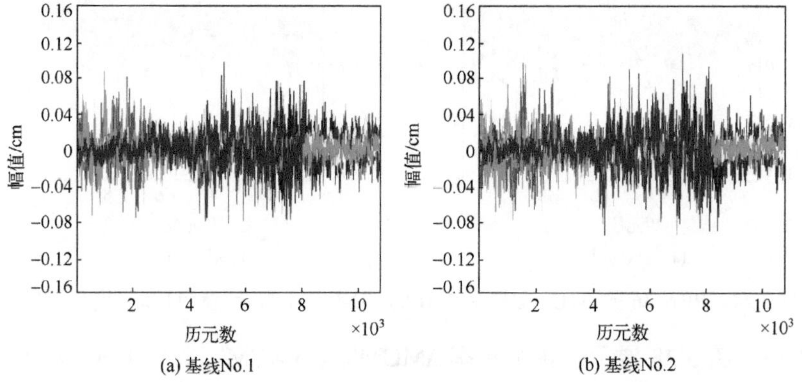

图 3.27　基于 B1C、B1I 和 B3I 的预处理的单差 MPM 组合结果

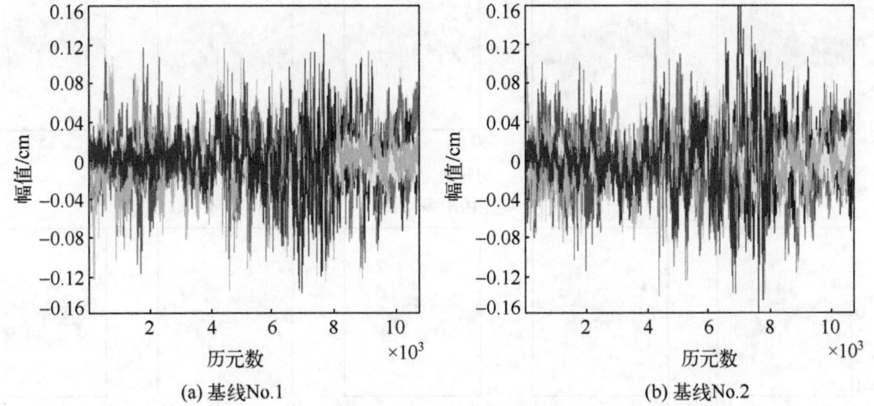

(a) 基线No.1　　　　(b) 基线No.2

图 3.28　基于 B1C、B2b 和 B2a 的预处理的单差 MPM 组合结果

图 3.29 和图 3.30 说明了两条基线的单差伪距和相位多路径。可以发现，来自不同频率和基线的所有伪距和相位多路径效应分别在−4～4m 以及−4～4cm 波动。同样，由于两个基线之间没有显著差异，表明提出的方法能正确估计测站相关的多路径效应。

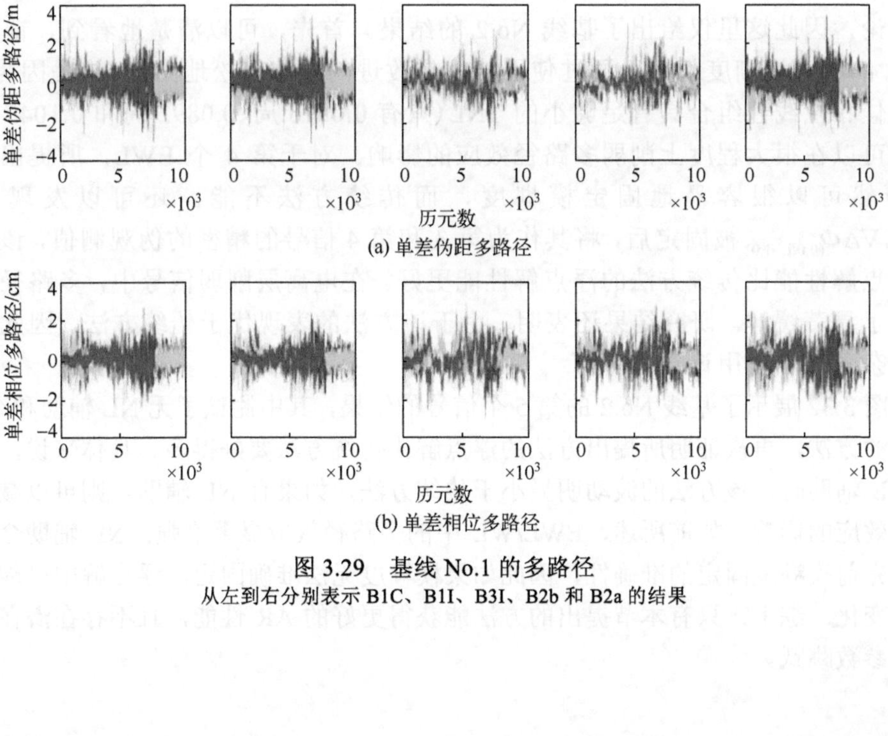

(a) 单差伪距多路径

(b) 单差相位多路径

图 3.29　基线 No.1 的多路径

从左到右分别表示 B1C、B1I、B3I、B2b 和 B2a 的结果

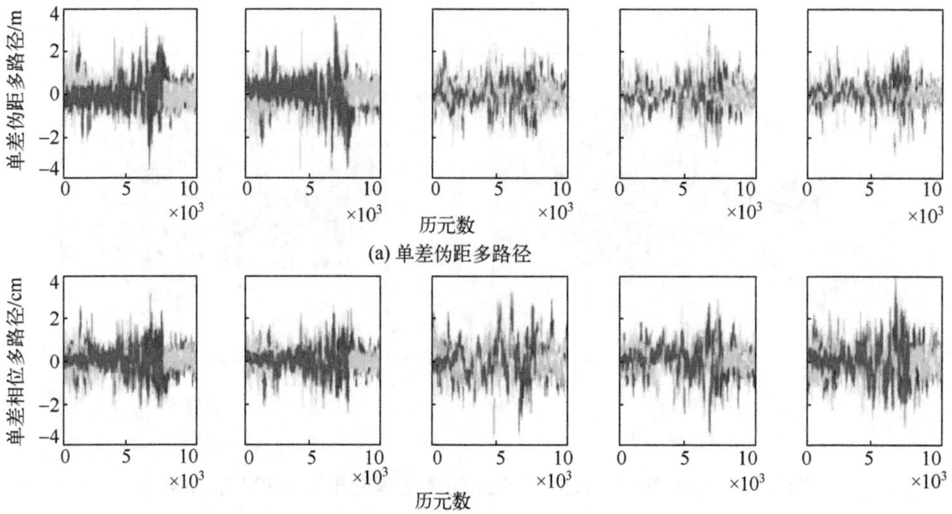

(a) 单差伪距多路径

(b) 单差相位多路径

图 3.30　基线 No.2 的多路径

从左到右分别表示 B1C、B1I、B3I、B2b 和 B2a 的结果

图 3.31 阐述了在单历元 GF-FiCAR 方法下使用传统方法和改进方法的基线 No.2 前 4 个 EWL 的浮点解。在基线 No.1 或 GB-FiCAR 方法中也可以得到类似的结论，因此这里仅给出了基线 No.2 的结果。首先，可以清楚地看到，前 3 个 EWL 的所有模糊度都可以通过使用传统或改进的方法轻松地固定。这是因为前 3 个最佳相位线性组合具有足够小的 TNL(只有 0.0815 周、0.0892 周和 0.1047 周)，并且可以在很大程度上削弱多路径效应的影响。对于第 4 个 EWL，所提出的方法仍然可以很容易地固定模糊度，而传统方法不能。还可以发现，在 EWL $\nabla\Delta\Phi_{(0,0,1,-1,0)}$ 被固定后，将其作为第 3 和第 4 信号的精密的伪观测值，该方法的浮点解性能比传统方法的浮点解性能更好。在电离层削弱信号中，多路径效应得到了显著缓解。研究结果还表明，由于该方法的表现优于传统方法，因此可以在复杂条件下使用该方法。

图 3.32 展示了基线 No.2 的第 5 个信号的结果，其中测试了无 NL 辅助和有 NL 辅助的方法，再次证明所提出方法的浮点解比传统方法要好得多。具体来说，当没有 NL 辅助时，该方法的波动明显小于传统方法，如果有 NL 辅助，则可以减少多路径效应的影响。如前所述，EWL/WL 中的多路径效应显著增强，NL 辅助会高度依赖先前模糊度固定的准确性，因此如果模糊度无法准确固定，浮点解中可能存在突然变化。综上，只有本节提出的方法能获得更好的 AR 性能，且不存在潜在的模糊度参数跳跃。

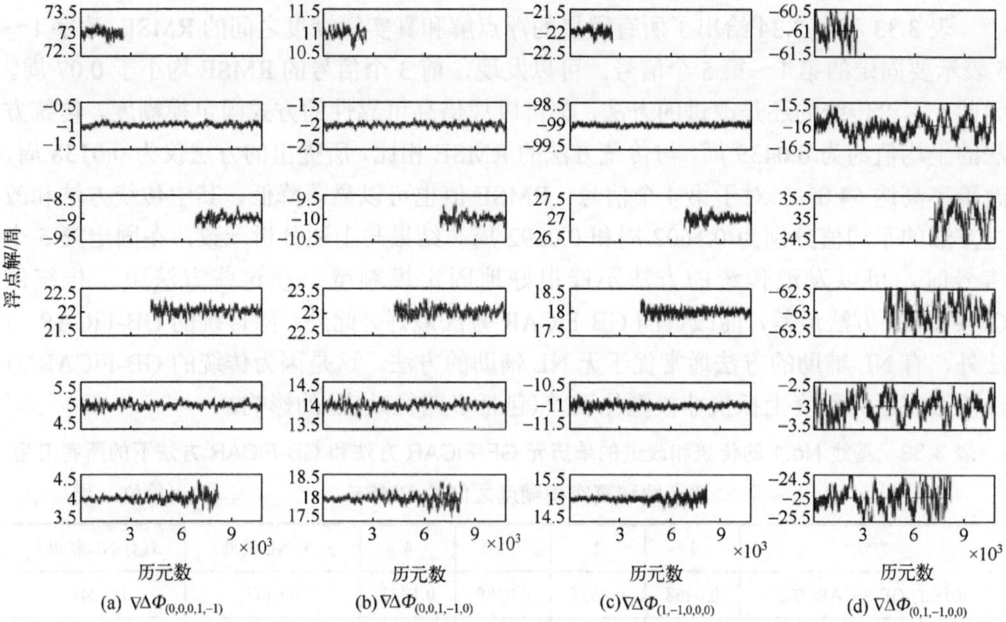

图 3.31　基线 No.2 的传统(蓝色)和改进(红色)方法的前 4 个 EWL 的浮点解

每行图表示一颗卫星

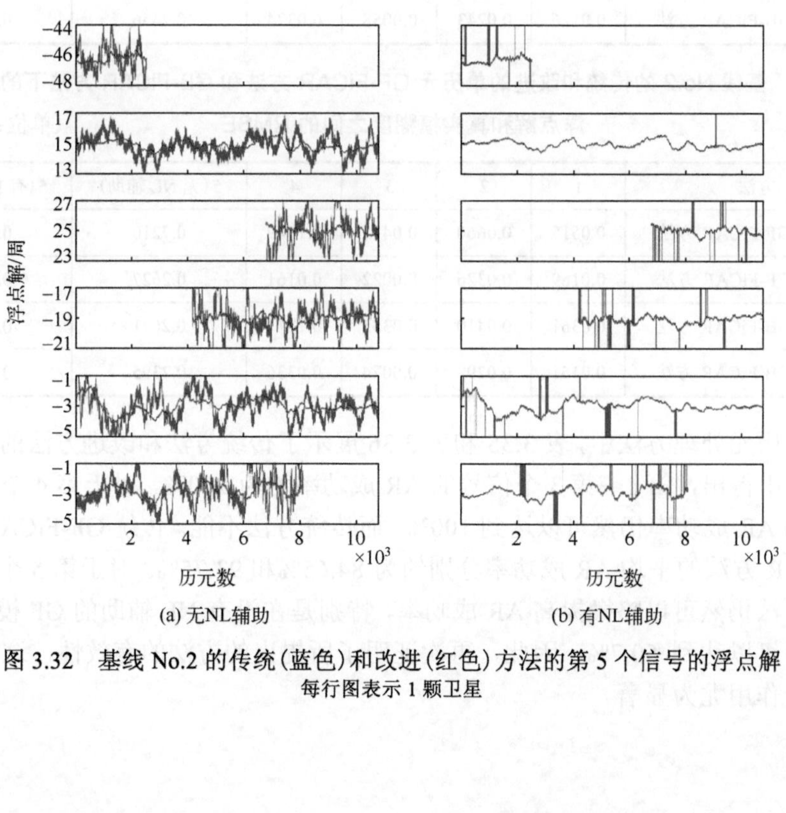

图 3.32　基线 No.2 的传统(蓝色)和改进(红色)方法的第 5 个信号的浮点解

每行图表示 1 颗卫星

表 3.33 和表 3.34 给出了所有卫星的浮点解和真实模糊度之间的 RMSE。数字 1～5 表示要固定的第 1～第 5 个信号。可以发现，前 3 个信号的 RMSE 均小于 0.07 周。因此，无论传统的还是改进的方法，都可以凭借高可靠性的方式固定模糊度。传统方法的平均值约为 0.0439 周，与传统方法的 RMSE 相比，所提出的方法仅为 0.0158 周，改善率高达 64.0%。对于第 4 个信号，RMSE 值也可以显著降低，其中传统方法和改进方法的平均值分别为 0.1602 周和 0.0292 周。结果与上述分析一致，在固定第 5 个信号时，可以发现传统的方法不能很好地固定模糊度。在这些方法中，传统的 GF-FiCAR 方法最差，而改进的 GB-FiCAR 方法最好。此外，除传统的 GB-FiCAR 方法外，有 NL 辅助的方法通常优于无 NL 辅助的方法，这是因为传统的 GB-FiCAR 方法能够在很大程度上抵抗非模型化误差(包括多路径效应)的影响。

表 3.33 基线 No.1 的传统和改进的单历元 GF-FiCAR 方法和 GB-FiCAR 方法下的所有卫星浮点解和真实模糊度之间的 RMSE (单位：周)

方法	1	2	3	4	5(无 NL 辅助)	5(有 NL 辅助)
传统的 GF-FiCAR 方法	0.0468	0.0636	0.0389	0.1723	0.6403	0.5248
改进的 GF-FiCAR 方法	0.0145	0.0270	0.0018	0.0295	0.2670	0.1950
传统的 GB-FiCAR 方法	0.0340	0.0373	0.0347	0.1326	0.2637	0.4613
改进的 GB-FiCAR 方法	0.0126	0.0243	0.0058	0.0374	0.2456	0.1702

表 3.34 基线 No.2 的传统和改进的单历元 GF-FiCAR 方法和 GB-FiCAR 方法下的所有卫星浮点解和真实模糊度之间的 RMSE (单位：周)

方法	1	2	3	4	5(无 NL 辅助)	5(有 NL 辅助)
传统的 GF-FiCAR 方法	0.0515	0.0660	0.0415	0.1949	0.7210	0.5860
改进的 GF-FiCAR 方法	0.0169	0.0326	0.0022	0.0161	0.2627	0.2375
传统的 GB-FiCAR 方法	0.0361	0.0410	0.0355	0.1411	0.2641	0.4836
改进的 GB-FiCAR 方法	0.0151	0.0298	0.0074	0.0336	0.2395	0.1998

在单历元处理方法中，表 3.35 和表 3.36 展示了传统方法和改进方法的 AR 成功率。从表中得出，第 1～第 3 个信号的 AR 成功率均为 100%。对于第 4 个信号，改进方法的 AR 成功率仍然可以达到 100%，而传统方法不能。传统 GF-FiCAR 方法和 GB-FiCAR 方法的平均 AR 成功率分别约为 84.65%和 93.75%。对于第 5 个信号，改进后的方法仍然可以略微提高 AR 成功率，特别是在没有 NL 辅助的 GF 模式下，最大改善率可以达到 50.7%。因此，再次证明了所提出的方法的有效性，这对于最后两个信号作用尤为显著。

表 3.35　基线 No.1 的传统和改进的 GF-FiCAR 方法和 GB-FiCAR 方法下的单历元 AR 成功率

（单位：%）

方法	1	2	3	4	5(无 NL 辅助)	5(有 NL 辅助)
传统的 GF-FiCAR 方法	100	100	100	86.62	9.81	71.32
改进的 GF-FiCAR 方法	100	100	100	100	51.38	82.18
传统的 GB-FiCAR 方法	100	100	100	93.96	54.20	73.70
改进的 GB-FiCAR 方法	100	100	100	100	57.24	87.19

表 3.36　基线 No.2 的传统和改进的 GF-FiCAR 方法和 GB-FiCAR 方法下的单历元 AR 成功率

（单位：%）

方法	1	2	3	4	5(无 NL 辅助)	5(有 NL 辅助)
传统的 GF-FiCAR 方法	100	100	100	82.67	4.80	54.69
改进的 GF-FiCAR 方法	100	100	100	100	55.49	67.19
传统的 GB-FiCAR 方法	100	100	100	93.54	53.21	58.15
改进的 GB-FiCAR 方法	100	100	100	100	57.32	77.12

如果模糊度不能立即固定，则可以使用多历元处理策略。使用 TTFF 指标对基线 No.1 和基线 No.2 的传统和改进的 GF-FiCAR 方法和 GB-FiCAR 方法基线统计，其中偏差和 STD 的临界阈值分别设置为±0.2 周和 0.1 周。表 3.37 给出了根据每个线性组合计算的所有卫星的平均 TTFF，可以发现，使用改进方法得到的第 1～第 4 个信号的 TTFF 为 1.00s，而使用传统方法得到的相应 TTFF 为 1.00～74.66s。对于第 5 个信号，传统方法和改进方法的平均 TTFF 值分别约为 193.00s 和 144.30s。综上所述，新的多路径抑制方法确实是有效的。

表 3.37　基线 No.1 和 No.2 的传统和改进的 GF-FiCAR 方法和 GB-FiCAR 方法下的 TTFF 统计

（单位：s）

方法	基线 No.1					基线 No.2				
	1	2	3	4	5	1	2	3	4	5
传统的 GF-FiCAR 方法	1.15	21.43	1.01	70.23	208.00	1.02	4.91	1.00	74.66	245.21
改进的 GF-FiCAR 方法	1.00	1.00	1.00	1.00	177.17	1.00	1.00	1.00	1.00	136.92
传统的 GB-FiCAR 方法	1.00	1.13	1.00	56.67	153.34	1.16	1.00	1.00	53.60	165.41
改进的 GB-FiCAR 方法	1.00	1.00	1.00	1.00	133.26	1.00	1.00	1.00	1.00	129.97

3.5　多频多模观测值全协方差矩阵估计方法

在多频多模 GNSS 定位的随机模型中有太多物理相关性需要估计，且全部元素都进行估计也是不现实的，因此需要简化这些估计。另外，对上述时间相关的方差-协方差矩阵求逆会有巨大的计算量，因而需要有高效的方法能够将上述时间相关矩阵转化为分块对角矩阵，从而能够应用于实时计算。因此，本节提出了一种高计算效率的方差-协方差矩阵估计方法(Zhang Z et al.，2018a)。

3.5.1　GNSS 观测值的物理相关性

本节将分析方差-协方差矩阵中的协方差元素，即重点研究 GNSS 观测值的物理相关性，尤其是与非模型化误差之间的关系，从而能够获得符合实际的随机模型。

下面将以更为复杂的 RTK 随机模型为例来研究物理相关性的来源、性质和显著性。首先采集了 10 组两种接收机采样间隔为 1s 的双频 BDS 伪距和相位数据集来进行实验。观测时间段相同，且时长为 1h，基线长度范围为 0～50km。表 3.38 给出了这 10 条基线的具体情况及其长度。可以发现接收机、多路径以及大气误差等影响都可以通过利用不同长度的基线分析出来。

表 3.38　所有十组数据集的具体描述

数据集	No.1	No.2	No.3	No.4	No.5	No.6	No.7	No.8	No.9	No.10
接收机	Trimble NetR9	Trimble NetR9	Trimble NetR9	Trimble NetR9	Trimble NetR9	Leica GR25	Leica GR25	Leica GR25	Leica GR25	Leica GR25
基线长度	0.00m	12.49km	23.48km	31.49km	42.74km	4.99m	13.31km	20.93km	34.50km	49.89km

所有数据集都通过自主研发的 RTK 定位软件进行解算。针对电离层影响使用了两种函数模型：①Ionosphere-Fixed 模型；②Ionosphere-Free 模型。Hopfield 模型用于改正对流层影响。由于所有测站的精确坐标可以事先通过 1 天的数据集进行解算，双差模糊度可以利用 LAMBDA 方法固定。因此，在最终的函数模型中，只有不同方向上的三个坐标未知参数。

本次实验的测站放置在开阔地区，因此无须使用类似第 4 章中的弹性随机模型，而是采用高度角模型。为了保障分析的物理相关性足够准确，需要获得可靠的双差观测值残差。因此，在估计先验的全协方差矩阵后，利用 MINQUE 方法进行方差-协方差分量估计。最后，可以准确分析每组数据集中的各种物理相关性。

首先分析空间相关性。一个双差观测值由四个非差观测值组合而成，因此其方差-协方差矩阵内存在空间相关性。这 10 组数据集的 6 种信号类型的所有平均空间相关性系数如图 3.33 所示。由图 3.33 可以发现，所有平均空间相关性系数都接近

+0.5。然而对于相位观测值存在一定偏差，如 B1、B2 和 IF 相位信号的平均空间相关性系数分别为 0.391、0.460 和 0.389。其原因是参考卫星的观测值方差通常小于其他任何共视卫星，因此造成了空间相关性的理论值小于+0.5，如式(3.87)所示：

$$
\boldsymbol{Q}=2\begin{bmatrix} \sigma_1^2+\sigma_2^2 & \sigma_1^2 & \cdots & \sigma_1^2 \\ \sigma_1^2 & \sigma_1^2+\sigma_3^2 & \cdots & \sigma_1^2 \\ \vdots & \vdots & & \vdots \\ \sigma_1^2 & \sigma_1^2 & \cdots & \sigma_1^2+\sigma_m^2 \end{bmatrix} \tag{3.87}
$$

式中，$\boldsymbol{Q}$ 是观测值的方差-协方差矩阵；σ_1^2 是参考卫星的方差；$\sigma_2^2,\cdots,\sigma_m^2$ 是共视卫星的方差。

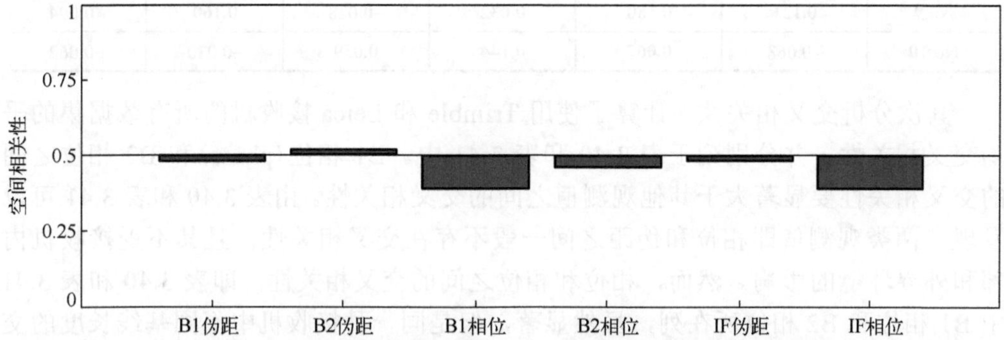

图 3.33　所有 10 组数据集中 6 种信号类型的平均空间相关性

为了准确确定空间相关性，需要用到不存在数学相关性的接收机单差残差(Zhang et al.，2004)。可以通过附加一个独立的限制条件，从而转换双差残差获得任意第 i 颗卫星的单差残差 SD^i (Zhong et al.，2010)：

$$
\begin{bmatrix} \mathrm{SD}^1 \\ \mathrm{SD}^2 \\ \mathrm{SD}^3 \\ \vdots \\ \mathrm{SD}^{j+1} \end{bmatrix} = \begin{bmatrix} \sigma_{\mathrm{ele}_1} & \sigma_{\mathrm{ele}_2} & \sigma_{\mathrm{ele}_3} & \cdots & \sigma_{\mathrm{ele}_{i+1}} \\ -1 & 1 & 0 & \cdots & 0 \\ -1 & 0 & 1 & \cdots & 0 \\ \vdots & \vdots & \vdots & & \vdots \\ -1 & 0 & 0 & \cdots & 1 \end{bmatrix}^{-1} \begin{bmatrix} \sum \sigma_{\mathrm{ele}_i} \mathrm{SD}^i \\ \mathrm{DD}^{12} \\ \mathrm{DD}^{13} \\ \vdots \\ \mathrm{DD}^{1(j+1)} \end{bmatrix} \tag{3.88}
$$

式中，σ_{ele_i} 代表利用高度角加权函数对第 i 颗卫星进行定权，且满足 $\sigma_{\mathrm{ele}_i}=\sin^2(\theta)$ 以及 $\sum \sigma_{\mathrm{ele}_i}\mathrm{SD}^i=0$；$\mathrm{DD}^{ji}$ 代表卫星 j 和 i 的双差残差。基于式(3.88)求得的单差残差，可以估计出不受数学相关性影响的空间相关性，如表 3.39 所示。可以发现，所有空间相关性系数的绝对值均小于 0.196，表明 RTK 定位中的空间相关性是不显著的。事实上，通常采用双差解算的一个重要原因就是可以消除绝大多数的空间相关误差，尤其是当基线长度不是很长时(如本实验中小于 50km)。

表 3.39 不受空间相关性影响的所有 10 组数据集中 6 种信号类型的平均空间相关性

数据集	B1 伪距	B2 伪距	B1 相位	B2 相位	IF 伪距	IF 相位
No.1	−0.057	−0.081	−0.067	−0.067	−0.065	−0.068
No.2	−0.068	−0.054	−0.028	−0.009	−0.068	−0.044
No.3	−0.046	−0.039	0.009	−0.069	−0.049	−0.036
No.4	−0.040	−0.047	−0.024	−0.079	−0.048	−0.017
No.5	−0.037	−0.037	0.021	0.001	−0.044	0.000
No.6	−0.076	−0.064	−0.050	−0.041	−0.075	−0.038
No.7	0.079	0.070	−0.079	−0.150	0.071	−0.113
No.8	0.045	−0.107	0.002	−0.112	0.037	−0.143
No.9	0.121	0.180	0.032	−0.028	0.160	−0.094
No.10	−0.068	0.067	0.144	0.059	−0.030	−0.062

其次分析交叉相关性。计算了使用 Trimble 和 Leica 接收机的所有数据集的平均交叉相关性，并分别列于表 3.40 和表 3.41 中。B1 相位(phase)和 B2 相位之间的交叉相关性要显著大于其他观测值之间的交叉相关性。由表 3.40 和表 3.41 可以发现，两类观测值即相位和伪距之间一般不存在交叉相关性，且其不受接收机内部和外界环境的影响。然而，相位和相位之间的交叉相关性，即表 3.40 和表 3.41 中 B1 相位和 B2 相位所在列，虽然显著，但是同一种接收机中不同基线长度的交叉相关性类似，因此其与多路径和大气延迟误差相关性不强。具体来说，对于 Trimble 接收机，B1 相位和 B2 相位之间的交叉相关性显著，其平均值达到了 0.859；而对于 Leica 接收机，B1 相位和 B2 相位之间的交叉相关性虽然显著，但其平均值只有 0.358。因此，交叉相关性主要是被接收机的解码技术(decoding technique)引入的(Li et al.，2008；Teunissen et al.，1998)。显然，不同接收机的解码技术并不相同，因此造成了交叉相关性存在系统差异。例如，当利用反欺骗(anti-spoofing)技术对 B2 信号进行解码时，B2 信号由 B1 信号和ΔB 的信号获取，即 B2=B1+ΔB。最终，类似于本实验中 Trimble 接收机，B1 和 B2 信号之间存在很强的交叉相关性。

表 3.40 使用 Trimble 接收机的所有 5 组数据集的平均交叉相关性

数据集	B1 伪距和B2 伪距	B1 相位和B2 相位	B1 伪距和B1 相位	B1 伪距和B2 相位	B2 伪距和B1 相位	B2 伪距和B2 相位	IF 伪距和IF 相位
No.1	0.129	0.870	−0.012	−0.018	0.003	0.008	−0.022
No.2	0.119	0.829	−0.001	−0.021	−0.012	0.022	0.031
No.3	0.099	0.823	0.021	0.009	0.039	0.025	−0.022
No.4	0.079	0.874	−0.009	−0.005	−0.024	−0.029	−0.001
No.5	0.069	0.901	0.000	−0.003	−0.026	−0.024	−0.010

表 3.41　使用 Leica 接收机的所有 5 组数据集的平均交叉相关性

数据集	B1 伪距和 B2 伪距	B1 相位和 B2 相位	B1 伪距和 B1 相位	B1 伪距和 B2 相位	B2 伪距和 B1 相位	B2 伪距和 B2 相位	IF 伪距和 IF 相位
No.6	−0.147	0.291	0.021	0.014	−0.020	−0.019	−0.075
No.7	−0.010	0.262	0.161	0.040	−0.215	0.137	0.089
No.8	0.118	0.350	0.006	−0.156	−0.150	0.150	−0.075
No.9	−0.065	0.489	−0.030	0.037	−0.200	−0.135	−0.031
No.10	−0.130	0.398	−0.176	0.122	−0.225	−0.363	−0.080

综上所述，交叉相关性与接收机相关，但与基线长度无明显关系。需要指出的是，虽然在本实验中，伪距和伪距之间(code-to-code)的相关性并不显著，但在一些别的接收机中可能存在显著性(Amiri-Simkooei et al.，2009，2013)。此外，对于指定的接收机，其交叉相关性系数较为稳定，因此可以将平均交叉相关性系数作为最终的交叉相关性系数使用。

接下来将研究时间相关性，时间间隔为采样间隔大小，时间相关系数将会被用于构建全协方差矩阵，因此重点分析时间间隔为 1s 的所有观测值的平均时间相关系数，如表 3.42 和表 3.43 所示。可以发现，Leica 接收机伪距观测值的时间相关系数明显大于 Trimble 接收机的时间相关系数，这是因为不同接收机可能会采用不同的预处理技术(如滤波和平滑)，从而导致两种接收机具有不同的时间相关性模式(Amiri-Simkooei and Tiberius，2007；Li et al.，2008)。对于 B1 和 B2 相位观测值，时间相关系数随着基线长度的增加而增大。因此，时间相关性系数由多路径和大气误差等非模型化误差所决定(Li et al.，2018；Zhang et al.，2017a)。此外，同等条件下 IF 相位数据的时间相关性整体上小于 B1 和 B2 相位数据，这是因为数学模型不同，导致电离层延迟被 Ionosphere-Free 模型所削弱，所以时间相关性与距离相关的大气延迟具有较强的关联性。

表 3.42　使用 Trimble 接收机中所有 5 组数据集的间隔为 1s 的平均时间相关性

数据集	B1 伪距	B2 伪距	B1 相位	B2 相位	IF 伪距	IF 相位
No.1	0.037	0.066	0.001	0.000	0.046	0.009
No.2	0.149	0.174	0.581	0.758	0.172	0.498
No.3	0.207	0.206	0.815	0.905	0.231	0.497
No.4	0.173	0.212	0.841	0.920	0.201	0.448
No.5	0.169	0.201	0.881	0.947	0.201	0.375

表 3.43　使用 Leica 接收机中所有 5 组数据集的间隔为 1s 的平均时间相关性

数据集	B1 伪距	B2 伪距	B1 相位	B2 相位	IF 伪距	IF 相位
No.6	0.986	0.988	0.143	0.225	0.988	0.160
No.7	0.997	0.996	0.780	0.879	0.997	0.355
No.8	0.997	0.996	0.875	0.927	0.997	0.402
No.9	0.999	0.996	0.940	0.963	0.999	0.403
No.10	0.999	0.996	0.966	0.980	0.999	0.471

下面将讨论影响时间相关性的另一个影响因素，即测站相关的多路径效应。利用多路径占主导因素的短基线 No.6 来分析，其基线长度为 5m。根据伪距多路径组合来评估多路径的强弱，此外，BDS 受高度角相关的伪距偏差的影响也已经被排除。图 3.34 给出的是卫星 PRN 7 和 PRN 4 的双频伪距多路径、高度角和相应的时间相关性。从图中可以看出，卫星 PRN 7 的高度角明显高于卫星 PRN 4。接收机是在开阔的环境，高度角更低的卫星 PRN 4 受到的多路径要更严重，从而导致卫星 PRN 4 的伪距和相位观测值的时间相关性在时间间隔达到 60s 后，仍然达到了 0.7 和 0.2，而对于高度角更高的卫星 PRN 7，相应的时间相关性分别为 0.4 和 0。这表明当高度角更低时，多路径污染往往更严重，从而时间相关性也越强。

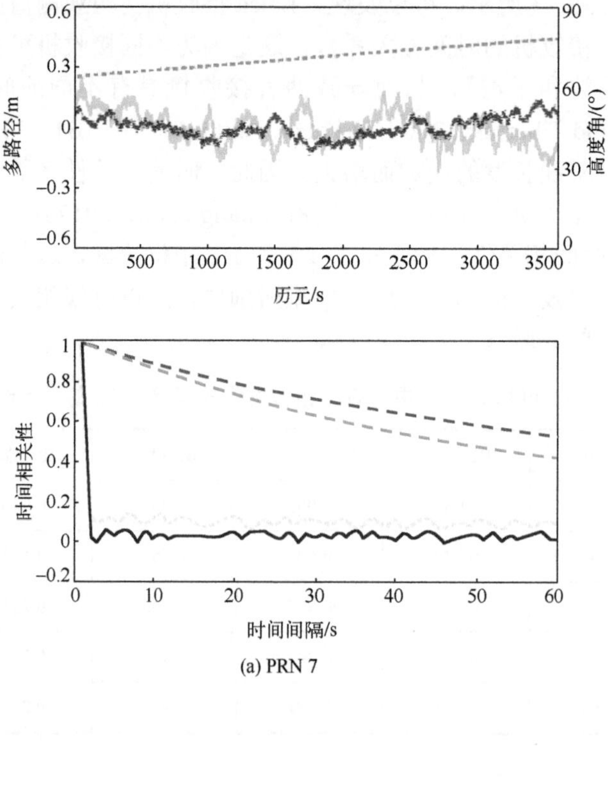

(a) PRN 7

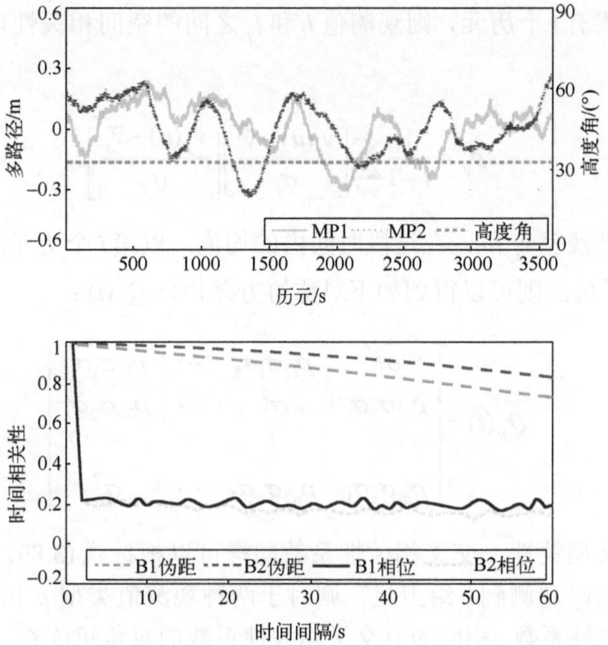

(b) PRN 4

图 3.34　5m 基线的卫星的伪距多路径、高度角和时间相关性
MP1 为 B1 伪距多路径，MP2 为 B2 伪距多路径

综上所述，时间相关性是引起非模型化误差的一个重要因素。具体来说，当多路径是主要误差源时，时间相关性会被显著影响且呈正相关，其中高度角和卫星类型都是潜在影响因素。需要指出的是，不同频率之间的平均时间相关系数差距不大，因此它们可以被视为同等重要。

3.5.2　先验全协方差矩阵数学模型

在不同定位模式中，物理相关性具有不同的含义。本书将以更为复杂的 RTK 随机模型为例，解析一个先验全协方差矩阵的数学模型。利用交叉相关函数(cross-correlation function，CCF)和自相关函数(autocorrelation function，ACF)技术获取具体的物理相关性系数。相关系数是一种用以描述两个观测值之间相关性的数学工具，有如下定义：

$$\rho_{ij} = \rho_{ji} = \frac{\mathrm{Cov}(\boldsymbol{v}_i, \boldsymbol{v}_j)}{\sigma_i \sigma_j} \tag{3.89}$$

式中，σ_i 和 σ_j 是观测值 $\boldsymbol{l}_i$ 和 $\boldsymbol{l}_j$ 对应的残差 $\boldsymbol{v}_i$ 和 $\boldsymbol{v}_j$ 的标准差。首先是空间相关性，

根据 CCF，如果有 t 个历元，则观测值 $\boldsymbol{l}_i$ 和 $\boldsymbol{l}_j$ 之间的空间相关性可以通过下面公式进行估计：

$$\rho_{ij}=\frac{1}{t-1}\sum_{u=1}^{t}\left[\frac{\boldsymbol{v}_i(u)-\overline{v}_i}{\sigma_i}\right]\left[\frac{\boldsymbol{v}_j(u)-\overline{v}_j}{\sigma_j}\right] \tag{3.90}$$

式中，$\overline{v}_i$ 和 $\overline{v}_j$ 是残差 $\boldsymbol{v}_i$ 和 $\boldsymbol{v}_j$ 在这段时间内的均值。以第 i 个历元的观测值类型 p 为例，如有 n 组卫星，则可以得到如下对称协方差矩阵 $\boldsymbol{Q}_p(i)$：

$$\boldsymbol{Q}_p(i)=\begin{bmatrix}\sigma_1^2 & \rho_{12}\sigma_1\sigma_2 & \cdots & \rho_{1n}\sigma_1\sigma_n \\ \rho_{21}\sigma_2\sigma_1 & \sigma_2^2 & \cdots & \rho_{2n}\sigma_2\sigma_n \\ \vdots & \vdots & & \vdots \\ \rho_{n1}\sigma_n\sigma_1 & \rho_{n2}\sigma_n\sigma_2 & \cdots & \sigma_n^2\end{bmatrix} \tag{3.91}$$

接着是交叉相关性，交叉相关性系数同样可以根据式(3.89)和式(3.90)进行估计。假设可以同时观测到 n 组卫星，则对于两种观测值类型 p 和 q 而言，存在 n 个不同的交叉相关性系数。相应的有交叉相关性系数的对角矩阵 $\boldsymbol{C}_{pq}=\boldsymbol{C}_{qp}$，则以第 i 个历元的两种观测值类型 p 和 q 为例，其方差-协方差矩阵 $\boldsymbol{Q}(i)$ 为

$$\boldsymbol{Q}(i)=\begin{bmatrix}\boldsymbol{Q}_p(i) & \boldsymbol{C}_{pq}\boldsymbol{Q}_p(i)^{\frac{1}{2}}\boldsymbol{Q}_q(i)^{\frac{1}{2}} \\ \boldsymbol{C}_{qp}\boldsymbol{Q}_q(i)^{\frac{1}{2}}\boldsymbol{Q}_p(i)^{\frac{1}{2}} & \boldsymbol{Q}_q(i)\end{bmatrix} \tag{3.92}$$

最后是时间相关性，时间间隔为 τ 的时间相关系数定义如下：

$$\rho_\tau=\rho_{ij}=\rho_{ji},\quad \tau=|i-j|,\quad i,j=1,\cdots,l \tag{3.93}$$

基于 ACF，可以得到需要估计的时间相关性系数：

$$\rho_\tau=\frac{c_\tau}{c_0} \tag{3.94}$$

式中，满足 $c_\tau=\dfrac{1}{(l-\tau)}\sum\limits_{i=1}^{l-\tau}[v(i)-\overline{v}][v(i+\tau)-\overline{v}]$。对于有 n 组卫星观测值类型为 p 的观测值，相应的时间间隔为 τ 的时间相关性对角矩阵为 $\boldsymbol{T}_\tau^p$。如果存在两种类型的观测值类型 p 和 q，则相应的时间相关性系数的矩阵为 $\boldsymbol{T}_\tau=\text{blkdiag}(\boldsymbol{T}_\tau^p,\boldsymbol{T}_\tau^q)$，最后，一种顾及三类物理相关性的先验全协方差矩阵定义如下：

$$
\boldsymbol{Q}=\begin{bmatrix}
\boldsymbol{Q}(1) & \boldsymbol{T}_1\boldsymbol{Q}(1)^{\frac{1}{2}}\boldsymbol{Q}(2)^{\frac{1}{2}} & \cdots & \boldsymbol{T}_{n-1}\boldsymbol{Q}(1)^{\frac{1}{2}}\boldsymbol{Q}(n)^{\frac{1}{2}} \\
\boldsymbol{T}_1\boldsymbol{Q}(2)^{\frac{1}{2}}\boldsymbol{Q}(1)^{\frac{1}{2}} & \boldsymbol{Q}(2) & \cdots & \boldsymbol{T}_{n-2}\boldsymbol{Q}(2)^{\frac{1}{2}}\boldsymbol{Q}(n)^{\frac{1}{2}} \\
\vdots & \vdots & & \vdots \\
\boldsymbol{T}_{n-1}\boldsymbol{Q}(n)^{\frac{1}{2}}\boldsymbol{Q}(1)^{\frac{1}{2}} & \boldsymbol{T}_{n-2}\boldsymbol{Q}(n)^{\frac{1}{2}}\boldsymbol{Q}(2)^{\frac{1}{2}} & \cdots & \boldsymbol{Q}(n)
\end{bmatrix} \tag{3.95}
$$

3.5.3 高计算效率的全协方差矩阵估计方法

本节将针对全协方差矩阵估计困难的问题，提出一种高效率的全协方差矩阵估计方法，高效率主要体现在两个方面：一是待估的物理相关性系数减少了；二是高效地将时间相关的方差-协方差矩阵应用于逐个历元解算。

首先使用简化方差-协方差矩阵的单历元 RTK 定位。在双差定位中，卫星和接收机的钟差及硬件延迟已被消去。当基线长度不是很长时，残余大气误差会非常小甚至可以忽略，相应的单历元线性化观测方程如下：

$$
\mathrm{E}\left(\begin{bmatrix}\nabla\Delta\boldsymbol{P}\\ \nabla\Delta\boldsymbol{\Phi}\end{bmatrix}\right)=\begin{bmatrix}\boldsymbol{e}_m\otimes\boldsymbol{A} & \boldsymbol{0}\\ \boldsymbol{e}_m\otimes\boldsymbol{A} & \boldsymbol{\Lambda}\otimes\boldsymbol{I}_n\end{bmatrix}\begin{bmatrix}\boldsymbol{b}\\ \boldsymbol{a}\end{bmatrix} \tag{3.96}
$$

式中，$\nabla\Delta\boldsymbol{P}=[\nabla\Delta\boldsymbol{P}_1^{\mathrm{T}},\cdots,\nabla\Delta\boldsymbol{P}_m^{\mathrm{T}}]^{\mathrm{T}}$ 是有 m 个频率的双差伪距的 OMC，$\nabla\Delta\boldsymbol{P}_m=[\nabla\Delta P_m^1,\cdots,\nabla\Delta P_m^n]^{\mathrm{T}}$ 是具有 n 颗卫星的双差伪距的 OMC，相位观测值 $\nabla\Delta\boldsymbol{\Phi}$ 与 $\nabla\Delta\boldsymbol{P}$ 有类似的结构；$\boldsymbol{e}_m$ 是 m 维的全 1 列向量；$\boldsymbol{A}$ 是基线解 $\boldsymbol{b}=[\mathrm{d}x,\mathrm{d}y,\mathrm{d}z]^{\mathrm{T}}$ 对应的设计矩阵；$\boldsymbol{I}_n$ 是 $n\times n$ 的单位矩阵；$\boldsymbol{\Lambda}=\mathrm{diag}(\lambda_1,\cdots,\lambda_m)$ 是双差整周模糊度 $\boldsymbol{a}=[\nabla\Delta\boldsymbol{a}_1^{\mathrm{T}},\cdots,\nabla\Delta\boldsymbol{a}_m^{\mathrm{T}}]^{\mathrm{T}}$ 对应的矩阵，且 λ_m 是频率为 m 的波长；$\nabla\Delta\boldsymbol{a}_m=[\nabla\Delta N_m^1,\cdots,\nabla\Delta N_m^n]^{\mathrm{T}}$ 是频率 m 中拥有 n 颗卫星的双差整周模糊度向量。

当模糊度固定后，第 i 个历元线性化后的单历元函数模型的简约形式为

$$
\boldsymbol{l}_i=\boldsymbol{A}_i\boldsymbol{x}_i+\boldsymbol{e}_i \tag{3.97}
$$

式中，$\boldsymbol{l}_i$ 代表观测值向量；$\boldsymbol{A}_i$ 代表列满秩的设计矩阵；$\boldsymbol{x}_i$ 代表待估参数向量；$\boldsymbol{e}_i$ 代表误差向量。根据式(3.95)，相应的方差-协方差矩阵为 $\boldsymbol{Q}(i)$，即忽略了时间相关性，在某些情况下为了简便交叉相关性也可能被忽略。之后，就可以得到最小二乘解：

$$
\hat{\boldsymbol{x}}_i=[\boldsymbol{A}_i^{\mathrm{T}}\boldsymbol{Q}^{-1}(i)\boldsymbol{A}_i]^{-1}\boldsymbol{A}_i^{\mathrm{T}}\boldsymbol{Q}^{-1}(i)\boldsymbol{l}_i \tag{3.98}
$$

其方差-协方差矩阵 $\boldsymbol{Q}_{\hat{x}_i}$ 为

$$
\boldsymbol{Q}_{\hat{x}_i}=[\boldsymbol{A}_i^{\mathrm{T}}\boldsymbol{Q}^{-1}(i)\boldsymbol{A}_i]^{-1} \tag{3.99}
$$

相应的残差向量 $\boldsymbol{v}$ 可计算如下：

$$
\boldsymbol{v}_i=\boldsymbol{A}_i\hat{\boldsymbol{x}}_i-\boldsymbol{l}_i \tag{3.100}
$$

接着使用全协方差矩阵的多历元 RTK 定位。在多历元情景中，基于式 (3.97)，相应的函数模型为

$$\boldsymbol{L}=\boldsymbol{B}\boldsymbol{X}+\boldsymbol{E} \tag{3.101}$$

式中，$\boldsymbol{L}=[\boldsymbol{l}_1^{\mathrm{T}},\boldsymbol{l}_2^{\mathrm{T}},\cdots,\boldsymbol{l}_i^{\mathrm{T}}]^{\mathrm{T}}$，$\boldsymbol{B}=\mathrm{blkdiag}[\boldsymbol{A}_1,\boldsymbol{A}_2,\cdots,\boldsymbol{A}_i]$，$\boldsymbol{X}=[\boldsymbol{x}_1^{\mathrm{T}},\boldsymbol{x}_2^{\mathrm{T}},\cdots,\boldsymbol{x}_i^{\mathrm{T}}]^{\mathrm{T}}$，$\boldsymbol{E}=[\boldsymbol{e}_1^{\mathrm{T}},\boldsymbol{e}_2^{\mathrm{T}},\cdots,\boldsymbol{e}_i^{\mathrm{T}}]^{\mathrm{T}}$，下标表示历元号。相应的方差-协方差矩阵定义如式(3.95)所示，为了避免过于复杂，部分物理相关性通常会被忽略。如果时间相关性被忽略，则方差-协方差矩阵退化为分块对角矩阵，因此此时最小二乘解等价于多历元解。然而，如果考虑时间相关性，则最小二乘解为

$$\hat{\boldsymbol{X}}=(\boldsymbol{B}^{\mathrm{T}}\boldsymbol{Q}^{-1}\boldsymbol{B})^{-1}\boldsymbol{B}^{\mathrm{T}}\boldsymbol{Q}^{-1}\boldsymbol{L} \tag{3.102}$$

相应的方差-协方差矩阵 $\boldsymbol{Q}_{\hat{\boldsymbol{X}}}$ 为

$$\boldsymbol{Q}_{\hat{\boldsymbol{X}}}=(\boldsymbol{B}^{\mathrm{T}}\boldsymbol{Q}^{-1}\boldsymbol{B})^{-1} \tag{3.103}$$

且此时残差向量 $\boldsymbol{V}=[\boldsymbol{v}_1^{\mathrm{T}},\boldsymbol{v}_2^{\mathrm{T}},\cdots,\boldsymbol{v}_i^{\mathrm{T}}]^{\mathrm{T}}$ 可计算如下：

$$\boldsymbol{V}=\boldsymbol{B}\hat{\boldsymbol{X}}-\boldsymbol{L} \tag{3.104}$$

最后，使用全协方差矩阵实现了高计算效率的 RTK 定位，如图 3.35 所示。

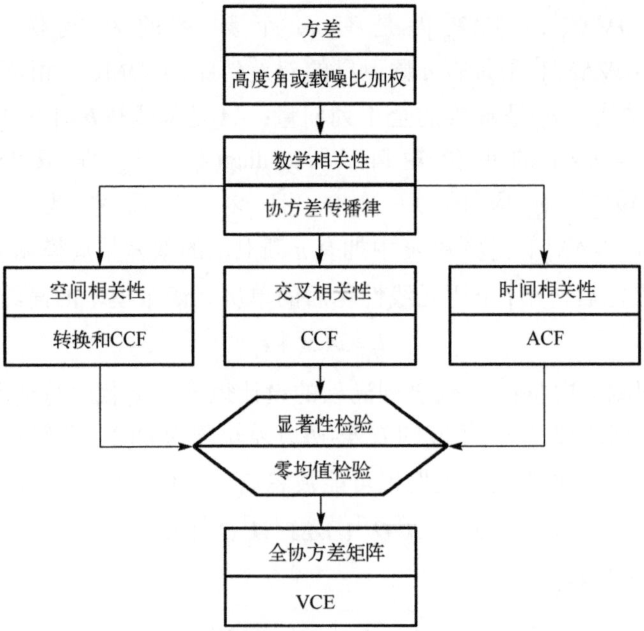

图 3.35　高计算效率的全协方差矩阵估计流程图

由图 3.35 可以发现，该流程首先进行方差估计。观测值的方差可以通过高度角

和载噪比进行估计。接着是数学相关性，可由协方差传播律进行推导。具体来说，设两台接收机在相同历元中可观测到 $n+1$ 颗卫星，$\boldsymbol{D}_z$ 为非差观测值向量的方差-协方差矩阵，则系数矩阵 $\boldsymbol{K}$ 为

$$\boldsymbol{K}=\begin{bmatrix}-\boldsymbol{e}_n & \boldsymbol{I}_n & \boldsymbol{e}_n & -\boldsymbol{I}_n\end{bmatrix} \tag{3.105}$$

相应地，可估计双差观测值的方差-协方差矩阵 $\boldsymbol{D}_d$：

$$\boldsymbol{D}_d=\boldsymbol{K}\boldsymbol{D}_z\boldsymbol{K}^{\mathrm{T}} \tag{3.106}$$

之后，通过 CCF 估计空间相关性和交叉相关性，通过 ACF 估计时间相关性。需要指出的是，在双差定位模式中存在数学相关性，因此求解空间相关性时需要将双差残差转换为单差残差从而免受数学相关性的影响。为了高效估计方差-协方差矩阵，只计算具有显著的物理相关性系数。设物理相关性系数 $\{\rho_1,\cdots,\rho_K\}$ 满足独立同分布的随机变量，且样本平均值 $\bar{\rho}$ 可视为正态分布。通过零均值检验，并设原假设 H_0 和备选假设 H_1 分别为 $H_0:\rho=0$，$H_1:\rho\neq0$。将 $\bar{\rho}$ 进行标准化，可得

$$\frac{\bar{\rho}-\mu}{\sigma_\rho/\sqrt{K}}\sim N(0,1) \tag{3.107}$$

式中，$\mu=0$。根据之前的相关研究，相关系数的标准差 σ_ρ 可设为 0.1（Zhang et al., 2017a）。当显著性水平 $\alpha=5\%$（其标准正态分布的分位数为 $Z_{1-\alpha/2}=1.96$），则根据中心极限定理，相应的置信区间满足不等式 $-0.196\leqslant\bar{\rho}=\rho\leqslant0.196$。因此，只有当相关系数的绝对值大于 0.196 时，才可以认为物理相关性显著。最后，将上述方差-协方差矩阵利用 VCE 的方法进行优化，并利用 2.3.2 节中的 MINQUE 方法进行估计。

事实上，上述步骤不但可以减轻计算负担，还可用于将多历元模型简化为序贯模型。本书的序贯模型主要用于将时间相关的方差-协方差矩阵简化为时间独立的分块对角矩阵，最终简化计算。线性化后的相邻两个历元观测值的函数模型如下：

$$\boldsymbol{L}^*=\boldsymbol{B}^*\boldsymbol{X}^*+\boldsymbol{E}^* \tag{3.108}$$

式中，$\boldsymbol{L}^*=[\boldsymbol{l}_{i-1}^{\mathrm{T}},\boldsymbol{l}_i^{\mathrm{T}}]^{\mathrm{T}}$；$\boldsymbol{B}^*=\mathrm{blkdiag}([\boldsymbol{A}_{i-1},\boldsymbol{A}_i])$；$\boldsymbol{X}^*=[\boldsymbol{x}_{i-1}^{\mathrm{T}},\boldsymbol{x}_i^{\mathrm{T}}]^{\mathrm{T}}$；$\boldsymbol{E}^*=[\boldsymbol{e}_{i-1}^{\mathrm{T}},\boldsymbol{e}_i^{\mathrm{T}}]^{\mathrm{T}}$。相应的方差-协方差矩阵为 $\boldsymbol{Q}^*$，是一个简化后的全协方差矩阵。一般来说，相邻两个历元之间 GNSS 观测值的方差-协方差矩阵几乎是不变的，尤其是当采样率较高时，即满足 $\boldsymbol{Q}(i-1)=\boldsymbol{Q}(i)=\boldsymbol{Q}'$。因此，相邻两个历元观测值的方向协方差矩阵为

$$\boldsymbol{Q}^*=\begin{bmatrix}1 & \rho\\ \rho & 1\end{bmatrix}\otimes\boldsymbol{Q}'=\boldsymbol{R}\otimes\boldsymbol{Q}' \tag{3.109}$$

为了获得独立观测值，进行如下变换。首先，设有矩阵 $\boldsymbol{R}$ 满足如下方程：

$$\boldsymbol{U}\boldsymbol{R}\boldsymbol{U}^{\mathrm{T}}=\boldsymbol{D} \tag{3.110}$$

式中，$\boldsymbol{U}=\begin{bmatrix}1 & 0\\ -\rho & 1\end{bmatrix}$；$\boldsymbol{D}=\begin{bmatrix}1 & 0\\ 0 & 1-\rho^2\end{bmatrix}$。接着，对式(3.108)两侧同乘以$\boldsymbol{U}\otimes\boldsymbol{I}_l$，其中$l$是一个历元内的所有观测值数量。因此，可以得到转换后的函数模型：

$$\overline{\boldsymbol{L}}^*=\overline{\boldsymbol{B}}^*\boldsymbol{X}^*+\overline{\boldsymbol{E}}^* \tag{3.111}$$

式中，$\overline{\boldsymbol{L}}^*=[\boldsymbol{l}_{i-1}^{\mathrm{T}},\overline{\boldsymbol{l}}_i^{\mathrm{T}}]^{\mathrm{T}}$，$\overline{\boldsymbol{l}}_i=\boldsymbol{l}_i-\rho\boldsymbol{l}_{i-1}$；$\overline{\boldsymbol{B}}^*=\begin{bmatrix}\boldsymbol{A}_{i-1} & \boldsymbol{0}\\ -\rho\boldsymbol{A}_{i-1} & \boldsymbol{A}_i\end{bmatrix}$；$\overline{\boldsymbol{E}}^*=[\boldsymbol{e}_{i-1}^{\mathrm{T}},\overline{\boldsymbol{e}}_i^{\mathrm{T}}]^{\mathrm{T}}$，$\overline{\boldsymbol{e}}_i=\boldsymbol{e}_i-\rho\boldsymbol{e}_{i-1}$。

根据协方差传播律，相应观测值的方差-协方差矩阵为

$$\overline{\boldsymbol{Q}}^*=(\boldsymbol{U}\otimes\boldsymbol{I}_m)\boldsymbol{Q}^*(\boldsymbol{U}\otimes\boldsymbol{I}_m)^{\mathrm{T}}=(\boldsymbol{URU}^{\mathrm{T}})\otimes\boldsymbol{Q}'=\boldsymbol{D}\otimes\boldsymbol{Q}'=\begin{bmatrix}\boldsymbol{Q}' & \boldsymbol{0}\\ \boldsymbol{0} & \boldsymbol{Q}'-\rho^2\boldsymbol{Q}'\end{bmatrix} \tag{3.112}$$

显然，新的方差-协方差矩阵为分块对角矩阵。因此，式(3.111)中转换后的观测值变为独立的，且可以得到其最小二乘估值及其方差-协方差矩阵：

$$\hat{\boldsymbol{x}}_i=(\boldsymbol{A}_i^{\mathrm{T}}\boldsymbol{Q}_{\overline{\boldsymbol{l}}_i|\hat{\boldsymbol{x}}_{i-1}}^{-1}\boldsymbol{A}_i)^{-1}\boldsymbol{A}_i^{\mathrm{T}}\boldsymbol{Q}_{\overline{\boldsymbol{l}}_i|\hat{\boldsymbol{x}}_{i-1}}^{-1}(\boldsymbol{l}_i-\rho\boldsymbol{l}_{i-1}+\rho\boldsymbol{A}_{i-1}\hat{\boldsymbol{x}}_{i-1}) \tag{3.113}$$

$$\boldsymbol{Q}_{\hat{\boldsymbol{x}}_i}=(\boldsymbol{A}_i^{\mathrm{T}}\boldsymbol{Q}_{\overline{\boldsymbol{l}}_i|\hat{\boldsymbol{x}}_{i-1}}^{-1}\boldsymbol{A}_i)^{-1} \tag{3.114}$$

式中，$\boldsymbol{Q}_{\overline{\boldsymbol{l}}_i|\hat{\boldsymbol{x}}_{i-1}}=\boldsymbol{Q}'-\rho^2\boldsymbol{Q}'+\rho^2\boldsymbol{A}_{i-1}\boldsymbol{Q}_{\hat{\boldsymbol{x}}_{i-1}}\boldsymbol{A}_{i-1}^{\mathrm{T}}$。

3.5.4 几种处理物理相关性不同定位模式的评估

本小节将比较 3.5.3 节中的三种 RTK 定位模式，包括：①不顾及物理相关性的单历元模式；②顾及物理相关性的多历元模式；③本书提出的顾及物理相关性的高计算效率模式。以 3.5.1 节中的数据集 No.2 为例，其基线长度为 12.49km，函数模型采用电离层固定模型，其他设置同 3.5.1 节。上述三种模式的最小二乘估值都为动态解。在本小节提出的方法中，根据对物理相关性的分析，全协方差矩阵可以通过 3.5.2 节中的方法进行近似。具体来说，只需考虑伪距与伪距之间以及相位与相位之间的交叉相关性，以及伪距和相位的时间相关性。

为了获得可靠的交叉相关系数和时间相关性系数，在前 5min 进行初始化，采用 1min 的窗口进行解算，即总共有 55 次实验。图 3.36 给出的是传统模式和高计算效率模式解算所需的时间。具体来说，在解算每 1min 的窗口大小中，高计算效率模式和单历元模式都只需约 2.0s，然而多历元模式则需约 4.5s。显然高计算效率和单历元模式所需时间更少，其提高的计算效率超过 50%。在实际应用中，数据窗口长度通常大于 1min，因此此时多历元所需时间更多，但高计算效率和单历元模式的每个历元解算所需的时间与数据窗口长度无关。因此，当需要减少计算时间时，本书提出的方法和单历元方法需要优先使用。

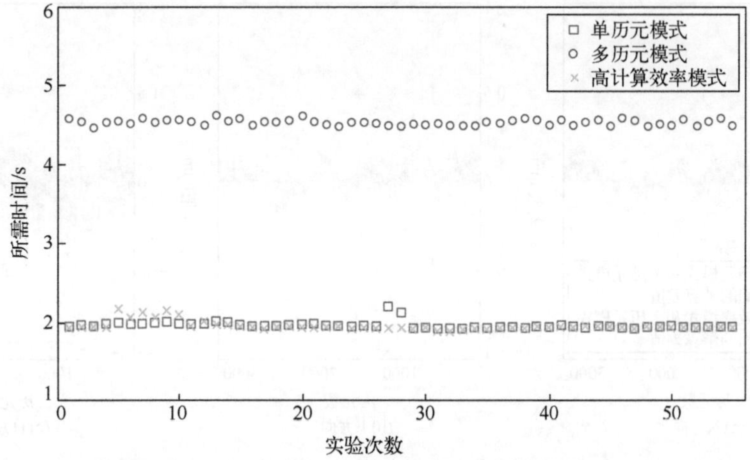

图 3.36　高计算效率和传统模式的解算所需时间

接下来比较通过高计算效率和传统模式解算后三个方向上的坐标差值，如图 3.37 所示。可以发现红色虚线代表的高计算效率和多历元模式之间的解算坐标差值在各个子图中都几乎等于零。然而，蓝色实线代表的单历元和多历元模式之间的解算坐标差值(differences of single-epoch mode)却存在波动，尤其是在 U 方向上，其最大差值达到了±2mm。这表明高计算效率和多历元模式的基线解可以视为等价，而多历元和单历元模式则不同。需要指出的是相关性对解算长时间的静态定位结果影响可以忽略，除非在长基线中且解算时间较短时(Kermarrec and Schön，2017c)。在本实验中，由于每次坐标的解算时间为 1s，因此相关性会影响解算结果(El-Rabbany and Kleusberg，2003；Li，2016)。此外，当考虑物理相关性时，在使用 VCE 方法后，会对方差-协方差矩阵的方差估值产生影响。也就是说，如果显著的物理相关性没有被考虑进去，则方差估值是有偏的(Amiri-Simkooei et al.，2009；Li，2016)。因此，这些轻微的坐标差异确实是由物理相关性引入的，且物理相关性在高精度领域(如变形监测)是不可忽略的。

下面比较这三种模式中最小二乘估值的方差-协方差矩阵。图 3.38 给出的是传统模式和高计算效率模式的基线解的精度(方差-协方差矩阵的方差元素)。显然，单历元模式解的结果与其他两种模式解的结果存在显著差异。高计算效率和多历元模式解的精度大小几乎是单历元模式解的精度大小的 1.5 倍，即忽略物理相关性会导致基线解精度过于乐观且不符合实际(Kermarrec and Schön，2017b；Li，2016；Zhang et al.，2017a)。在系统可靠性理论中涉及基线解的方差-协方差矩阵，因此如果考虑物理相关性，其整体检验(overall test)、w 检验和最小可探测粗差(minimal detectable bias，MDB)等统计检验的结果将会更准确(Li et al.，2016，2017b；Yang et al.，2017)。综上分析，此时更建议采用顾及物理相关性的高计算效率和多历元模式。

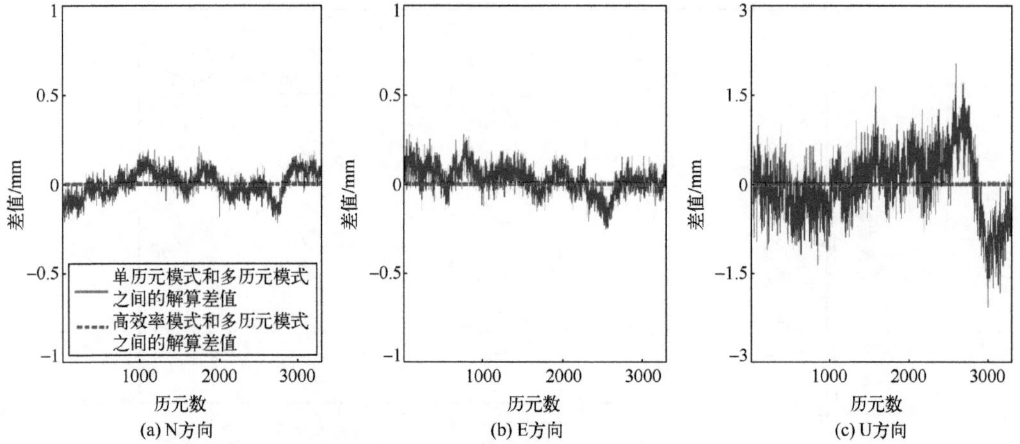

图 3.37　高计算效率模式和多历元模式之间的解算坐标差值，以及单历元模式和多历元模式之间的解算坐标差值在三个方向 N、E、U 上的结果

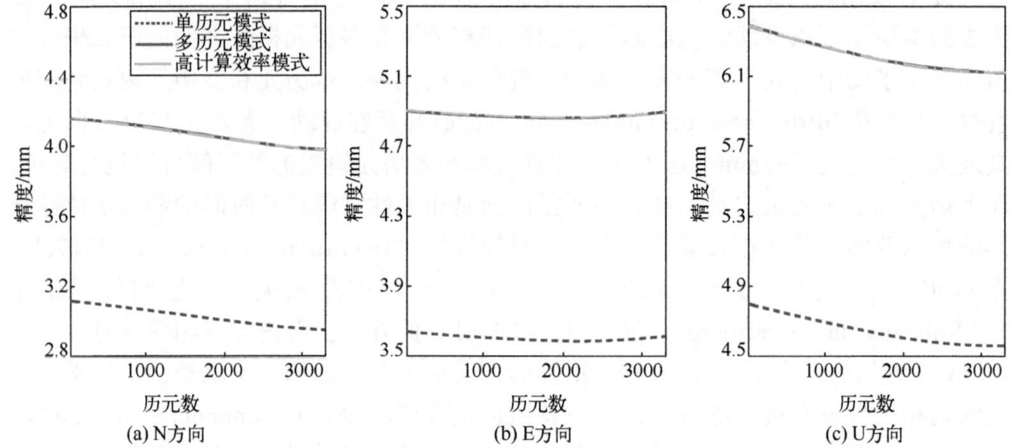

图 3.38　高计算效率和传统模式三个方向 N、E、U 上的基线解精度

第 4 章　面向恶劣观测环境的实时动态导航定位

本章主要分析第二类典型复杂条件即恶劣观测环境下，如何实现实时动态导航定位，包括附加质量控制的最优整数等变估计方法、附不等式和等式约束的弹性精密导航定位方法、顾及卫星空间几何分布的方差因子构建方法、顾及地形地貌的复合随机模型构建方法以及顾及非模型化误差的约束随机模型构建方法。

4.1　附加质量控制的最优整数等变估计方法

在恶劣观测环境下，模糊度通常很难被正确解算。基于此，提出了一种附加质量控制的最优整数等变(best integer equivariant，BIE)估计方法(Zhang et al.，2023d)。首先分析恶劣观测环境下的模糊度固定问题，接着给出峡谷 RTK 模糊度固定方法，最后提出附加质量控制的 BIE 估计方法并进行验证。

4.1.1　恶劣观测环境下的模糊度解算问题概述

GNSS 为智能设备(Geng and Li，2019；Paziewski，2020)、交通运输(Sun et al.，2021；Won et al.，2015)和航空航天(Causa and Fasano，2021；He et al.，2021)等领域提供导航和定位服务。与其他技术相比，GNSS 最显著的优势在于提供了全天候和高精度的定位解(Yang Y et al.，2020)。在过去的几十年里，它被广泛应用于变形监测(Meng et al.，2007；Xiao et al.，2019)和车辆导航(Gu et al.，2021；Sokhandan et al.，2014)等许多领域。近年来，随着 GNSS 应用的多样化，观测条件也从传统的理想环境向复杂多变的环境发展。因此，如何在恶劣观测环境下实现精密定位服务是 GNSS 领域的关键问题。

在实际应用中，最典型的恶劣环境之一就是峡谷环境，包括自然峡谷和城市峡谷。在峡谷等复杂环境中，接收机观测 GNSS 信号时会出现高遮挡、强反射、频机动等问题。因此，相应的信号很容易被反射、衍射、衰减，甚至被遮挡，从而导致观测质量下降，残余系统误差突出，甚至发生异常。具体来说，它们是异常值和测站相关非模型化误差，包括多路径、衍射和非视距传播(Zhang et al.，2022)等，这会导致定位误差达到数米、十几米，甚至数十米。因此，如何处理异常信号是峡谷定位导航的主要任务之一。除了基于信号处理和天线设计(Braasch，2001；Bétaille et al.，2006)的前端处理方法外，实际中通常使用后端处理方法，主要包括 C/N0(Strode and Groves，2016；Zhang Z et al.，2019)、射线追踪(Lau and Cross，2007a；Hsu，

2017)，甚至人工智能(Sun et al.，2021；Phan et al.，2013)。此外，惯性测量单元(inertial measurement unit，IMU)、视觉传感器、激光雷达(light detection and ranging，LiDAR)等其他传感器也可用于集成系统来提高峡谷环境中的定位精度(Petovello and Lachapelle，2006；Meguro et al.，2009；Chang et al.，2019)。然而，上述方法通常成本高且计算复杂，从而影响了使用范围。

GNSS 是唯一基于绝对定位的技术，在峡谷定位导航中往往不可或缺。因为相位观测值容易出现周跳和整周模糊度固定失败的问题，目前 GNSS 技术主要采用伪距观测值，还提出了专门的故障监测与排除算法来降低伪距观测值中频繁且显著的异常值的影响。然而，基于伪距的定位技术精度有限，如单点定位，因此无法满足许多自动驾驶等高精度应用。只要能够实现正确解算模糊度，RTK 定位是恶劣环境下最有前景的方法，因为它可以达到瞬时厘米级甚至毫米级的定位精度(Teunissen and Montenbruck，2017)。

RTK 定位精度高、可靠性强的原因有两个方面。一是由于接收机间和卫星间双差，抵消或减小了许多系统误差，具体来说，可以消除接收机端和卫星端的钟差和相应的硬件延迟，明显降低电离层和对流层延迟等大气误差(Odijk，2000)。系统误差具有高度空间相似性，当基线长度足够短(如小于 20km)，甚至可以被忽略(Leick et al.，2015)。二是由于 RTK 数学模型中不存在相位小数偏差(fractional cycle bias，FCB)，因此双差模糊度本质上是整数参数，理论上可以从实数浮点解中获得整数固定解。只要正确固定模糊度(Li et al.，2014a；Teunissen，1997b)，固定解的精度和可靠性明显高于浮点解。

高精度、高可靠性 RTK 定位的前提是模糊度可靠性检验。为了高效地得到正确的双差模糊度，优先使用 ILS，其中的 LAMBDA(Teunissen，1995)、改进的 LAMBDA(Chang et al.，2005)是目前流行的方法。在 ILS 中，将得到最优和次优候选模糊度。为了获得更可靠的模糊度，在有偏、弱或高维模型中系统地评估和验证模糊度解算成功率即整数估计正确的概率(Verhagen et al.，2013)。然而，在峡谷环境中正确固定双差模糊度仍然是一项具有挑战性的任务。此外，随着多模多频 GNSS 成为主流，模糊度固定率在涉及更多的模糊度时可能会降低(Teunissen，1999)。因此，固定所有模糊度往往是不符合实际的。

由于在峡谷 RTK 中不易获得固定解，最优整数等变估计成为替代 LAMBDA 的方法。BIE 估计完全考虑了所有的候选模糊度，与浮点解和固定解相比，具有均方误差最小的普遍特性(Teunissen，2003；Odolinski and Teunissen，2020；Verhagen and Teunissen，2005)。相关学者研究了 BIE 估计的性能和分布特性(Verhagen and Teunissen，2005；Brack and Günther，2014)。BIE 估计也用于测试不同类型接收机的 RTK 定位(Odolinski and Teunissen，2020)或 PPP 定位(Laurichesse and Banville，2018)。另外，传统的 BIE 估计是在假设数据呈正态分布的情况下推导出来的，因此还研究了基于其他更贴近现实的 GNSS 观测分布的 BIE 估计量使 BIE 估计具有高可靠性，如多维正态分布、污染正态分布，或多维 t 分布等(Teunissen，2020；Duong et al.，2021；Odolinski and Teunissen，2022)。

然而，现有的 BIE 估计方法主要关注基于理想标准分布。事实上，BIE 估计的研究仍存在很多挑战，特别是在峡谷环境中容易发生候选模糊度被污染的情况。此外，虽然有研究指出，当整数估计正确的概率足够大时，BIE 估计会趋近于固定解，但在整数估计正确的概率较低时，BIE 估计会趋近于浮点解(Teunissen，2003；Odolinski and Teunissen，2020)，在不考虑模糊度解算成功率的实际应用中获得最优的 BIE 估计值需要进一步研究。在本节中，系统地研究了峡谷 RTK 中带有质量控制的 BIE 估计。

在自然和城市峡谷环境中浮点解不够精确，固定解不易获得，因此，在峡谷 RTK 中首次提出了带质量控制的 BIE 估计方法。此外，基于观测域，使用改进的多路径处理方法减轻多路径效应和衍射，并通过改进的探测、识别与调整(detection, identification, and adaptation，DIA)方法处理包括非视距信号在内的异常值。最后，根据改进的浮点解在状态域质量控制的基础上对 BIE 估计进行两步筛选和分段估计等精化策略来提高 BIE 估计的精度。

4.1.2　峡谷 RTK 模糊度解算方法

本节讨论了适用于峡谷环境的 RTK 数学模型，重点讨论了多星座、多频率的情况。此外，给出了模糊度解算的三步程序。要在峡谷环境下进行 RTK，必须建立包括函数模型和随机模型在内的数学模型。首先给出峡谷 RTK 的数学模型，通常移动站与参考站距离较近，因此利用经验模型改正后的电离层延迟和对流层延迟可以忽略不计。

在多星座的情况下，函数模型可以表示如下：

$$\mathrm{E}\begin{bmatrix}\tilde{\boldsymbol{P}}\\ \tilde{\boldsymbol{\Phi}}\end{bmatrix}=\begin{bmatrix}\tilde{\boldsymbol{A}} & \boldsymbol{0}\\ \tilde{\boldsymbol{A}} & \boldsymbol{\Lambda}\end{bmatrix}\begin{bmatrix}\boldsymbol{b}\\ \tilde{\boldsymbol{a}}\end{bmatrix} \tag{4.1}$$

式中，$\tilde{\boldsymbol{P}}=[\nabla\Delta\boldsymbol{P}^{1\mathrm{T}},\cdots,\nabla\Delta\boldsymbol{P}^{o\mathrm{T}}]^{\mathrm{T}}$，$\nabla\Delta\boldsymbol{P}^{o}=[\nabla\Delta\boldsymbol{P}_{1}^{o\mathrm{T}},\cdots,\nabla\Delta\boldsymbol{P}_{m_o}^{o\ \mathrm{T}}]^{\mathrm{T}}$，$\nabla\Delta\boldsymbol{P}_{m_o}^{o}=[\nabla\Delta P_{rq,m_o}^{s_o 1,o},\cdots,\nabla\Delta P_{rq,m_o}^{s_o n_o,o}]^{\mathrm{T}}$；$\tilde{\boldsymbol{\Phi}}=[\nabla\Delta\boldsymbol{\Phi}^{1\mathrm{T}},\cdots,\nabla\Delta\boldsymbol{\Phi}^{o\mathrm{T}}]^{\mathrm{T}}$，$\nabla\Delta\boldsymbol{\Phi}^{o}=[\nabla\Delta\boldsymbol{\Phi}_{1}^{o\mathrm{T}},\cdots,\nabla\Delta\boldsymbol{\Phi}_{m_o}^{o\mathrm{T}}]^{\mathrm{T}}$，$\nabla\Delta\boldsymbol{\Phi}_{m_o}^{o}=[\nabla\Delta\Phi_{rq,m_o}^{s_o 1,o},\cdots,\nabla\Delta\Phi_{rq,m_o}^{s_o n_o,o}]^{\mathrm{T}}$；$\tilde{\boldsymbol{A}}=[\boldsymbol{e}_{m_1}\otimes\boldsymbol{A}^{1};\cdots;\boldsymbol{e}_{m_o}\otimes\boldsymbol{A}^{o}]$，$\boldsymbol{A}^{o}=[\boldsymbol{A}_{rq}^{s_o 1,o};\cdots;\boldsymbol{A}_{rq}^{s_o n_o,o}]$，$\boldsymbol{A}_{rq}^{s_o n_o,o}=[A_{rq,\mathrm{dx}}^{s_o n_o,o},A_{rq,\mathrm{dy}}^{s_o n_o,o},A_{rq,\mathrm{dz}}^{s_o n_o,o}]$；$\boldsymbol{\Lambda}=\mathrm{blkdiag}(\boldsymbol{\lambda}_{m_1}\otimes\boldsymbol{I}_{n_1},\cdots,\boldsymbol{\lambda}_{m_o}\otimes\boldsymbol{I}_{n_o})$；$\tilde{\boldsymbol{a}}=[\nabla\Delta\boldsymbol{a}^{1\mathrm{T}},\cdots,\nabla\Delta\boldsymbol{a}^{o\mathrm{T}}]^{\mathrm{T}}$，$\nabla\Delta\boldsymbol{a}^{o}=[\nabla\Delta\boldsymbol{a}_{1}^{o\mathrm{T}},\cdots,\nabla\Delta\boldsymbol{a}_{m_o}^{o\mathrm{T}}]^{\mathrm{T}}$，$\nabla\Delta\boldsymbol{a}_{m_o}^{o}=[\nabla\Delta N_{rq,m_o}^{s_o 1,o},\cdots,\nabla\Delta N_{rq,m_o}^{s_o n_o,o}]^{\mathrm{T}}$；$o$ 表示星座数量。类似地，可以推导出相应的随机模型如下：

$$\mathrm{D}\begin{bmatrix}\tilde{\boldsymbol{P}}\\ \tilde{\boldsymbol{\Phi}}\end{bmatrix}=\begin{bmatrix}\boldsymbol{Q}_{\tilde{P}\tilde{P}} & \boldsymbol{Q}_{\tilde{P}\tilde{\Phi}}\\ \boldsymbol{Q}_{\tilde{\Phi}\tilde{P}} & \boldsymbol{Q}_{\tilde{\Phi}\tilde{\Phi}}\end{bmatrix} \tag{4.2}$$

类似地，可以根据(4.2)获得全方差-协方差矩阵，其中可以考虑空间、交叉和时间相关性。基于上述 GNSS 数学模型，可以得到如下形式：

$$\boldsymbol{y}=\boldsymbol{B}\boldsymbol{b}+\boldsymbol{A}\boldsymbol{a}+\boldsymbol{e},\quad \boldsymbol{Q}_{yy} \tag{4.3}$$

式中，$\boldsymbol{y}\in\mathbf{R}^{N_1}$ 和 $\boldsymbol{e}\in\mathbf{R}^{N_1}$ 表示观测向量及其噪声向量，N_1 表示观测值总数；$\boldsymbol{b}\in\mathbf{R}^3$ 和 $\boldsymbol{a}\in\mathbf{Z}^{N_2}$ 分别表示基线分量和模糊度，N_2 表示模糊度总数；$\boldsymbol{B}$ 和 $\boldsymbol{A}$ 分别表示 $\boldsymbol{b}$ 和 $\boldsymbol{a}$ 的设计矩阵；$\boldsymbol{Q}_{yy}$ 表示 $\boldsymbol{y}$ 的方差-协方差矩阵。浮点解和固定解可以根据以下三步程序解算出来。

首先，可以根据最小二乘准则估计用 $\hat{\boldsymbol{a}}$ 表示的浮点解：

$$\begin{bmatrix}\hat{\boldsymbol{b}}\\ \hat{\boldsymbol{a}}\end{bmatrix}=\begin{bmatrix}\boldsymbol{B}^{\mathrm{T}}\boldsymbol{Q}_{yy}^{-1}\boldsymbol{B} & \boldsymbol{B}^{\mathrm{T}}\boldsymbol{Q}_{yy}^{-1}\boldsymbol{A}\\ \boldsymbol{A}^{\mathrm{T}}\boldsymbol{Q}_{yy}^{-1}\boldsymbol{B} & \boldsymbol{A}^{\mathrm{T}}\boldsymbol{Q}_{yy}^{-1}\boldsymbol{A}\end{bmatrix}^{-1}\begin{bmatrix}\boldsymbol{B}^{\mathrm{T}}\boldsymbol{Q}_{yy}^{-1}\boldsymbol{y}\\ \boldsymbol{A}^{\mathrm{T}}\boldsymbol{Q}_{yy}^{-1}\boldsymbol{y}\end{bmatrix} \tag{4.4}$$

其次，浮点模糊度 $\hat{\boldsymbol{a}}$ 用于计算对应的整周模糊度 $\check{\boldsymbol{a}}$，满足

$$\check{\boldsymbol{a}}=S(\hat{\boldsymbol{a}}) \tag{4.5}$$

式中，$S:\mathbf{R}^{N_2}\rightarrow\mathbf{Z}^{N_2}$ 表示从实数到整数的整数映射函数。映射函数的不同选择将导致不同的整数估计量。

最后，经过模糊度可靠性检验，假设可以忽略 $\check{\boldsymbol{a}}$ 的不确定性，则利用固定整数 $\check{\boldsymbol{a}}$ 得到固定解：

$$\check{\boldsymbol{b}}=\hat{\boldsymbol{b}}-\boldsymbol{Q}_{\hat{b}\hat{a}}\boldsymbol{Q}_{\hat{a}\hat{a}}^{-1}(\hat{\boldsymbol{a}}-\check{\boldsymbol{a}}) \tag{4.6}$$

$$\boldsymbol{Q}_{\check{b}\check{b}}=\boldsymbol{Q}_{\hat{b}\hat{b}}-\boldsymbol{Q}_{\hat{b}\hat{a}}\boldsymbol{Q}_{\hat{a}\hat{a}}^{-1}\boldsymbol{Q}_{\hat{a}\hat{b}} \tag{4.7}$$

式中，$\boldsymbol{Q}_{\hat{b}\hat{b}}=(\boldsymbol{B}^{\mathrm{T}}\boldsymbol{Q}_{yy}^{-1}\boldsymbol{B})^{-1}$；$\boldsymbol{Q}_{\hat{a}\hat{a}}=(\boldsymbol{A}^{\mathrm{T}}\boldsymbol{Q}_{yy}^{-1}\boldsymbol{A})^{-1}$；$\boldsymbol{Q}_{\hat{b}\hat{a}}=(\boldsymbol{B}^{\mathrm{T}}\boldsymbol{Q}_{yy}^{-1}\boldsymbol{A})^{-1}$；$\boldsymbol{Q}_{\hat{a}\hat{b}}=(\boldsymbol{A}^{\mathrm{T}}\boldsymbol{Q}_{yy}^{-1}\boldsymbol{B})^{-1}$。

一般来说，由于 $\boldsymbol{Q}_{\check{b}\check{b}}<\boldsymbol{Q}_{\hat{b}\hat{b}}$ 甚至 $\boldsymbol{Q}_{\check{b}\check{b}}\ll\boldsymbol{Q}_{\hat{b}\hat{b}}$，固定解比浮点解更精确。只有当成功率足够接近 1 时，这种不等式才成立。然而，如果成功率不够高，则固定解不一定比浮点解更精确(Verhagen et al.，2013；Li et al.，2014b)。

4.1.3　附加质量控制的最优整数等变估计原理

本小节将讨论经典 BIE 估计，在此基础上，提出了考虑质量控制的 BIE 估计。首先介绍了峡谷 RTK 中的 BIE 估计，如前所述，获得高精度的固定解依赖于高成功率的模糊度解，否则用户会更倾向于选择浮点解。在峡谷环境中，由于 GNSS 观测质量较差，模糊度不易固定，在这种情况下 BIE 估计在某种程度上是一种更实用的方法。具体来说，假设数据呈正态分布，用上画线表示的 BIE 估计量可以表示为

$$\bar{\boldsymbol{a}}=\sum_{z\in\mathbf{Z}^{N_2}}\boldsymbol{z}\frac{\exp\left(-\dfrac{1}{2}\|\hat{\boldsymbol{a}}-\boldsymbol{z}\|_{\boldsymbol{Q}_{\hat{a}\hat{a}}}^2\right)}{\sum\limits_{z\in\mathbf{Z}^{N_2}}\exp\left(-\dfrac{1}{2}\|\hat{\boldsymbol{a}}-\boldsymbol{z}\|_{\boldsymbol{Q}_{\hat{a}\hat{a}}}^2\right)} \tag{4.8}$$

式中，$\boldsymbol{Z}^{N_2}$ 为整数备选集合；$\boldsymbol{z}$ 为任意一组整数向量。基于 BIE 估计的解如下：

$$\bar{\boldsymbol{b}} = \hat{\boldsymbol{b}} - \boldsymbol{Q}_{\hat{b}\hat{a}} \boldsymbol{Q}_{\hat{a}\hat{a}}^{-1} (\hat{\boldsymbol{a}} - \bar{\boldsymbol{a}}) \tag{4.9}$$

事实证明，BIE 估计也是无偏的，并且在整数等变估计类中具有最小均方根误差(Teunissen，2003)，即

$$\mathrm{D}[\bar{\boldsymbol{b}}] \leqslant \mathrm{D}[\hat{\boldsymbol{b}}],\ \mathrm{E}[\bar{\boldsymbol{b}}] = \mathrm{E}[\hat{\boldsymbol{b}}] \tag{4.10}$$

$$\mathrm{D}[\bar{\boldsymbol{b}}] \leqslant \mathrm{D}[\check{\boldsymbol{b}}],\ \mathrm{E}[\bar{\boldsymbol{b}}] = \mathrm{E}[\check{\boldsymbol{b}}] \tag{4.11}$$

在实际的 GNSS 定位和导航中，如在峡谷条件下，BIE 估计涉及无限多的候选模糊度。因此，为了使 BIE 估计量可计算，需要确定有限数量的候选模糊度。用户可以更改 BIE 估计为

$$\bar{\boldsymbol{a}}^{\lambda} = \sum_{z \in \boldsymbol{H}} z \frac{\exp\left(-\frac{1}{2} \| \hat{\boldsymbol{a}} - \boldsymbol{z} \|_{\boldsymbol{Q}_{\hat{a}\hat{a}}}^2\right)}{\sum_{z \in \boldsymbol{H}} \exp\left(-\frac{1}{2} \| \hat{\boldsymbol{a}} - \boldsymbol{z} \|_{\boldsymbol{Q}_{\hat{a}\hat{a}}}^2\right)} \tag{4.12}$$

式中，$\boldsymbol{H}$ 是一个新的集合，依赖于浮点解周围的椭圆区域，其半径受相应的方差-协方差矩阵的影响。具体的公式如下：

$$\| \hat{\boldsymbol{a}} - \boldsymbol{z} \|_{\boldsymbol{Q}_{\hat{a}\hat{a}}}^2 < \chi^2 \tag{4.13}$$

式中，阈值 χ 可以根据中心卡方分布(Odolinski and Teunissen，2020)或其他方法(Teunissen，2020；Duong et al.，2021)确定。

其次给出了具有质量控制的 BIE 估计。由于 BIE 估计是基于 GNSS 观测值的正态分布，在峡谷环境中测站相关的非模型化误差甚至异常值的存在都会影响 BIE 估计。为了提高 BIE 估计的性能，在 BIE 估计方法引入质量控制，有四个主要模块，即改进的多路径处理方法、改进的 DIA 程序、两步筛选和分段估计。

峡谷环境下的物体经常引起反射、衍射、衰减和遮挡现象，多路径和衍射通常很明显，因此需要对多路径和衍射进行检测和适当处理。在这项研究中，多路径和衍射是在 C/N0 的帮助下处理的。理论上，在理想的环境中，C/N0 与高度角之间会有特定的关系(Strode and Groves，2016；Zhang Z et al.，2019)。因此，C/N0 和频间差分 C/N0($C/N0_{ij}$)的高度角相关模板函数及其精度可事先在理想观测环境中获取，然后通过比较观测数据和模板数据(包括 C/N0 和 $C/N0_{ij}$)来检测多路径和衍射。与传统方法不同，本书有两个主要改进。第一个改进是即使只有一个频率也可以使用，只有一个频率对于低成本接收机来说非常普遍。也就是说，对于给定的卫星和接收机，可以利用下面公式进行探测：

$$\begin{cases} \sum_{i=1}^{m}(\mathrm{C/N0}_i - \mathrm{C/N0}_i^*) \geqslant \beta T_1 \\ \sum_{i=1}^{m}\sum_{j=2}^{m}(\mathrm{C/N0}_{ij} - \mathrm{C/N0}_{ij}^*) \geqslant \theta T_2, \quad m \geqslant 2 \end{cases} \tag{4.14}$$

式中，i 和 $j(i \neq j)$ 表示频率号；β 和 θ 表示尺度因子，其值通常设置为 3；$T_1 = \sqrt{\sum_{i=1}^{m}[\sigma_i(\mathrm{C/N0}_i)]^2}$，$T_2 = \sqrt{\sum_{i=1}^{m}\sum_{j=2}^{m}[\sigma_{ij}(\mathrm{C/N0}_{ij})]^2}$，$\mathrm{C/N0}_i$ 和 $\mathrm{C/N0}_i^*$ 分别表示观测值和模板 C/N0 值，$\mathrm{C/N0}_{ij}$ 和 $\mathrm{C/N0}_{ij}^*$ 分别表示观测值和模板 $\mathrm{C/N0}_{ij}$ 值，$\sigma_i(\mathrm{C/N0}_i)$ 和 $\sigma_{ij}(\mathrm{C/N0}_{ij})$ 分别表示 $\mathrm{C/N0}_i$ 和 $\mathrm{C/N0}_{ij}$ 的精度。第二个改进是在式(4.14)的基础上，对严重的多路径观测值进行处理。例如，可以根据某些标准进一步降权或直接删除它们，在本方法中，将删除具有显著多路径误差的观测值。

考虑到可能存在包括 NLOS 在内的异常值，这里使用 DIA 程序(Baarda，1968；Teunissen，1990b)。具体来说，整体检验统计量 T_q 用于检测数学模型的相容性。当有异常观测值时，有

$$T_q = \hat{\boldsymbol{e}}^{\mathrm{T}} \boldsymbol{Q}_{yy}^{-1} \hat{\boldsymbol{e}} > \chi_{\alpha_1}^2(q,0) \tag{4.15}$$

式中，q 表示冗余观测值的数量；$\chi_{\alpha_1}^2(q,0)$ 表示具有 q 个自由度和显著性水平 $\alpha_1 = 0.001$ 的中心卡方分布的临界值。然后应用 w 检验统计量 w_j 来确认第 j 个观测值是否有异常值：

$$|w_j| = \left| \frac{\boldsymbol{c}_j^{\mathrm{T}} \boldsymbol{Q}_{yy}^{-1} \hat{\boldsymbol{e}}}{\sqrt{\boldsymbol{c}_j^{\mathrm{T}} \boldsymbol{Q}_{yy}^{-1} \boldsymbol{Q}_{\hat{e}\hat{e}} \boldsymbol{Q}_{yy}^{-1} \boldsymbol{c}_j}} \right| > N_{\frac{1}{2}\alpha_2}(0,1) \tag{4.16}$$

式中，$N_1 \times 1$ 设计矩阵 $\boldsymbol{c}_j = [0,\cdots,0,1,0,\cdots,0]^{\mathrm{T}}$；$\boldsymbol{Q}_{\hat{e}\hat{e}} = \boldsymbol{Q}_{yy} - \boldsymbol{H}(\boldsymbol{H}^{\mathrm{T}}\boldsymbol{Q}_{yy}^{-1}\boldsymbol{H})^{-1}\boldsymbol{H}^{\mathrm{T}}$；$N_{\frac{1}{2}\alpha_2}(0,1)$ 表示显著性水平为 $\alpha_2 = 0.05$ 的标准正态分布的临界值。当接受整体检验时，数据探测停止，最后，使用剩余的观测值进行定位，从而获得可靠的解算结果。为了提高峡谷 RTK 中 DIA 方法的性能，与传统方法相比有两点不同。第一个是可能同时存在多个异常值，第一次观测值残差可能不够准确，因此将在每次探测和识别之后进行调整。第二个是在同时处理来自不同星座的伪距和相位观测值时使用 VCE 确定不同观测类型之间的方差因子，从而提高探测能力。同时，考虑到 LS-VCE 的简单性(Teunissen and Amiri-Simkooei，2008；Amiri-Simkooei et al.，2009；Zhang et al.，2023c)，应用了 LS-VCE。也可以选择最小范数二次无偏估计(Wang et al.，2002)或最优不变二次无偏估计(best invariant quadratic unbiased estimation，BIQUE)(Crocetto et al.，2000)。

对观测值域进行质量控制后，如果仍然无法固定模糊度，BIE 解是浮点解的替代方法。为了保证 BIE 估计的精度，在传统的 BIE 中加入了状态域质量控制。首先，为了获得高质量的候选模糊度，本节方法提出了两步筛选。第一步称为整体筛选，具体来说，需满足

$$\sum_{i=1}^{N_3} \| \hat{\boldsymbol{a}} - \boldsymbol{z}_i \|_{Q_{\hat{a}\hat{a}}}^2 \leqslant \eta N_3 \tag{4.17}$$

式中，η 表示尺度因子；N_3 表示备选模糊度组数。理论上，如果固定模糊度 $\boldsymbol{z}_i$ 是正确的，则 $\| \hat{\boldsymbol{a}} - \boldsymbol{z}_i \|_{Q_{\hat{a}\hat{a}}}^2$ 将更接近最优整数解的范数平方。借鉴 Ratio 检验（Verhagen et al., 2013）的思想，η 可以根据 Ratio 检验 R 的阈值和具有最小范数平方的第一个候选模糊度 $\boldsymbol{z}_1$ 自适应确定，即 $R \cdot \| \hat{\boldsymbol{a}} - \boldsymbol{z}_1 \|_{Q_{\hat{a}\hat{a}}}^2$。因此，式(4.17)可以确定整体可接受的候选模糊度的数量。第二步是指局部筛选。也就是说，在剩余的候选模糊度中，第 i 个候选模糊度需要进一步从总体可接受候选模糊度的子集中移除，如果

$$\| \hat{\boldsymbol{a}} - \boldsymbol{z}_i \|_{Q_{\hat{a}\hat{a}}}^2 > \nu \tag{4.18}$$

式中，选择阈值 ν 是针对个体候选模糊度的，可以根据样本值（如其余候选模糊度的范数平方的均值）自适应确定，更符合实际。

其次，采用分段估计来改进 BIE 估计量。分段估计借鉴了四舍五入法和部分模糊度固定（partial ambiguity resolution，PAR）的思想。具体地，对于第 i 个 BIE 估计量 $\overline{a}_i$，表达式可以表示如下：

$$\overline{a}_i = \begin{cases} [\overline{a}_i]_{\text{round}}, & |\delta| \leqslant \kappa_0 \\ \overline{a}_i, & \kappa_0 < |\delta| \leqslant \kappa_1 \\ \text{PAR}, & |\delta| > \kappa_1 \end{cases} \tag{4.19}$$

式中，$\delta = \overline{a}_i - [\overline{a}_i]_{\text{round}}$ 表示 FCB；κ_0 和 κ_1 表示两个常数阈值；PAR 表示这里不使用 $\overline{a}_i$，并且只解算部分模糊度。改进的 BIE 用分段估计的原因是如果候选模糊度质量好，则 $\overline{a}_i$ 将接近整数，否则它将远离整数。最后，利用带质量控制的 BIE 估计在很大程度上解算模糊度并得到 BIE 解。值得注意的是，式(4.19)是在 LAMBDA 方法上完成的，因为 BIE 估计中的候选模糊度是基于 LAMBDA 方法搜索得到。理论上，不等式 $0.5 \geqslant \kappa_1 > \kappa_0 > 0$ 成立，因为 FCB 的绝对值不会大于 0.5 周。同样，需要相对保守地确定 κ_0 和 κ_1（如分别为 0.45 和 0.05），否则固定的模糊度在这样一个复杂环境中可能不正确。当然，如果 BIE 估计量足够可靠，κ_0 可以更大，κ_1 可以更小。

图 4.1 说明了峡谷 RTK 中带有质量控制的 BIE 估计的流程，绿色方框里表示创新部分。根据图 4.1，BIE 估计可以直接应用于现有的 RTK 软件。建立峡谷 RTK 数学模型后，开始提出带有质量控制的 BIE 估计。具体来说，如果不能成功解算模糊度，将应用改进的多路径处理方法和改进的 DIA 程序，直到通过 DIA 程序的整体

检验，迭代才会停止。在此之后，采用两步筛选和分段估计来精化 BIE 解，最终得到 BIE 解。

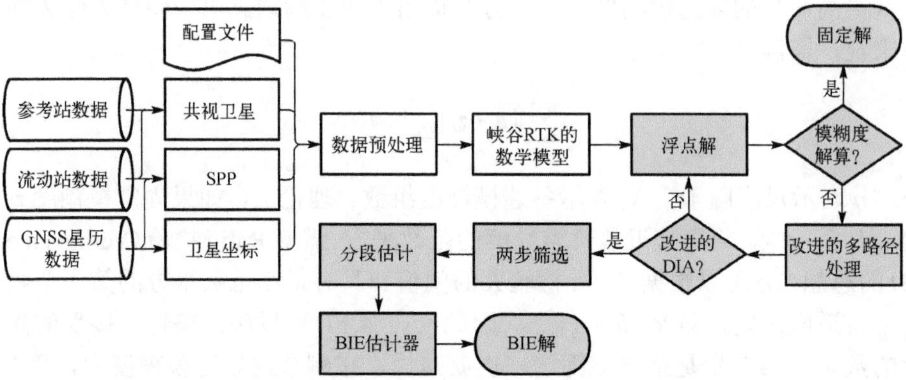

图 4.1 基于带质量控制的 BIE 估计的峡谷 RTK 流程图

绿色方框里表示所提出方法的部分

4.1.4 附加质量控制的最优整数等变估计应用

本节进行了两个典型的实验来测试和评估具有质量控制的 BIE 估计的性能。一是自然峡谷条件下的实时监测数据，二是城市峡谷条件下的动态车辆数据。

对于第一个实验，使用了三个采样间隔为 5s 的 24h 监测数据。这里使用的接收机是带有嵌入式天线的低成本接收机 BX-RAG360，3 次实时监测野外实验均在西南山区进行，基线长度均在 340m 以内。因此，可以认为大气延迟已被消除，误差源主要是测站相关的非模型化误差和异常值。图 4.2 说明了这三个数据集的天空图，其中包括观测到的 GPS 和 BDS 卫星，颜色深浅代表 C/N0 值的大小。可以看到，这三个数据集的观测数据是断断续续的，甚至经常出现缺失。此外，C/N0 值在不同方向上有不同程度的下降，尤其是低高度角的数据。由于 C/N0 值可以低至 15dB-Hz，说明观测条件不是很好，很有可能存在遮挡。图 4.3 分别展示了数据集 No.1 到数据集 No.3 的卫星数量。根据图 4.3 可知，无论系统如何，卫星数量都会频繁变化，因此信号在自然峡谷环境中确实会发生反射、衍射、衰减，甚至被遮挡。

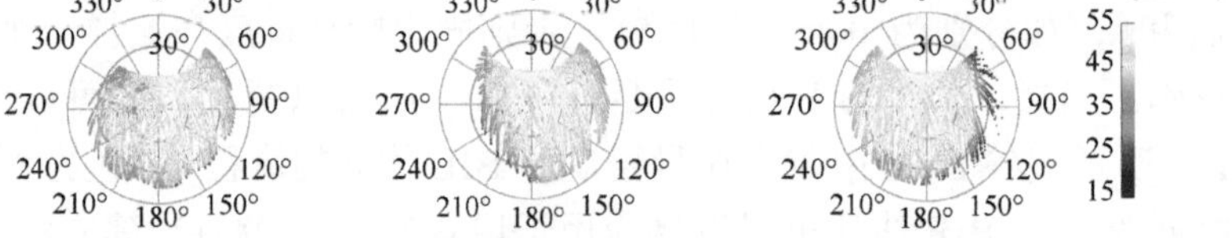

(a) 数据集No.1 (b) 数据集No.2 (c) 数据集No.3

图 4.2 C/N0 天空图

每条线代表一颗卫星

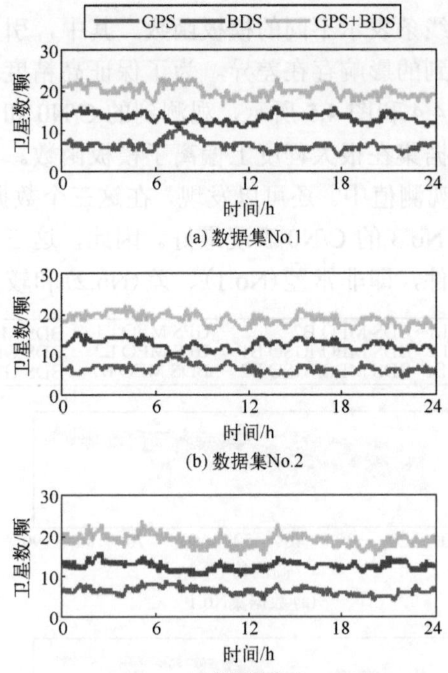

图 4.3　GPS(红色)、BDS(蓝色)和 GPS+BDS(绿色)卫星数

带质量控制的 BIE 估计模块是在我们自主研发的软件 C-RTK(Canyon RTK)上实现的。本节使用四种不同的方案，即浮点解解算方案(A)、固定解解算方案(B)、传统 BIE 解解算方案(C)和具有质量控制的 BIE(BIE with quality control，QC-BIE)解解算方案(D)。在进行 C-RTK 时，这四种方案常用的处理策略如表 4.1 所示。方法 B、C、D 采用 Ratio 检验来判断模糊度是否成功固定。在 QC-BIE 估计中，将尺度因子β和γ设置为 3 进行多路径探测和剔除。模板函数是预先在理想环境中确定的。在异常值处理中，显著性水平α_1和α_2分别设置为 0.001 和 0.05。为了证明所提出方法的可靠性，η和ν分别由R和第一个候选模糊度，以及其余候选模糊度平方范数的平均值进行自适应确定。对于 BIE 估计中的分段估计，κ_0和κ_1分别设置为 0.05 和 0.45。

表 4.1　浮点解、固定解、BIE 解和 QC-BIE 解解算方案的常用处理策略

项目	策略	项目	策略
观测值	GPS L1/L2、BDS B1/B2	电离层延迟	Klobuchar 模型
星历	广播星历	加权模型	高度角模型
采样间隔/s	5	定位模式	实时单历元解
截止高度角/(°)	15	Ratio 阈值	2.2
对流层延迟	Saastamoinen 模型		

图 4.4 和图 4.5 分别展示了数据集 No.1、No.2 和 No.3 的 C/N0、C/N0_{ij}与高度

角的关系，不同样式的线条表示不同的模板函数。其中，引入不同模板函数的原因是不同信号的载噪比受到的影响存在差异。为了保证高精度和高可靠性，本节使用不同的模板函数。如图 4.4 和图 4.5 所示，观测到的 C/N0 和 C/N0$_{ij}$ 数据出现较大的波动，尤其是前两个数据集在很大程度上偏离了模板函数。因此，多路径、衍射和 NLOS 仍保留在 GNSS 观测值中。还可以发现，在这三个数据集中，数据集 No.1 的波动最为严重，数据集 No.3 的 C/N0 表现最好。因此，这三个数据集在很大程度上可以反映不同的观测条件，即非常差(No.1)、差(No.2)和较差(No.3)。

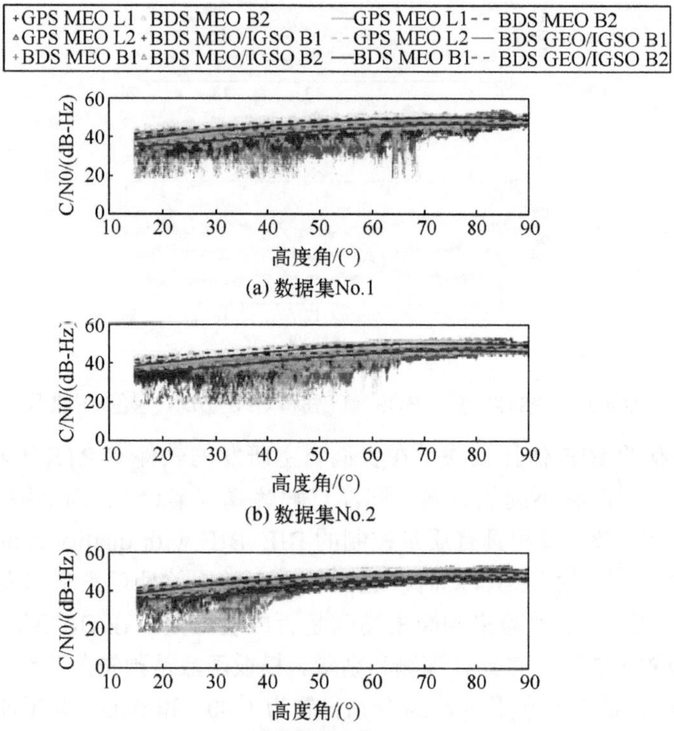

(a) 数据集No.1

(b) 数据集No.2

(c) 数据集No.3

图 4.4　C/N0 与高度角的关系

不同样式的线条表示不同的模板函数

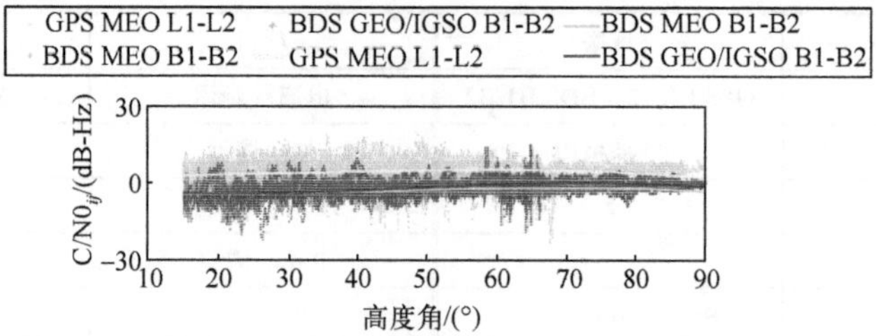

(a) 数据集No.1

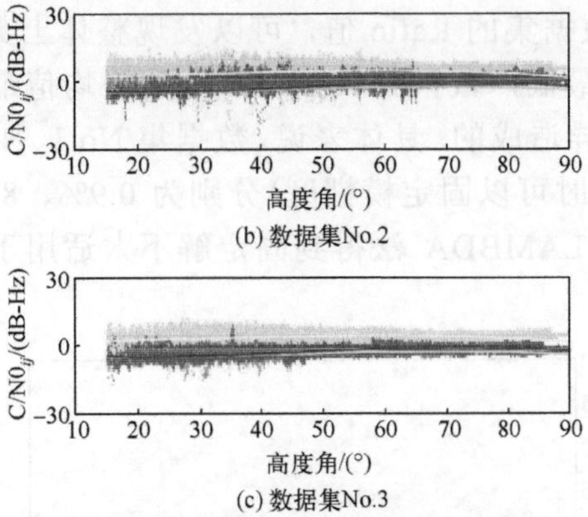

(b) 数据集No.2

(c) 数据集No.3

图 4.5　C/N0$_{ij}$ 与高度角的关系

不同样式的线条表示不同的模板函数

为了验证 GNSS 观测值中存在异常值的影响，图 4.6 给出了不同信号的 GPS 和 BDS 的双差观测值残差，包括基于浮点解的数据集 No.1 的伪距残差和相位残差。一种颜色表示一颗卫星。可以清楚地看到，无论 GPS 和 BDS，双差残差都相当显著。具体地，双差观测值相位残差在−2～2m，双差伪距残差可以达到−20～20m。此外，可以发现许多离散点，从而表明存在大量异常观测值。

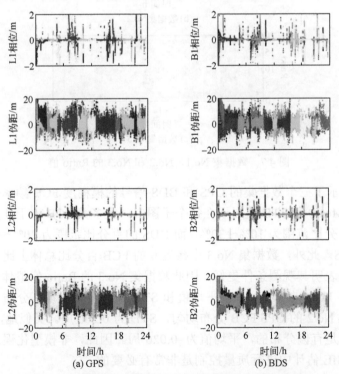

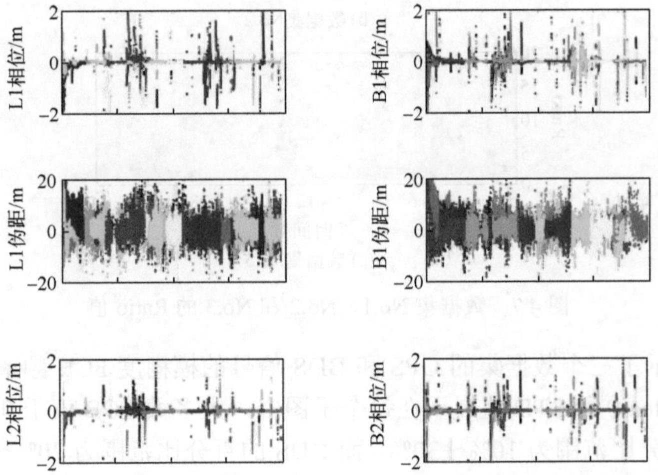

(a) GPS　　(b) BDS

图 4.6　数据集 No.1 基于浮点解的不同信号的双差残差

图 4.7 记录了三个数据集的 Ratio 值，可以发现整体上数值不是很大。数据集 No.1 Ratio 的平均值最低，数据集 No.3 Ratio 的平均值最高。显然，这是由上述观测环境质量的差异造成的。具体来说，数据集 No.1、No.2 和 No.3 的 Ratio 值大于 2.2 的占比(即此时可以固定模糊度)分别为 0.9%、8.2%和 38.1%。由于模糊度不易固定，利用 LAMBDA 法得到固定解不太适用于自然峡谷的滑坡监测数据。

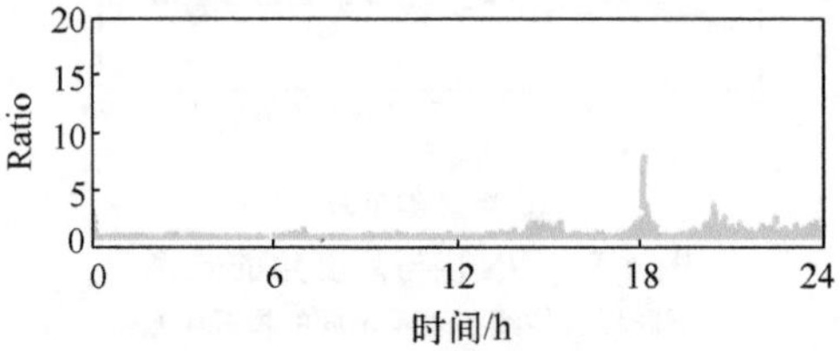

(a) 数据集No.1

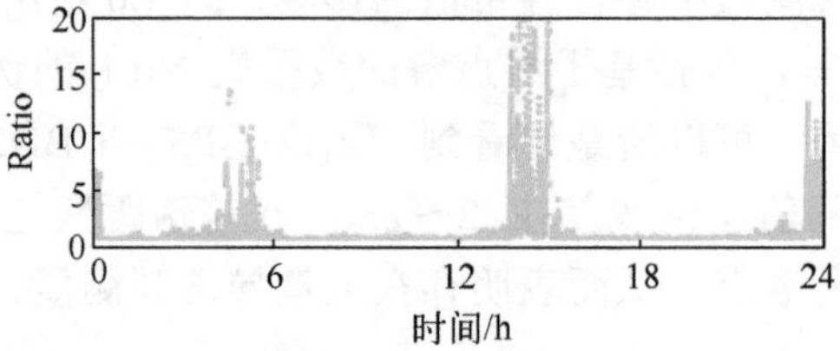

(b) 数据集No.2

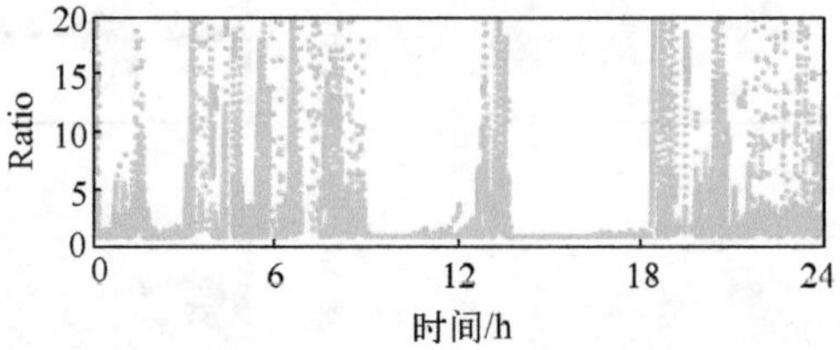

(c) 数据集No.3

图 4.7　数据集 No.1、No.2 和 No.3 的 Ratio 值

图 4.8 展示了三个数据集的 GPS 和 BDS 信号的模糊度 FCB 频率分布直方图，其中平均值(Mean)和 STD 值展示在每个子图中，大多数 FCB 位于 0 附近。具体而言，GPS 的百分比范围为 10%～30%，而 BDS 的百分比范围为 20%～40%，这表明 BDS 优于 GPS。此外，数据集 No.3 中接近 0 的 FCB 百分比总体上比其他两个数据集更大，从而表明其观测条件更好，因此数据集 No.3 的 Ratio 值整体最大。仔细观察每个子图中 FCB 的分布，以及平均值和 STD 值，可以发现其分布都不够标准。例如，数据集 No.2 的 GPS FCB 分布均匀，STD 为 0.266 周。类似地，数据集 No.3 的 BDS FCB 是有偏分布的，平均值为–0.026 周。因此，非模型化误差仍然存在于 FCB 中，在 BIE 估计中进行质量控制是非常有必要的。

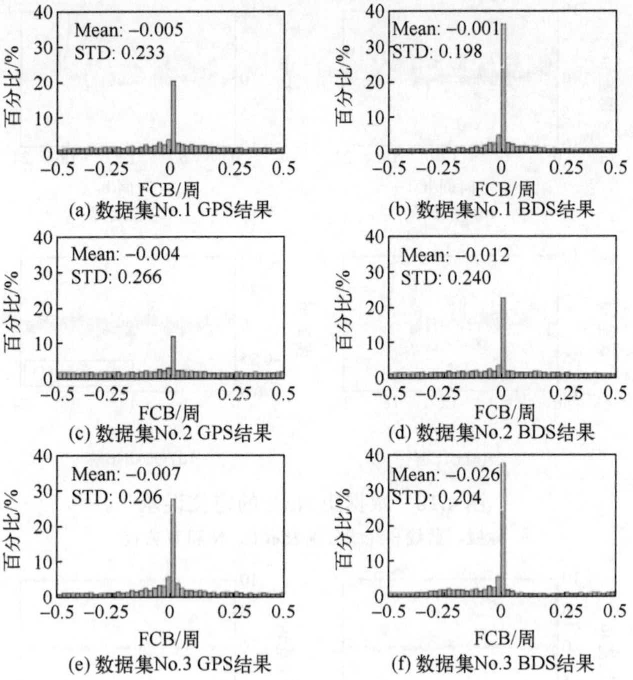

(a) 数据集No.1 GPS结果　(b) 数据集No.1 BDS结果

(c) 数据集No.2 GPS结果　(d) 数据集No.2 BDS结果

(e) 数据集No.3 GPS结果　(f) 数据集No.3 BDS结果

图 4.8　FCB 频率直方图

FCB 的分辨率为 0.02 周

图 4.9～图 4.11 展示了三个数据集四种不同方法 A、B、C 和 D 的定位误差。绿线、蓝线和红线分别表示东(E)、北(N)和天顶(U)方向的结果，这里监测站的参考

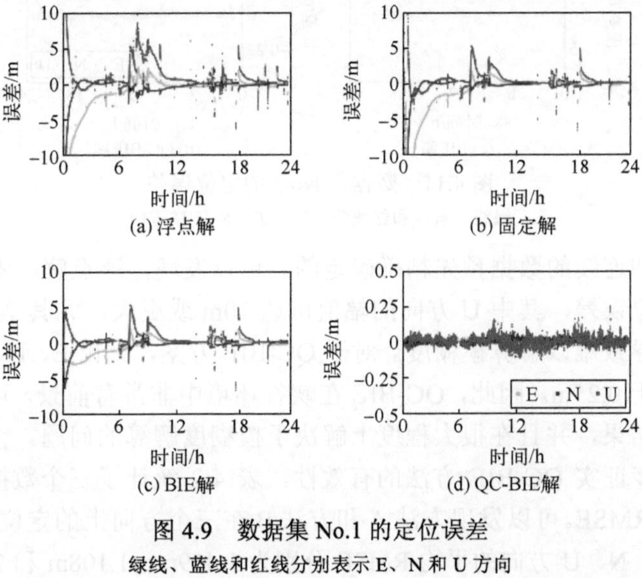

(a) 浮点解　(b) 固定解

(c) BIE解　(d) QC-BIE解

图 4.9　数据集 No.1 的定位误差

绿线、蓝线和红线分别表示 E、N 和 U 方向

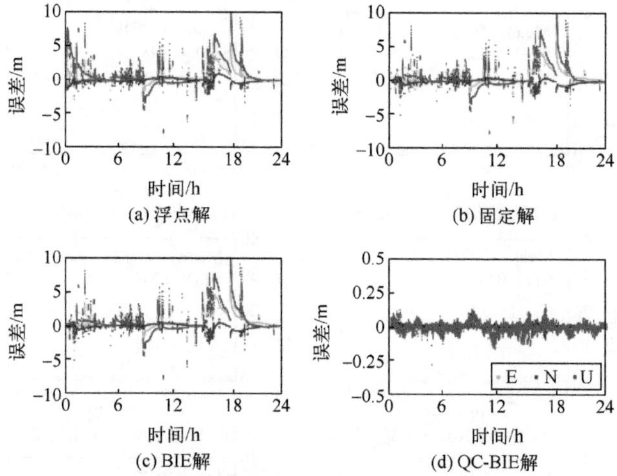

图 4.10　数据集 No.2 的定位误差

绿线、蓝线和红线分别表示 E、N 和 U 方向

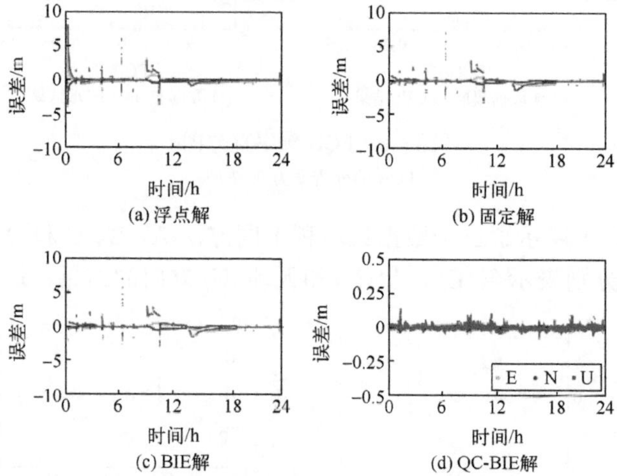

图 4.11　数据集 No.3 的定位误差

绿线、蓝线和红线分别表示 E、N 和 U 方向

坐标是根据长期连续的数据预先精确确定的。可以发现，浮点解、固定解和 BIE 解存在明显的定位误差，其中 U 方向的幅值可达 10m 或更大，尤其是前两个数据集，大的定位误差导致难以解算模糊度。对于 QC-BIE 方案，无论 E、N、U 方向，定位误差几乎都小于 0.25m。因此，QC-BIE 在峡谷环境中非常有前景，可以获得高精度和高可靠性的结果，并且在很大程度上解决了模糊度解算的问题。

为了进一步证实 QC-BIE 方法的有效性，表 4.2 统计了三个数据集的四种方法的三个方向的 RMSE。可以发现方法 A 和方法 B 在三个方向上的定位误差是相似的，即方法 A 在 E、N、U 方向的平均 RMSE 分别为 1.419m、1.108m 和 2.058m，方法 B

分别为 1.493m、0.772m 和 1.847m。如前所述，由于这三个数据集的固定率都比较低，固定解的结果与浮点解相似或略好于浮点解。对于方法 C 的结果，可以发现定位性能优于方法 A 和方法 B。具体而言，E、N 和 U 方向的平均 RMSE 分别约为 0.859m、0.465m 和 1.195m。这表明在这种情况下 BIE 解优于浮点解和固定解。经过质量控制的 QC-BIE 方法的结果比其他三种方法都精确得多，E、N、U 这三个方向的平均 RMSE 仅为 0.023m、0.014m、0.044m，与方法 A 相比定位精度提升可达 98%。因此，利用 QC-BIE 估计即使在峡谷环境中也能获得厘米级的定位精度。

表 4.2　数据集 No.1、No.2 和 No.3 的浮点解(A)、固定解(B)、BIE 解(C)、QC-BIE 解(D)三个方向的 RMSE　（单位：m）

数据集	方向	A	B	C	D
No.1	E	3.161	3.124	1.142	0.041
	N	2.754	1.859	0.903	0.023
	U	3.734	3.244	1.162	0.079
No.2	E	0.802	1.094	1.147	0.021
	N	0.363	0.353	0.362	0.016
	U	1.845	1.775	1.806	0.037
No.3	E	0.294	0.260	0.289	0.007
	N	0.207	0.104	0.130	0.004
	U	0.594	0.522	0.617	0.016

为了进一步验证 QC-BIE 方法的有效性，在中国南京市进行了动态车辆实验。附近参考站和移动站的实验装置如图 4.12 所示。参考站和移动站的接收机相同，由于低功耗需求，采集了近 1h 的数据，采样间隔为 5s。为了评估所提出方法和其他传统方法的性能，在车辆上的测试接收机旁边放置了另 1 根连接高端接收机的天线来获取高精度参考值，如图 4.12(b)所示，这里的高端接收机指的是 CHCNAV 生产的天线 AT312 的 P5 系列。

(a)参考站　　　　　　　　　　(b)移动站

图 4.12　实验设备设置

图 4.13 展示了在中国南京市进行的动态实验的轨迹，可以看出，实验的路线是在市区，包含了静态障碍物和动态障碍物。图 4.14 展示了城市动态数据集的自然测试场景，场景包括静态隧道、高架桥、建筑物，以及汽车、公共汽车、摩托车等运动物体。因此，GNSS 观测不可避免地存在测站相关的非模型化误差和异常值。

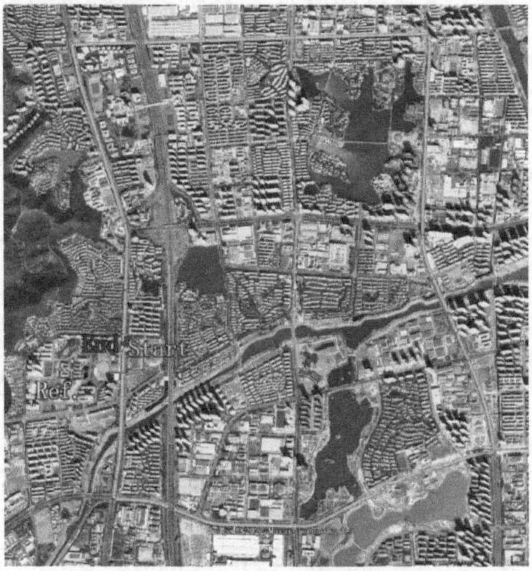

图 4.13　动态实验的轨迹

Ref.、Start 和 End 分别表示参考站、起点和终点

(a)

(b)

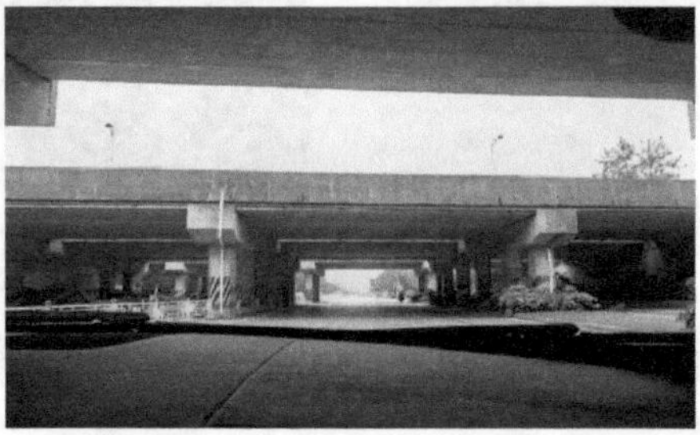

(c)

图 4.14　中国南京市城市动态数据集的真实测试场景

对于数据处理的策略，本节采用了四种不同的方案：浮点解解算方案(A)、固定解解算方案(B)、传统 BIE 解解算方案(C)和 QC-BIE 解解算方案(D)。QC-BIE 估计中常用的处理策略和设置与滑坡监测数据相同，此处不再赘述。图 4.15 说明了四种方案应用于动态数据集的定位误差，即 A、B、C 和 D，其中绿线、蓝线和红线分别表示 E、N 和 U 方向的结果。定位误差即测试接收机与高端接收机的定位结果之间的差异，值得注意的是，在图 4.15 中低成本和高端接收机之间存在固定的系统误差，其值为 0.55m。可以看出，与任何其他方法相比，方法 D 的定位性能是高精度和最可靠的。具体而言，无论 E、N 还是 U 方向，所提出方法的定位误差绝大部分小于 1m。相比之下，其他技术有时可能达到 15m 左右的误差。因此，所提出的 QC-BIE 估计在运动峡谷环境中表现出优越性。

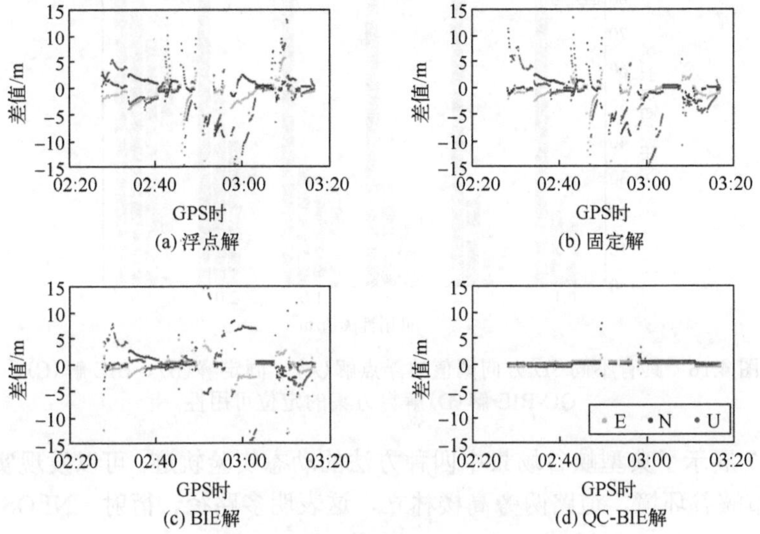

图 4.15　动态数据集的定位误差

绿线、蓝线和红线分别表示 E、N 和 U 方向

表 4.3 总结了对城市车辆动态数据集的四种方法的统计结果，已将系统误差 0.55m 排除在外。方法 A 和 B 在三维(3D)方向的 RMSE 约为 10.2m。而使用方法 C 时，定位性能有所提升，其 3D 方向的 RMSE 为 9.5m。对于方法 D，3D 方向 RMSE 仅为 0.7m 左右。与方法 A、B 和 C 相比，分别可以提高约 93.0%、93.1%和 92.5%。总之，无论观测条件多么复杂，QC-BIE 估计都可以提高定位精度。

表 4.3　动态数据集的浮点解(A)、固定解(B)、BIE 解(C)、QC-BIE 解(D)的 3D 方向 RMSE　(单位：m)

方向	A	B	C	D
3D	10.138	10.197	9.500	0.708

为了进一步定量分析，在图 4.16 中用不同的 3D 方向阈值说明了这四种方法的定位可用性。此处，可用性定义为定位误差小于特定阈值的解算结果的百分比。可以看出，对于高精度车道级导航(即<0.1m 或<0.2m)，方法 D 的百分比可达 97.0%，而方法 A、B、C 的平均值仅为 6.8%、17.3%和 22.0%。对于普通的车道级导航(即<0.5m 或<1.0m)，也可以找到类似的结论。这表明 QC-BIE 方法在自动驾驶等高精度 GNSS 应用中具有广阔的应用前景。当阈值为 2.0m 或 5.0m 时，方法 A、B、C 的定位可用性均有不同程度的提高，其中方法 D 可高达 99.1%，说明所提出的方法具有最佳可靠性。

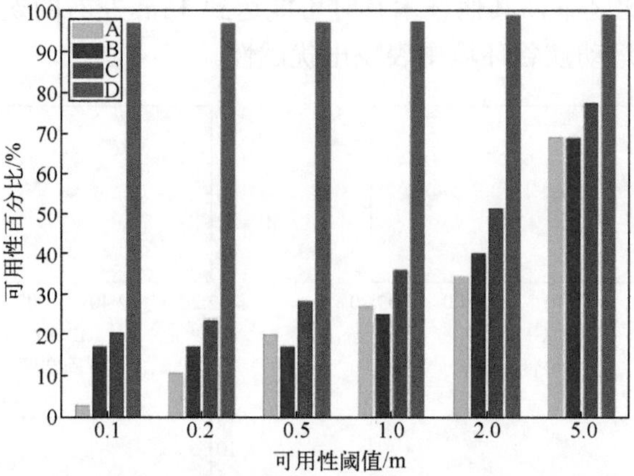

图 4.16　具有不同 3D 方向阈值的浮点解(A)、固定解(B)、BIE 解(C)、QC-BIE 解(D)解算方案的定位可用性

图 4.17 展示了典型峡谷场景中四种方法的动态实验轨迹，可以发现实验场景是典型的城市峡谷环境，道路两旁高楼林立，这表明多路径、衍射、NLOS 和异常值

图 4.17　浮点解(A)、固定解(B)、BIE 解(C)、QC-BIE 解(D)解算方案的典型峡谷场景中的动态实验轨迹

是必然存在的。根据高端接收机估计的参考轨迹，以及地图上的道路和建筑物信息，QC-BIE 解是最准确且最接近真实的参考轨道。如图 4.18 所示，可以通过定位误差进一步确认。显然，从 GPS 时 03:07:40 到 03:09:40，所提出的方法在连续性和稳定性上都表现得最好。此外，通过比较这段时间四种方法在三维方向上的 RMSE，QC-BIE 解几乎可以达到 0.01m。相比之下，方法 A、B、C 的平均 RMSE 在 10.19m 左右。这表明 QC-BIE 估计能够正确解算模糊度。总之，所提出的方法在城市动态数据集的可用性、精度和可靠性方面表现最佳。

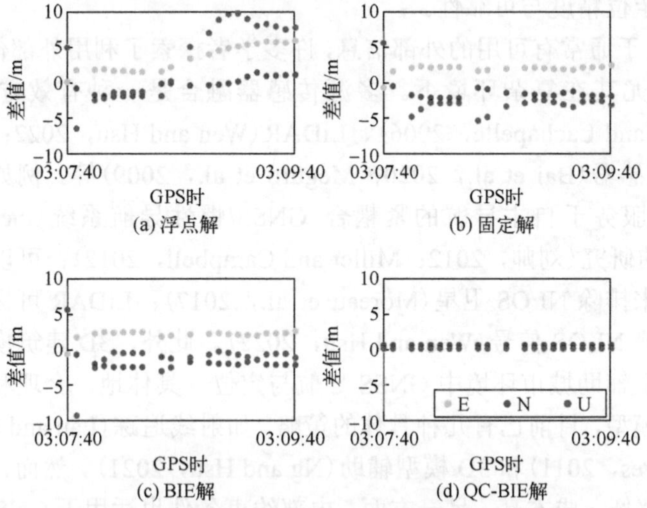

图 4.18　典型峡谷场景中动态数据集的定位误差
绿线、蓝线和红线分别表示 E、N 和 U 方向

4.2　附不等式和等式约束的弹性精密导航定位方法

复杂环境下，为了实现高精度、高可靠性的 PNT 服务，可以在 GNSS 原始函数模型基础上附加等式及不等式约束(inequality constraint，IC)，对 GNSS 函数模型进行精化，即根据实际情况弹性调整 GNSS 函数模型(Zhang et al.，2023b)。本节首先介绍了包含等式及不等式约束的 GNSS 函数模型基本理论，然后提出了带等式及不等式约束的弹性 GNSS 函数模型，并推导了两种考虑相邻历元坐标差的不等式约束的实用形式，并利用实际复杂环境下的 GNSS 静态监测数据评估了弹性 GNSS 函数模型的性能。

4.2.1　附不等式约束的 GNSS 导航定位问题概述

函数模型旨在建立观测值和未知参数之间的关系，目前，可以将 GNSS 定位分为绝对定位和相对定位两种模式。以 RTK 为代表的相对定位技术是测量领域最常用的手段，其通过对参考站和移动站观测值进行差分，一些常见误差如接收机和卫星钟差、大气延迟等误差可被消除或削弱。针对不同基线长度，对 RTK 函数模型有不同的处理方法。短基线 RTK 定位时，一般直接采用非组合双差观测方程进行解算；中长基线定位时，大气延迟不容忽略，一般利用模型改正法消除对流层延迟，对于电离层延迟，可利用观测值组合、参数估计以及先验约束等方法进行消除。在观测条件较好时，RTK 可高效地提供实时单历元厘米级定位服务。然而，在城市峡谷等复杂环境下，即使在小于数千米的短基线条件下，依旧会存在 NLOS 等其他非模型化误差，影响定位精度与可靠性。

一方面，由于通常有可用的外部信息，许多学者探索了利用外部信息辅助 GNSS 定位的方式，尤其在复杂环境下。多源传感器融合是一种有效方式，包括使用 IMU (Petovello and Lachapelle，2006)、LiDAR (Wen and Hsu，2022；Chang et al.，2019)、视觉传感器(Bai et al.，2020；Meguro et al.，2009)等。例如，目前已有针对复杂环境下服务于自主导航的紧耦合 GNSS/惯性导航系统(inertial navigation system，INS)的研究(刘帅，2012；Miller and Campbell，2012)；可以利用鱼眼相机进行图像识别来排除 NLOS 卫星(Moreau et al.，2017)；LiDAR 可提供周围环境障碍物信息，探测 NLOS 信号(Wen and Hsu，2022)。此外，3D 建筑模型资源逐渐开放共享，有助于辅助城市环境中 GNSS 导航与定位。具体地，合理利用高精度地图或精确的建筑模型，目前已有几种具体的策略，如射线追踪(Lau and Cross，2007a)、阴影匹配(Groves，2011)和 3D 模型辅助(Ng and Hsu，2021)。然而，这类方法算法复杂，使用效率低，成本高。另一方面，内部约束条件也适用于 GNSS 领域。例如，可以考虑载体运动的约束，如近似高程、速度、姿态和轨迹等载体运动的约束(Zhou and Li，2017；李彦杰等，2017；吴富梅和杨元喜，2010)。基线长度约束也可用于模糊度解算和定位(Teunissen et al.，2011；Ma et al.，2021)。此外，在实时动态场景下，非完整性约束(刘万科等，2022；张小红等，2022)是另一种可行的策略，尤其是在复杂环境中，但这种方法需要约束足够准确和可靠，否则会适得其反。

事实上，以上方法本质上都是等式约束。然而，在 GNSS 领域往往能建立起参数间的不等式约束关系。对不等式约束的研究可追溯至几十年前，Judge 和 Takayama (1966) 首先研究了具有不等式约束的回归分析。Liew (1976) 提出把具有约束的最小二乘问题转换成线性补问题，用线性规划中的线性补方法求解。后来，不等式约束被引入 GPS 数据处理，对高程附加不等式约束可有效改善模糊度初始化问题(Remondi，1993)。Lu 等(1993)在有效约束的概念下，提出把约束的平差问题转换成一个最小距离问题，并研究了这种方法在 GPS 导航中的应用。Rao 和 Toutenburg (1999) 提出将不等式约束转换成椭圆约束。然而，这些算法都没有得到广泛应用，究其原因主要是这些算法都不是传统的测量平差方法。后来，许多的测绘学者探索了解决附不等式约束问题的新视角。Zhu 等(2005)提出把不等式约束转换成先验信息，并用贝叶斯方法进行求解。Peng 等(2006)基于惩罚函数思想提出了集合约束法。冯光财等(2007)通过库恩-塔克(Kuhn-Tucker)条件来确定有效约束条件，提出了一种拉格朗日乘子迭代算法，把不等式约束平差问题转化为等式约束平差问题。朱建军和谢建(2011)结合最优化计算理论中惩罚函数方法及传统测量平差中零权和无限权的思想，将约束条件看作虚拟观测值，提出一种简单的迭代算法，用于处理不等式约束平差问题。王乐洋和韩澍豪(2022)分析了简单迭代算法在加乘性混合误差模型中的缺陷，新构建了一种随迭代次数增加的动态惩罚因子，能有效解决简单迭代解法不收敛问题。尽管不等式约束方法已被一些研究人员应用于大地测量学领域(王乐洋等，2018；Xie et al.，2022；谢建，2009，2014)，但在当前 GNSS 领域却很少有人关注不等式约束的相关应用，尤其是在复杂环境下。事实上，这种方法本质上也是弹性 PNT 的一个重要思想(杨元喜，2018)。

4.2.2　附不等式和等式约束的 GNSS 导航定位理论

首先，给出先验约束信息表达形式。在处理 GNSS 观测数据时，可根据先验知识建立对参数的某种约束，若参数间含有等式约束信息，则联立误差方程和等式约束信息，得到附有等式约束的函数模型：

$$\begin{cases} \boldsymbol{L} = \boldsymbol{AX} + \boldsymbol{E} \\ \boldsymbol{\Gamma X} - \boldsymbol{G} = \boldsymbol{0} \end{cases} \tag{4.20}$$

式中，$\boldsymbol{\Gamma}$ 表示约束的设计矩阵；$\boldsymbol{G}$ 表示约束的常数向量。式(4.20)可以在最小二乘准则下采用拉格朗日乘子法得到参数的最佳估值。当参数只能概略地表示存在于某一范围内时，即当参数含有不等式约束信息时，附不等式约束的函数模型一般可表示为

$$\begin{cases} \boldsymbol{L} = \boldsymbol{AX} + \boldsymbol{E} \\ \boldsymbol{\Gamma X} - \boldsymbol{G} \leqslant \boldsymbol{0} \end{cases} \tag{4.21}$$

其次，给出不等式约束函数模型的常用算法。将规划类方法与平差模型相结合，已有一些解决不等式约束平差问题的算法，如最小距离规划法、椭圆约束法、贝叶斯方法、惩罚函数法及遗传算法等，极大地推动了不等式约束平差模型的研究。下面对一些常用算法及优缺点作简要介绍。

(1) 最小距离规划法。

在 GNSS 应用中，可以用奇异值分解技术将不等式约束最小二乘问题转化为一个最小距离规划问题。该方法虽然能够得到问题的近似解，但不能得到解的显示表达和进行精度评定。

(2) 椭圆约束法。

该方法将不等式转化为一个椭圆约束，根据最大最小准则求得估计值。其优点

是最大最小解是观测值的显性表达式，从而能够分析解向量的统计性质，但其最大最小解为有偏估计，且不一定满足不等式约束条件。此外，该方法仅适用于不等式约束条件能形成闭区间时的情形。

(3) 贝叶斯方法。

贝叶斯方法主要是将不等式约束转化为对参数的一种先验知识，用概率分布来描述。其优点是能够利用先验信息来改善解的结果，但无法得到参数与观测值间的显式表达，且当参数维数较高时，计算复杂。

(4) 惩罚函数法。

惩罚函数法是根据约束条件来构造惩罚函数，将约束最优化问题转化为无约束问题。根据迭代点从可行域外部或内部趋向最优解又分为外点罚函数法和内点罚函数法。对于外点罚函数法，定义如下的无约束函数 $F(x,\sigma)$：

$$F(x,\sigma)=f(x)+\sigma P(x) \tag{4.22}$$

式中，σ 为自定义的一个很大的正数，称为惩罚因子，$\sigma P(x)$ 称为惩罚项。在设计 $P(x)$ 时，要求当 x 处于可行域时，$P(x)=0$，此时 $F(x,\sigma)=f(x)$；当 x 处于可行域外时，在点 x 处，$\sigma P(x)$ 取很大的正数，它的作用是使迭代点趋向于可行域。可以根据具体问题及需求选择合适的罚函数。

最后，介绍了一种不等式约束函数模型的简单迭代算法用于处理不等式约束平差模型，如最小距离规划法、椭圆约束法及贝叶斯方法等，无法使用传统的平差方法求解。然而，惩罚函数方法可以和传统测量平差中的零权和无限权思想相结合，形成一种简单的迭代算法(朱建军和谢建，2011)，能有效处理附加不等式约束的 GNSS 函数模型。在迭代过程中，该算法能自动区分有效约束和无效约束，下面介绍算法实现的具体步骤。

根据最优化计算理论中的惩罚函数方法，不等式约束问题可以转化为无约束最优化问题：

$$\Phi(x)=\boldsymbol{V}^{\mathrm{T}}\boldsymbol{P}\boldsymbol{V}+P(x)=\min \tag{4.23}$$

式中，要求惩罚函数 $P(x)$ 在不等式的范围内取值为 0，而在不等式的范围外取一个很大的正数，即对在不等式约束范围之外的点给予惩罚，这样能保证解落入不等式约束范围内。对附不等式约束的 GNSS 函数模型，构造不等式约束有效性判断向量 $\boldsymbol{J}$：

$$\boldsymbol{J}=\boldsymbol{\Gamma}\boldsymbol{X}-\boldsymbol{G} \tag{4.24}$$

如此对于式(4.21)，可构成惩罚函数如下：

$$P(x)=\boldsymbol{J}^{\mathrm{T}}\boldsymbol{P}'\boldsymbol{J} \tag{4.25}$$

式中，惩罚函数的权取值为

$$P'_y = \begin{cases} \beth_1, & J_y > 0 \\ 0, & J_y \leqslant 0 \end{cases} \tag{4.26}$$

式中，$\beth_1$ 为一很大正数；J_y 表示第 y 个不等式约束有效性判断值，y 为约束的索引。当满足不等式约束时，为无效约束，P'_y=0，从而 $P_y(x)$=0；当不满足不等式约束时，为有效约束，$P'_y = \beth_1$，取很大的正数，从而 $P_y(x)$ 的值也会很大。不等式约束问题通过惩罚函数式(4.25)可变换成无约束的最优化问题：

$$\boldsymbol{\Phi}(x) = \boldsymbol{V}^{\mathrm{T}}\boldsymbol{P}\boldsymbol{V} + \boldsymbol{J}^{\mathrm{T}}\boldsymbol{P}'\boldsymbol{J} = \min \tag{4.27}$$

从平差的角度，可以将式(4.24)看成一组虚拟观测值。当 $\boldsymbol{P}' = \boldsymbol{0}$ 时，即所有约束均为无效约束，退化成普通的无约束最小二乘；当存在 $J_y > 0$，此时取虚拟观测值权 $P'_y = \beth_1$，即存在有效约束，且在无限权的作用下，有效约束被当作等式约束进行计算。这样附不等式的约束函数模型可被转换为如下的无约束函数模型：

$$\begin{cases} \boldsymbol{L} = \boldsymbol{A}\boldsymbol{X} + \boldsymbol{E} \\ \boldsymbol{G} = \boldsymbol{\Gamma}\boldsymbol{X} + \boldsymbol{\Pi} \end{cases} \tag{4.28}$$

式中，$\boldsymbol{\Pi}$ 表示虚拟观测值误差向量。按照广义最小二乘原理，式(4.28)的解为

$$\boldsymbol{X} = (\boldsymbol{A}^{\mathrm{T}}\boldsymbol{P}\boldsymbol{A} + \boldsymbol{\Gamma}^{\mathrm{T}}\boldsymbol{P}'\boldsymbol{\Gamma})^{-1}(\boldsymbol{A}^{\mathrm{T}}\boldsymbol{P}\boldsymbol{L} + \boldsymbol{\Gamma}^{\mathrm{T}}\boldsymbol{P}'\boldsymbol{G}) \tag{4.29}$$

一般来说，初次解算时可以取 $\boldsymbol{P}' = \boldsymbol{0}$，即利用最小二乘方法求解。然后，将最小二乘解代入虚拟观测方程(4.24)，判断是否满足不等式约束条件，再利用式(4.29)进行平差计算。这个过程反复迭代，直到解算结果完全满足式(4.21)第二个子式为止。

4.2.3　GNSS 弹性精密导航定位方法

在实际导航定位中，内部或外部约束总是可以考虑使用。如果约束可以精确确定，则可以采用等式约束方程进行表达，如状态方程；否则，如果约束不是非常精确或非常强，可以使用不等式约束方程进行描述。针对目前复杂环境下 GNSS 静态监测过程中相位模糊度难以准确固定、定位偏差较大等问题，本节构建了一种附加等式及不等式约束的弹性 GNSS 函数模型。如果等式及不等式约束可同时获得，弹性 GNSS 函数模型可以表示为

$$\begin{cases} \boldsymbol{L}_i = \boldsymbol{A}_i\boldsymbol{X}_i + \boldsymbol{E}_i \\ \boldsymbol{X}_i = \boldsymbol{\Psi}_{i,i-1}\hat{\boldsymbol{X}}_{i-1} + \boldsymbol{W}_i \\ \boldsymbol{\Gamma}_i\boldsymbol{X}_i \leqslant \boldsymbol{G}_i \end{cases} \tag{4.30}$$

第一个子方程为观测方程；第二个子方程为状态方程，即等式约束；第三个子不等式是不等式约束。下面阐述弹性 GNSS 函数模型具体实现步骤。

(1)估计迭代初值。利用式(4.31)求解初值，即卡尔曼滤波模型：

$$\begin{cases} \boldsymbol{L}_i = \boldsymbol{A}_i\boldsymbol{X}_i + \boldsymbol{E}_i \\ \boldsymbol{X}_i = \boldsymbol{\varPsi}_{i,i-1}\hat{\boldsymbol{X}}_{i-1} + \boldsymbol{W}_i \end{cases} \tag{4.31}$$

以广泛使用的扩展卡尔曼滤波方法为例，可以得到初始解为

$$\hat{\boldsymbol{X}}_i^{\langle 0\rangle} = \bar{\boldsymbol{X}}_i + \boldsymbol{K}_i(\boldsymbol{L}_i - \boldsymbol{A}_i\bar{\boldsymbol{X}}_i) \tag{4.32}$$

式中，$\bar{\boldsymbol{X}}_i = \boldsymbol{\varPsi}_{i,i-1}\hat{\boldsymbol{X}}_{i-1}$ 表示参数预测值；$\boldsymbol{K}_i = \boldsymbol{D}_{\bar{\boldsymbol{X}}_i}\boldsymbol{A}_i^{\mathrm{T}}(\boldsymbol{A}_i\boldsymbol{D}_{\bar{\boldsymbol{X}}_i}\boldsymbol{A}_i^{\mathrm{T}} + \boldsymbol{D}_i)^{-1}$ 表示增益矩阵。相应地，参数估计值的方差-协方差矩阵为

$$\boldsymbol{D}_{\hat{\boldsymbol{X}}_i^{\langle 0\rangle}} = (\boldsymbol{I}_i - \boldsymbol{K}_i\boldsymbol{A}_i)\boldsymbol{D}_{\bar{\boldsymbol{X}}_i} \tag{4.33}$$

式中，$\boldsymbol{D}_{\bar{\boldsymbol{X}}_i} = \boldsymbol{\varPsi}_{i,i-1}\boldsymbol{D}_{\hat{\boldsymbol{X}}_{i-1}}\boldsymbol{\varPsi}_{i,i-1}^{\mathrm{T}} + \boldsymbol{D}_{\boldsymbol{W}_i}$ 表示参数预测值的方差-协方差矩阵，$\boldsymbol{D}_{\boldsymbol{W}_i}$ 表示状态噪声的方差-协方差矩阵，$\boldsymbol{D}_{\hat{\boldsymbol{X}}_{i-1}}$ 表示第 $i-1$ 个历元参数估计值的方差-协方差阵。

(2)利用第三个子不等式检查 $\hat{\boldsymbol{X}}_i^{\langle 0\rangle}$ 是否满足式(4.30)：

$$\boldsymbol{\varGamma}_i\hat{\boldsymbol{X}}_i^{\langle 0\rangle} \leqslant \boldsymbol{G}_i \tag{4.34}$$

不等式约束的核心问题是如何处理式(4.34)，因此，为方便讨论，定义计算不等式有效性的判断向量 $\boldsymbol{J}^{\langle 0\rangle}$：

$$\boldsymbol{J}^{\langle 0\rangle} = \boldsymbol{\varGamma}_i\hat{\boldsymbol{X}}_i^{\langle 0\rangle} - \boldsymbol{G}_i \tag{4.35}$$

具体地，如果整体满足不等式约束条件，即 $\boldsymbol{\varGamma}_i\hat{\boldsymbol{X}}_i^{\langle 0\rangle} - \boldsymbol{G}_i \leqslant 0$，则所有约束均为无效约束。此种情况下可以直接输出 $\hat{\boldsymbol{X}}_i = \hat{\boldsymbol{X}}_i^{\langle 0\rangle}$，即卡尔曼滤波解为最终解。否则，如果 $\boldsymbol{J}$ 中存在元素 $J_y^{\langle 0\rangle} > 0$，则存在有效约束。引入了惩罚函数 $\boldsymbol{P}^{\langle 0\rangle}$ 将不等式约束转化为等式约束。与式(4.26)不同，为了便于程序的编写与使用，对惩罚函数的权取值做了简单调整：

$$P_y'^{\langle 0\rangle} = \begin{cases} ℶ_1, & J_y^{\langle 0\rangle} > 0 \\ ℶ_2, & J_y^{\langle 0\rangle} \leqslant 0 \end{cases} \tag{4.36}$$

式中，$ℶ_1$ 是一个非常大的值(如 100000)；$ℶ_2$ 是一个非常小的值(如 0.00001)。不等式约束问题可以通过惩罚函数变为无约束的最优化问题。以此为基础，可以建立虚拟观测方程：

$$\boldsymbol{G}_i = \boldsymbol{\varGamma}_i\boldsymbol{X}_i + \boldsymbol{\varPi}_i \tag{4.37}$$

此时，惩罚函数的方差-协方差矩阵可以描述为

$$\boldsymbol{D}_J^{\langle 0\rangle} = (\boldsymbol{P}'^{\langle 0\rangle})^{-1} \tag{4.38}$$

(3)根据广义最小二乘准则，虚拟观测方程(4.37)可以添加到式(4.31)的第一个

子方程。因此，增广的观测方程可以表示为

$$\boldsymbol{L}_i' = \boldsymbol{A}_i'\boldsymbol{X}_i + \boldsymbol{E}_i' \tag{4.39}$$

式中，$\boldsymbol{L}_i' = [\boldsymbol{L}_i^{\mathrm{T}}, \boldsymbol{G}_i^{\mathrm{T}}]^{\mathrm{T}}$ 表示增广的观测值向量；$\boldsymbol{A}_i' = [\boldsymbol{A}_i; \boldsymbol{\Gamma}_i]$ 表示增广的设计矩阵；$\boldsymbol{E}_i' = [\boldsymbol{E}_i^{\mathrm{T}}, \boldsymbol{\Pi}_i^{\mathrm{T}}]^{\mathrm{T}}$ 表示增广的观测值误差向量。则首次迭代求解 $\hat{\boldsymbol{X}}_i^{\langle 1\rangle}$ 和其协方差阵 $\boldsymbol{D}_{\hat{\boldsymbol{X}}_i^{\langle 1\rangle}}$，具体形式如下所示：

$$\hat{\boldsymbol{X}}_i^{\langle 1\rangle} = \hat{\boldsymbol{X}}_i^{\langle 0\rangle} + \boldsymbol{K}_i'^{\langle 0\rangle}(\boldsymbol{L}_i' - \boldsymbol{A}_i'\hat{\boldsymbol{X}}_i^{\langle 0\rangle}) \tag{4.40}$$

$$\boldsymbol{D}_{\hat{\boldsymbol{X}}_i^{\langle 1\rangle}} = (\boldsymbol{I}_i - \boldsymbol{K}_i'^{\langle 0\rangle}\boldsymbol{A}_i')\boldsymbol{D}_{\hat{\boldsymbol{X}}_i^{\langle 0\rangle}} \tag{4.41}$$

式中，$\boldsymbol{K}_i'^{\langle 0\rangle} = \boldsymbol{D}_{\hat{\boldsymbol{X}}_i^{\langle 0\rangle}}\boldsymbol{A}_i'^{\mathrm{T}}(\boldsymbol{A}_i'\boldsymbol{D}_{\hat{\boldsymbol{X}}_i^{\langle 0\rangle}}\boldsymbol{A}_i'^{\mathrm{T}} + \boldsymbol{D}_i'^{\langle 0\rangle})^{-1}$ 表示第一次迭代的增广增益矩阵，$\boldsymbol{D}_i'^{\langle 0\rangle} = \mathrm{blkdiag}(\boldsymbol{D}_i, \boldsymbol{D}_{\boldsymbol{J}}^{\langle 0\rangle})$ 表示第一次迭代后观测值增广方差-协方差矩阵。

(4) 由于不能保证估计的参数在一次迭代后全部满足不等式(4.34)，如有必要，重复步骤(2)和(3)，直到 $\hat{\boldsymbol{X}}_i^{\langle k\rangle}$ 完全满足不等式(4.34)。因此，最终获取估计参数：

$$\hat{\boldsymbol{X}}_i = \begin{cases} \bar{\boldsymbol{X}}_i + \boldsymbol{K}_i(\boldsymbol{L}_i - \boldsymbol{A}_i\bar{\boldsymbol{X}}_i), & k=0 \\ \hat{\boldsymbol{X}}_i^{\langle k-1\rangle} + \boldsymbol{K}_i'^{\langle k-1\rangle}(\boldsymbol{L}_i' - \boldsymbol{A}_i'\hat{\boldsymbol{X}}_i^{\langle k-1\rangle}), & k \geqslant 1 \end{cases} \tag{4.42}$$

相应的方差-协方差矩阵为

$$\boldsymbol{D}_{\hat{\boldsymbol{X}}_i} = \begin{cases} (\boldsymbol{I}_i - \boldsymbol{K}_i\boldsymbol{A}_i)\boldsymbol{D}_{\bar{\boldsymbol{X}}_i}, & k=0 \\ (\boldsymbol{I}_i - \boldsymbol{K}_i'^{\langle k-1\rangle}\boldsymbol{A}_i')\boldsymbol{D}_{\hat{\boldsymbol{X}}_i^{\langle k-1\rangle}}, & k \geqslant 1 \end{cases} \tag{4.43}$$

式中，k（$k \geqslant 0$）表示迭代次数；$\boldsymbol{K}_i'^{\langle k-1\rangle} = \boldsymbol{D}_{\hat{\boldsymbol{X}}_i^{\langle k-1\rangle}}\boldsymbol{A}_i'^{\mathrm{T}}(\boldsymbol{A}_i'\boldsymbol{D}_{\hat{\boldsymbol{X}}_i^{\langle k-1\rangle}}\boldsymbol{A}_i'^{\mathrm{T}} + \boldsymbol{D}_i'^{\langle k-1\rangle})^{-1}$ 表示第 k 次迭代的增广的增益矩阵。

针对复杂环境下定位结果中会频繁地出现异常值，可对坐标参数附加不等式约束。首先，推导了对 RTK 浮点解附加不等式约束的具体形式。RTK 浮点解参数包括坐标参数和模糊度参数，可表示为

$$\boldsymbol{X}_i = [\boldsymbol{x}_i^{\mathrm{T}}, \boldsymbol{N}_i^{\mathrm{T}}]^{\mathrm{T}} \tag{4.44}$$

式中，$\boldsymbol{x}_i = [x_i, y_i, z_i]^{\mathrm{T}}$ 表示坐标参数。

在实时动态场景下，精确的坐标并不总是很容易被提前确定。因此，动态不等式约束更为合适，本节充分利用先验信息，考虑了相邻历元之间的坐标差异，如第 $i-1$ 和第 i 个历元（$i>1$）之间的坐标差异。用户非常关心 GNSS 定位结果在 E、N、U 方向的精度，因此，若假设 $\boldsymbol{x}_{i-1} = [x_{i-1}, y_{i-1}, z_{i-1}]^{\mathrm{T}}$ 被精确确定了，则可添加两类约束。一是 T_e（东方向 E）和 T_n（北方向 N）方向上的水平约束，可以描述为

$$\alpha_5 \leqslant T_{e_i} - T_{e_{i-1}} \leqslant \alpha_6 \tag{4.45}$$

$$\beta_5 \leqslant T_{n_i} - T_{n_{i-1}} \leqslant \beta_6 \tag{4.46}$$

式中，α_5、α_6、β_5和β_6表示水平约束参数。二是T_u (天顶方向 U)上的垂直约束，可以描述为

$$\gamma_1 \leqslant T_{u_i} - T_{u_{i-1}} \leqslant \gamma_2 \tag{4.47}$$

式中，γ_1和γ_2表示垂直约束参数。首先，式(4.45)～式(4.47)可被整理为

$$\begin{bmatrix} 1 & 0 & 0 \\ -1 & 0 & 0 \\ 0 & 1 & 0 \\ 0 & -1 & 0 \\ 0 & 0 & 1 \\ 0 & 0 & -1 \end{bmatrix} \begin{bmatrix} T_{e_i} \\ T_{n_i} \\ T_{u_i} \end{bmatrix} \leqslant \begin{bmatrix} \alpha_2 + T_{e_{i-1}} \\ -\alpha_1 - T_{e_{i-1}} \\ \beta_2 + T_{n_{i-1}} \\ -\beta_1 - T_{n_{i-1}} \\ \gamma_2 + T_{u_{i-1}} \\ -\gamma_1 - T_{u_{i-1}} \end{bmatrix} \tag{4.48}$$

其次，需利用式(4.49)将大地坐标转换为站心坐标：

$$\begin{bmatrix} T_{e_i} \\ T_{n_i} \\ T_{u_i} \end{bmatrix} = \boldsymbol{T} \begin{bmatrix} x_i - x_0 \\ y_i - y_0 \\ z_i - z_0 \end{bmatrix} \tag{4.49}$$

式中，$\boldsymbol{T}=\begin{bmatrix} -\sin(L_0) & \cos(L_0) & 0 \\ -\sin(B_0)\cos(L_0) & -\sin(B_0)\sin(L_0) & \cos(B_0) \\ \cos(B_0)\cos(L_0) & \cos(B_0)\sin(L_0) & \sin(B_0) \end{bmatrix}$表示坐标转换矩阵；$\boldsymbol{x}_0 = [x_0, y_0, z_0]^{\mathrm{T}}$表示坐标原点；$B_0$和$L_0$分别表示$\boldsymbol{x}_0$的纬度和经度。若仅对坐标参数进行约束，则不等式约束 RTK 浮点解形式可表示为

$$[(\boldsymbol{I}_3 \otimes \boldsymbol{R})\boldsymbol{T};\boldsymbol{0}]\boldsymbol{x}_i \leqslant [(\boldsymbol{I}_3 \otimes \boldsymbol{R})\boldsymbol{T};\boldsymbol{0}]\boldsymbol{x}_{i-1} + \boldsymbol{\Theta} \tag{4.50}$$

其中，$\boldsymbol{\Gamma}_i = [(\boldsymbol{I}_3 \otimes \boldsymbol{R})\boldsymbol{T};\boldsymbol{0}]$，且$\boldsymbol{R} = [1,-1]^{\mathrm{T}}$；$\boldsymbol{G}_i = [(\boldsymbol{I}_3 \otimes \boldsymbol{R})\boldsymbol{T};\boldsymbol{0}]\boldsymbol{x}_{i-1} + \boldsymbol{\Theta}$，且$\boldsymbol{\Theta} = [\alpha_2, -\alpha_1, \beta_2, -\beta_1, \gamma_2, -\gamma_1]^{\mathrm{T}}$。

不等式约束 RTK 固定解仅包括坐标参数$\boldsymbol{x}_i = [x_i, y_i, z_i]^{\mathrm{T}}$，因此，其不等式约束形式实则是式(4.50)的简化形式：

$$(\boldsymbol{I}_3 \otimes \boldsymbol{R})\boldsymbol{T}\boldsymbol{x}_i \leqslant (\boldsymbol{I}_3 \otimes \boldsymbol{R})\boldsymbol{T}\boldsymbol{x}_{i-1} + \boldsymbol{\Theta} \tag{4.51}$$

其中，$\boldsymbol{\Gamma}_i = (\boldsymbol{I}_3 \otimes \boldsymbol{R})\boldsymbol{T}$；$\boldsymbol{G}_i = (\boldsymbol{I}_3 \otimes \boldsymbol{R})\boldsymbol{T}\boldsymbol{x}_{i-1} + \boldsymbol{\Theta}$。值得一提的是，上述两种不等式约束形式在 E、N、U 方向上分别存在两个子约束，且这三个方向上的两个子约束不能同时满足。因此，有效约束的数量有且仅有四种情况：0、1、2 和 3。

4.2.4 弹性实时动态精密定位性能分析及应用

为了评估构建的弹性 GNSS 函数模型的性能，选用了中国四川省四个滑坡监测站的 GNSS 数据进行 RTK 实验。所有测站数据都使用 High Gain 公司生产的型号为

BX-RAG360 的低成本接收机采集。四组数据的采样间隔为 5s，持续时间为 24h。采用 RTK 定位模式验证了新方法的有效性，开展了 GPS/BDS 双频 RTK 实验。表 4.4 给出了数据处理策略。实验采用含有自主研发的含不等式约束模块的 C-RTK 进行。通过经验模型对对流层和电离层延迟进行了改正，利用 LAMBDA 方法固定模糊度，截止高度角为 15°。

表 4.4　数据处理策略(一)

项目	策略
使用信号	GPS 和 BDS
截止高度角/(°)	15
对流层延迟改正模型	Saastamoinen 模型
电离层延迟改正模型	Klobuchar 模型
模糊度解算方法	LAMBDA

由于使用 RTK 定位模式，利用了附近的参考站，图 4.19 展示了 4 组数据的基线信息，其中三角形和圆形分别表示参考站和移动站。四组数据的基线长度都小于 200m。在 GNSS 滑坡监测中使用短基线的目的是消除大气延迟。但在复杂环境中依旧会存在由多路径、NLOS 和其他残余误差引起的其他定位问题。4 个测站的参考坐标已提前精确确定，仅用来验证新模型的有效性。

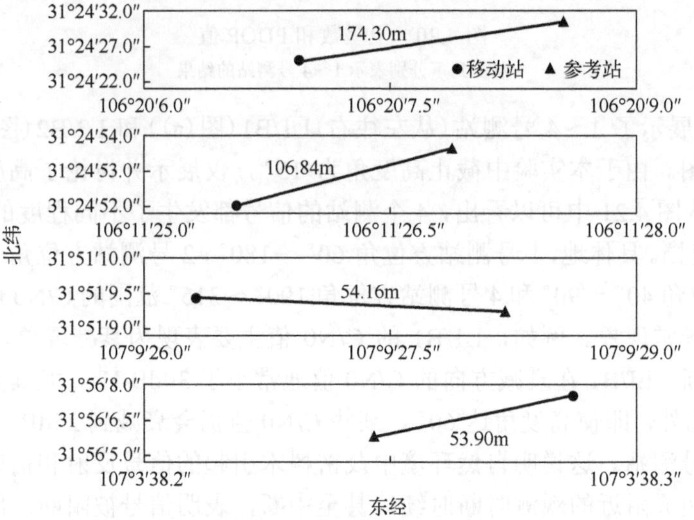

图 4.19　基线信息

从上到下分别表示 1～4 组数据集

图 4.20 展示了 4 个测站卫星数目和位置精度因子(position dilution of precision, PDOP)，其中包括 GPS、BDS 和全部卫星的情况。本实验观测到的 GPS 卫星比 BDS

卫星少。卫星数量有波动，但总数超过 13 颗，满足 RTK 定位要求。对于 PDOP，由于 PDOP 大多在 1～3 波动，因此卫星的空间分布是可以接受的。然而，仍然存在一些突然的波动，特别是 GPS，其值最高可以达到 11.76。这说明一些卫星 PDOP 值甚至定位精度有很大的影响。

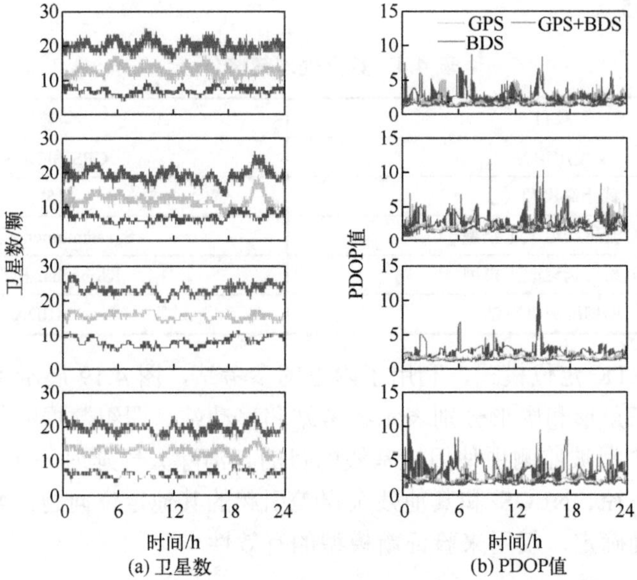

图 4.20　卫星数和 PDOP 值

从上到下分别表示 1～4 号测站的结果

图 4.21 展示了 1～4 号测站(从左往右)L1/B1(图(a))和 L2/B2(图(b))带 C/N0 信息的天空图。由于本实验中截止高度角为 15°，仅展示并讨论了高度角大于 15°的观测值。从图 4.21 中可以看出，4 个测站的信号都发生了不同程度的反射、衍射、衰减，甚至遮挡。具体地，1 号测站方位角 60°～180°，2 号测站方位角 180°～300°，3 号测站方位角 40°～90°和 4 号测站方位角 190°～315°范围的 C/N0 值有明显的衰减、中断等异常现象。例如，L1/B1 的 C/N0 值主要表现为衰减现象，而 L2/B2 主要表现为中断。LI/B1 在衰减方向的 C/N0 值通常小于 30dB-Hz，尤其是当高度角低于 30°时。此外，即使高度角达 60°，某些 C/N0 值仍会衰减到 25dB-Hz 以下，如 1 号测站及 4 号测站。这说明自然环境中茂密树木引起的信号反射和衍射很严重。此外，障碍物边界附近的观测时断时续，甚至中断，表明信号被阻断。因此，在短基线的情况下，仍有很多情况会导致严重的非模型化误差，函数模型在没有约束的情况下可能无法获得准确可靠的定位结果。

本节将提出的弹性函数模型应用于 RTK 定位模式并约束 RTK 浮点解。具体地，首先，利用 EKF 方法得到 RTK 初始解，即 RTK 浮点解，再利用不等式约束(IC)算法对

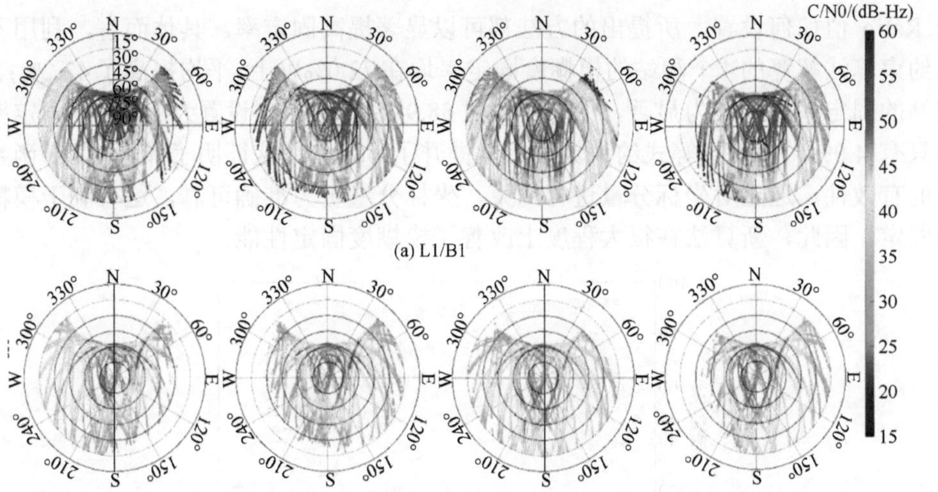

(a) L1/B1

(b) L2/B2

图 4.21　C/N0 天空图

从左到右分别表示 1～4 号测站的结果

RTK 浮点解进行检核及处理，然后通过 LAMBDA 方法固定模糊度，从而得到最终的坐标估值。本实验除了计算坐标分量之外，还有模糊度参数，因此，采用不等式约束 RTK 浮点解形式，即式(4.31)。

首先，我们研究了模糊度解算的性能。在每个历元都初始化模糊度，即对每个历元进行单历元解算，不借助先前历元的模糊度信息，以便评估模糊度解算性能。考虑到实际滑坡变形速度，每年 E、N、U 方向的滑坡变形量通常小于 1cm(张勤等，2022)。因此，在不失一般性的前提下，约束参数 α_5、α_6、β_5、β_6、γ_1 和 γ_2 分别设为 –4、4、–4、4、–10 和 10，单位为 cm。当然，本实验中设置的阈值集相对较弱，在实际应用中可以给出较强的约束条件。不使用强约束是为了证明不等式约束的有效性。由于算法高度依赖于前几个历元的估计坐标，需要提前合理设置算法启动时间和参考值，特别是在实时动态场景下。由于来自前一个历元的信息并不总是可靠的，我们将参考值调整为前 n_t 个可靠历元解的平均值。为了确定合适的算法启动时间和较准确的参考值，在广泛研究的基础上给出了一种实用的策略：新提出的约束算法直到历元数大于 120 且至少有 20 个 Ratio 大于 4.0 的解才会启动。具体地，Ratio 大于 4.0 的解会被保存，保存的解达到 20 个新算法才会启动，参考值为最近保存的 20 个解的平均值。该参考值本质上是一种动态的滑动平均值，有利于保持原始定位结果的真实性并探测偏差较大的定位结果。

图 4.22 给出了 4 个测站在 Ratio 设置为 1.5、1.8、2.0、2.3、2.5、2.8 和 3.0 时模糊度固定率，其中实线和虚线分别表示卡尔曼滤波方法以及提出的不等式约束方法的结果，蓝色、红色、玫红色及绿色顺次表示 1～4 号测站的结果。可以看出，无

论 Ratio 值如何设置，所提出的方法都可以显著提高固定率。具体而言，利用不等式约束算法解算的 4 个测站的模糊度固定率均在 72.0%以上，平均提高了 42.2%；3 号测站的固定率提升最为显著，平均提升了 58.9%；当 Ratio 设置为 3.0 时，固定率原本只有 4.0%，加入不等式约束算法后，提升了 68.4%。这证明了弹性 RTK 函数模型的有效性，通过对坐标分量进行约束，坐标分量更为准确可靠，这有利于模糊度的固定，因此，新算法在很大程度上改善了模糊度固定性能。

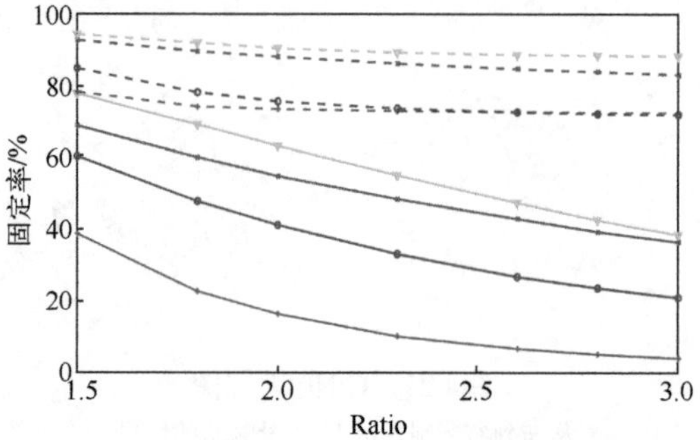

图 4.22　不同 Ratio 下 4 个测站的模糊度固定率

蓝色、红色、玫红色和绿色分别代表 1～4 号测站的结果，实线和虚线分别代表不使用和使用不等式约束得到的结果

表 4.5 列出了 4 号测站中的某个典型历元利用卡尔曼滤波方法和不等式约束(IC)方法解算的浮点模糊度，其中第 4 行表示真正的整周模糊度。利用不等式约束算法后，Ratio 由 1.51 增加到 2.69。可以看出，新算法求解的浮点模糊度更接近于模糊度整数值，具体而言，卡尔曼滤波方法和不等式约束算法解算的模糊度浮点解的平均 MAD 分别为 4.84 周和 0.23 周。因此，该方法的模糊度浮点解可靠性更高，有利于模糊度解算，从而获得更高的定位精度。

表 4.5　4 号测站某个典型历元中卡尔曼滤波方法和不等式约束(IC)算法解算的浮点模糊度

(单位：周)

项目	Ⅰ	Ⅱ	Ⅲ	Ⅳ	Ⅴ	Ⅵ	Ⅶ	Ⅷ	Ⅸ	Ⅹ
无 IC	12.91	−35.70	32.78	54.16	58.88	−75.44	−12.68	0.41	−34.85	2.26
有 IC	11.11	−45.83	30.30	44.71	57.00	−81.93	−18.64	3.14	−38.63	3.93
参考值	11	−46	30	44	57	−82	−19	3	−39	4

表 4.6 列出了 4 个测站利用卡尔曼滤波方法和不等式约束算法的浮点解定位结果，从不等式约束方法被激活时开始计算，Ratio 阈值设为 2.0。可以看出，卡尔曼滤波方法在 E、N、U 方向没有不等式约束的情况下，精度仅在分米级甚至米级。结合图 4.22，原因是利用卡尔曼滤波方法解算时，大部分历元由模糊度固定失败造成了定位结果中存在较大偏差。相比之下，所提出的不等式约束算法使浮点模糊度更加可靠，从而提高了模糊度固定率和坐标参数估计值的准确性，使

定位精度达到厘米级。这表明引入不等式约束是必不可少的，因为其可以更好地估计模糊度浮点解并且在很大程度上抵抗非模型化误差，从而有效地提高定位精度。

表 4.6　四个测站卡尔曼滤波方法和不等式约束(IC)算法的浮点解定位结果　(单位：m)

精度指标	方向	1 号测站		2 号测站		3 号测站		4 号测站	
		无 IC	有 IC	无 IC	有 IC	无 IC	有 IC	无 IC	有 IC
MAD	E	0.609	0.030	0.715	0.027	0.839	0.019	0.463	0.027
	N	0.604	0.025	0.504	0.017	0.917	0.023	0.413	0.024
	U	1.550	0.081	2.272	0.076	2.581	0.075	1.459	0.096
RMSE	E	1.041	0.036	1.397	0.033	1.207	0.023	0.997	0.033
	N	1.000	0.029	0.998	0.022	1.325	0.028	0.931	0.028
	U	2.608	0.091	4.447	0.099	3.721	0.081	3.246	0.108

在评定不等式约束算法的模糊度解算性能后，下面对不等式约束算法的定位性能进行综合分析，与之前不同的是，这次模糊度不会在每个历元解算前被初始化，而是会充分利用先前历元的解算信息，以提高定位的可靠性和效率。考虑到所采用的定位方式对先前解的依赖性较大，本实验保留最近的 100 个 Ratio 大于 4.0 的解，并取这些解平均值作为参考值。如果有足够多准确的先验信息，不等式约束方法才会启动。其他设置与表 4.4 相同，Ratio 阈值设为 2.0。

图 4.23 展示了 1～4 号测站的有效约束数。由于每个方向上的两个有效子约束是互斥的，因此有效约束小于或等于 3 是合理的。提出的不等式约束算法在 4 个测站上的启动时间从 1h 到 7h 不等，说明所选数据存在明显差异，具有代表性。此外，每个测站存在 1、2 和 3 个有效约束数各不相同。例如，1 号测站的有效约束数为 1、2 和 3 的个数分别为 1200、233 和 59，而 4 号测站的有效约束数分别为 544、54 和 34。这意味着每个测站中都有许多有效约束，因此，对这些数据设置不等式约束是合理和必要的。

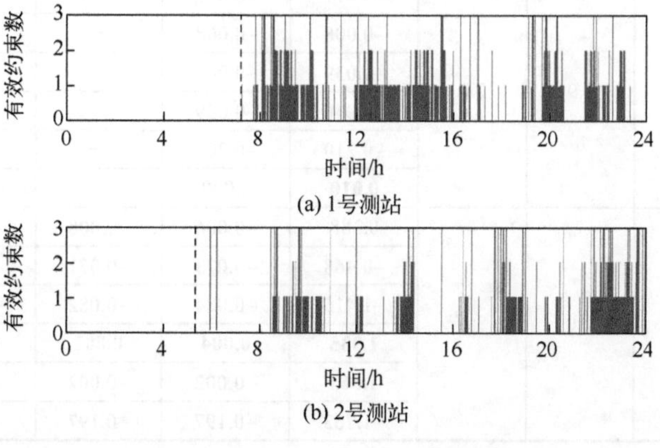

(a) 1号测站

(b) 2号测站

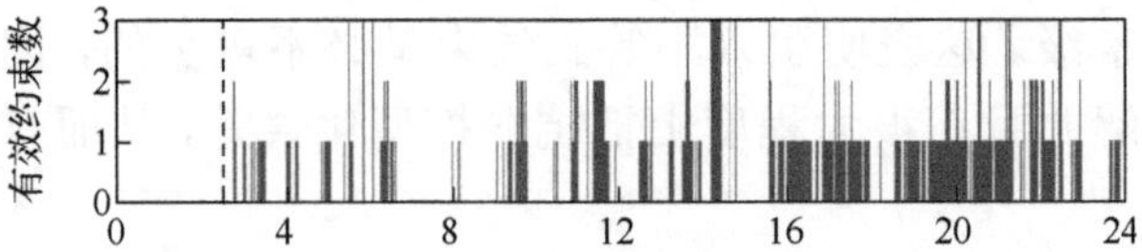

(c) 3号测站

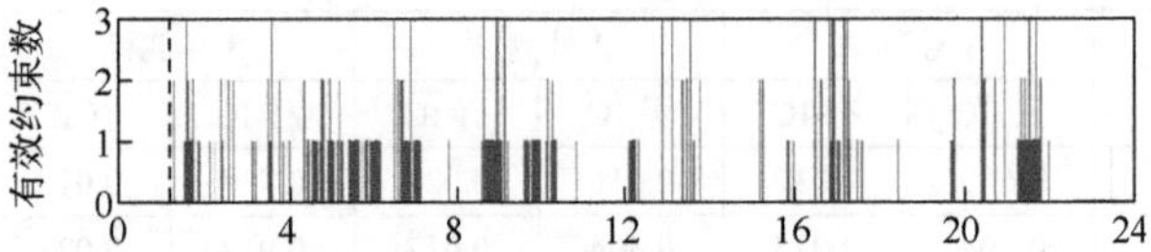

(d) 4号测站

图 4.23　有效约束数(一)

黑色虚线代表不等式约束的启动时间

表 4.7 列出了 1 号测站中两个典型历元的约束过程，其中详细记录了每次迭代后不等式有效性的判断向量 $\boldsymbol{J}$ 的数值。表中粗体部分是 $\boldsymbol{J}$ 中不满足不等式约束条件的元素。首先，如果估计参数与参考值之间的差异比较小，如历元 I，则所有的不等式约束都可以在一两次迭代内得到满足。此类情况下，不等式约束算法仅用于微调浮点解，因此，该历元的 Ratio 值也仅增加了 0.1。其次，当历元有效约束数为 3 时，浮点解可能与参考值相比有较大的偏差，如历元 II。历元 II 经过 9 次迭代，估计的坐标分量最终满足不等式约束条件，Ratio 也从 1.0 提高到了 3.4。此外，还可以从历元 II 中看出，第 1 次迭代后，待估坐标与参考值的偏差显著减小，后续迭代仅对坐标分量进行微调作用，直到完全满足不等式约束条件后迭代停止。这也从侧面说明了构建的惩罚函数的合理性，能以较快的速度将解收敛到约束的区域内。

表 4.7　1 号测站中两个典型历元的约束过程　　(单位：m)

历元	有效约束数	原始 Ratio	最终 Ratio	$\boldsymbol{J}$				
				$k=0$	$k=1$	$k=2$	$k=5$	$k=9$
I	1	1.9	2.0	−0.071	−0.071	—	—	—
				−0.008	−0.008	—	—	—
				−0.039	−0.040	—	—	—
				−0.040	−0.039	—	—	—
				−0.210	−0.200	—	—	—
				0.010	0.000	—	—	—
II	3	1.0	3.4	0.388	−0.006	−0.008	−0.011	−0.014
				−0.468	−0.073	−0.071	−0.068	−0.065
				−1.415	−0.084	−0.082	−0.081	−0.080
				1.335	**0.004**	**0.002**	**0.001**	**0.000**
				1.563	−0.002	−0.002	−0.003	−0.003
				−1.763	−0.197	−0.197	−0.196	−0.196

图 4.24~图 4.27 分别为 1~4 号测站卡尔曼滤波方法和不等式约束算法的 RTK 定位结果在 E、N、U 方向的偏差。可以看出，第一，1 号测站 2:00 左右的异常定位结果没有被处理是因为所提出的方法在 7:00 左右才被激活，且激活后绝大部分异

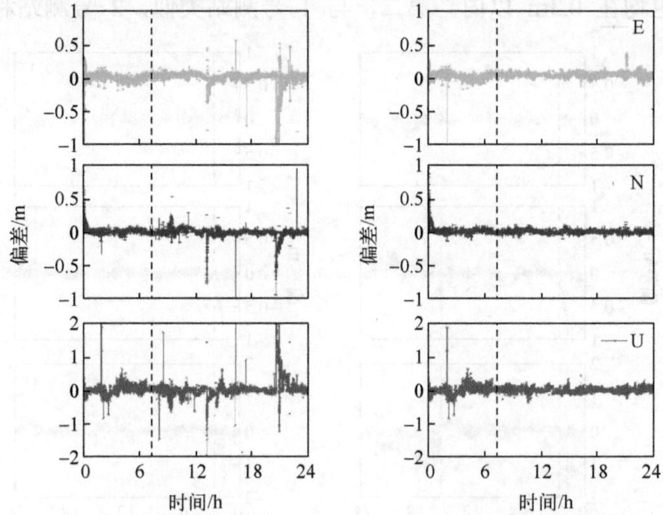

(a) 卡尔曼滤波方法　　(b) 不等式约束算法

图 4.24　1 号测站定位结果的偏差(一)

从上到下分别表示在 E、N、U 方向上的结果，黑色虚线代表不等式约束的启动时间

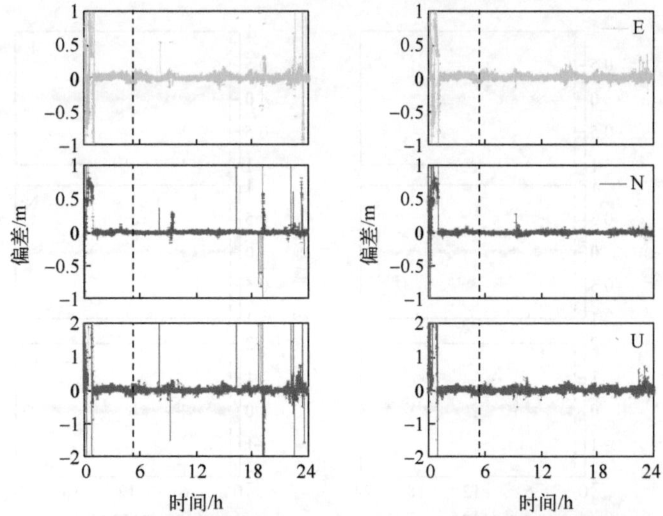

(a) 卡尔曼滤波方法　　(b) 不等式约束算法

图 4.25　2 号测站定位结果的偏差(一)

从上到下分别表示在 E、N、U 方向上的结果，黑色虚线代表不等式约束的启动时间

常定位结果被抑制了；12:00～18:00 原始定位结果中存在的一些粗差点被基本消除了；约 21:00，存在一段时间，由于模糊度固定失败，定位结果出现持续明显的偏差，偏差甚至超过 1m。不等式约束算法较好地提高了定位精度，此时，E、N、U 方向上的偏差也均在 0.3m 以内。第二，与 1 号测站类似，2 号测站利用卡尔曼滤波

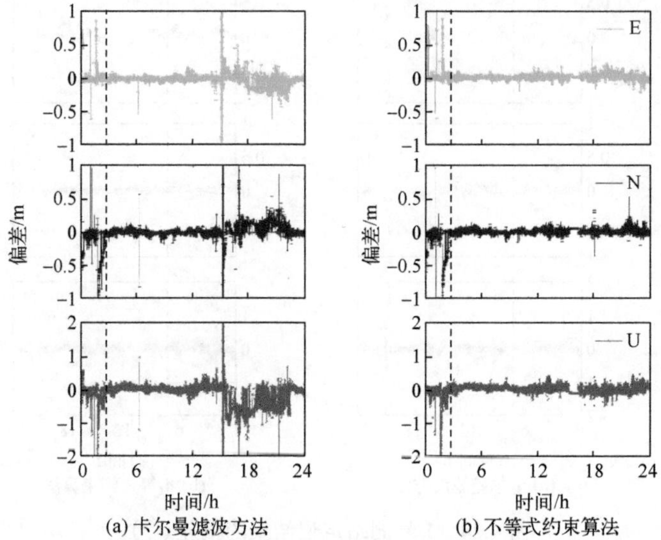

图 4.26　3 号测站定位结果的偏差(一)

从上到下分别表示在 E、N、U 方向上的结果，黑色虚线代表不等式约束的启动时间

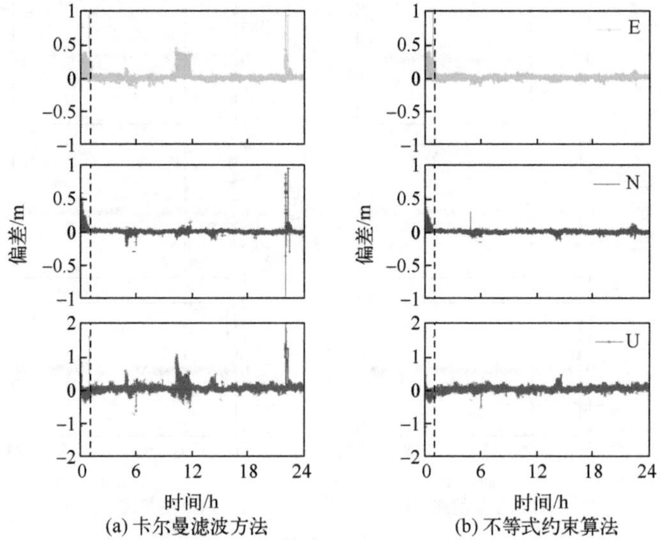

图 4.27　4 号测站定位结果的偏差(一)

从上到下分别表示在 E、N、U 方向上的结果，黑色虚线代表不等式约束的启动时间

方法解算的结果在 E、N、U 方向上有很多偏差超过 1m 的定位结果。约束算法在 5:30 左右被激活，后没有出现偏差大于 1m 的定位结果。第三，定位偏差较大的情况持续存在的问题更具挑战性，如 3 号测站 15:00～22:00 的原始定位结果，偏差连续达到 1m。然而，使用不等式约束的定位结果显著改善，特别是在 15:00。在这种情况下，证明了动态参考值的可靠性和约束参数的有效性。关于 4 号测站，约束方法在 1:00 左右启动，减小了 10:00～12:00 以及 22:00 左右的显著偏差。总之，所提的不等式约束算法能较好地保持定位结果的准确性，并能根据每个测站的实际情况抑制较大的定位偏差，相比仅使用卡尔曼滤波方法更加准确可靠。

为进一步定量分析不等式约束算法的性能，4 个测站的最终精度统计结果如表 4.8 所示。可以看出，首先 4 个测站的 MAD 及 RMSE 均满足厘米级精度要求；第二，4 个测站的 MAD 在 E、N、U 方向分别平均下降了 50.2%、43.1%、49.7%，对应的 RMSE 分别平均下降了 78.3%、73.5%、76.9%，精度得到显著提高。

表 4.8　4 个测站卡尔曼滤波方法和不等式约束(IC)算法的精度统计结果　（单位：cm）

指标	方向	1 号测站		2 号测站		3 号测站		4 号测站	
		无 IC	有 IC	无 IC	有 IC	无 IC	有 IC	无 IC	有 IC
MAD	E	5.589	2.081	2.540	2.089	5.365	1.760	2.812	1.321
	N	3.652	1.831	1.778	1.090	5.857	2.345	1.487	1.134
	U	13.675	5.480	7.557	4.841	22.946	6.862	6.171	4.148
RMSE	E	15.858	2.792	9.549	2.852	16.026	2.552	7.668	1.808
	N	7.561	2.229	8.148	1.520	16.810	3.287	4.129	1.578
	U	37.206	6.693	35.352	6.621	48.773	8.617	14.460	5.467

从对 RTK 浮点解坐标分量进行约束的实验结果来看，该方法仍不能完全消除所有偏差较大的定位结果，主要原因可能是在使用 EKF 方法获得 RTK 浮点解后，下一步需要固定模糊度。在此过程中，仍然存在模糊度固定失败的可能性，尤其是在复杂环境下，进而会影响最终精确坐标的获取。然而，如果在固定模糊度的步骤后，再次对坐标分量使用不等式约束算法，则可以解决该问题，即采用第二种不等式约束形式对 RTK 固定解进行约束。具体地，对 RTK 固定解的坐标分量进行检查，若不能完全满足式(4.34)，则利用式(4.51)对坐标参数估值进行约束。此时迭代初值是 RTK 固定解，且除坐标分量外，无须估计其他参数。值得一提的是，对固定解进行不等式约束的目的是消除或削弱定位结果中明显的异常值，是对浮点解不等式约束算法的检核与补充。因此，在定位性能分析实验中，将约束参数设为模糊度解算性能评定实验中的 2 倍。

图 4.28 展示了 1～4 号测站的有效约束数。4 个测站分别有 15.70%、19.44%、27.11%及 6.69%的历元有效约束数不为 0，这证明对固定解进行不等式约束是

有必要的，同时也揭示了对浮点解进行不等式约束无法完全消除所有异常值。此外，根据图 4.23 的分析结果，此次需要对坐标分量进行调整的历元数大幅减少，这不仅表明了对浮点解进行不等式约束的有效性，也表明固定解实验中设置的约束参数是合理的。这种设置既能消除明显的异常值，又能保持定位结果的真实性。

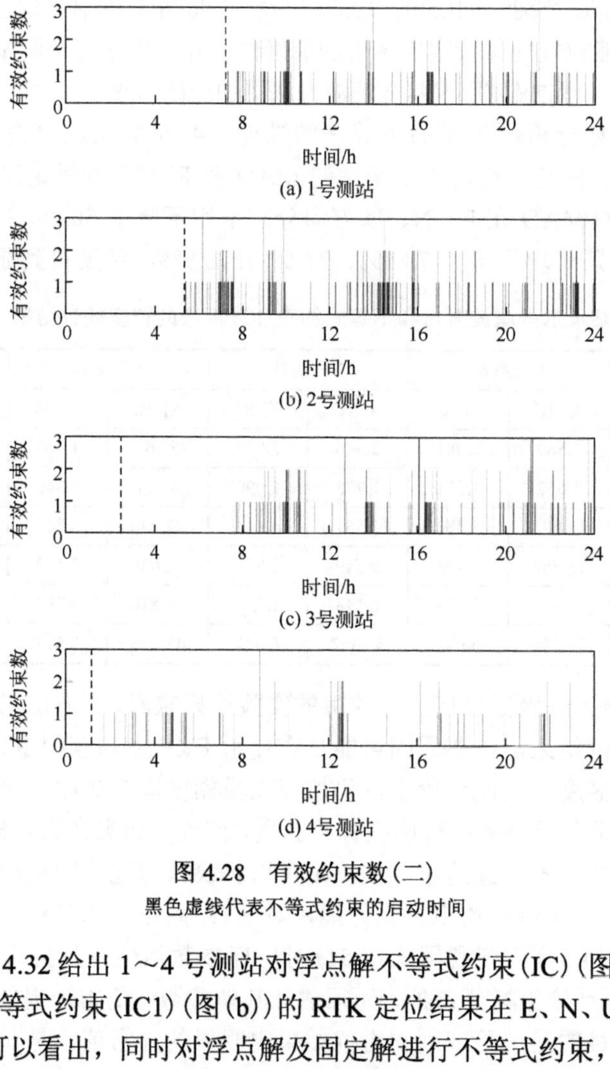

图 4.28　有效约束数(二)

黑色虚线代表不等式约束的启动时间

图 4.29～图 4.32 给出 1～4 号测站对浮点解不等式约束(IC)(图(a))和同时对浮点解及固定解不等式约束(IC1)(图(b))的 RTK 定位结果在 E、N、U 三个方向(从上到下)的偏差。可以看出，同时对浮点解及固定解进行不等式约束，4 个测站的定位结果中再无明显的异常值，模块启动后，4 个测站在 E、N、U 方向的偏差均在 0.2m 以内。不等式约束算法对 1 号测站中 21:00 左右、2 号测站中 9:00 左右、3 号测站中 18:00 左右及 4 号测站中 6:00 左右的明显异常值均进行了合理控制。

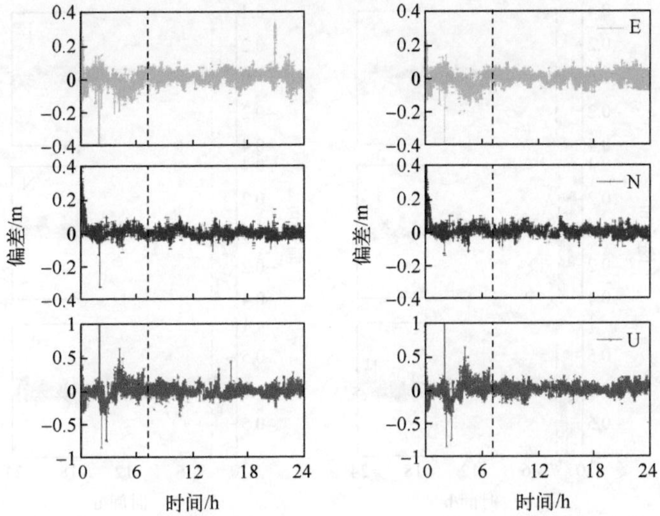

(a) IC　　(b) IC1

图 4.29　1 号测站定位结果的偏差(二)

从上到下分别表示在 E、N、U 方向上的结果，黑色虚线代表不等式约束的启动时间

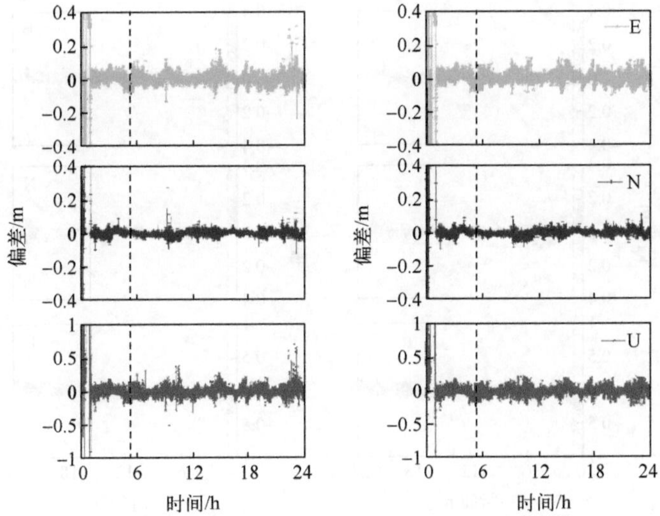

(a) IC　　(b) IC1

图 4.30　2 号测站定位结果的偏差(二)

从上到下分别表示在 E、N、U 方向上的结果，黑色虚线代表不等式约束的启动时间

为进一步定量评估对 RTK 固定解不等式约束的性能，表 4.9 统计了 4 个测站 IC 和 IC1 的精度结果。4 个测站的三维 MAD 分别平均下降了 11.9%、3.4%、7.8%和 1.3%，三维 RMSE 分别平均下降了 11.2%、7.5%、7.7%和 2.7%。综上，对 RTK 固定解坐标分量进行不等式约束可以消除所有异常定位结果，且一定程度上能提高定位精度。

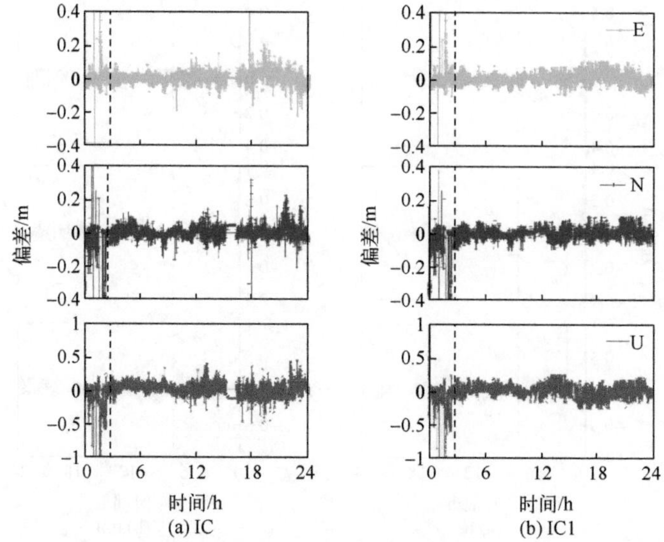

图 4.31　3 号测站定位结果的偏差(二)

从上到下分别表示在 E、N、U 方向上的结果，黑色虚线代表不等式约束的启动时间

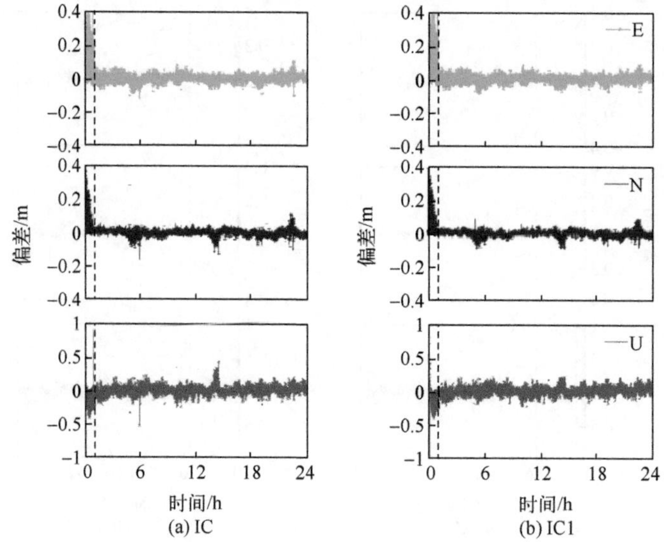

图 4.32　4 号测站定位结果的偏差(二)

从上到下分别表示在 E、N、U 方向上的结果，黑色虚线代表不等式约束的启动时间

综上所述，所提出的不等式约束算法能有效提高模糊度固定率；能将定位结果以较快的速度约束到预期的区间内；当原始定位结果存在明显的较大的偏差时，可以显著地提高定位精度。

表 4.9　四个测站 IC 和 IC1 的精度统计结果　　　　(单位：cm)

指标	方向	1 号测站		2 号测站		3 号测站		4 号测站	
		IC	IC1	IC	IC1	IC	IC1	IC	IC1
MAD	E	2.081	2.078	2.089	2.059	1.760	1.963	1.321	1.311
	N	1.831	1.941	1.090	1.136	2.345	2.170	1.134	1.124
	U	5.480	4.607	4.841	4.640	6.862	6.223	4.148	4.092
RMSE	E	2.792	2.583	2.852	2.726	2.552	2.635	1.808	1.778
	N	2.229	2.391	1.520	1.560	3.287	2.814	1.578	1.531
	U	6.693	5.748	6.621	6.053	8.617	7.946	5.467	5.316

4.3　顾及卫星空间几何分布的方差因子构建方法

峡谷等遮挡环境会导致卫星分布不均匀，因此需要准确衡量各卫星的重要性，以此提升峡谷环境下的 GNSS 导航定位性能。基于此，提出了顾及卫星空间几何分布的方差因子构建方法(Li Y et al.，2022a)。首先给出顾及卫星空间几何分布的方差因子构建原理与方法，接着对其进行定位性能分析并应用于实际。

4.3.1　峡谷环境下的随机模型估计问题概述

随机模型描述了观测值的精度及观测值之间的相关关系，由于元素众多且受多重因素影响，较难被准确估计(Li，2016；何海波和杨元喜，2001)，因此确定精确可靠且符合实际的随机模型是获取 GNSS 高精度定位结果的前提之一。

最早出现且应用较为广泛的是等权随机模型，该随机模型假设观测值精度相同，即采用了同方差性假设(Bischoff et al.，2005)。然而，这种假设并不现实，因为每个观测值的信号质量和系统误差一般不同，在某些复杂环境下这种假设缺乏合理性。之后，异方差假设开始流行，有两个常用指标可以在一定程度上反映信号质量。第一个是卫星高度角，利用卫星的高度角函数模型计算观测值方差，在低高度角的情况下系统误差尤其是大气延迟更为严重(Eueler and Goad，1991；Li et al.，2017b)。三角函数和指数函数的高度角模型得到了广泛应用(Amiri-Simkooei，et al.，2009；Dach et al.，2015)。第二个是载波噪声功率密度比，由于其和 GNSS 观测值是由相同的跟踪环路记录的，其值越高意味着信号质量越好(Axelrad et al.，1996)，以 10 为底的指数函数是最常用的模型，广泛使用的是 SIGMA-ε和 SIGMA-Δ 模型(Brunner et al.，1999；Hartinger and Brunner，1999)。由于该模型存在部分时间延迟，有时无法完整地反映信号变化，为弥补上述不足，可对 SIGMA-Δ 模型进行改进(Wieser and Brunner，2000)。

随着包括 BDS-3 在内的多频多模 GNSS 的快速发展，伴随而来的问题是如何估计不同类型卫星、不同频率的观测值精度。目前，许多学者对高度角或载噪比经验随机模型进行了评估与精化。张小红和丁乐乐(2013)通过分析 BDS-2 观测值的信噪比和多路径残差随高度角的变化规律，基于单差残差对随机模型系数进行了精化；高为广等(2020)对 BDS GEO/MEO/IGSO 三类卫星的高度角随机模型系数分别进行了精化与评估。由于多路径效应等因素的影响，传统的高度角随机模型可能不再适用于智能手机等低成本设备。刘万科等(2019)研究发现谷歌 Nexus 9 智能终端原始 GNSS 观测值的相位残差与信噪比的相关性较强，对智能手机载噪比随机模型系数进行了精化，可以在一定程度上提高定位精度。此外，有学者综合研究不同基线长度的单差残差对低成本接收机和智能手机的观测值精度和物理相关性(Zhang et al.，2021；Yuan et al.，2022a)。值得注意的是，方差分量估计方法可用于优化不同类型观测值在不同情况下的方差因子(Xu et al.，2006；Xu and Liu，2014)，通常采用最小范数二次无偏估计(Rao，1971)、最小二乘方差分量估计(Pukelsheim，1976)等方法。杨元喜等(2014)提出了基于方差分量估计的自适应融合导航定位。当然，Helmert 方差分量估计也可确定系统内不同频率观测值间的合理权比，相比于仅采用传统随机模型进行双频定位，利用 Helmert 方差分量估计的定位结果有明显提高(徐天扬等，2021)。然而，此类方法计算效率低，且受卫星数影响无法准确反映单星观测误差特性。

另外，在复杂环境下卫星的空间几何分布极易受影响。值得注意的是，定位精度除了受测距精度影响外，还与观测到的卫星的空间几何分布密切相关。常用精度衰减因子(dilution of precision，DOP)描述卫星相对几何排列的综合影响(Santerre et al.，2017)。随着卫星数量的增加，DOP 单调递减。通常，人们更关注三维空间中的定位精度，因此，常用 PDOP 来衡量观测卫星的空间分布。目前有研究利用 PDOP 的相关函数充当系统之间的方差因子，简化了原本利用验后方差估计不同观测值权重的计算量，使用最广泛的是基于 PDOP 的余弦函数和指数函数模型。罗小敏等(2013)在高度角模型基础上，利用 PDOP 值来确定 GPS 和 GLONASS 两系统观测值的权重，并验证了此方法与 Helmert 方差估计模型精度相当。潘林等(2014)利用 PDOP 值来确定 GPS 和 BDS 观测值的合理权重，实验表明在遮挡环境下，考虑 PDOP 信息的随机模型解算的定位精度优于先验和验后定权随机模型。然而，随着各系统卫星空间分布的不断优化，尤其是 BDS，之前利用 PDOP 计算系统间方差因子的经验模型可能不再适用。

除了信号质量本身，随机模型应更好地考虑系统误差，特别是复杂场景中函数模型无法充分处理这些误差时。目前已有一些相关研究。例如，应用大气湍流理论来更好地捕捉大气延迟(Schön and Brunner，2008b)；一种基于 C/N0 的策略被提出用来为电离层闪烁引起的受影响观测值分配合理的权重(Luo et al.，2019)；Allan 方差还可用于分析随机特性，尤其是在多源传感器导航与定位中(Niu et al.，2014；Wang et al.，2018)。为了在复杂场景下更好地反映真实信号质量，可使用考虑测站地形地貌的更真实的截止高度角，例如，可利用三维地图捕获测站周围建筑物最高边界，计算出的地理截止高度角作为更符合实际的截止高度角，可有效剔除 NLOS 信号(Ng and Hsu，2021)，提高定位精度。此外，一些考虑测站实际环境的随机模型已被提出，例如，利用三维地图辅助的新加权模型(Adjrad and Groves，2017；Xin et al.，2022)。但这类方法需要提前获取建筑物的三维信息，计算量大。多种指标组合是一种有效的方法，包括高度角和 C/N0 的结合，高度角和方位角的结合，甚至高度角、方位角和 C/N0 的简单组合。Zhang Z 等(2018b)利用高度角和 C/N0 两种指标的特性和相关性，提出了能有效缓解测站相关非模型化误差的自适应加权随机模型。韩军强等为了提高恶劣环境下定位的精度和收敛时间，建立了方位角-地理截止高度角映射函数，提出了考虑地理环境的高度角随机模型(Han et al.，2018)以及多指标随机模型(Han et al.，2019)。

然而，现有的改进随机模型未充分利用指标的特性，往往仅将多个指标简单耦合，指标间的自洽性有待完善，导致模型适用性和稳健性受到影响；另外，在峡谷这类特殊且重要的复杂环境下，现有随机模型也未充分考虑该类环境多路径、NLOS 等非模型化误差显著的特点，无法准确估计观测值精度，也没有充分考虑卫星空间几何分布对定位精度的影响，这在一定程度上影响了定位精度与可靠性，尤其在复杂环境中。因此，亟须进一步建立更符合实际的随机模型。

4.3.2　顾及卫星空间几何分布的方差因子构建原理与方法

由于 GNSS 接收机，尤其是低成本接收机，通常位于复杂环境中，信号经常被反射、折射、衍射、衰减，甚至被遮挡，很容易造成卫星空间几何分布的缺陷。因此，除了观测值精度外，GNSS 定位精度还受卫星空间几何分布的影响。PDOP 是常被用来衡量卫星空间几何分布的一个指标。迄今为止，多项研究利用 PDOP 确定不同系统之间的方差因子以提高定位精度，但未能充分考虑系统中每颗卫星的方差因子。

理论上，某颗卫星优化卫星空间几何分布的贡献越大，其在提高定位精度方面的作用就越大，因此需要突出其重要性，即增加这类卫星权重。PDOP 可以衡量卫星空间几何分布的优劣。PDOP 可以从误差方程计算出的协方差矩阵推导出来，一般定义如下(Langley，1999；Won et al.，2012)：

$$\mathrm{PDOP}=\sqrt{\sum_{i=1}^{3}D_{ii}} \tag{4.52}$$

式中，D_{ii} 表示 $\boldsymbol{D}_{\hat{X}}$ 中的第 i 个对角元素。

在考虑特定卫星 PDOP 值的贡献时，可以将利用除某颗卫星外的所有卫星计算的 PDOP 值与利用所有卫星计算的 PDOP 值进行比较。两个 PDOP 的差值越大，说明该卫星改善卫星空间几何分布的贡献越大。在此基础上，本节提出了一种顾及 PDOP 的方差因子构建方法，利用 PDOP 来评估每颗卫星空间几何分布的贡献，计算每颗卫星的方差因子值，对每颗卫星的权重进行优化。顾及 PDOP 的传统随机模型的表达式如下：

$$\sigma_p^2 = f(\text{PDOP}) \times \sigma_{\text{tra}}^2 \tag{4.53}$$

式中，σ_p 表示顾及 PDOP 的非差非组合 GNSS 观测值精度；$f(\text{PDOP})$ 表示基于 PDOP 的方差因子；σ_{tra} 表示基于传统随机模型的非差非组合 GNSS 观测值精度。实现这种新方法的具体步骤如下所述。

首先，根据式(4.52)，计算所有卫星的 PDOP 值（PDOP_n）及除第 i 颗卫星外所有卫星的 PDOP 值（PDOP_i）。

其次，计算 PDOP_i 与 PDOP_n 的比值（k_i），表达式如下：

$$k_i = \frac{\text{PDOP}_i}{\text{PDOP}_n} \tag{4.54}$$

接着，构建基于 PDOP 的方差因子：

$$f(\text{PDOP}) = \begin{cases} 1/(k_i)^\beta, & (k_i)^\beta \leqslant \gamma \\ 1/\gamma, & (k_i)^\beta > \gamma \end{cases} \tag{4.55}$$

式中，β 和 γ 是用户自定义的调整因子，调整因子 γ 的作用是避免过度放大某颗卫星的权重。因此，顾及 PDOP 的高度角随机模型(ELEPM)表达式如下：

$$\sigma_{\text{ELEPM}}^2 = f(\text{PDOP}) \times \sigma_{\text{ele}}^2 \tag{4.56}$$

式中，σ_{ELEPM} 表示基于高度角并顾及 PDOP 的非差非组合 GNSS 观测值精度。同样，顾及 PDOP 的 C/N0 随机模型(CN0PM)表达式如下：

$$\sigma_{\text{CN0PM}}^2 = f(\text{PDOP}) \times \sigma_{\text{C/N0}}^2 \tag{4.57}$$

式中，σ_{CN0PM} 表示基于 C/N0 并顾及 PDOP 的非差非组合 GNSS 观测值精度。以上方差因子构建方法记为第一种方案。为了更清楚地解释这一思想，提出了空间分布因子(spatial distribution factor，SDF)的概念，定义为

$$\text{SDF} = 1 / f(\text{PDOP}) \tag{4.58}$$

SDF 与各卫星空间分布的贡献呈正相关，是描述各卫星空间分布贡献的一个合

理量化值。因此，根据式(4.53)，利用高度角随机模型计算的权重可以用 P_{ele} 表示，则顾及 PDOP 的高度角随机模型计算的权重满足

$$P_{ELEPM} = SDF \cdot P_{ele} \tag{4.59}$$

同样，利用 C/N0 随机模型计算的权重可以用 $P_{C/N0}$ 表示，则顾及 PDOP 的 C/N0 随机模型计算的权重满足

$$P_{CN0PM} = SDF \cdot P_{C/N0} \tag{4.60}$$

然而，在实际应用中，一些卫星观测值质量较差，而其空间位置又非常重要。因此，增加此类卫星权重可能会导致定位精度无明显提升，甚至下降。对于此种情况，下面给出了一种解决方案，记为第二种方差因子构建方案。首先，计算每个历元 SDF 的平均值($\overline{SDF}$)。然后，若某颗卫星高度角或载噪比是所有卫星中最低的，且该卫星空间分布的贡献较大，则将 SDF 减小至$\overline{SDF}$；否则，将 SDF 减小为 SDF 的最小值，表达式如下：

$$SDF = \begin{cases} \overline{SDF}, & SDF > \overline{SDF} \\ \min(SDF), & SDF \leqslant \overline{SDF} \end{cases} \tag{4.61}$$

图 4.33 展示了卫星相对于测站的三维空间几何分布示例。红色的点表示测站，蓝色的点表示对卫星空间几何分布贡献最大的卫星，绿色的点表示剩余卫星。从图中可以看出，蓝色的点附近没有卫星，其对于卫星空间几何分布的构成相当重要。因此，这个算法的目的是突出蓝色卫星的重要性，适当增加这类卫星的权重。

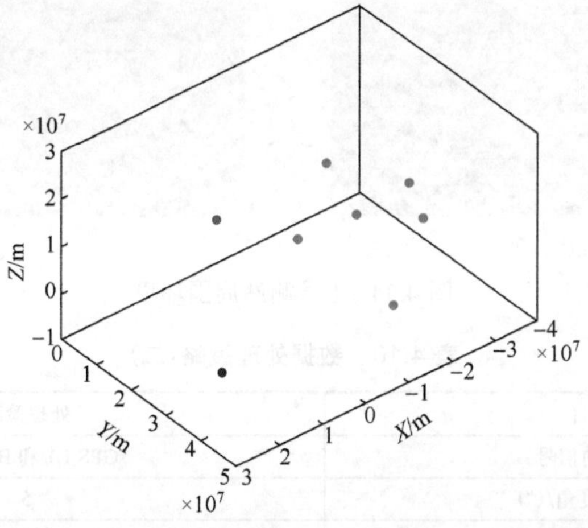

图 4.33　卫星相对于测站的三维空间几何分布示例

4.3.3　顾及 PDOP 的方差因子定位性能分析及应用

设计了复杂环境下的两组数据来评估所提出方法的性能，第一组数据利用大地接收机采集，测站命名为 1 号测站；另一组利用低成本接收机采集，测站命名为 2 号测站。可以分别用来验证提出的两种方差因子构建方案的可行性。

第一组数据在南京市江宁区于 2021 年 DOY 4 采集，采样间隔为 1s，持续时间约为 2.2h。大地接收机采用由 CHCNAV 制造的带有天线 AT312 的高端 P5 接收机。GPS 可用频率为 L1(1575.42MHz) 和 L2(1227.60MHz)，BDS 可用频率为 B1(1561.098MHz) 和 B3(1268.520MHz)。图 4.34 为 1 号测站周围环境，测站周围存在一些树木、教学楼等自然或人造遮挡物，会对信号的接收产生一定的影响，还可能会造成卫星空间几何分布较差。综合接收机型号以及环境影响，先使用提出的第一种方案获取每颗卫星的方差因子，并结合传统随机模型使用。由于利用方差因子可以更为有效地描述伪距，本书通过 SPP 模式验证了新方法在 GPS 和 BDS 系统中的有效性。采用经验模型改正对流层和电离层延迟，截止高度角设置为 5°。表 4.10 给出了数据处理策略。

(a)　　(b)

图 4.34　1 号测站周围环境

表 4.10　数据处理策略(二)

项目	处理策略
使用的信号	GPS L1 和 BDS B1
截止高度角/(°)	5
电离层延迟改正	Klobuchar 模型
对流层延迟改正	Saastamoinen 模型

1 号测站的天空图如图 4.35 所示，包含了 GPS、BDS-2 和 BDS-3 的分布情况。图 4.36 展示了 1 号测站观测时段内 GPS、BDS-2 和 BDS-3 的卫星数和 PDOP 值。可以看出，每个系统卫星数在 6～11 颗，满足定位要求，但 PDOP 值存在一些突发性波动，尤其是 BDS-3，其值接近 10。分析可知，PDOP 这种突然的变化是由某些历元观测不到某些重要卫星导致的，这说明某些卫星 PDOP 值对定位精度有很大影响，因此增加这类卫星权重十分必要。

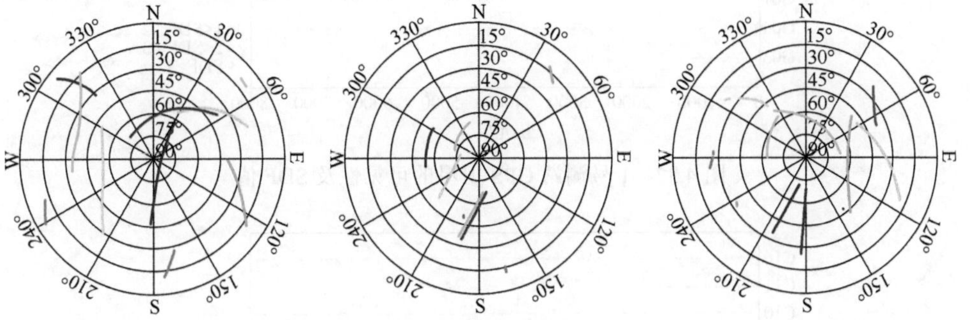

(a) GPS　　(b) BDS-2　　(c) BDS-3

图 4.35　1 号测站的天空图

一种颜色表示一颗卫星

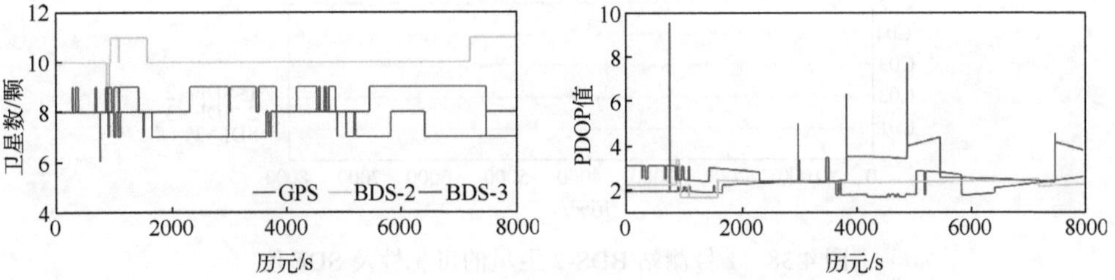

(a) 卫星数　　(b) PDOP值

图 4.36　1 号测站的卫星数和 PDOP 值

首先对 1 号测站实验结果进行了详细的说明和讨论。根据大量实验经验和本实验的具体条件，我们将调整因子 β 和 γ 的值分别设为 2 和 10。图 4.37～图 4.39 分别展示了 1 号测站 GPS、BDS-2 和 BDS-3 卫星的可见性及其 SDF。这类图不仅可以看出卫星的可见性，还可以看出每个历元每个系统中每颗卫星 SDF 值的范围，可用于评估单颗卫星 PDOP 值贡献的大小。绿色表示 1<SDF≤2，对 PDOP 的贡献很小；蓝色表示 2<SDF≤3；红色表示 SDF>3，对 PDOP 贡献较大。可以看出，大多数卫星的 SDF 都小于 2，并非每个历元都会出现蓝色或红色标记的 SDF；一个历元中若 SDF 均为绿色可以表示卫星分布相对均匀，或者不存在某些卫星对 PDOP 值有显著贡献；某些时期，虽然没有红色所示的 SDF，但存在多个 SDF 展示为蓝色，如 BDS-2。总之，第一组数据集中，SDF 对大部分卫星的权重仅起到微调作用，少数卫星的权重被显著放大。

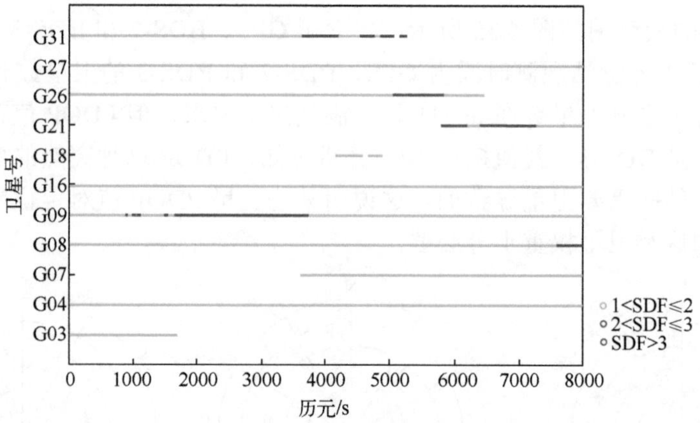

图 4.37　1 号测站 GPS 卫星的可见性及 SDF 值

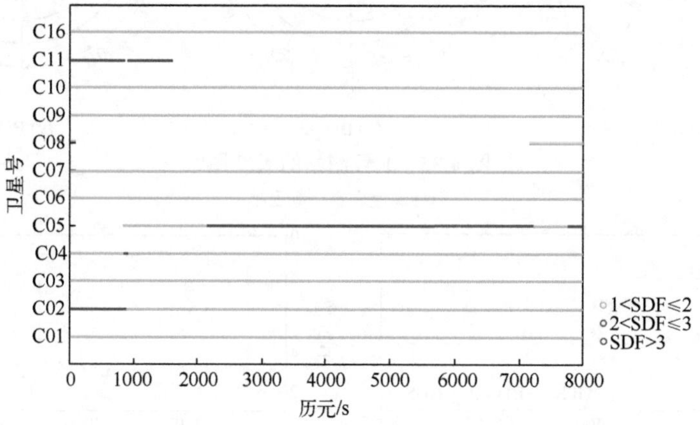

图 4.38　1 号测站 BDS-2 卫星的可见性及 SDF 值

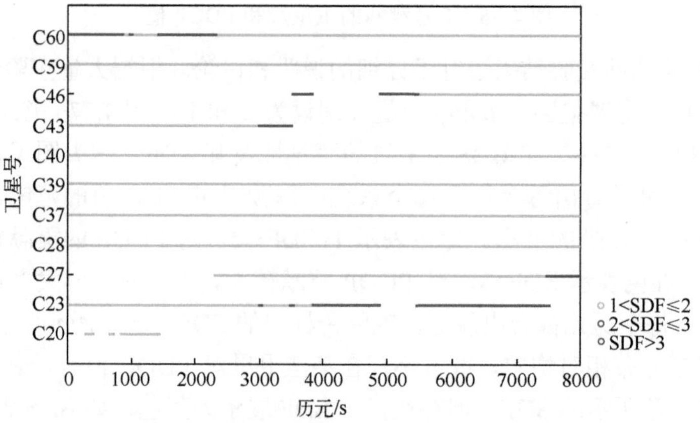

图 4.39　1 号测站 BDS-3 卫星的可见性及 SDF 值

选用偏差(Bias)、MAD、RMSE 来评价定位性能，分别定义如下：

$$\mathrm{Bias} = S_\eta - S_v \tag{4.62}$$

$$\mathrm{MAD} = \frac{\sum_{\eta=1}^{w} |S_\eta - S_v|}{w} \tag{4.63}$$

$$\mathrm{RMSE} = \sqrt{\frac{\sum_{\eta=1}^{w} (S_\eta - S_v)^2}{w}} \tag{4.64}$$

式中，S_v 为参考值；S_η 为第 η 个数据的值；w 为总数据量。

图 4.40～图 4.42 展示了 BDS-2 利用高度角随机模型(ELEM)、顾及 PDOP 的高度角随机模型(ELEPM)、载噪比随机模型(CN0M)、顾及 PDOP 的载噪比随机模型(CN0PM)的定位结果在 E、N、U 方向的偏差。由图 4.42 可知，ELEM 在 U 方向上的偏差在−2～5m，而 ELEPM 在−1～3m；CN0PM 在 U 方向的偏差也在−2～2m，而 CN0M 的偏差在−2～3m。U 方向 ELEPM 的精度与 ELEM 相比有所提高，CN0PM 与 CN0M 相比也有所提高。原因可能是 U 方向的定位精度普遍比 E、N 方向的定位精度差，若新算法能有效提高定位精度，则在 U 方向上的表现可能更为明显。1 号测站采用 ELEM、ELEPM、CN0M、CN0PM 的 RMSE 统计结果如表 4.11 所示，其中包括 GPS、BDS-2 和 BDS-3 的结果。可以看出，采用新方法后，各系统的定位精度均有所提高，其中 BDS-2 的定位精度提升较为突出。BDS-2 中 ELEM 的三维 RMSE 比 ELEM 降低了 31.3%，CN0PM 也比 CN0M 降低了 13.2%。

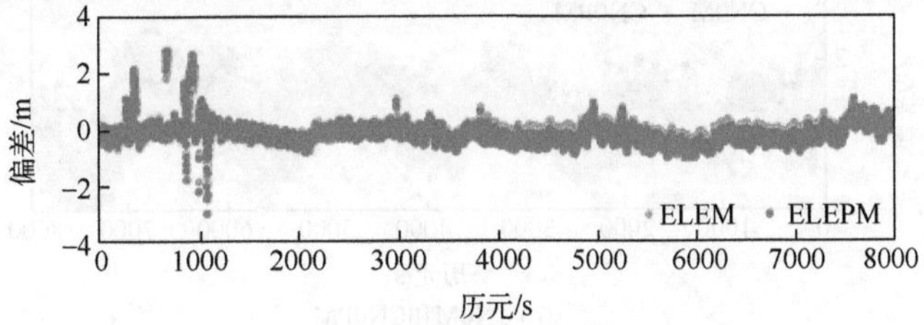

(a) ELEM和ELEPM

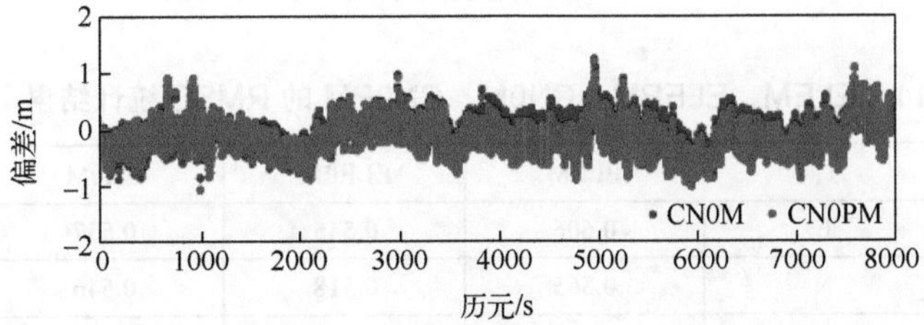

(b) CN0M和CN0PM

图 4.40　BDS-2 的定位结果在 E 方向的偏差

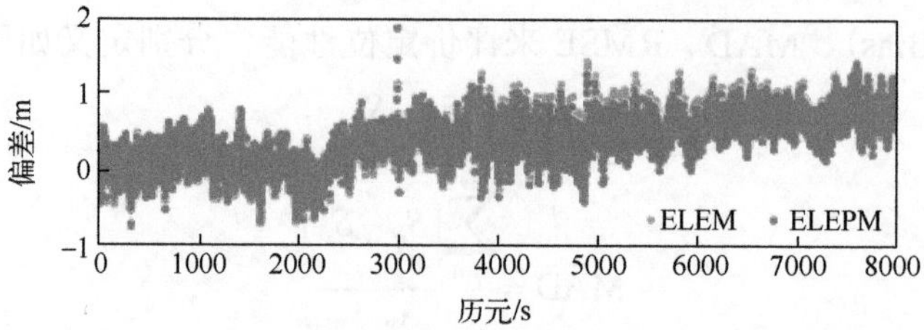

(a) ELEM和ELEPM

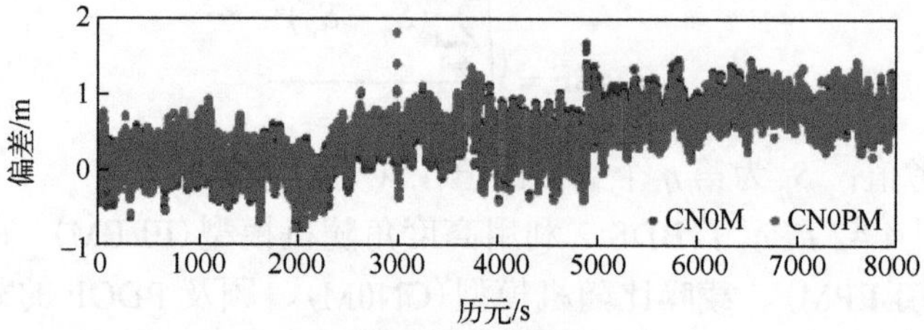

(b) CN0M和CN0PM

图 4.41　BDS-2 的定位结果在 N 方向的偏差

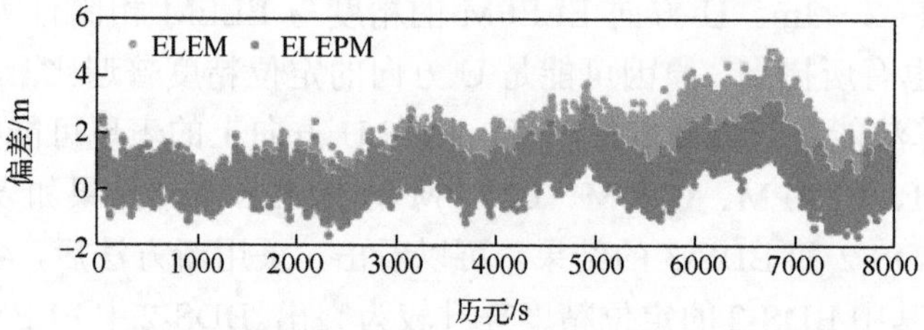

(a) ELEM和ELEPM

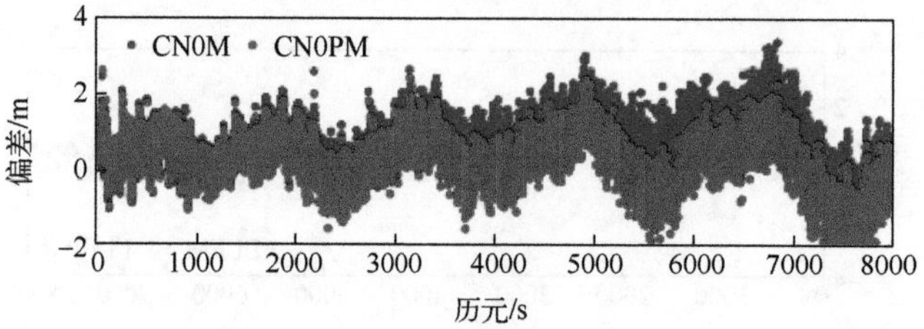

(b) CN0M和CN0PM

图 4.42　BDS-2 的定位结果在 U 方向的偏差

表 4.11　ELEM、ELEPM、CN0M、CN0PM 的 RMSE 统计结果　（单位：m）

系统	方向	ELEM	ELEPM	CN0M	CN0PM
GPS	E	0.606	0.545	0.537	0.489
	N	0.565	0.518	0.546	0.505
	U	2.427	2.266	2.265	2.129
	3D	2.565	2.388	2.391	2.242

续表

系统	方向	ELEM	ELEPM	CN0M	CN0PM
BDS-2	E	0.216	0.242	0.240	0.276
	N	0.675	0.694	0.667	0.719
	U	1.570	0.929	1.013	0.748
	3D	1.723	1.184	1.237	1.073
BDS-3	E	0.364	0.451	0.282	0.319
	N	0.541	0.508	0.608	0.595
	U	2.180	2.071	1.877	1.691
	3D	2.275	2.179	1.993	1.821

第二组数据是使用 High Gain 公司生产的一体式低成本接收机在南京市江宁区于 2021 年 DOY 179 采集，采样间隔为 5s，观测持续时间约为 2h。该接收机型号为 BX-RAG360，采用一体式集成设计，内置 GNSS 天线和低成本板卡。板卡型号是 MXT906B，支持原始观测输出，具有体积小、功耗低等特点。GPS 可用频率为 L1 和 L2，BDS 可用频率为 B1 和 B2。图 4.43 展示了 2 号测站周围环境，测站周围主要存在一些高楼和人为障碍物。与第一组数据集相比，这组数据集质量更差，障碍物更多，所处环境更复杂。图 4.44 展示了 2 号测站天空图。图 4.45 给出了 2 号测站观测时间内的卫星数及 PDOP 值。该组数据集相比于第一组数据集，在复杂条件下接收的卫星数量更少，严重影响了各个系统的卫星空间几何分布。三个系统中 PDOP 值均存在多次突变情况，BDS-3 的 PDOP 值可高达近 18。综上所述，两组数据集包含了多个系统的不同情况，可验证新方差因子构建方法的有效性。

(a)　　　　　　　　　　　　　　　　(b)

图 4.43　2 号测站周围环境

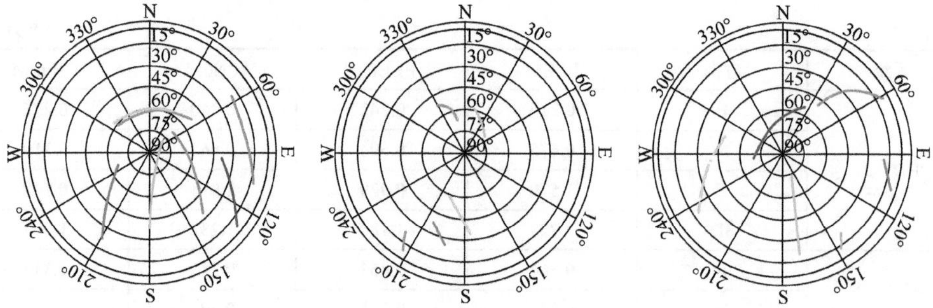

(a) GPS　　(b) BDS-2　　(c) BDS-3

图 4.44　2 号测站天空图

一种颜色表示一颗卫星

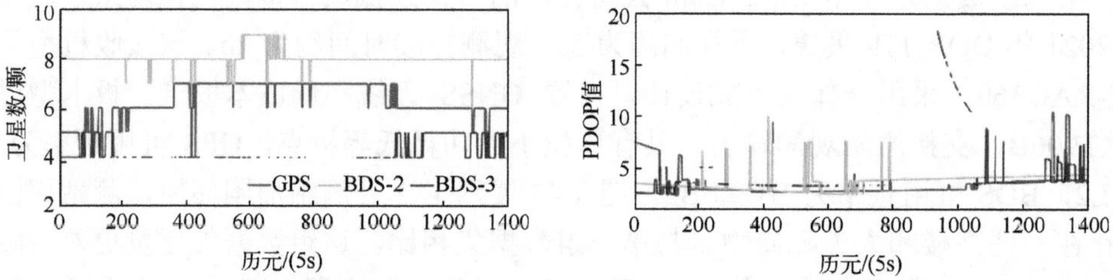

(a) 卫星数　　(b) PDOP值

图 4.45　2 号测站卫星数和 PDOP 值

同样，对 2 号测站实验结果进行了说明和讨论。图 4.46～图 4.48 分别展示了 2 号测站 GPS、BDS-2 和 BDS-3 卫星的可见性及其 SDF。对于卫星数为 4 的历元，由于缺少多余观测值，无法通过新方法进行调整，在图中用灰色表示，且表 4.12 中的统计数据不包括这些历元的结果。与第一组数据集结果类似，在 GPS 和 BDS-2 系统中，每个历元中通常只有少数卫星的 PDOP 产生较大影响。但不同的是，当卫星数量较少时，每颗卫星的作用都不容忽视，如 BDS-3。

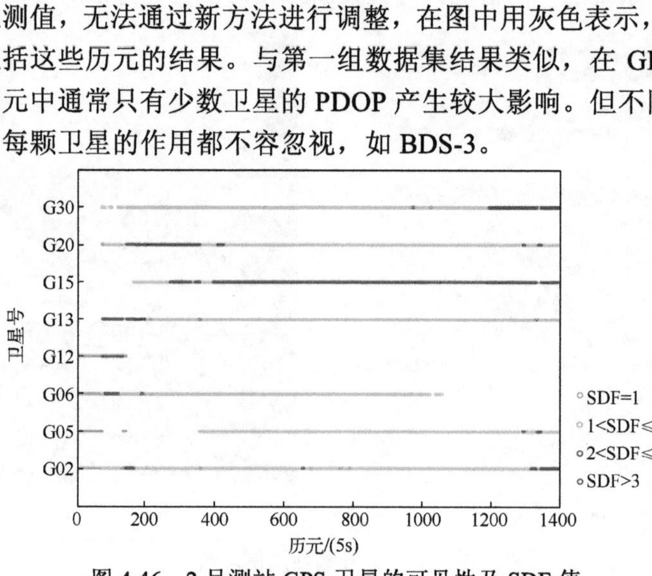

图 4.46　2 号测站 GPS 卫星的可见性及 SDF 值

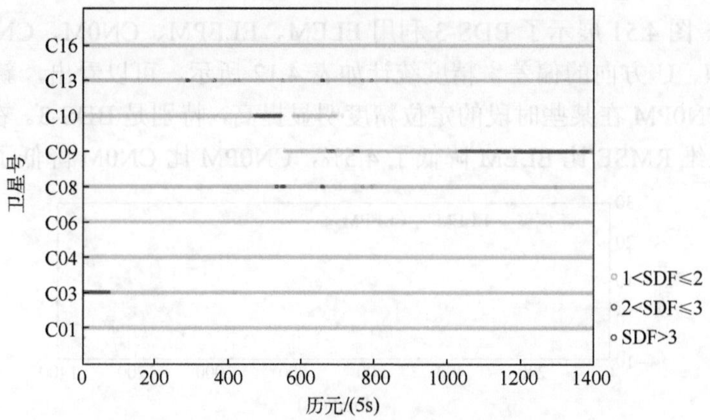

图 4.47　2 号测站 BDS-2 卫星的可见性及 SDF 值

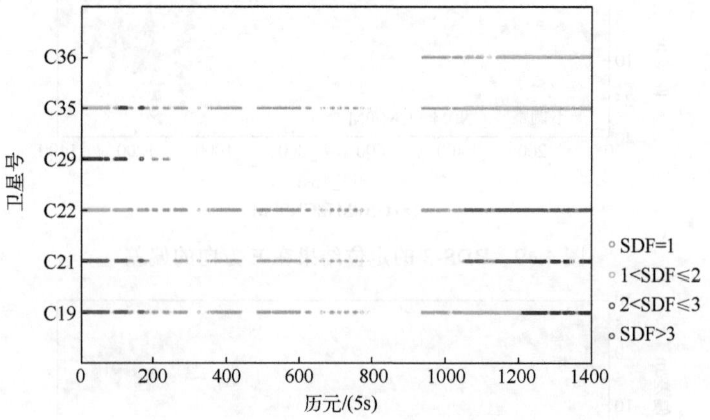

图 4.48　2 号测站 BDS-3 卫星的可见性及 SDF 值

表 4.12　ELEM、ELEPM、CN0M、CN0PM 的 RMSE 统计结果　（单位：m）

系统	方向	ELEM	ELEPM	CN0M	CN0PM
GPS	E	1.804	1.824	2.014	1.909
	N	1.142	1.207	1.028	1.083
	U	4.026	3.941	4.074	3.955
BDS-2	E	1.113	1.299	0.863	0.943
	N	0.970	0.941	0.845	0.845
	U	4.330	4.217	4.133	3.832
BDS-3	E	9.205	9.419	10.079	6.860
	N	4.403	4.165	4.614	3.798
	U	16.621	15.521	15.394	12.378

图 4.49～图 4.51 展示了 BDS-3 利用 ELEM、ELEPM、CN0M、CN0PM 的定位结果在 E、N、U 方向的偏差。精度统计如表 4.12 所示。可以看出，新方法总体上是有效的，CN0PM 在某些时段的定位精度明显提高，特别是 BDS-3。在 BDS-3 中，ELEPM 的三维 RMSE 比 ELEM 降低了 4.5%，CN0PM 比 CN0M 降低了 22.8%。

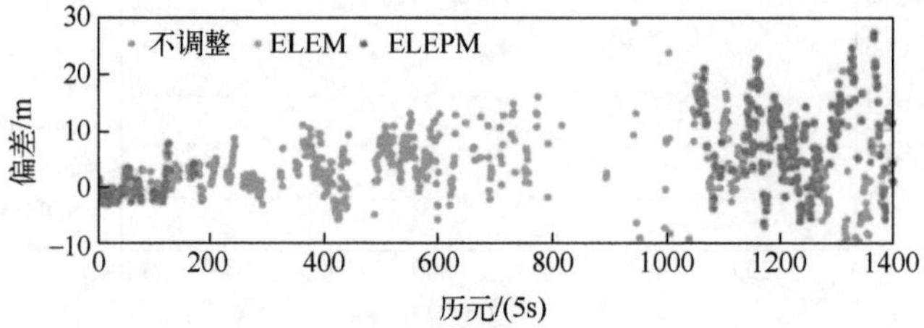

(a) ELEM和ELEPM

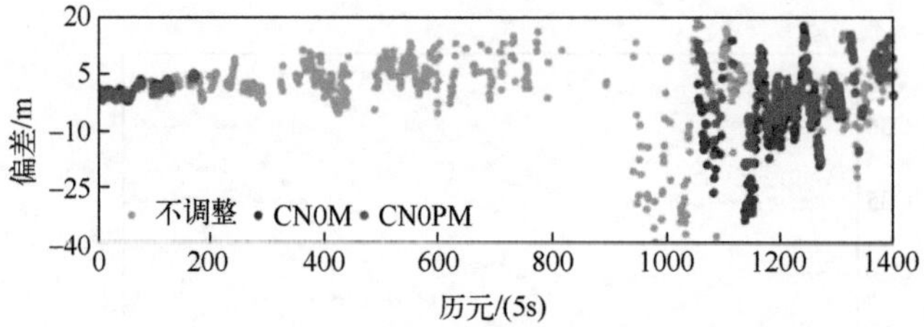

(b) CN0M和CN0PM

图 4.49　BDS-3 的定位结果在 E 方向的偏差

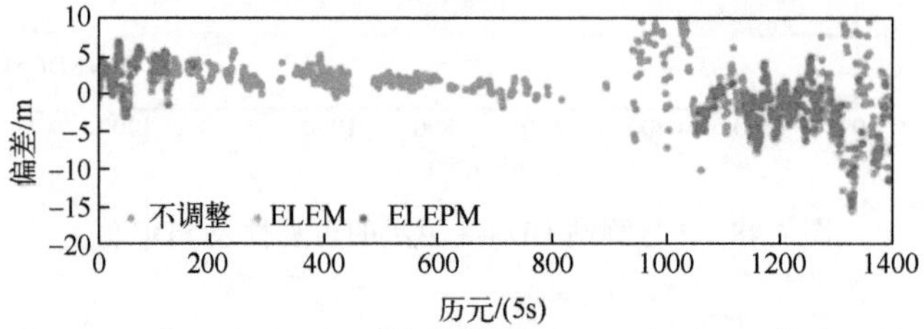

(a) ELEM和ELEPM

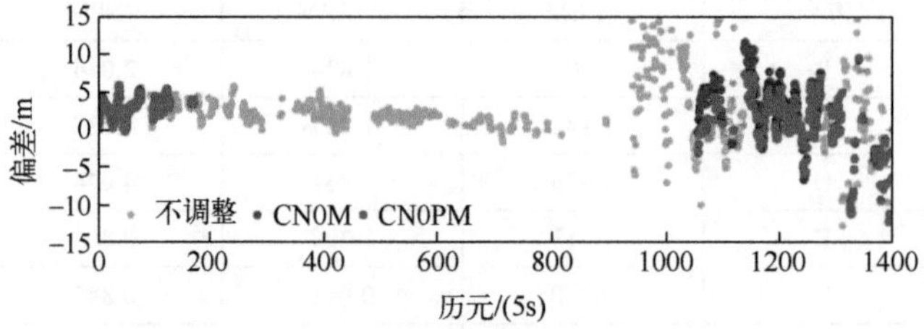

(b) CN0M和CN0PM

图 4.50　BDS-3 的定位结果在 N 方向的偏差

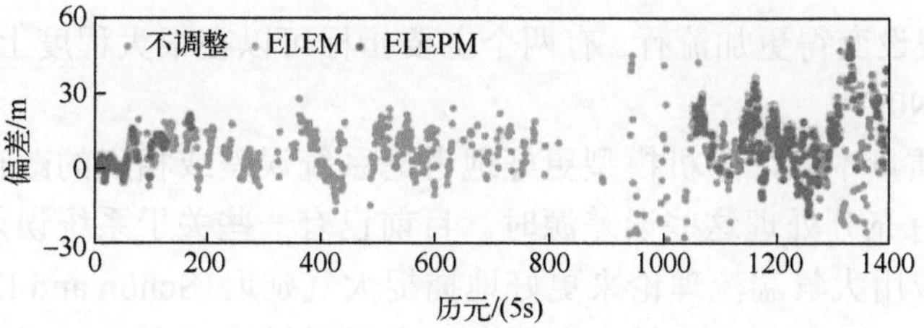

(a) ELEM和ELEPM

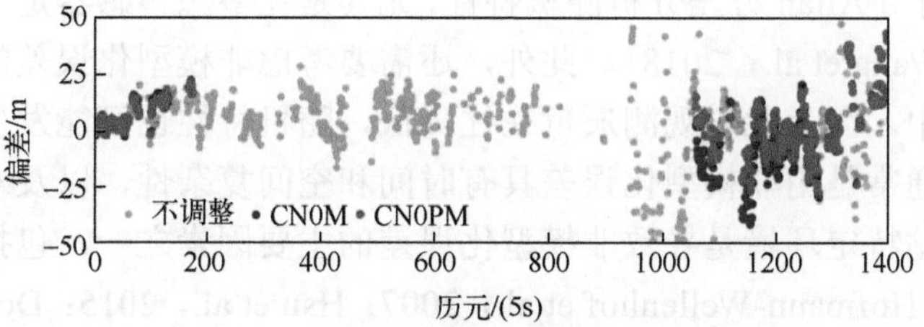

(b) CN0M和CN0PM

图 4.51　BDS-3 的定位结果在 U 方向的偏差

4.4　顾及地形地貌的复合随机模型及其 GNSS 实时监测应用

峡谷环境下传统随机模型并不能很好地描述周围地形地貌对 GNSS 定位的影响。基于此，提出了一种顾及地形地貌的复合随机模型构建方法(Zhang et al.，2022)。首先讨论了峡谷环境下随机模型构建遇到的问题，接着给出了顾及地形地貌的随机模型构建方法，并将其应用于 GNSS 实时监测中。

4.4.1　峡谷观测环境下的随机模型构建概述

GNSS 已被广泛应用于高精度实时监测领域，如滑坡、大坝或桥梁的变形、沉降和结构健康监测(Meng et al.，2007；Psimoulis et al.，2008；Liu et al.，2018)。GNSS 监测的地点通常位于自然峡谷和城市峡谷等环境中，此时信号频繁地被反射、衍射、折射、衰减，甚至遮挡，从而导致多路径、衍射、非视距传播，甚至异常值等。因此，实现 GNSS 高精度和高可靠定位的前提是建立一个精确的数学模型，包括函数模型和随机模型。与研究观测值和未知参数间关系更紧密的函数模型相比，随机模型需要确定观测值的精度和观测值间的相关性，因此更难被估计(Zumberge et al.，1997；Xu et al.，2007；Li，2016)。

观测值精度可以从方差-协方差矩阵中的对角线元素中得到体现。如前所述，早期阶段采用基于同方差性的假设刻画观测值精度(Bischoff et al.，2005)，但这种假设不切实际，因为不同观测值信号质量和系统误差(如大气效应)不可避免地不同。

因此，异方差假设变得更加流行。有两个主要指标可以在很大程度上反映信号质量，即高度角和 C/N0。

除了信号质量本身，随机模型更好地考虑系统误差或相应的改正模型，特别是在函数模型没有充分处理这些误差源时。目前已有一些关于系统误差产生及影响的研究。例如，应用大气湍流理论来更好地捕捉大气延迟(Schön and Brunner，2008a，2008b)；基于 C/N0 的用来分析电离层闪烁并用于描述相应观测值权重的方法(Luo et al.，2019)；利用 Allan 方差分析随机特性，尤其是在多源传感器定位和导航中(Niu et al.，2014；Wang et al.，2018)。此外，还需要考虑非模型化误差的影响，尤其是在复杂的环境中。因为此时观测质量往往降低，随机特性也可能发生变化。非模型化误差的影响通常是由非模型化误差具有时间和空间复杂性，以及对它们的认知有限造成的。测站特定环境是导致非模型化误差的主要因素之一，包括多路径、衍射和 NLOS 接收(Hofmann-Wellenhof et al.，2007；Hsu et al.，2015；Dong et al.，2016；Braasch，2017)。为了在特殊情况下更好地反映真实信号质量，可使用更真实地考虑方位角的截止高度角(Klostius et al.，2006；Atilaw et al.，2017)。此外，一些考虑测站实际环境的随机模型已被提出，例如，考虑 3D 映射的加权模型(Adjrad and Groves，2017)。另外，多种指标组合是一种有效的方法，包括高度角和 C/N0 的结合(Luo et al.，2014；Zhang Z et al.，2018b)，高度角和方位角的结合(Han et al.，2018)，甚至高度角、方位角和 SNR 的简单组合(Han et al.，2019)。

但是，目前还没有相关研究充分考虑如反射、衍射、衰减、遮挡等测站环境的影响进而确定观测值权重。在高精度 GNSS 监测中，这个问题显得尤为关键，特别是当监测站位于峡谷环境中，因为其不可避免地存在测站相关的非模型化误差(即多路径、衍射和 NLOS 接收)。因此，本节提出了一种新的随机模型，用于合理估计峡谷环境实时 GNSS 观测值的精度。为了验证所提出方法的有效性，进行了两类实验，并讨论了方位角映射函数的构造和模板函数的确定方法。然后，与传统方法进行比较，综合分析了其定位性能。

4.4.2 顾及地形地貌的复合随机模型构建方法

首先探讨三种传统随机模型，第一种随机模型是等权模型，这种模型的定权方案是默认 GNSS 观测值遵循同方差性，也就是说，伪距或相位的方差元素是相等的，可以被定义成式(2.5)(Bischoff et al.，2005)；第二种随机模型是高度角模型，这种模型采取了异方差性理论，可以被定义成式(2.9)(Dach et al.，2015；King，1995)；另一广泛使用的随机模型是载噪比随机模型，这种模型使用了信号质量指标，可以被定义成式(2.12)(Brunner et al.，1999；Hartinger and Brunner，1999)。

基于上述基本理论，提出一种新的复合随机模型，所提出的复合随机模型综合考虑了高度角、方位角和载噪比等指标来表征地理因素。首先，因为高度角模型比等权模型和载噪比模型更能直接反映信号质量和大气误差，所以高度角模型被确立为基本随机模型以衡量 GNSS 观测值基本精度。其次，方位角被用来约束高度角以获得所谓的约束高度角。这里的方位角被用来描述真实的地形地貌，如反射、衍射、衰减，甚至遮挡。值得一提的是，可能也存在一些未实际影响到信号的遮挡物，如没有叶子的树木。因此，有必要判断在实际应用中是否要考虑这类遮挡物，本节充分利用了 C/N0 以确定信号是否真的被影响的特性。最后，用 C/N0 优化约束高度角，从而获得等效高度角。这是因为 C/N0 值主要受天线增益、接收机、卫星发射机和信号传播路径的影响(Lau and Cross，2007b)。如果站点周围的障碍物是建筑物、树木或小山，那么实测 C/N0 可能会偏离标称值。理想环境中，对于给定系统和卫星在一定频率下可预先确定模板 C/N0(Strode and Groves，2016；Zhang Z et al.，2019)。因此，可以适当地处理由周围障碍物引起的多路径、衍射和非视距传播。具体地，提出的模型可以表示为

$$\sigma_{\text{com}}^2 = b / \sin^2(\overline{\theta}_{r,f}^s), \quad \overline{\theta}_{r,f}^s \in (0, \pi/2) \tag{4.65}$$

式中，σ_{com} 表示基于复合定权方案的非差非组合 GNSS 观测值；b 表示一个常系数；$\overline{\theta}_{r,f}^s$ 表示等效高度角。此外，与式(2.9)类似，实际应用中可以再加一个常系数。

通常，GNSS 数据处理中会假设周围的观测环境是无遮挡的，并设置一个固定截止高度角 θ_τ(如 10°)。显然，周围的观测环境是无遮挡的，假设在 GNSS 监测中不符合实际。理论上，存在一个地理截止高度角 $\theta_{\text{geo}}(\dot{\omega}_r^s)$ 的概念，它与方位角有关：

$$\theta_{\text{geo}}(\dot{\omega}_r^s) = f(\dot{\omega}_r^s), \quad \dot{\omega}_r^s \in [0, 2\pi] \tag{4.66}$$

式中，$f(\dot{\omega}_r^s)$ 表示在方位 $\dot{\omega}_r^s$ 时的方位角映射函数。在这里，地理截止高度角刻画了遮挡边界。因此，必要时可获取一个考虑地形地貌的更实际的截止高度角：

$$\theta_\tau' = \theta_\tau + \theta_{\text{geo}}(\dot{\omega}_r^s) \tag{4.67}$$

当然，约束高度角可被估计如下：

$$\overline{\theta}_{r,f}^s = \theta_{r,f}^s - \theta_{\text{geo}}(\dot{\omega}_r^s) \tag{4.68}$$

值得一提的是，当 NLOS 接收发生时，$\overline{\theta}_{r,f}^s$ 可能是 0 甚至是负值。也就是说，受遮挡卫星的间接信号抵达了接收机。显然，这类 $\overline{\theta}_{r,f}^s$ 需要被合理地处理。

之后，C/N0 被用来定义约束高度角，从而得到等效高度角。首先，在一个理想环境中，给定接收系统和特定频率卫星的 C/N0 模板函数和其 STD 需要被确定。以三次多项式为例，模板函数可被表示为(Zhang Z et al.，2019)

$$\text{C/N0}^*(\theta_{r,f}^s) = \alpha_1 + \alpha_2 \times \theta_{r,f}^s + \alpha_3 \times (\theta_{r,f}^s)^2 + \alpha_4 \times (\theta_{r,f}^s)^3 \tag{4.69}$$

$$\text{STD}^*(\theta_{r,f}^s) = \beta_1 + \beta_2 \times \theta_{r,f}^s + \beta_3 \times (\theta_{r,f}^s)^2 + \beta_4 \times (\theta_{r,f}^s)^3 \tag{4.70}$$

式中，$C/N0^*(\theta_{r,f}^s)$ 和 $STD^*(\theta_{r,f}^s)$ 表示 C/N0 标称值和其 STD；α_1、α_2、α_3、α_4、β_1、β_2、β_3 和 β_4 表示待定系数。相对于已有的相关研究，本节研究主要有两个不同之处：一个是单频观测值也可使用本节提及的模板函数；另一个是首次基于不同卫星类型和接收机/天线型号，确定不同的模板函数。通过比较 C/N0 标称值和实际值，评估了遮挡物的影响，以及定义了约束高度角。具体地，在实际 C/N0 和模板 C/N0 之间可能存在较大的差异。即使一些信号有相同的约束高度角，由于不同障碍物的影响，等效高度角也可能不同。因为 C/N0 标称值在一定高度角区间下可视为正态分布，所以可以应用正态分布的概率密度函数。如果约束高度角满足式(4.71)，则被认为有效，可被用作等效高度角，如下：

$$\left|C/N0(\bar{\theta}_{r,f}^s)-C/N0^*(\bar{\theta}_{r,f}^s)\right|\leqslant \eta STD^*(\bar{\theta}_{r,f}^s) \tag{4.71}$$

式中，η 是一个用户定义的尺度因子。否则，约束高度角需要作如下调整：

$$\begin{cases}\bar{\theta}_{r,f}^s=\bar{\theta}_{r,f}^s-\delta, & C/N0(\bar{\theta}_{r,f}^s)\leqslant C/N0^*(\bar{\theta}_{r,f}^s)\\ \bar{\theta}_{r,f}^s=\bar{\theta}_{r,f}^s+\delta, & C/N0(\bar{\theta}_{r,f}^s)>C/N0^*(\bar{\theta}_{r,f}^s)\end{cases} \tag{4.72}$$

式中，δ 是一个与模板函数分辨率有关的调整常数。等效高度角可使用式(4.72)迭代或直接基于模板函数反算得到。比例因子 η 可根据模板函数的精度和实际情况来选择。实际上，所提方法是基于三段法处理的思想，包括剔除观测值、调整观测值权重或保持观测值原始权重。因此，所提方法本质上是一种随机模型补偿方法，可有效处理测站相关的非模型化误差和粗差。上述各种高度角之间的关系如图 4.52 所示。根据图 4.52，紫色的高度角是由观测文件和星历文件直接计算得出的。黄色的自然截止高度角是用户预先设定的固定高度角，如 0°、10° 或更大。绿色的地理截止高度角是描述障碍物边界的高度角，它与方位角有关。蓝色的约束高度角则是从卫星高度角减去地理截止高度角估计的高度角，即地理截止高度角约束下的高度角。红色的等效高度角是考虑到反射、衍射、衰减和遮挡程度的约束高度角。

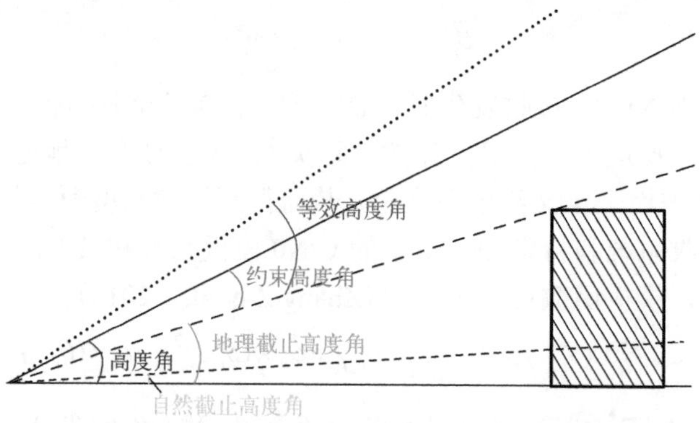

图 4.52 高度角、自然截止高度角、地理截止高度角、约束高度角和等效高度角示意图

基于上述理论，进一步总结了所提出的随机建模方法的实现流程，如图 4.53 所示。可以看出，该方法包括预处理步骤和正式处理步骤。对于预处理步骤，主要有两个问题。

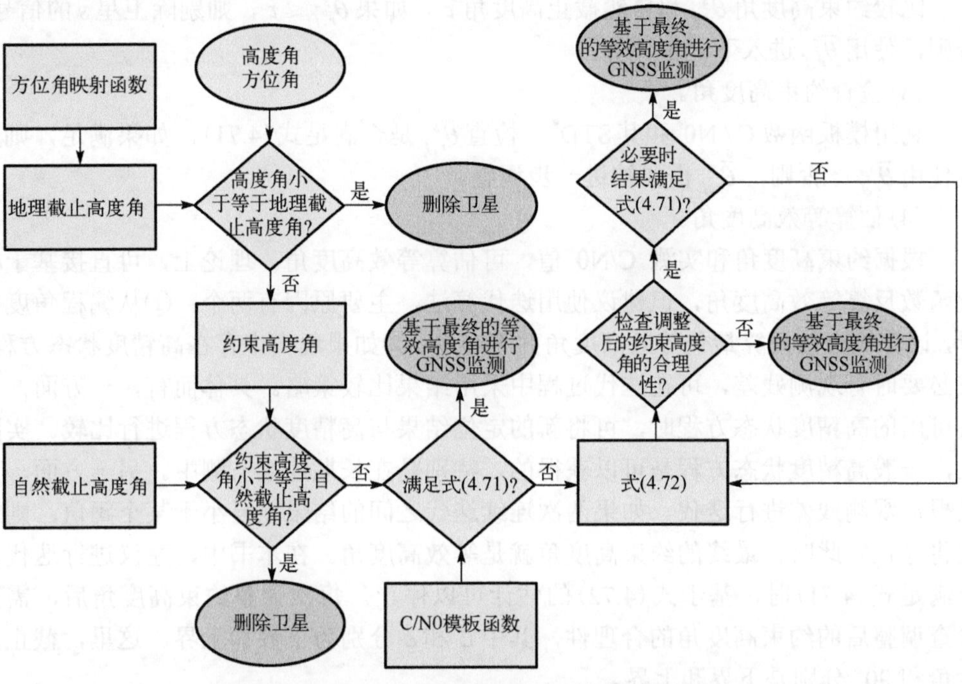

图 4.53 GNSS 实时监测复合随机模型实现流程

蓝色、绿色和红色图框的步骤分别表示预处理、处理和结束

(1) 方位角映射函数的构建。

方位角映射函数 $f(\dot{\omega}_r^s)$ 的数据采集可以依赖数字高度角模型、相机或其他测量仪器，包括全站仪和经纬仪(Groves and Adjrad，2019)。基于此，可以建立映射函数式(4.66)，甚至可以通过球谐函数或高阶多项式进行拟合，然后可以估计某个方位角 $\theta_{\mathrm{geo}}(\dot{\omega}_r^s)$ 的地理截止高度角。

(2) C/N0 的模板函数及其精度的确定。

在理想无遮挡条件下采集某个接收机的 C/N0 样本数据，经过一致性检查和最小样本量测试(Zhang Z et al.，2019)等质量控制操作后，可确定基于卫星类型分类的具体模板函数。在精化样本 C/N0 数据(即标称 C/N0)后，模板函数 $C/N0^*$ 及其精度 STD^* 可采用高度角相关函数进行拟合，如本节建议的三次多项式(4.69)和式(4.70)。最后，可以根据特定的高度角来估计模板 C/N0 及其精度。正式处理步骤如下所述。

(1) 比较卫星高度角和地理截止高度角。

根据计算高度角 $\theta_{r,f}^s$ 和相应的方位角 $\dot{\omega}_r^s$，以及式(4.66)，将 $\theta_{r,f}^s$ 与地理截止高度

角 $\theta_{\text{geo}}(\dot{\omega}_r^s)$ 比较，如果 $\theta_{r,f}^s \leqslant \theta_{\text{geo}}(\dot{\omega}_r^s)$，则卫星 s 的信号被认为是非视距传播或者异常值，将其删除；如果 $\theta_{r,f}^s > \theta_{\text{geo}}(\dot{\omega}_r^s)$，则约束高度角 $\bar{\theta}_{r,f}^s$ 由式(4.68)获取。

(2)比较约束高度角和自然截止高度角。

比较约束高度角 $\bar{\theta}_{r,f}^s$ 和自然截止高度角 τ 。如果 $\bar{\theta}_{r,f}^s \leqslant \tau$ ，则剔除卫星 s 的信号；否则，使用 $\bar{\theta}_{r,f}^s$ 进入下一步计算。

(3)检查约束高度角。

利用模板函数 C / N0* 和其 STD*，检查 $\bar{\theta}_{r,f}^s$ 是否满足式(4.71)。如果满足，则直接使用 $\bar{\theta}_{r,f}^s$；否则，$\bar{\theta}_{r,f}^s$ 需要被进一步调整。

(4)估算等效高度角。

根据约束高度角和实测 C/N0 值，可估算等效高度角。理论上，可直接基于模板函数反算等效高度角，但建议使用迭代算法，主要原因有两个：①从编程角度来看，计算机直接反算最佳等效高度角并不容易；②如果现实中存在高精度状态方程，或必要时有观测残差，可在迭代过程中采用结果比较策略。具体而言，一方面，当有可用的高精度状态方程时，可将新的定位结果与高精度状态方程进行比较。实际上，一般高精度状态方程是可以获得的，特别是在长期连续监测中。另一方面，可以根据观测残差进行迭代。如果两次连续迭代之间的结果差异小于某个阈值，则迭代将停止。此时，最终的约束高度角就是等效高度角。在本书中，建议进行迭代，当满足式(4.71)时，基于式(4.72)的估计可以停止。每次调整约束高度角后，需要检查调整后的约束高度角的合理性，其中 ζ 和 ξ 分别为下界和上界。这里，截止高度角和 90° 分别是下界和上界。

理论上，两个主要因素使所提出的方法能够发挥作用。第一个因素是考虑方位角的地理截止高度角，它可以更准确地反映高度角，并在很大程度上探测 NLOS 接收甚至异常值。第二个因素是模板 C/N0 和实际 C/N0 观测值。借助 C/N0 模板函数及其精度，充分考虑了 C/N0 与测站相关非模型化误差之间的特性，这使得我们能够高精度和高可靠性地评估反射和衍射程度。

4.4.3　含复合随机模型的 GNSS 实时监测应用

首先，通过一个例子确定了方位角映射函数和 C/N0 模板函数及其 STD。接着，在峡谷环境下进行了 GNSS 监测的现场测试。

针对方位角映射函数的建立，为了应用所提出的随机模型，需预先构建监测站的方位角映射函数。1 号监测站位于南京市某校园内。图 4.54 以顺时针方向描绘了从北到南(图(a))和从南到北(图(b))的周围环境。可以看出，周围障碍物同时包括人工和自然地形。具体地，有建筑物、有叶子和无叶子的树木、山丘等。因此，在进行实时 GNSS 监测时，多路径、衍射、NLOS 等残余系统误差和粗差容易频繁出现。

(a) 顺时针方向由北向南

(b) 顺时针方向由南向北

图 4.54　1 号监测站顺时针方向由北向南和由南向北的全景图

根据地形地貌，可构建方位角映射函数。地理截止高度角可通过给定方位角的映射函数确定，本节使用了经纬仪。由于经纬仪精度高、可靠性高，高度角分辨率设置为 0.01°。然后因为 C/N0 的 STD 的模板函数是基于 1° 高度角区间建立的，所以 1° 被设置为方位角的分辨率，当然用户也可根据自身的实际情况使用其他的高度角和方位角分辨率。图 4.55 根据方位角映射函数，通过可视化方式展示了监测站的天空图。不难发现，地理界线高度角范围为 4.50°～34.12°，包括高层和低层建筑的界限，以及茂密和稀疏的树木。因此，地形地貌包含了峡谷环境的主要特征，具有代表性。

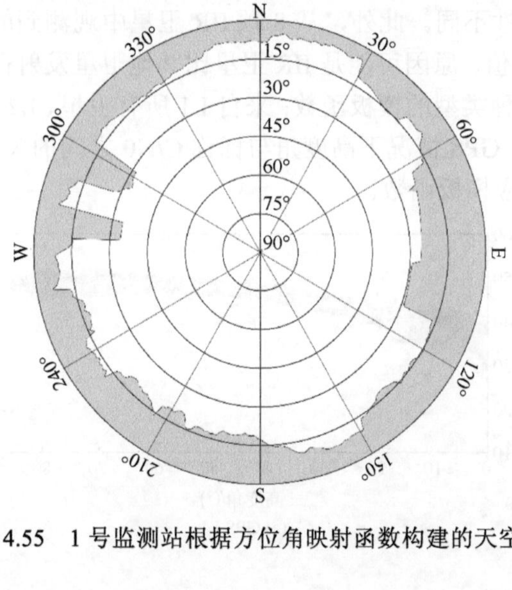

图 4.55　1 号监测站根据方位角映射函数构建的天空图

为了确定 C/N0 的模板函数及其精度，需要提前将 1 号监测设备置于理想的环境中，如图 4.56 所示。原因是模板 C/N0 及其精度在无遮挡的情况下，相对稳定且与高度角高度相关。在这种情况下，使用了由 CHCNAV 制造的带有天线 AT312 的高端 P5 接收机。然后，在 2021 年 DOY 13 采集了采样间隔为 1s 的 24 小时 C/N0 值，包括 GPS L1(1575.42MHz)和 L2(1227.60MHz)，以及 BDS B1(1561.098MHz)和 B3(1268.520MHz)频率。

图 4.56　理想环境下的 1 号监测设备

在确定 C/N0 及其 STD 的模板函数时要确保高可靠性。经过一致性检查和最小样本量测试，如果在理想环境中 C/N0 值在某个高度角区间(如 1°)内超过两倍 STD 范围，则删除该数据，其中置信区间为 95%。然后可以根据最小二乘准则利用精化样本 C/N0 获得模板函数(即三次多项式)。

P5 接收机经测试没有通用的模板函数。具体地，在 GPS 监测的情况下，发现 L1 和 L2 的 C/N0 特性不同。此外，从 8 颗 IIR 卫星中观测到的 L2 的 C/N0 值明显低于其他类型卫星的值。原因可能是 IIR 卫星比其他卫星发射得早，硬件相对落后。因此，GPS 中存在三种类型的模板函数：来自 L1 所有卫星、L2 非 IIR 卫星和 L2 IIR 卫星。图 4.57 展示了 GPS 情况下高度角与标称 C/N0 之间的关系。这些子图中的拟合线表示 C/N0 的相应模板函数。

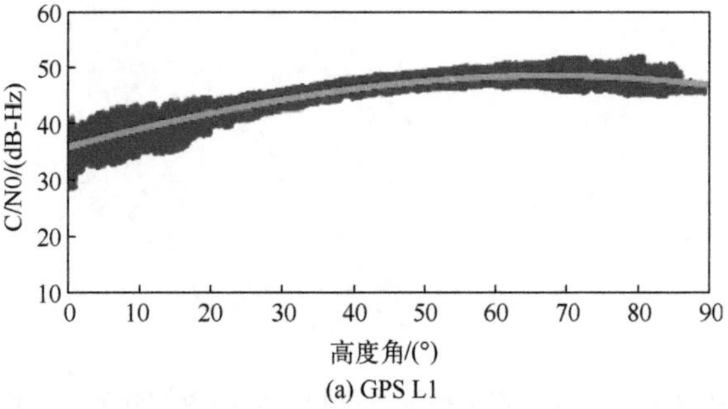

(a) GPS L1

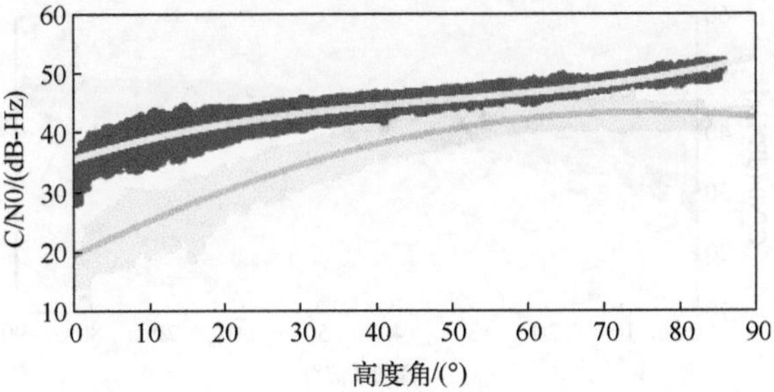

(b) GPS L2

图 4.57　1 号监测设备的高度角与标称 C/N0 关系(一)

蓝色、红色和黄色点分别表示 L1、L2 非 IIR 和 L2 IIR 卫星，不同颜色的拟合线表示对应的 C/N0 模板函数

C/N0 及其 STD 对应的模板函数如下：

$$C/N0^*(\theta_{r,L1}^{G})=35.61+0.332\theta_{r,L1}^{G}-1.537\times10^{-3}(\theta_{r,L1}^{G})^2-8.933\times10^{-6}(\theta_{r,L1}^{G})^3 \tag{4.73}$$

$$STD^*(\theta_{r,L1}^{G})=2.583-0.102\theta_{r,L1}^{G}+1.763\times10^{-3}(\theta_{r,L1}^{G})^2-8.557\times10^{-6}(\theta_{r,L1}^{G})^3 \tag{4.74}$$

$$C/N0^*(\theta_{r,L2}^{EIIR})=35.45+0.393\theta_{r,L2}^{EIIR}-5.843\times10^{-3}(\theta_{r,L2}^{EIIR})^2+3.995\times10^{-5}(\theta_{r,L2}^{EIIR})^3 \tag{4.75}$$

$$STD^*(\theta_{r,L2}^{EIIR})=2.157-0.0546\theta_{r,L2}^{EIIR}+8.937\times10^{-4}(\theta_{r,L2}^{EIIR})^2-5.101\times10^{-6}(\theta_{r,L2}^{EIIR})^3 \tag{4.76}$$

$$C/N0^*(\theta_{r,L2}^{IIR})=19.44+0.619\theta_{r,L2}^{IIR}-3.863\times10^{-3}(\theta_{r,L2}^{IIR})^2-1.815\times10^{-6}(\theta_{r,L2}^{IIR})^3 \tag{4.77}$$

$$STD^*(\theta_{r,L2}^{IIR})=3.317-0.0789\theta_{r,L2}^{IIR}+1.105\times10^{-3}(\theta_{r,L2}^{IIR})^2-5.778\times10^{-6}(\theta_{r,L2}^{IIR})^3 \tag{4.78}$$

式中，$\theta_{r,L1}^{G}$、$\theta_{r,L2}^{EIIR}$ 和 $\theta_{r,L2}^{IIR}$ 分别是 GPS L1 卫星、GPS L2 非 IIR 卫星和 GPS L2 IIR 卫星的高度角。

在 BDS 的情况下，实测 C/N0 值也不同。与 GPS 不同，这里的差异只存在于不同的卫星之间。也就是说，MEO 卫星的 C/N0 值普遍高于 IGSO 卫星和 GEO 卫星。这是因为 MEO 卫星轨道的高度低于 GEO 卫星或 IGSO 卫星，相应的信号强度可能会更强。因此，BDS 中有两种模板函数：B1/B3 MEO 卫星、B1/B3 IGSO/GEO 卫星。图 4.58 说明了北斗卫星高度角和标称 C/N0 之间的关系。这些子图中的拟合线表示相应的 C/N0 模板函数。

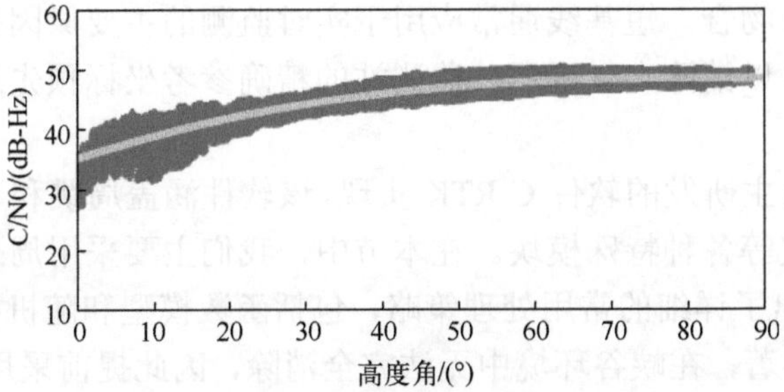

(a) B1/B3 MEO卫星

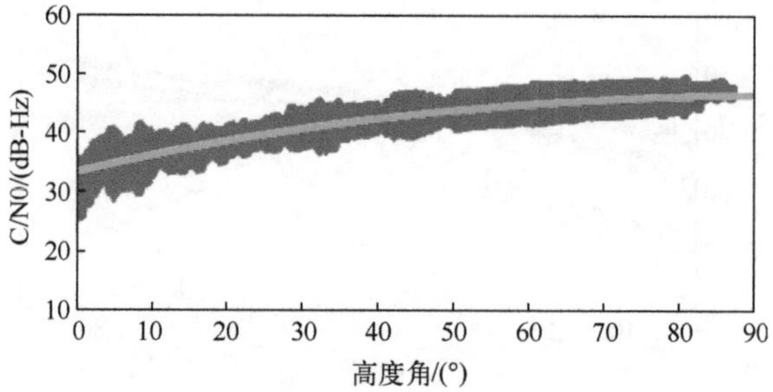

(b) B1/B3 IGSO/GEO卫星

图 4.58　1 号监测设备的高度角与标称 C/N0 关系(二)

不同颜色的拟合线表示对应的 C/N0 模板函数

类似地，相应地 C/N0 模板函数和其 STD 如下：

$$C/N0^{*}(\theta_{r,\mathrm{B13}}^{\mathrm{M}})=34.96+0.408\theta_{r,\mathrm{B13}}^{\mathrm{M}}-3.931\times10^{-3}(\theta_{r,\mathrm{B13}}^{\mathrm{M}})^{2}+1.143\times10^{-5}(\theta_{r,\mathrm{B13}}^{\mathrm{M}})^{3} \tag{4.79}$$

$$\mathrm{STD}^{*}(\theta_{r,\mathrm{B13}}^{\mathrm{M}})=2.873-0.114\theta_{r,\mathrm{B13}}^{\mathrm{M}}+2.316\times10^{-3}(\theta_{r,\mathrm{B13}}^{\mathrm{M}})^{2}-1.527\times10^{-5}(\theta_{r,\mathrm{B13}}^{\mathrm{M}})^{3} \tag{4.80}$$

$$C/N0^{*}(\theta_{r,\mathrm{B13}}^{\mathrm{EM}})=33.13+0.301\theta_{r,\mathrm{B13}}^{\mathrm{EM}}-1.976\times10^{-3}(\theta_{r,\mathrm{B13}}^{\mathrm{EM}})^{2}+2.957\times10^{-6}(\theta_{r,\mathrm{B13}}^{\mathrm{EM}})^{3} \tag{4.81}$$

$$\mathrm{STD}^{*}(\theta_{r,\mathrm{B13}}^{\mathrm{EM}})=2.975-0.121\theta_{r,\mathrm{B13}}^{\mathrm{EM}}+2.815\times10^{-3}(\theta_{r,\mathrm{B13}}^{\mathrm{EM}})^{2}-1.947\times10^{-5}(\theta_{r,\mathrm{B13}}^{\mathrm{EM}})^{3} \tag{4.82}$$

式中，$\theta_{r,\mathrm{B13}}^{\mathrm{M}}$ 和 $\theta_{r,\mathrm{B13}}^{\mathrm{EM}}$ 分别是 BDS B1 和 B3 MEO 卫星，以及 BDS B1 和 B3 非 MEO 卫星高度角。

根据图 4.57 和图 4.58 可以清楚地看出，C/N0 与高度角呈正相关。因此，C/N0 也与高度角有关。也就是说，任何高度角和 C/N0 的简单组合都不是一个很好的选择，因为它们在功能上是重叠的。更好的方法是利用 C/N0 的模板函数及其精度，这样做可以很大程度上通过比较模板 C/N0 和实测 C/N0 探测测站相关的非模型化误差。

为验证所提方法的有效性，进行了定位性能分析，在峡谷环境中采集了 1 号监测站 2021 年第 4 天的实验数据，采样间隔为 1s，时长约为 2h，包括 GPS 和 BDS 数据。同时，还采集了理想环境下的参考站观测数据，基线长度约为 313.31m，与实际监测应用较为吻合。短基线通常应用于实时监测的主要原因是，在如此恶劣和高精度的场景中可以消除大气延迟。监测站的精确参考坐标预先通过精密后处理静态解确定。

实验由我们自主研发的软件 C-RTK 实现，该软件涵盖周跳和数据中断、多路径、粗差、模糊度固定等各种特殊模块。在本节中，我们主要采用周跳探测和粗差探测模块。表 4.13 给出了详细的常用处理策略，包括函数模型和随机模型的信息。具体地，异常值非常显著，在峡谷环境中无法完全消除，因此提前采用了基于 DIA 方法(Baarda，1968；Teunissen，2006)。基于稳健估计的方法(Xu，1989；Yang et al.，

2002）也可以应用，尽管它与所提出的方法存在部分重叠。使用了 LAMBDA（Teuniseen，1995）的方法，而这种方法需要改进，因为效率不是很高（Xu，1998；Xu et al.，2012）。此外，为了提高模糊度固定的效率，采用了改进的 LAMBDA（Chang et al.，2005），本实验中 Ratio 设置为 3.0，其中固定率为 96.8%。对于电离层延迟，预先使用 Klobuchar 模型，在如此短的基线中，电离层延迟可认为经过双差后消除，即电离层固定模型。为了便于比较，特别是在应用方位角时，自然截止高度角为 0°。为了充分验证所提模型的有效性，采用实时动态定位的方法进行测试。

表 4.13　详细的常用处理策略

项目	处理策略	项目	处理策略
使用信号	GPS、BDS	电离层延迟改正	Klobuchar 模型
异常值处理	DIA	对流层延迟改正	Saastamoinen 模型
模糊度解算策略	LAMBDA	方差因子比例	伪距：相位=10000：1

然后应用和比较了六种随机模型。前三种方法是传统的方法，包括等权法（EQUM）(a)、高度角法（ELEM）(b)和 C/N0 法（CN0M）(c)。为了验证地理截止高度角和模板函数的有效性，第四和第五种方法是高度角-方位角法（ELAM）(d)，类似于 Han 等（2018）提出的方法，以及不使用方位角的高度角-C/N0 法（ELCN）(e)。ELAM 和 ELCN 实际上是提出的复合方法（COPM）(f)的简化形式。在这种情况下，我们设置调整常数 $\delta=1°$，比例因子 $k=2$，理论上有 95%的置信度。

首先重点分析了 1 号监测站的数据质量。然后对 RTK 定位结果进行了全面讨论。图 4.59 展示了 1 号监测站的卫星数量和 PDOP，其中包括 GPS、BDS 和 GPS+BDS 的情况。从图 4.59(a)可以看出，卫星数量不断变化，表明信号确实经常受到建筑物、树木、山丘等障碍物的影响。从 PDOP 来看，PDOP 值几乎都大于 1 且存在一些突变性的波动，尤其是 BDS 的 PDOP 值可以达到 6。这表明一些卫星可能被遮挡，导致卫星空间几何分布突然变差。

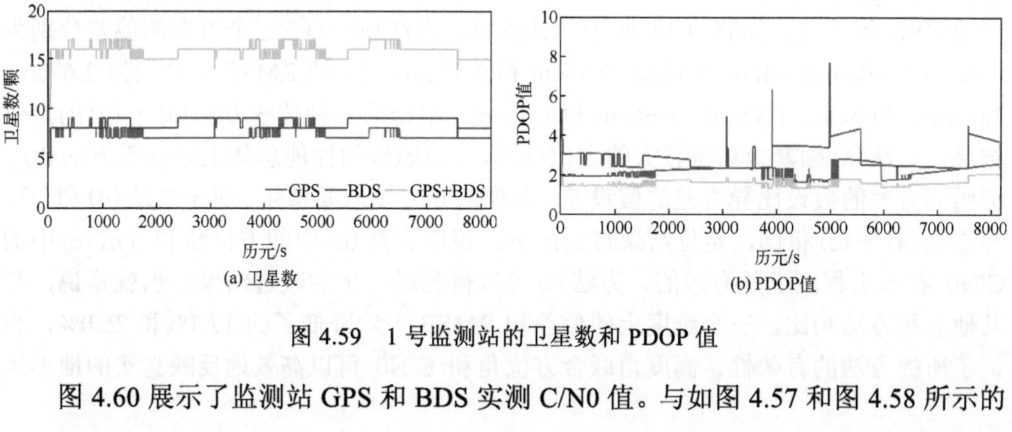

(a) 卫星数　(b) PDOP值

图 4.59　1 号监测站的卫星数和 PDOP 值

图 4.60 展示了监测站 GPS 和 BDS 实测 C/N0 值。与如图 4.57 和图 4.58 所示的

标称 C/N0 相比，实测 C/N0 明显不同。具体地，GPS C/N0 在低高度角(低于 30°)存在不规则波动。对于 BDS，一些高度角在 25°～30° 的 MEO 卫星的 C/N0 值衰减严重。结果表明，一些信号可能存在多路径、衍射、非视距传播，甚至是异常值。这也从侧面证明了建立模板函数是有意义的。

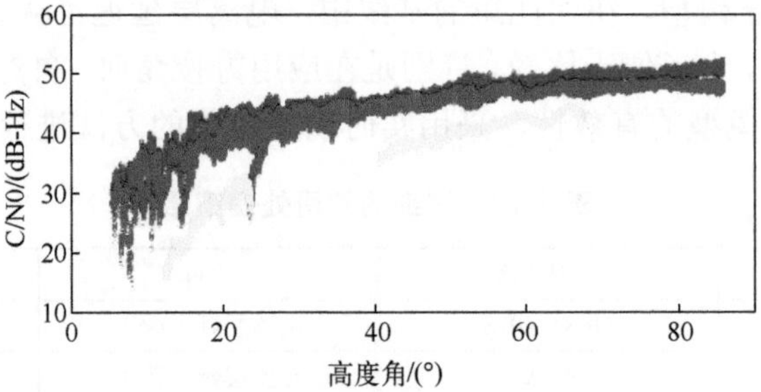

(a) GPS卫星

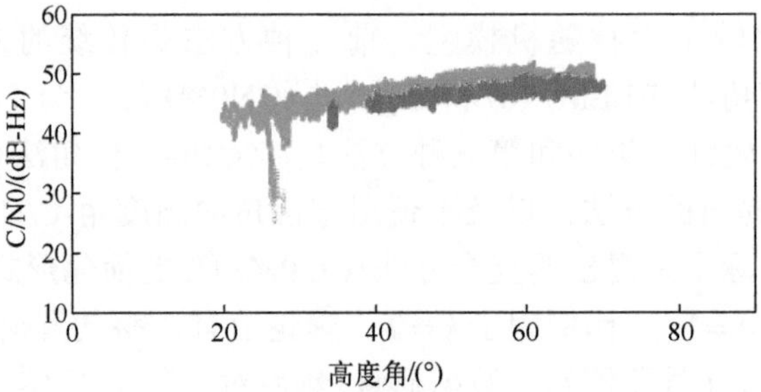

(b) BDS卫星

图 4.60　1 号监测站实测 C/N0

蓝色、红色和黄色分别表示 GPS L1、GPS L2 非 IIR 和 GPS L2 IIR 卫星，蓝灰色和橙色分别表示 BDS MEO 和 BDS GEO/IGSO 卫星

图 4.61 展示了不同随机模型下的 RTK 定位误差，包括方法(a)～(f)，蓝色、绿色和红色的偏差分别表示 E、N 和 U 方向的偏差。此外，给出了相应的偏差(Bias)和 RMSE 统计量，如表 4.14 所示。具体地，方法(a)～(f)三个方向的偏差分别为 0.89cm、0.60cm、0.64cm、0.59cm、0.58cm 和 0.55cm。相应的 RMSE 值分别为 2.67cm、2.02cm、2.06cm、1.83cm、1.66cm 和 1.54cm。根据前三种传统方法(a)～(c)的定位结果，方法(a)频繁地获得较大的定位偏差，方法(c)的性能总体上略差于方法(b)。证明同方差的假设比异方差的假设差，合理的异方差需要精化。对于方法(d)和(e)，与方法(a)～(c)相比，定位结果得到改进。说明方法(d)中的方位角和方法(e)中的 C/N0 在一定程度上是有效的。方法(f)可以得到进一步的改进结果。也就是说，与其他五种方法相比，三个维度上的偏差和 RMSE 平均降低了约 17.1%和 25.0%，验证了所提方法的有效性，高度角联合方位角和 C/N0 可以高效地反映真实的地形地

貌。值得注意的是，在本实验中，方法(e)的性能略好于方法(d)。这表明了 C/N0 的模板函数及其精度的重要性，因为它可以更好地反映峡谷环境中如多路径和衍射等误差源。此外，还可以发现一些不稳定或不常见的定位结果，如方法(f)在 U 方向的定位误差小于 N 方向的定位误差。但实际上，这种现象在这样的峡谷环境中广泛存在(Hsu et al.，2015；Groves and Adjrad，2019)。

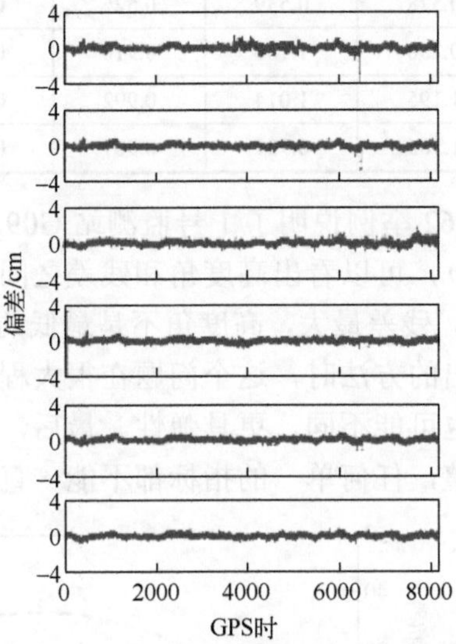

(a) E方向

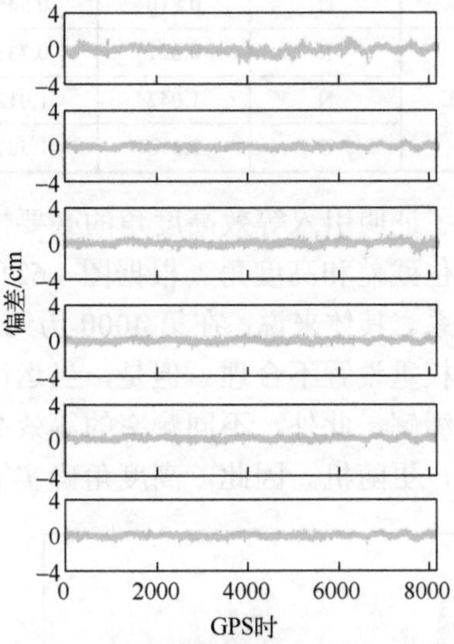

(b) N方向

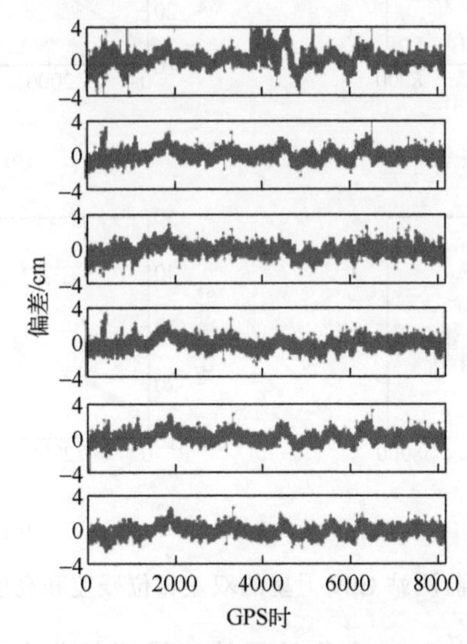

(c) U方向

图 4.61　1 号监测站 RTK 定位结果

从上到下分别表示(a) EQUM、(b) ELEM、(c) CN0M、(d) ELAM、(e) ELCN 和(f) COPM 方法的结果

表 4.14　1 号监测站 EQUM、ELEM、CN0M、ELAM、ELCN、COPM 方法的统计结果

(单位：cm)

统计量	方向	EQUM	ELEM	CN0M	ELAM	ELCN	COPM
Bias	E	0.237	0.175	0.199	0.190	0.184	0.168
	N	0.272	0.164	0.199	0.161	0.162	0.160
	U	0.810	0.545	0.578	0.539	0.525	0.495
RMSE	E	0.827	0.733	0.750	1.185	0.910	0.732
	N	1.042	1.012	1.195	1.014	0.992	0.983
	U	2.318	1.587	1.505	0.957	0.967	0.927

为了证明引入等效高度角的必要性，图 4.62 举例说明了 1 号监测站 G09 卫星的双差相位残差和高度角。根据图 4.62(a)和(b)，可以看出高度角和残差之间没有明显的关系。具体来说，在第 4000 历元左右时，残差最大，高度角不是最低的，肯定会导致权重设置不合理。但是，当运用所提出的方法时，这个问题在很大程度上可以得到缓解。此外，不同频率的等效高度角也可能不同，更具弹性。最后，残差变得更小，更随机。因此，高度角确实需要调整，任何单一的指标都不能一直有效。

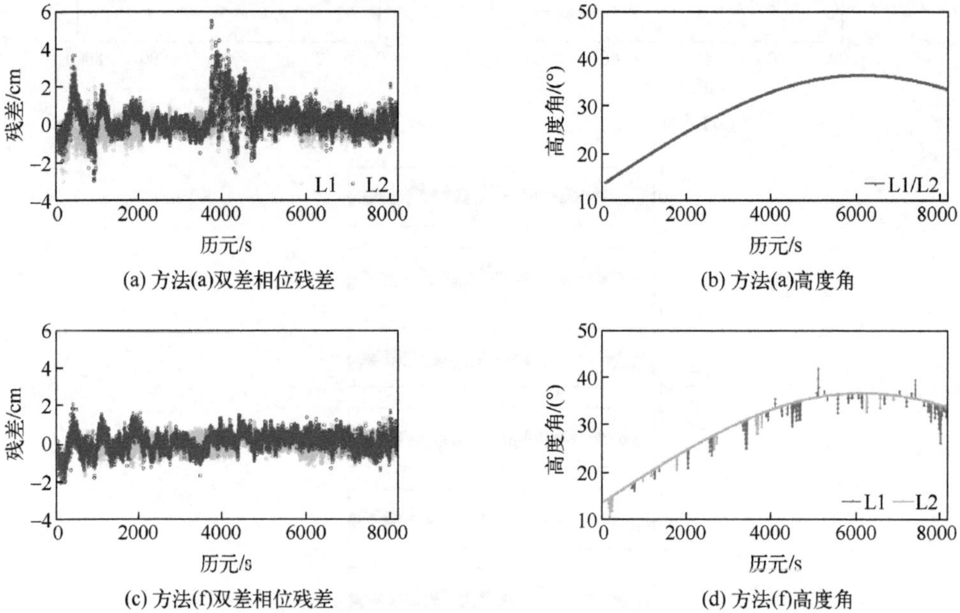

(a) 方法(a)双差相位残差　(b) 方法(a)高度角

(c) 方法(f)双差相位残差　(d) 方法(f)高度角

图 4.62　1 号监测站 G09 卫星的双差相位残差和高度角

图 4.63 展示了 1 号监测站 RTK 定位结果的三维误差分布，包括了(a)～(f)六种方法。可以发现，前三种传统方法(a)～(c)各有优缺点，其中高度角模型总体上优于其他两种方法。那么方法(d)和(e)总体上优于传统方法，从而表明方位角映射函

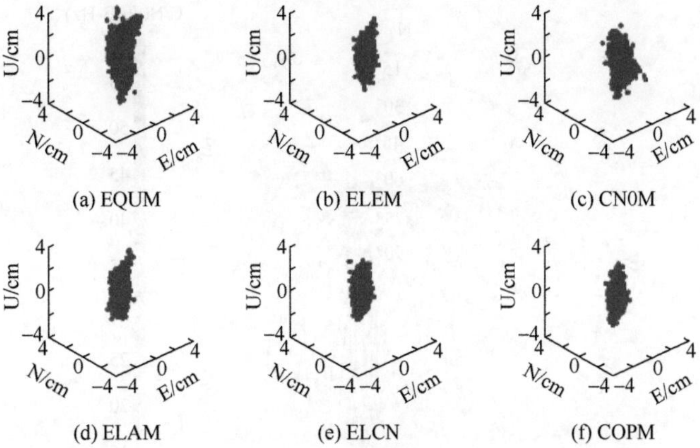

图 4.63　1 号监测站 RTK 定位结果三维误差分布图

数和模板函数的有效性。此外，当方位角和 C/N0 都被引入时，如方法(f)的结果所示，定位结果在可靠性方面得到了显著提高。综上所述，该方法在精度和可靠性方面是最准确的，能够准确、高效地反映真实地形地貌。

为了进一步验证所提出方法的有效性，应用并测试了另一个来自真实变形监测场景的数据集。相似地，首先确定 C/N0 及其 STD 的方位角和模板函数的映射函数；然后分析讨论了峡谷环境中 GNSS 实时监测的定位结果。

本节使用的接收机是 High Gain 公司生产的低成本接收机，命名为 2 号监测设备。该接收机型号为 BX-RAG360，天线和 GNSS 板卡是一体式的。GPS 可用频率为 L1(1575.42MHz)和 L2(1227.60MHz)，BDS 可用频率为 B1(1561.098MHz)和 B2(1207.14MHz)。2 号真实变形监测站位于中国巴中市火峰村。首先是需要建立方位角映射函数。方位角映射函数可以根据地形地貌构造。此实验中，方位角和高度角的分辨率分别为 1°和 0.01°。

图 4.64 是 2 号监测站带 C/N0 信息的天空图，其中不同的颜色表示不同的 C/N0 值。可以清楚地看到测站西侧被遮蔽，尤其是西南方向。仔细观察障碍物边界附近的 C/N0 观测值，这些值在不同方向上具有不同程度的衰减。这些值的范围为 15～55dB-Hz。由于此时信号经常断断续续，产生数据间隙。它表明存在多路径、衍射和 NLOS 接收现象。此外，C/N0 观测值在不同方向的衰减程度差异很大，很可能是因为受到不同类型的障碍物的影响，间接证明了仅靠方位角无法准确评估信号受测站相关的非模型化误差影响的程度。

其次是进行模板函数的确定。接收机类型和模型与前面的不同，因此需要重新确定模板函数。2 号监测设备首先放置在一个理想的环境中。图 4.65 展示了 2 号监测设备的环境。显然，无遮挡的环境可以用来确定 C/N0 的模板函数及其精度。采用了低成本类型的天线和板卡，因此考虑到不同接收机的 C/N0 特性可能存在

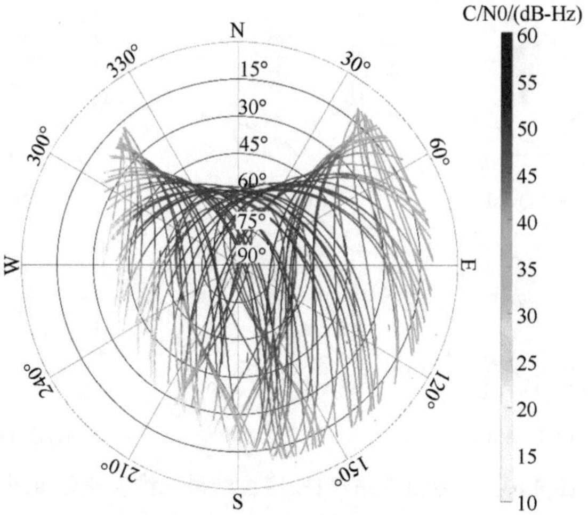

图 4.64　2 号监测站的 C/N0 天空图

系统性差异，我们将多个相同型号的接收机连续放置在上述相同位置。幸运的是，发现相同类型的不同接收机之间没有系统差异。这与 C/N0 的性质是一致的，也证明了将模板函数用于低成本接收机的可行性。

图 4.65　理想环境下的 2 号监测设备

同样地，收集了 24h 的 C/N0 值。在进行一致性检查和最小样本量测试后，当样本 C/N0 值在 1°区间内超过两倍 STD 范围时，将被删除。最后，可以根据精化后的样本 C/N0 确定三次多项式形式的模板函数。与 1 号监测设备不同的是，2 号监测设备共有六个模板函数，具体为 L1、L2、B1 MEO、B2 MEO、B1 IGSO/GEO、B2 IGSO/GEO。图 4.66 展示了 GPS 高度角和标称 C/N0 之间的关系。这些子图中的拟合线表示相应的 C/N0 模板函数。这里没有将 GPS L2 的模板函数根据不同卫星类型分开确定的原因是低成本接收机不会接收来自 IIR 卫星的 L2 信号，以达到低功耗的目的。

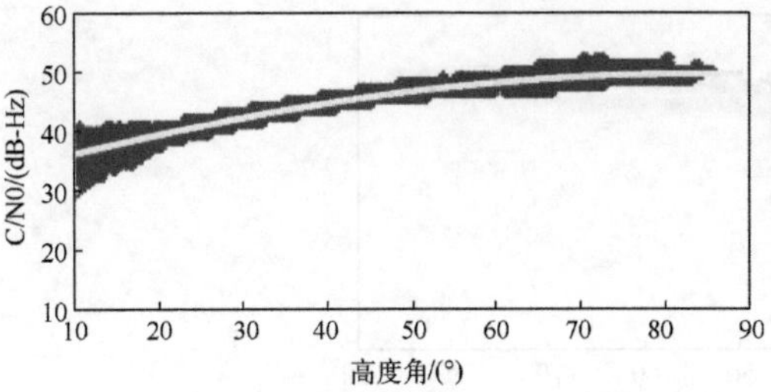

(a) GPS L1

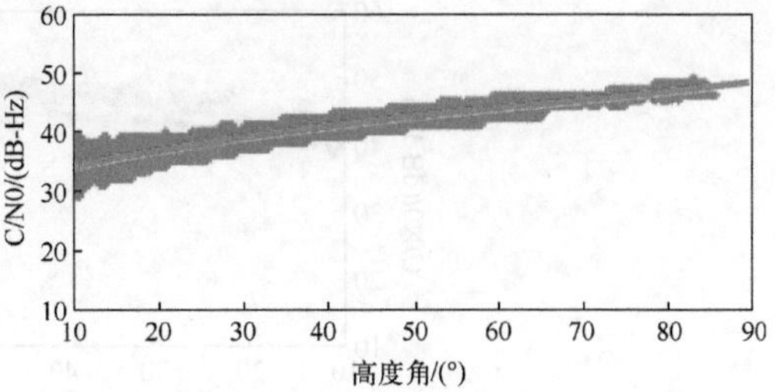

(b) GPS L2

图 4.66　2 号监测设备的高度角与标称 C/N0 关系图(一)
不同颜色的拟合线表示对应的 C/N0 模板函数

C/N0 及其 STD 对应的模板函数如下：

$$C/N0^*(\theta^{G}_{r,L1}) = 32.45 + 0.373\theta^{G}_{r,L1} - 1.662\times10^{-3}(\theta^{G}_{r,L1})^2 - 4.602\times10^{-6}(\theta^{G}_{r,L1})^3 \tag{4.83}$$

$$STD^*(\theta^{G}_{r,L1}) = 3.872 - 0.207\theta^{G}_{r,L1} + 4.170\times10^{-3}(\theta^{G}_{r,L1})^2 - 2.549\times10^{-5}(\theta^{G}_{r,L1})^3 \tag{4.84}$$

$$C/N0^*(\theta^{G}_{r,L2}) = 30.69 + 0.361\theta^{G}_{r,L2} - 3.512\times10^{-3}(\theta^{G}_{r,L2})^2 + 1.839\times10^{-5}(\theta^{G}_{r,L2})^3 \tag{4.85}$$

$$STD^*(\theta^{G}_{r,L2}) = 3.152 - 0.117\theta^{G}_{r,L2} + 2.107\times10^{-3}(\theta^{G}_{r,L2})^2 - 1.242\times10^{-5}(\theta^{G}_{r,L2})^3 \tag{4.86}$$

式中，$\theta^{G}_{r,L2}$ 是 GPS L2 的高度角。与式(4.73)～式(4.76)相比，根据常数项可以发现低成本接收机的模板 C/N0 值低于高端接收机的模板 C/N0 值。此外，低成本接收机的相应 STD 大于来自高端接收机的 STD，与实际相符，这说明了模板函数的合理性。

图 4.67 给出了 2 号监测设备北斗 B1 和 B2 的高度角与标称 C/N0 的关系。不同颜色表示不同的卫星和频率类型，拟合线表示对应的 C/N0 模板函数。结果与之前的场景不同，也就是说，模板函数的差异存在于卫星和频率类型中。

同理，C/N0 及其 STD 对应的模板函数如下：

$$C/N0^*(\theta^{M}_{r,B1}) = 33.48 + 0.346(\theta^{M}_{r,B1}) - 0.225\times10^{-3}(\theta^{M}_{r,B1})^2 - 1.854\times10^{-5}(\theta^{M}_{r,B1})^3 \tag{4.87}$$

$$STD^*(\theta^{M}_{r,B1}) = 3.726 - 0.150(\theta^{M}_{r,B1}) + 2.287\times10^{-3}(\theta^{M}_{r,B1})^2 - 1.067\times10^{-5}(\theta^{M}_{r,B1})^3 \tag{4.88}$$

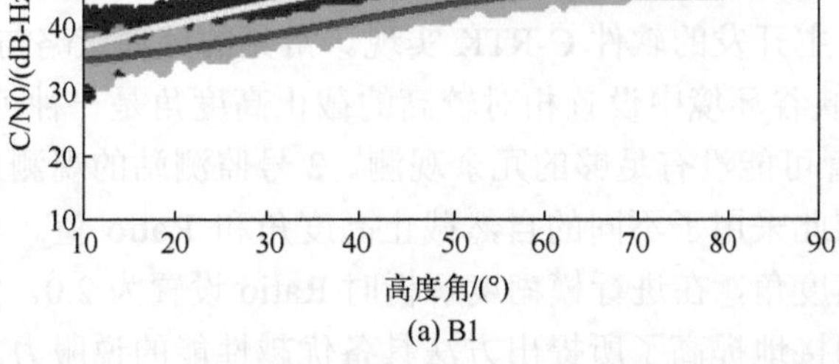

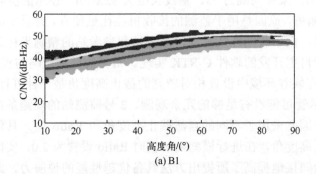

(a) B1

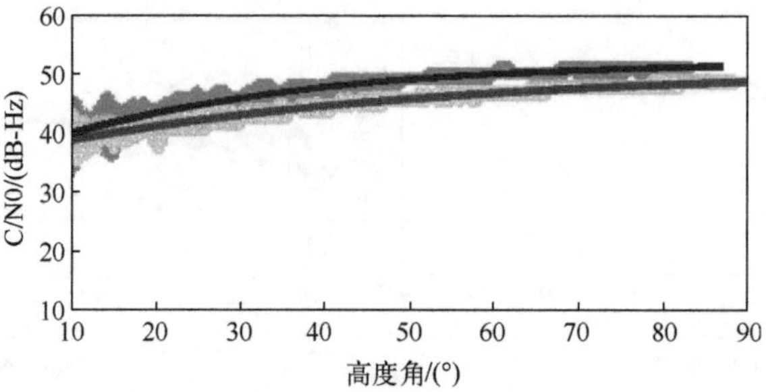

(b) B2

图 4.67　2 号监测设备的高度角与标称 C/N0 关系图(二)

紫色、青色、绿色和橙色分别表示 B1 MEO、B1 IGSO/GEO、B2 MEO 和 B2 IGSO/GEO 卫星，不同颜色的拟合线表示对应的 C/N0 模板函数

$$C/N0^*(\theta_{r,\mathrm{B1}}^{\mathrm{EM}}) = 33.66 + 0.0164(\theta_{r,\mathrm{B1}}^{\mathrm{EM}}) + 6.059\times10^{-3}(\theta_{r,\mathrm{B1}}^{\mathrm{EM}})^2 - 5.273\times10^{-5}(\theta_{r,\mathrm{B1}}^{\mathrm{EM}})^3 \tag{4.89}$$

$$\mathrm{STD}^*(\theta_{r,\mathrm{B1}}^{\mathrm{EM}}) = 2.400 - 0.0837(\theta_{r,\mathrm{B1}}^{\mathrm{EM}}) + 1.666\times10^{-3}(\theta_{r,\mathrm{B1}}^{\mathrm{EM}})^2 - 1.063\times10^{-5}(\theta_{r,\mathrm{B1}}^{\mathrm{EM}})^3 \tag{4.90}$$

$$C/N0^*(\theta_{r,\mathrm{B2}}^{\mathrm{M}}) = 35.57 + 0.478(\theta_{r,\mathrm{B2}}^{\mathrm{M}}) - 5.295\times10^{-3}(\theta_{r,\mathrm{B2}}^{\mathrm{M}})^2 + 2.134\times10^{-5}(\theta_{r,\mathrm{B2}}^{\mathrm{M}})^3 \tag{4.91}$$

$$\mathrm{STD}^*(\theta_{r,\mathrm{B2}}^{\mathrm{M}}) = 4.450 - 0.215(\theta_{r,\mathrm{B2}}^{\mathrm{M}}) + 3.833\times10^{-3}(\theta_{r,\mathrm{B2}}^{\mathrm{M}})^2 - 2.259\times10^{-5}(\theta_{r,\mathrm{B2}}^{\mathrm{M}})^3 \tag{4.92}$$

$$C/N0^*(\theta_{r,\mathrm{B2}}^{\mathrm{EM}}) = 35.82 + 0.303(\theta_{r,\mathrm{B2}}^{\mathrm{EM}}) - 2.585\times10^{-3}(\theta_{r,\mathrm{B2}}^{\mathrm{EM}})^2 + 8.749\times10^{-6}(\theta_{r,\mathrm{B2}}^{\mathrm{EM}})^3 \tag{4.93}$$

$$\mathrm{STD}^*(\theta_{r,\mathrm{B2}}^{\mathrm{EM}}) = 2.394 - 0.0816(\theta_{r,\mathrm{B2}}^{\mathrm{EM}}) + 1.139\times10^{-3}(\theta_{r,\mathrm{B2}}^{\mathrm{EM}})^2 - 5.079\times10^{-6}(\theta_{r,\mathrm{B2}}^{\mathrm{EM}})^3 \tag{4.94}$$

式中，$\theta_{r,\mathrm{B1}}^{\mathrm{M}}$、$\theta_{r,\mathrm{B1}}^{\mathrm{EM}}$、$\theta_{r,\mathrm{B2}}^{\mathrm{M}}$ 和 $\theta_{r,\mathrm{B2}}^{\mathrm{EM}}$ 分别是 B1 MEO、B1 IGSO/GEO、B2 MEO 和 B2 IGSO/GEO 卫星高度角。另外，通过比较共同卫星和频率的模板函数，即式(4.79)和式(4.80)与式(4.87)和式(4.88)，根据常数项，可以发现低成本接收机的模板 C/N0 值也是低于高端接收机的，且来自低成本接收机的相应 STD 也大于来自高端接收机的 STD。总之，模板函数具有很高的可靠性。

对 2 号监测站 24h 的真实形变监测数据集进行了定位性能测试，观测时间为 2021 年 DOY 104，采样间隔为 5s，基线长度为 92.04m。使用的接收机仅输出 GPS 和 BDS 双频观测值，原因是用于监测的接收机往往更便宜，并且实时监测通常需要低功耗和低延迟。由于长期连续观测，监测站和参考站的精确坐标是已知的。

实验由我们自主开发的软件 C-RTK 实现。常见的处理策略与设计的实验相同，如表 4.13 所示。在峡谷环境中设置相对较高的截止高度角是一种可行的方法(Kaloop et al.，2020)，尽管可能没有足够的冗余观测。2 号监测站的观测条件比 1 号监测站的观测条件差，因此采用了不同的自然截止高度角和 Ratio 值。具体而言，将 10° 设置为自然截止高度角，在进行模糊度解析时 Ratio 设置为 2.0。实际上，具有不同设置的不同实验间接地提高了所提出方法具备优越性能的说服力。此外，应用和比较了 6 个随机模型，即(a) EQUM、(b) ELEM、(c) CN0M、(d) ELAM、(e) ELCN 和 (f) COPM。与之前设计的实验一样，调整常数和比例因子分别设置为 1° 和 2。

首先对 2 号监测站的数据集质量进行了综合分析。图 4.68 为 2 号监测站的卫星数和 PDOP 值，包括 GPS、BDS 和 GPS+BDS 的结果。可以看出，卫星数量和 PDOP 值不断变化。具体而言，卫星数量在 20 颗左右波动，其中北斗卫星数量大于 GPS。对于 PDOP，可以发现 PDOP 值几乎都大于 1.5，尤其是对于 GPS，其 PDOP 值甚至在大约 12:55 时猛烈上升到 17.1。这表明信号确实受到周围障碍物频繁且严重的影响。

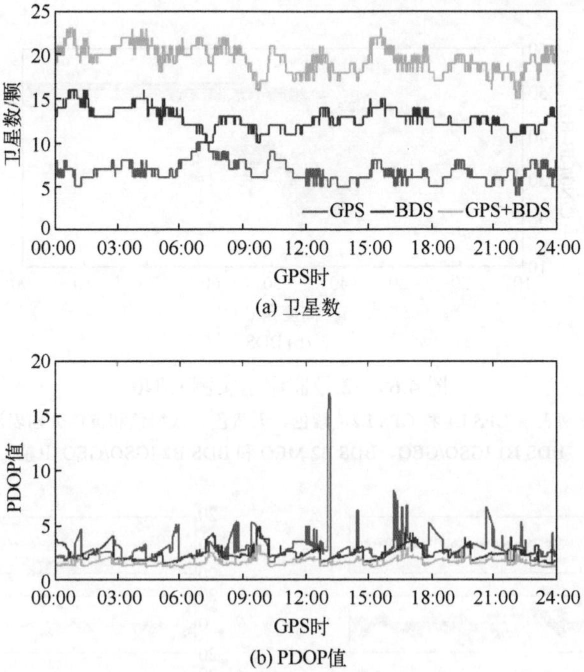

图 4.68　2 号监测站卫星数和 PDOP 值

图 4.69 展示了 2 号监测站 GPS 和 BDS 实测 C/N0 值。很容易看出，观测到的 C/N0 与标称的 C/N0 存在明显差异。无论 GPS 还是 BDS，C/N0 都存在剧烈的波动，尤其是 C/N0 衰减。即使在高度角达 60° 或更高时，其值低至 20dB-Hz 甚至更小。因此，这表明这些信号存在大量的多路径效应、衍射效应、非视距传播效应，甚至极有可能存在异常值。

图 4.70 展示了 2 号监测站不同随机模型下的 RTK 定位误差，其中包括了方法 (a)～(f) 的三个方向的解算结果。作为补充，表 4.15 列出了相应的统计数据。根据表 4.15 中数据计算可得方法(a)～(f)三个方向的偏差(Bias)分别为 3.39cm、3.18cm、3.01cm、2.87cm、2.44cm 和 2.05cm；相应的 RMSE 值分别为 15.34cm、11.05cm、7.15cm、5.55cm、4.31cm 和 2.89cm。根据结果，方法(a)的定位结果依旧最差。由

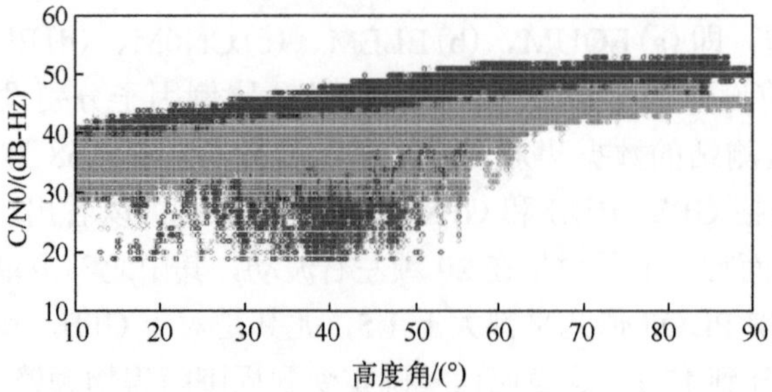

(a) GPS

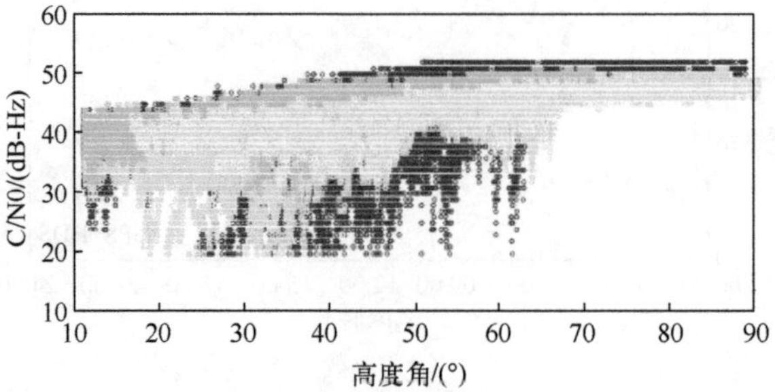

(b) BDS

图 4.69　2 号监测站实测 C/N0

深蓝色和深绿色分别表示 GPS L1 和 GPS L2，紫色、天蓝色、浅绿色和黄色分别表示 BDS B1 MEO、BDS B1 IGSO/GEO、BDS B2 MEO 和 BDS B2 IGSO/GEO 卫星

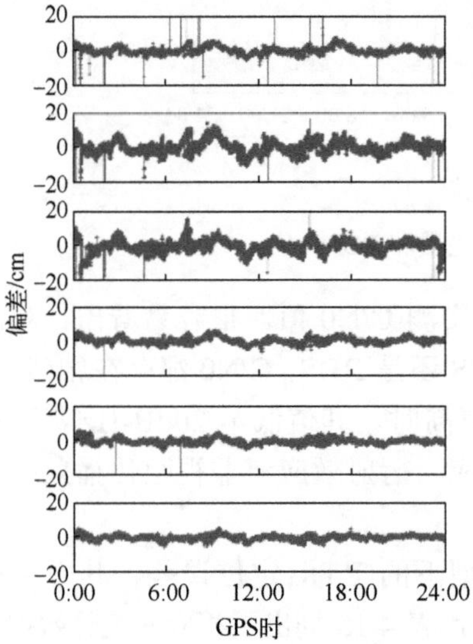

(a) E方向

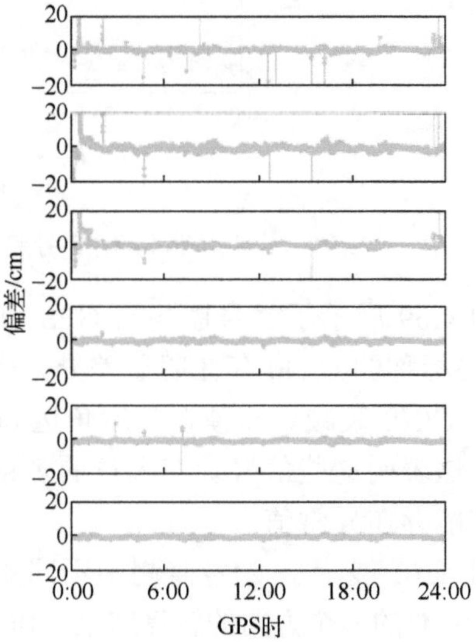

(b) N方向

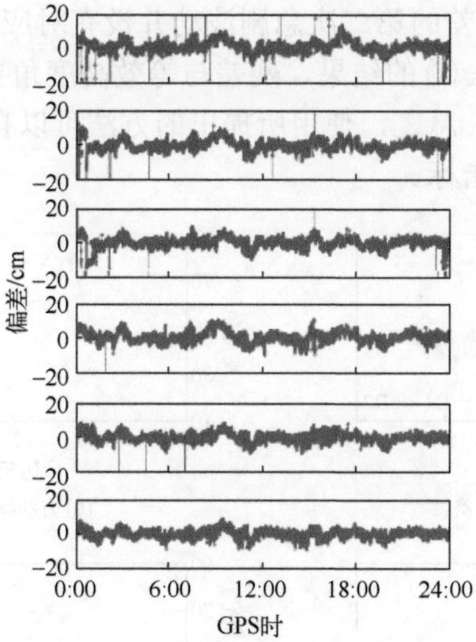

(c) U方向

图 4.70　2 号监测站 RTK 定位结果

从上到下分别表示 EQUM、ELEM、CN0M、ELAM、ELCN 和 COPM 方法的结果

于方法(d)和(e)分别考虑了方位角和 C/N0，方法(d)和(e)优于方法(b)和(c)。值得注意的是，方法(f)的定位结果有很明显的提升，与其他五种方法相比，三个方向的偏差和 RMSE 分别可降低约 31.2%和 66.7%。与 1 号监测站的结果类似，值得注意的是，所提方法的结果中没有异常值，主要有两个原因，一是 NLOS 和粗差在很大程度上可被地理截止高度角剔除，二是基于 C/N0 及其 STD 模板函数高精度和高可靠性地处理不同程度的反射、衍射、衰减和遮挡。由此可见，地理截止高度角和模板函数的引入是非常必要的，因为它们可在很大程度上反映监测环境的真实遮挡情况。

表 4.15　2 号监测站 EQUM、ELEM、CN0M、ELAM、ELCN、COPM 方法统计结果

（单位：cm）

统计量	方向	EQUM	ELEM	CN0M	ELAM	ELCN	COPM
Bias	E	1.715	1.575	1.441	1.432	1.225	0.983
	N	0.659	0.781	0.866	0.556	0.443	0.369
	U	2.850	2.654	2.496	2.429	2.064	1.762
RMSE	E	6.069	4.734	2.679	1.910	1.841	1.499
	N	4.041	3.827	2.637	2.773	1.313	0.854
	U	13.497	9.217	6.083	4.406	3.666	2.316

为了收集需要调整观测值权重的依据，图 4.71 展示了 2 号监测站 C08 卫星在方法(a)和(f)下双差相位残差、高度角和等效高度角关系。可以发现，残差并不总是

依赖于高度角。具体而言，残差的第二次急剧波动并没有对应到一个较低的高度角，其值约为 60°。然后对于方法(f)的结果，残差与等效高度角更加一致，更有甚者，高度角调整量可以达到 40°。总之，使用所提出的方法可以自适应地调整观测值权重，而不是仅仅依赖于单个指标。

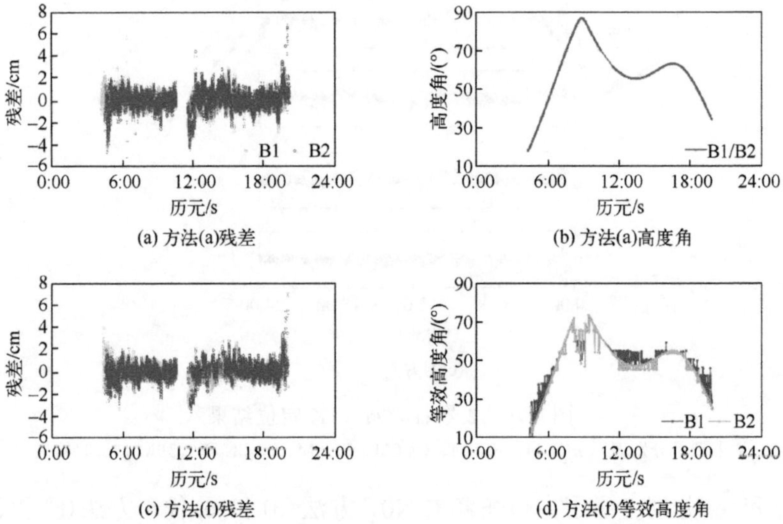

(a) 方法(a)残差　(b) 方法(a)高度角

(c) 方法(f)残差　(d) 方法(f)等效高度角

图 4.71　2 号监测站 C08 卫星的双差相位残差、高度角和等效高度角

图 4.72 描绘了 RTK 定位的三维误差分布，其中包括所有六种方法(a)～(f)的结果。再次可以发现，方法(a)的误差分布是最离散的。在方法(a)～(e)中，方法(d)和(e)优于其他三种方法。对于方法(f)，由于误差分布范围最小，结果比其他方法都更准确。与前面的分析一致，所提出的方法可以在很大程度上减轻测站相关的非模型化误差的影响和异常值。

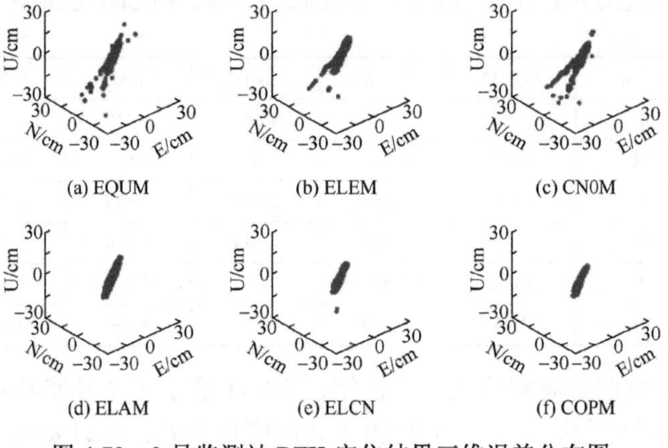

(a) EQUM　(b) ELEM　(c) CN0M

(d) ELAM　(e) ELCN　(f) COPM

图 4.72　2 号监测站 RTK 定位结果三维误差分布图

与 1 号监测站不同，该部分的数据面临更大的挑战，如模糊度解算。因此，表 4.16 列出了(a)～(f)六种方法在不同 Ratio 条件下的固定率。这表明无论 Ratio 如何，所提出方法(f)COPM 的固定率都是最高的。即使 Ratio 等于 2 和 3，固定率仍分别大于 70% 和 58%。总体而言，精度提升率可达 19.5%。这可能是因为在使用所提出的方法后，搜索空间发生了变化并且变得更加真实。总之，所提出的方法还可以提高模糊度固定率。

表 4.16　2 号监测站 EQUM、ELEM、CN0M、ELAM、ELCN、COPM 方法在不同 Ratio 下的模糊度固定率　（单位：%）

Ratio	EQUM	ELEM	CN0M	ELAM	ELCN	COPM
1.5	67.85	62.84	70.43	78.00	71.38	86.47
1.8	54.73	52.67	61.33	68.71	60.50	78.21
2.0	47.17	47.60	56.37	63.38	55.19	73.86
2.3	40.06	41.77	51.22	57.12	48.38	68.40
2.6	36.20	37.09	46.94	52.27	43.10	63.97
3.0	30.47	32.18	41.75	47.40	38.12	58.56

4.5　顾及非模型化误差的约束随机模型及其 GNSS 动态定位应用

GNSS 动态定位中对观测值中的多路径、粗差等非模型化误差进行有效抑制是迫切需要解决的问题。基于此，提出了一种顾及非模型化误差的约束随机模型构建方法(Li Y et al.，2022b)。首先给出顾及非模型化误差的约束随机模型构建基本原理，并将其应用于 GNSS 实际动态定位中。

4.5.1　顾及非模型化误差的约束随机模型概述

GNSS 已被广泛应用于实时定位、导航和授时。RTK 技术是 GNSS 高精度定位的核心技术，良好观测条件下能提供实时厘米级定位服务。然而，随着城市化发展及定位服务扩展，GNSS 接收机常位于自然峡谷和城市峡谷等峡谷环境。自然峡谷是指深度大于宽度的山谷，而城市峡谷一般指因街道切割密集建筑物形成的人造峡谷。峡谷环境下，信号易被反射、衍射、衰减甚至遮挡，可能产生多路径及非视距等误差。这些误差无法通过差分模式消除或削弱，易造成 GNSS 观测值精度下降并引起随机特性变化，定位误差能达到数十米甚至上百米(Hsu et al.，2015；陈德忠等，2014)。结合实际观测环境恰当地处理 GNSS 数学模型(包括函数模型和随机模型)是实现高精度高可靠性定位的前提。

经典随机模型有等权、高度角、载噪比(C/N0)等先验模型以及基于验后残差的模型。等权模型未考虑到不同观测值信号质量和系统误差存在差异，基于验后残差的随机模型受卫星数影响且无法准确反映单星观测误差特性。因此，高度角和载噪比模型最为常用。如前所述，高高度角观测值不易受大气延迟误差影响，因而精度更高；载噪比能反映信号质量，值越高表明信号质量越好。理想观测环境中，卫星在给定接收系统及频率下高度角与对应载噪比存在一定的函数关系，已有学者建立 GPS 载噪比随高度角变化的模板函数(Strode and Groves，2016；Zhang Z et al.，2019)。但在峡谷环境下，观测值易发生较严重的多路径及非视距传播现象，其载噪比值会偏离标称值甚至出现明显异常，即使是高高度角的观测值也无法幸免。目前，针对经典随机模型不能很好地估计特定站点不同类型卫星观测值精度的问题，戴吾蛟等(2008)、张小红和丁乐乐(2013)以及高为广等(2020)对高度角、载噪比随机模型的形式与经验系数进行了不同程度的优化并得到了良好的效果；肖国锐等(2014)和 Zhang Z 等(2018b，2022)更是构建了多指标融合的随机模型，例如，顾及卫地距的高度角随机模型、高度角联合载噪比随机模型以及高度角、方位角联合载噪比复合随机模型等，均有一定的效果。然而，现有的改进随机模型在峡谷这类特殊且重要的应用场景下，未充分考虑实时动态观测条件下多路径、非视距等非模型化误差的影响，也难以实时动态估计相位观测值精度，一定程度上影响了定位精度和可靠性，因此亟待构建一个适用于实时动态应用场景的顾及非模型化误差的约束随机模型。

4.5.2　顾及非模型化误差的约束随机模型构建方法

4.4 节提出的复合随机模型适用于 GNSS 静态监测场景，然而，在实时动态场景中，目前还无法做到实时精准高效地构建方位角映射函数，因此，本节基于动态场景定位需求，简化了提出的复合随机模型，提出了一种顾及非模型化误差的实时动态随机模型，即不考虑方位角，有机结合高度角和 C/N0 两种指标构建随机模型，命名为载噪比约束高度角随机模型。首先，依旧将高度角模型作为反映 GNSS 观测值精度的基础模型。其次，多路径误差会引起 C/N0 偏离正常值甚至出现异常，而 NLOS 误差会引起 C/N0 的剧烈波动，使 C/N0 大幅偏离正常值甚至出现明显异常(Hartinger and Brunner，1999)，因此，基于稳健估计三段法思想，利用 C/N0 模板函数计算实际 C/N0 与模板 C/N0 的差值，判断对应观测值的状态，删除发生 NLOS 传播现象的观测值，对发生多路径现象的观测值权重进行调整。下面详细说明了提出的实时动态随机模型的实现流程。

首先，需要构建 C/N0 及其 STD 模板函数。模板函数已在 4.4.2 节中建立，本节不再赘述。其次，与复合随机模型类似，若观测值满足式(4.95)，则认为观测值质量评估较为合理，权重可不进行调整：

$$\left|\mathrm{C/N0}(\theta_{r,f}^{s})-\mathrm{C/N0}^{*}(\theta_{r,f}^{s})\right|\leqslant\omega\,\mathrm{STD}^{*}(\theta_{r,f}^{s})\tag{4.95}$$

接着，若观测值满足式(4.96)，则认为该观测值发生多路径现象，利用卫星高度角定权不能很好地反映测值精度，因此利用式(4.72)进行迭代调整，直到满足

式 (4.95) 迭代停止，获得约束高度角 $\bar{\theta}_{r,f}^{s}$：

$$\varphi \, \mathrm{STD}^{*}(\theta_{r,f}^{s}) \geqslant \left| \mathrm{C/N0}(\theta_{r,f}^{s}) - \mathrm{C/N0}^{*}(\theta_{r,f}^{s}) \right| > \omega \, \mathrm{STD}^{*}(\theta_{r,f}^{s}) \tag{4.96}$$

式中，ω、$\varphi\,(\varphi > \omega)$ 是用户定义的自适应因子。如果观测值满足式 (4.97)，则认为观测值发生 NLOS 传播等现象，对其进行删除：

$$\left| \mathrm{C/N0}(\theta_{r,f}^{s}) - \mathrm{C/N0}^{*}(\theta_{r,f}^{s}) \right| > \varphi \, \mathrm{STD}^{*}(\theta_{r,f}^{s}) \tag{4.97}$$

综上，$\bar{\theta}_{r,f}^{s}$ 的几种情况总结如下：

$$\bar{\theta}_{r,f}^{s} = \begin{cases} \theta_{r,f}^{s}, & |\mathrm{C/N0}(\theta_{r,f}^{s}) - \mathrm{C/N0}^{*}(\theta_{r,f}^{s})| \leqslant \omega \, \mathrm{STD}^{*}(\theta_{r,f}^{s}) \\ \bar{\theta}_{r,f}^{s}, & \varphi \, \mathrm{STD}^{*}(\theta_{r,f}^{s}) \geqslant |\mathrm{C/N0}(\theta_{r,f}^{s}) - \mathrm{C/N0}^{*}(\theta_{r,f}^{s})| > \omega \, \mathrm{STD}^{*}(\theta_{r,f}^{s}) \\ 0(\text{删除}), & |\mathrm{C/N0}(\theta_{r,f}^{s}) - \mathrm{C/N0}^{*}(\theta_{r,f}^{s})| > \varphi \, \mathrm{STD}^{*}(\theta_{r,f}^{s}) \end{cases} \tag{4.98}$$

图 4.73 进一步给出了载噪比约束高度角随机模型的实现流程图，当每次调整约束高度角后，都需要检查调整后的约束高度角的合理性，其中 ζ 和 ξ 分别为下界和上界。

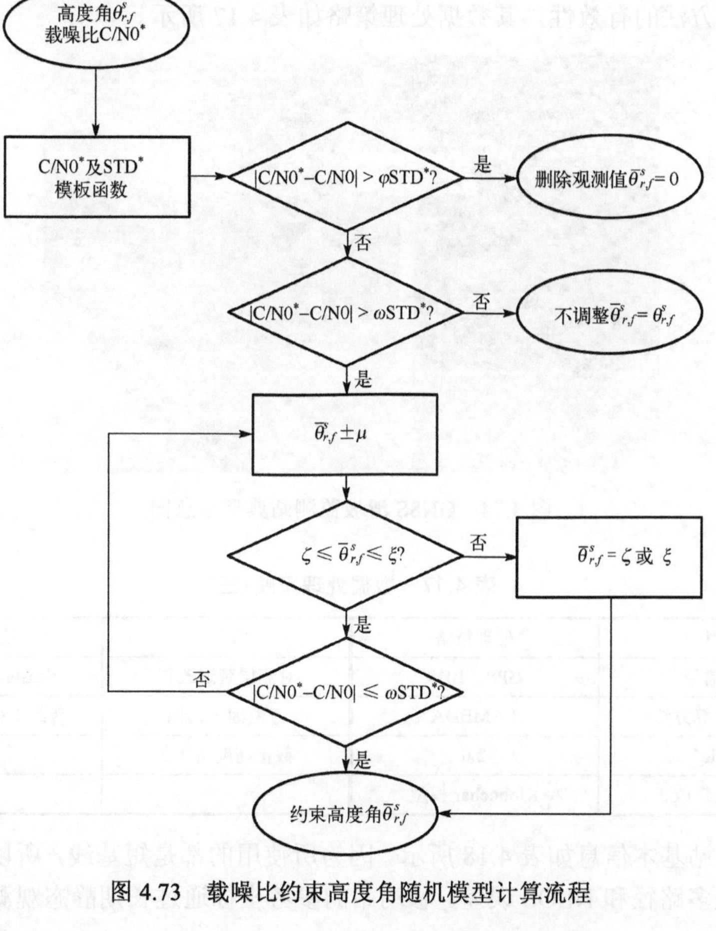

图 4.73　载噪比约束高度角随机模型计算流程

因此，所提出的载噪比约束高度角随机模型如下：

$$\sigma_{\mathrm{con}}^2=\left(g+\frac{h}{\sin\bar{\theta}_{r,f}^s}\right)^2 \tag{4.99}$$

式中，σ_{con} 表示基于约束高度角的非差非组合 GNSS 观测值精度，g、h 为拟合系数。相比复合随机模型实验，式中多添加了一个模型系数，因为这样能更好地反映低成本接收机观测值精度。

4.5.3 含约束随机模型的 GNSS 动态定位应用

为了验证所提出的载噪比约束高度角随机模型的有效性，使用 High Gain 公司生产的型号为 BX-RAG360 的一体式低成本接收机采集了复杂观测环境中的 GNSS 滑坡监测数据集和动态载体数据集。图 4.74 展示了 GNSS 滑坡监测站的典型示意图，可以发现，测站周围有茂密的树木、山坡和其他遮挡物。此外，采用 RTK 定位模式来验证所提方法的有效性，其数据处理策略如表 4.17 所示。

图 4.74　GNSS 滑坡监测站典型示意图

表 4.17　数据处理策略(三)

项目	处理策略	项目	处理策略
使用信号	GPS，BDS	对流层延迟改正	Saastamoinen 模型
模糊度解算方法	LAMBDA	方差因子比例	伪距：相位=102^2：1
Ratio	2.0	截止高度角/(°)	15
电离层延迟改正	Klobuchar 模型		

两个测站基本信息如表 4.18 所示。因为所使用的都是短基线，所以定位误差的主要来源是多路径和 NLOS 误差。移动站的参考坐标通过长期静态观测提前精确确

定，仅用来验证新模型的有效性。当将所提随机模型应用于 RTK 时，将 $\bar{\theta}_{r,f}^{s}$ 范围设为 1°～90°，约束高度角每次迭代调整值为 1°。$\theta_{r,f}^{s}$ 是一个不能改变的固定值，而 $\bar{\theta}_{r,f}^{s}$ 是一个用来确定权重的虚拟值。因此，$\bar{\theta}_{r,f}^{s}$ 低于卫星截止高度角也是有意义的。自适应因子 ω 和 φ 根据随机误差分布规律和实际情况确定。不失一般性地，在该静态监测实验中，ω 和 φ 设置为 3 和 5。

表 4.18　监测站滑坡基本信息

测站	数据长度	观测日期	移动站参考坐标/m			基线长度/m
			X	*Y*	*Z*	
1 号	24h	DOY 104	−1591800.482	5179812.464	3353988.028	130.770
2 号	24h	DOY 288	−1451757.238	5444346.834	2980333.035	179.267

图 4.75 为 1 号监测站的卫星高度角与实测 C/N0 值之间的关系，需要注意的是，因为该接收机从信号处理的角度在接收机内部进行了数据预处理，所以可发现所有的实现 C/N0 值都不会小于其特定阈值。分析表明：在不同系统的不同频率下，C/N0 观测值随对应高度角的变化趋势存在一定差异；同时，各系统各频率的 C/N0 观测值存在明显异常现象，尽管 C/N0 衰减是正常的，就算是在中等高度角下也无法避免，但是，当高度角在 50°～70° 时，C/N0 的衰减仍然比较严重。此时，某些信号极大可能发生了多路径和 NLOS 接收现象。综上所述，低成本接收机 C/N0 模板函数的分类构建方案是合理的。

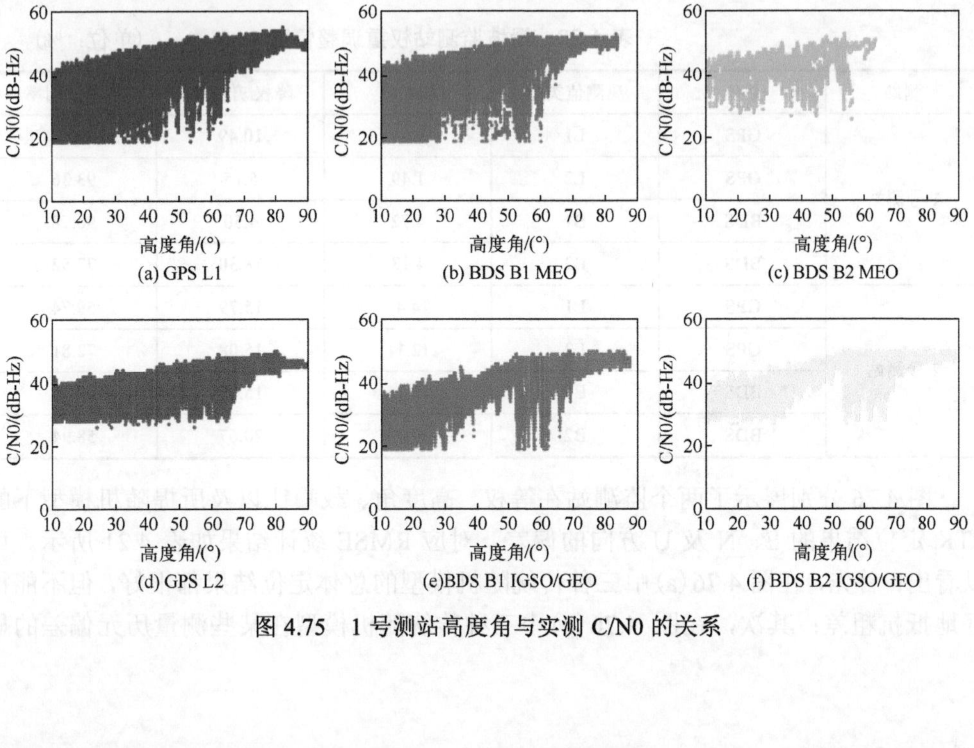

图 4.75　1 号测站高度角与实测 C/N0 的关系

为验证所提随机模型的有效性，将其与等权随机模型、高度角随机模型和 C/N0 随机模型的定位结果进行了比较。表 4.19 为两个测站的模糊度固定率。新模型求解的两个测站的平均固定率为 95.47%，比传统高度角模型平均提高了 18.44%。载噪比约束高度角随机模型在第二组数据集的固定率显著提高，分别比等权、高度角及 C/N0 随机模型提高了 28.58%、32.24%和 28.99%。这表明所提随机模型显著改善了固定率，从而可进一步提高定位精度。

表 4.19　固定率统计　（单位：%）

随机模型	1 号测站	2 号测站
等权	97.92	63.92
高度角	93.80	60.26
载噪比	88.32	63.51
载噪比约束高度角	98.44	92.50

为进一步分析所提随机模型的有效性，表 4.20 给出了两个测站的权重调整的具体信息。可以发现，首先，权重调整情况与测站的具体观测环境有关，1 号测站的平均删除率为 4.87%，2 号站为 18.29%。其次，在不同频率下权重调整也不同，2 号测站 GPS L1 频率衰减比 L2 频率更严重，所以其删除率比 L2 频率高了 12.36%。最后，由于 NLOS 误差所影响的观测值对应的模糊度通常很难固定，但所提随机模型会删除此类观测值，从而提高了 2 号测站的模糊度固定率。

表 4.20　滑坡监测站权重调整情况　（单位：%）

测站	系统	观测值类型	删除率	降权/升权率	直接使用率
1 号测站	GPS	L1	9.08	10.49	80.42
	GPS	L2	1.49	5.15	93.36
	BDS	B1	4.72	4.50	90.78
	BDS	B2	4.18	18.30	77.52
2 号测站	GPS	L1	24.47	15.79	59.74
	GPS	L2	12.11	15.08	72.81
	BDS	B1	16.16	15.09	68.75
	BDS	B2	20.39	20.67	58.94

图 4.76 分别展示了两个监测站在等权、高度角、载噪比以及所提随机模型下的 RTK 定位结果的 E、N 及 U 方向的偏差，对应 RMSE 统计结果如表 4.21 所示。可以看出：首先，在图 4.76(a)中三种传统随机模型的总体定位结果都很好，但不能很好地抵抗粗差；其次，在图 4.76(b)中三种传统随机模型在某些测量历元偏差的显

著波动与模糊度固定失败有关，定位精度在分米级甚至米级，而新模型解算的大部分历元 E、N 方向偏差在 0.1m 以内，U 方向偏差在 0.2m 以内。总之，新模型更好地克服了等权模型、高度角模型和 C/N0 模型的缺点，提高了模糊度固定率、定位精度，甚至定位可靠性。

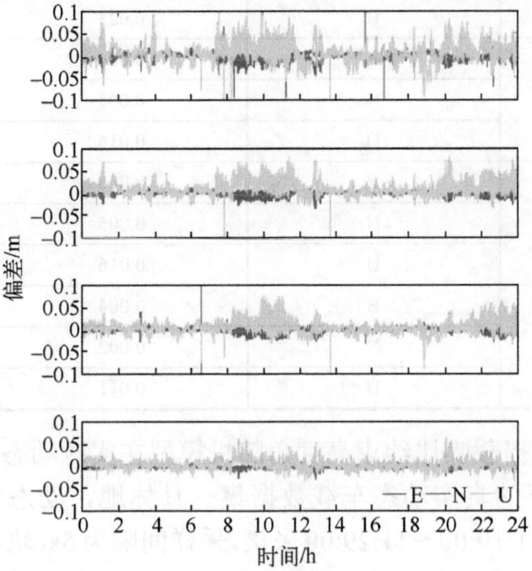

(a) 1号测站

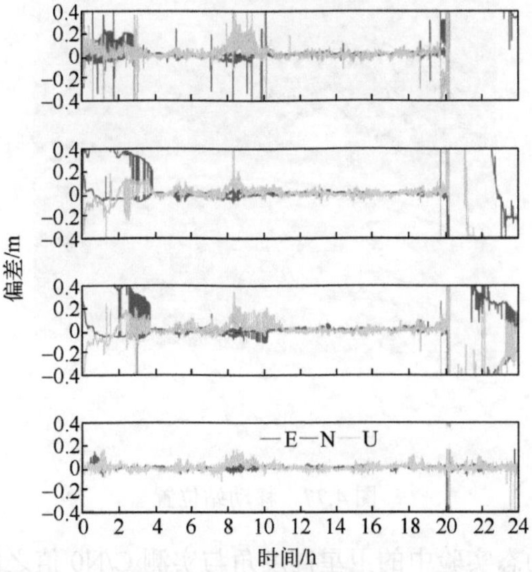

(b) 2号测站

图 4.76　RTK 定位结果在 E、N 及 U 方向的偏差

从上到下分别表示等权、高度角、载噪比和载噪比约束高度角模型的结果

表 4.21　两个测站 RMSE 统计结果　　（单位：m）

随机模型	方向	1 号测站	2 号测站
等权	E	0.010	0.878
	N	0.007	1.412
	U	0.023	0.849
高度角	E	0.006	0.821
	N	0.003	2.179
	U	0.016	0.999
载噪比	E	0.006	0.517
	N	0.005	0.821
	U	0.016	0.339
载噪比约束高度角	E	0.004	0.067
	N	0.002	0.044
	U	0.011	0.150

为进一步验证所提载噪比约束高度角随机模型在实时动态应用中的有效性，采集了一组城市环境下的真实动态车载数据集。具体地，动态实验数据于 2021 年 DOY 306 的 GPS 时 11:19:00～11:29:00 采集，采样间隔为 5s，轨迹总长度约为 2.5km，车载移动站如图 4.77 所示。

图 4.77　移动站位置

图 4.78 展示了动态实验中的卫星高度角与实测 C/N0 值之间的关系。可以发现，在所有的高度角范围内，原始载噪比观测值普遍存在明显的衰减趋势，且不同系统和不同频率的载噪比变化规律也存在一定的差异。此时，多路径和 NLOS 误差对观测值精度的影响不容忽视。

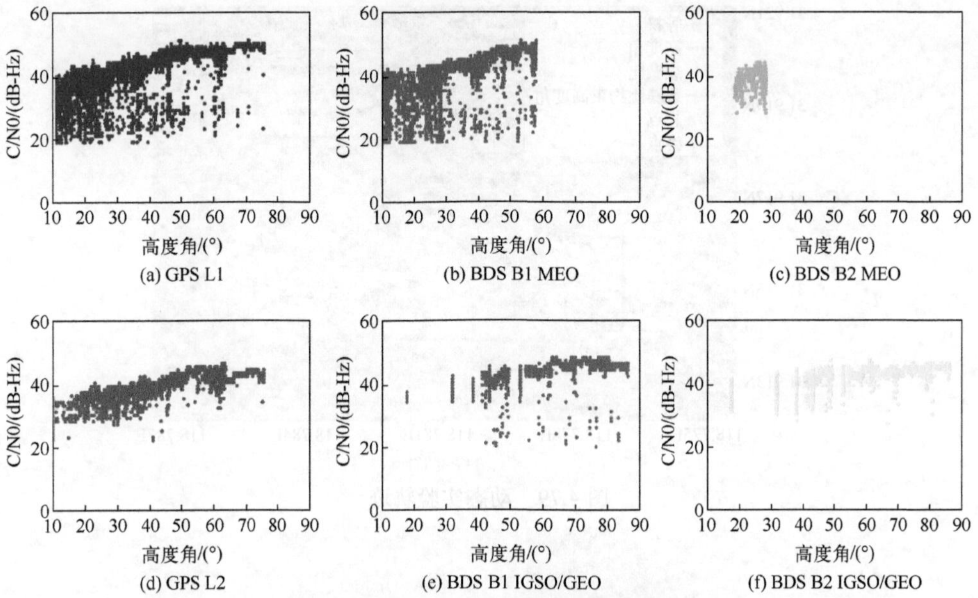

图 4.78　动态实验高度角与实测 C/N0 的关系

由于动态实验数据集的观测质量较差，为避免过多地删除观测值，本实验将参数φ设置为 7，其他数据处理策略与静态监测实验相同。本实验主要从 RTK 定位的模糊度固定率以及动态轨迹的平滑程度评估各随机模型的效果。表 4.22 给出了动态数据的模糊度固定率统计结果，可以发现，载噪比约束高度角随机模型的固定率较等权、高度角以及载噪比随机模型分别提高了 58.33%、19.79%，以及 28.13%。

表 4.22　动态数据固定率　　　　（单位：%）

随机模型	等权	高度角	载噪比	载噪比约束高度角
固定率	17.71	56.25	47.91	76.04

根据所提随机模型，动态实验中的数据剔除率为 8.13%，直接使用率为 73.7%，自适应因子φ的设置有效控制了卫星剔除数，既满足了定位所需卫星数也提高了定位精度。图 4.79 展示了动态实验的轨迹图，其中黄色箭头表示轨迹方向。通过对各随机模型的定位结果进行比较，大部分观测时段的定位精度无明显差异，轨迹都较平滑，与实验轨迹吻合。然而，图 4.79 中用红色矩形框标记出一处几种模型精度上存在明显差异的观测时段，图 4.80 中展示了图 4.79 标记处(a)测量环境，有各种自然和人工遮挡，如树木、高楼、行人和车辆。因此，出现多路径、NLOS 接收的现象可能较为严重。图 4.81 将标记处轨迹进行了放大展示，可以看出：载噪比模型与其他三种模型定位坐标的偏差较明显，解算的运动轨迹也不平滑；等权、高度角随机模型的解算轨迹存在多处转折点，所提随机模型的解算轨迹较平滑，更符合实际。综上，结合模糊度固定率及动态轨迹来看，载噪比约束高度角随机模型的定位性能最优。

图 4.79　动态实验轨迹

图 4.80　标记处观测环境

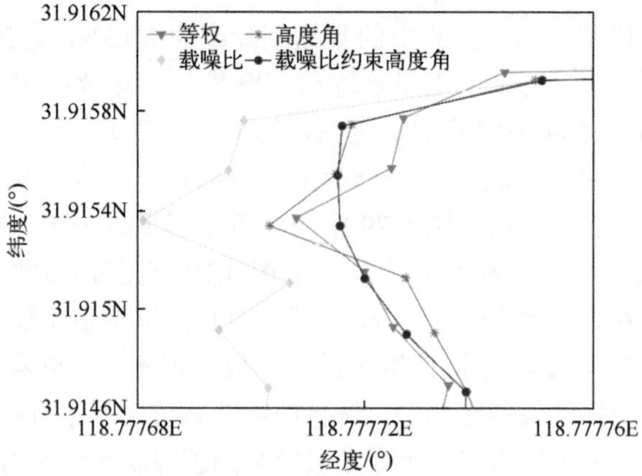

图 4.81　标记处的放大轨迹

第 5 章 基于低成本接收机的高可靠性导航定位

本章主要分析第三类典型复杂条件即低成本接收机中，如何实现高可靠性导航定位，包括非模型化误差抑制的单接收机信号噪声分析理论，适用于任意频率的单站 GNSS 信号随机特性评估理论，顾及多路径及大气延迟的低成本设备随机模型估计方法，易于实现的多路径、DCB 和 ISB 分析方法以及顾及多路径的扩展稳健估计方法。

5.1 非模型化误差抑制的单接收机信号噪声分析理论

为了解决单站接收机的信号质量评估问题，提出了一种非模型化误差抑制的单接收机信号噪声分析方法(Zhang et al.，2017b)。首先介绍了传统 GNSS 信号噪声分析的基本情况，然后给出了非模型化误差抑制的单接收机信号噪声分析方法，并用各类实测数据进行了验证。

5.1.1 传统 GNSS 信号噪声分析方法及对非模型化误差的抑制

目前，基于 GNSS 观测值的 PPP 已经被广泛研究和使用，该技术主要通过单个接收机实现(Ge et al.，2008；Zumberge et al.，1997)。其中，确定观测值的精度是选择合适接收机的重要依据(Rodríguez-pérez et al.，2007)，在建立随机模型时，这一点显得非常重要(Wang et al.，2002)。否则，用户无法获得最优的 PPP 解及其对应的精度。

近几年，一些学者研究了如何准确评价接收机的精度。应用最为广泛的传统方法是基于零基线和短基线，即涉及两台接收机。后面将这两种方式称为零基线法和短基线法。在零基线法中，两台接收机(通常型号相同)连接到同一根天线(包括低噪声放大器)(Nolan et al.，1992；van der Marel et al.，2009)，且基线长为零。此时，外部环境误差，包括大气延迟、多路径效应等都将被接收机间的单差观测方程消去，且只剩下信号噪声。零基线方法的缺点是只能评估接收机内部信号的噪声水平，而未能考虑天线等外部因素，因此得到的结果是过于乐观的。在短基线法中，两台接收机连接到两根天线，且天线相互之间的距离非常短，通常只有几米。因此，短基线方法能够消除相同的外界环境误差，而且得到的信号噪声来源包含了整个接收机系统(包括接收机和天线等)。同时，这是零基线法计算得到的观测值精度值要小于短基线法中计算得到的观测值精度的一个重要原因(de Bakker et al.，2009，2012)。

因此，短基线法可作为零基线法的一个补充。与零基线法进行比较，短基线法存在一个明显的缺陷，即观测值中会残留非模型化误差(主要指多路径效应)，且无法忽略。为了提取干净的观测值噪声，往往需要使用额外的数据处理方法(Amiri-Simkooei and Tiberius，2007；de Bakker et al.，2009)。

目前，很多研究将评价 GNSS 信号噪声聚焦在相对定位模式中，很少有研究使用的是单接收机的方法。在 PPP 应用中，随机模型的建立通常是基于零基线或短基线的方法(Afifi and El-Rabbany，2013)。然而，即使测试的两台接收机拥有相同型号，也不能保证这两台接收机的性能完全一样，因此无法获得真正的信号噪声。更重要的是，传统的单站接收机的方法仅仅基于观测值的时间差分，而没有考虑到剩余的非模型化误差的影响。具体来说，时间差分不但会引起数学相关性，也会存在由非模型化误差引起的物理相关性(El-Rabbany，1994；Howind et al.，1999；Zhang Z et al.，2018a)。综上所述，很有必要发展一种稳定成熟的适合评价单个接收机信号噪声的分析方法。

5.1.2　非模型化误差抑制的单接收机信号噪声分析原理与方法

本节将介绍一种针对单接收机的 GNSS 信号噪声分析方法，该方法较传统方法而言，具有更好的非模型化误差抑制功能。具体来说，首先介绍时间差分无几何函数模型，其次通过一套方法对其进行处理，最后确定单接收机中相应的 GNSS 信号噪声。

根据 2.2.1 节中的绝对定位函数模型，针对某接收机 r 中某颗卫星 s 的其中两个频率 i 和 j，可以组成两种 GF 组合，如下所示：

$$\mathrm{GF1}_{i,j} = \Phi_{r,i}^{s} - \Phi_{r,j}^{s} \tag{5.1}$$

$$\mathrm{GF2}_{i} = P_{r,i}^{s} - \Phi_{r,i}^{s} \tag{5.2}$$

展开可得

$$\mathrm{GF1}_{i,j} = \lambda_i N_{r,i}^{s} - \lambda_j N_{r,j}^{s} - (1-\lambda_j^2/\lambda_i^2) I_{r,i}^{s} + \omega_{r,\mathrm{GF1}}^{s} + \zeta_{r,\mathrm{GF1}} - \zeta^{s,\mathrm{GF1}} + \epsilon_{r,\mathrm{GF1}}^{s} \tag{5.3}$$

$$\mathrm{GF2}_{i} = 2I_{r,i}^{s} - \lambda_i N_{r,i}^{s} + \Omega_{r,i}^{s} - \omega_{r,i}^{s} + \xi_{r,i} - \xi^{s,i} - \zeta_{r,i} + \zeta^{s,i} + \varepsilon_{r,i}^{s} - \epsilon_{r,i}^{s} \tag{5.4}$$

对式(5.4)进一步化简可得

$$\mathrm{GF2}_{i} \approx 2I_{r,i}^{s} - \lambda_i N_{r,i}^{s} + \Omega_{r,i}^{s} + \xi_{r,i} - \xi^{s,i} - \zeta_{r,i} + \zeta^{s,i} + \varepsilon_{r,i}^{s} \tag{5.5}$$

因为来自同一颗卫星不同频率信号的传播路径几乎相同，所以 GF 组合可消除或削弱绝大多数系统误差(Hofmann-Wellenhof et al.，2007)。在 GF1 模型中，仅包含两个频率上的整周模糊度、电离层延迟、多路径、相位硬件延迟及相位观测值噪声。在 GF2 模型中，相位观测值的多路径及观测值噪声要远远小于伪距观测值的多路径及观测值噪声，因此可以对这些误差量进行忽略，即最终仅包含两个频率上的整周模糊度、电离层延迟、多路径、伪距硬件延迟及伪距观测值噪声。

如果对 GF 组合进行时间差分操作，可得时间差分无几何函数模型。设历元 u 和 u+1 对应的 GF 观测值分别为 GF(u)和 GF$(u+1)$，则 GF$\langle u\rangle$的数学表达式如下：

$$\mathrm{GF}\langle u\rangle = \mathrm{GF}(u+1) - \mathrm{GF}(u) \tag{5.6}$$

基于式(5.3)和式(5.4)，当不存在周跳时，时间差分可消除无几何函数模型中的整周模糊度和硬件延迟，电离层延迟和多路径也被显著削弱了。因此，最后只剩下电离层延迟、多路径及信号噪声。两种类型的 GF$\langle u\rangle$数学表达式如下：

$$\mathrm{GF1}_{i,j}\langle u\rangle = (\lambda_j^2 / \lambda_i^2 - 1) I_{r,i}^s \langle u\rangle + \omega_{r,\mathrm{GF1}}^s \langle u\rangle + \epsilon_{r,\mathrm{GF1}}^s \langle u\rangle \tag{5.7}$$

$$\mathrm{GF2}_i\langle u\rangle = 2 I_{r,i}^s \langle u\rangle + \Omega_{r,i}^s \langle u\rangle + \varepsilon_{r,i}^s \langle u\rangle \tag{5.8}$$

本书将对时间差分无几何函数模型进行预处理，抑制这些非模型化误差的影响。一般来说，相比观测值噪声，残余的电离层延迟和多路径效应是低频信号，因此会存在一个微弱的趋势(Tiberius et al.，2009；de Bakker et al.，2009，2012)。如果时间间隔不是太长(如 3h)，该趋势项可以通过低阶多项式进行处理。因此，一个常数项、一个一阶项，或者一个二阶项可以用来处理 GF$\langle u\rangle$观测值并移除系统趋势项。这些多项式拟合函数的参数可以通过最小二乘进行估计，本书选取了二阶多项式。因此，GF$\langle u\rangle$的趋势项可以通过式(5.9)估计：

$$\mathrm{GF}_u\langle u\rangle = \sigma_1 + \sigma_2 \times u + \sigma_3 \times u^2 \tag{5.9}$$

式中，σ_1、σ_2和σ_3代表待估参数；u 代表历元数。因此，去趋势后的 GF$\langle u\rangle$（$\mathrm{GF}_d\langle u\rangle$）时间序列可以通过从 GF$\langle u\rangle$剔除 $\mathrm{GF}_u\langle u\rangle$获得，从而得到平稳时间序列。

由式(5.6)可知，GF$\langle u\rangle$观测值包含连续历元的 GNSS 信号导致观测值包含数学相关性。此外，观测值中包含非模型化误差，从而引起物理相关性。因此，需要用一种方法来准确处理该时间相关过程，从而获得纯净的观测值噪声 $e(u)$。这里，$\mathrm{GF}_d\langle u\rangle$时间序列可以通过 ARMA 模型进行处理。ARMA 模型主要包含两种多项式形式的平稳过程(Chatfield，1984；Hamilton，1994)，其中$\mathrm{GF}_d\langle u-1\rangle, \mathrm{GF}_d\langle u-2\rangle, \cdots$, $\mathrm{GF}_d\langle u-p\rangle$为 AR 过程，而$e(u-1), e(u-2), \cdots, e(u-q)$为 MA 过程。因此，去趋势后的 GF 可以被当作一个 ARMA(p,q)过程，即$\mathrm{GF}_d\langle u\rangle$满足如下条件：

$$\mathrm{GF}_d\langle u\rangle = \boldsymbol{f}(u)\boldsymbol{\beta} + e(u) \tag{5.10}$$

式中，$\boldsymbol{f}(u) = \left[\mathrm{GF}_d\langle u-1\rangle, \mathrm{GF}_d\langle u-2\rangle, \cdots, \mathrm{GF}_d\langle u-p\rangle, e(u-1), e(u-2), \cdots, e(u-q)\right]$；$\boldsymbol{\beta} = [\varphi_1$,

$\varphi_2,\cdots,\varphi_p,\ \theta_1,\theta_2,\cdots,\theta_p]^{\mathrm{T}}$；$\varphi_1,\varphi_2,\cdots,\varphi_p$ 是 AR 模型参数；$\theta_1,\theta_2,\cdots,\theta_p$ 是 MA 模型参数。

如果存在 t 个历元，则多历元模型如下：

$$\boldsymbol{Y}(t)=\boldsymbol{F}(t)\boldsymbol{\beta}+\boldsymbol{e}(t) \tag{5.11}$$

式中，$\boldsymbol{Y}(t)=[\mathrm{GF}_d\langle u\rangle,\mathrm{GF}_d\langle u+1\rangle,\cdots,\mathrm{GF}_d\langle t\rangle]^{\mathrm{T}}$；$\boldsymbol{F}(t)=[f(u),f(u+1),\cdots,f(t)]^{\mathrm{T}}$；$\boldsymbol{e}(t)=\left[e(u),e(u+1),\cdots,e(t)\right]^{\mathrm{T}}$。相应的 t 个历元的最小二乘解为

$$\hat{\boldsymbol{\beta}}=[\boldsymbol{F}^{\mathrm{T}}(t)\boldsymbol{F}(t)]^{-1}\boldsymbol{F}^{\mathrm{T}}(t)\boldsymbol{Y}(t) \tag{5.12}$$

由于 $f(t)$ 依赖于之前的历元，该过程的估计是一个迭代的过程。

在实际应用中，在式(5.11)中，ARMA(p,q)模型的阶数选择有很多，需要从众多选择中选取最合适的阶数。因此需要根据一定的准则来定量比较备选阶数方案的优劣，在此研究中采用贝叶斯信息准则(Bayesian information criterion，BIC)，定义如下(Schwarz，1978)：

$$\mathrm{BIC}(\hat{\boldsymbol{\beta}})=-2l+(p+q)\times\ln t \tag{5.13}$$

式中，l 是与参数估值对应的优化对数似然函数值(optimized log likelihood objective function value)。最佳阶数应该对应的是当参数 $\hat{\boldsymbol{\beta}}$ 获得的 BIC 值最小的时候。

最后，可以估计出 $\mathrm{GF}\langle u\rangle$ 的观测值噪声：

$$\hat{\boldsymbol{e}}(t)=\boldsymbol{Y}(t)-\boldsymbol{F}(t)\hat{\boldsymbol{\beta}} \tag{5.14}$$

为了确定信号精度，首先需要计算 $\mathrm{GF}\langle u\rangle$ 观测值噪声的 STD。为了获得无偏估计，采用如下改正后的 STD 进行计算(Welford，1962)：

$$\sigma_e=\sqrt{\frac{\sum_{u=1}^{t}(e(u)-\overline{e})^2}{(t-p)-(p+q)}} \tag{5.15}$$

式中，$\overline{e}$ 是 t 个历元内 $\mathrm{GF}\langle u\rangle$ 观测值噪声的均值。

根据误差传播定律可以确定信号精度。对于 GF1 模型来说，针对某颗卫星且使用第 i 和 j 个频率时，信号精度计算公式如下：

$$\sigma_{e_1}^2(u)=\sigma_{\epsilon_i}^2(u+1)+\sigma_{\epsilon_i}^2(u)+\sigma_{\epsilon_j}^2(u+1)+\sigma_{\epsilon_j}^2(u) \tag{5.16}$$

式中，$\sigma_{e_1}(u)$ 代表历元 u 时 $\mathrm{GF1}\langle u\rangle$ 观测值随机噪声的 STD；$\sigma_{\epsilon_i}(u+1)$ 和 $\sigma_{\epsilon_i}(u)$ 分别代表历元 u+1 和 u 时第 i 个频率上相位观测值噪声的 STD；$\sigma_{\epsilon_j}(u+1)$ 和 $\sigma_{\epsilon_j}(u)$ 分别代表历元 u+1 和 u 时第 j 个频率上相位观测值噪声的 STD。由于观测值噪声满足正态分布，$\sigma_{\epsilon_i}(u+1)$ 与 $\sigma_{\epsilon_i}(u)$ 相等，$\sigma_{\epsilon_j}(u+1)$ 与 $\sigma_{\epsilon_j}(u)$ 也相等。接着，式(5.16)可以变形为

$$\sigma_{e_1}^2(u) = 2\sigma_{\epsilon_i}^2 + 2\sigma_{\epsilon_j}^2 \tag{5.17}$$

对于某台接收机来讲，相位观测值精度与波长有关，即满足(Han，1997a；Langley，1997)

$$\frac{\sigma_{\epsilon_i}^2}{\sigma_{\epsilon_j}^2} = \frac{\lambda_i^2}{\lambda_j^2} \tag{5.18}$$

由于每一颗卫星都可以得到一个 σ_{e_1}，在本节中只使用卫星高度角大于 35° 的卫星，从而可以显著减少外界环境的影响(Bona，2000；Eueler and Goad，1991)。因此，我们可以计算出精度更高的所有卫星 σ_{e_1} 的平均值，即 $\bar{\sigma}_{e_1}$。最后，可以得到双频相位观测值的精度：

$$\sigma_{\epsilon_i} = \frac{\bar{\sigma}_{e_1}}{\sqrt{2(1+\lambda_j^2/\lambda_i^2)}} \tag{5.19}$$

$$\sigma_{\epsilon_j} = \frac{\bar{\sigma}_{e_1}}{\sqrt{2(1+\lambda_i^2/\lambda_j^2)}} \tag{5.20}$$

对于频率为 i 的 GF2 模型，类似地可以得到如下关系：

$$\sigma_{e_2}^2(u) = \sigma_{\varepsilon_i}^2(u+1) + \sigma_{\varepsilon_i}^2(u) + \sigma_{\epsilon_i}^2(u+1) + \sigma_{\epsilon_i}^2(u) \approx 2\sigma_{\varepsilon_i}^2 \tag{5.21}$$

式中，$\sigma_{e_2}(u)$ 代表历元 u 时 GF2$\langle u \rangle$ 观测值噪声的 STD；$\sigma_{\varepsilon_i}(u+1)$ 和 $\sigma_{\varepsilon_i}(u)$ 分别代表历元 u+1 和 u 时第 i 个频率上伪距观测值噪声的 STD；其他项定义同前。相位观测值噪声精度要远远高于伪距观测值噪声精度，因此相位观测值噪声精度可以忽略。

类似地，我们可以计算出精度更高的所有卫星高度角大于 35° 卫星 σ_{e_2} 的平均值，即 $\bar{\sigma}_{e_2}$。最后，可以估计出伪距观测值的精度：

$$\sigma_{\varepsilon_i} = \frac{\bar{\sigma}_{e_2}}{\sqrt{2}} \tag{5.22}$$

5.1.3　单接收机信号噪声分析方法应用

本节将通过实验来验证 5.1.2 节提出方法的有效性和可靠性，该方法简称为 ARMA-e 法。具体来说，第一个实验基于零基线和短基线的数据集，第二个实验则基于单站数据集。

利用零基线和短基线数据集来分析和比较零基线法、短基线法和 ARMA-e 法的性能。第一个实验包含五组双频 GPS 数据集，采样率为 1Hz，A、B 和 E 组为零基线数据集，C 和 D 组为短基线数据集。每组基线的两台接收机型号相同，基线长度范围为 0～20.04m，观测时长范围为 45～180min，因此可以充分分析各方法的性能。表 5.1 给出了本实验的详细信息。

表 5.1　所有五组数据集的详细信息

数据集	长度/m	历元数	接收机类型	天线类型	观测值类型
A	0	10800	JAVAD TRE_G3TH	ASH701945G_M	L1/L2/P1/P2
B	0	7200	ASHTECH UZ-12	ASH701945G_M	L1/L2/P1/P2
C	1.60	6300	TRIMBLE NETR9	LEIAR25	L1/L2/P1/P2
D	20.04	7200	LEICA GRX1200	LEIAR25	L1/L2/P1/P2
E	0	2700	SOUTH S86	AOAD/M_T	L1/L2/P1/P2

在零基线法和短基线法中，首先需要确定双差整周模糊度。本节采用 LAMBDA 方法进行固定，接着采用站间单差无几何函数模型获取单差残差。所有卫星的单差残差的 STD 被用来估计观测值精度，且按高度角进行排序。之后，0°～90°范围内每隔 0.3°计算单差残差平均精度，根据误差传播定律，观测值精度可以通过单差残差平均精度除以 $\sqrt{2}$ 得到。图 5.1～图 5.4 分别展示了数据集 A～D 组的信号精度和高度角之间的关系，可以发现，GPS 信号精度与高度角相关。在开始时，随着高度角的增加，GPS 信号精度也提高了。具体来说，在零基线中，相位观测值精度从最开始的 1.0mm 提

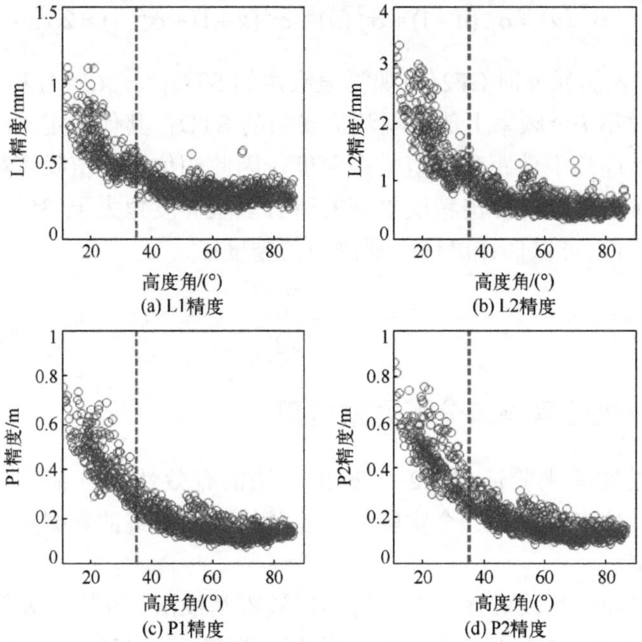

图 5.1　零基线中数据集 A 组的信号精度与高度角之间的关系

红色虚线代表的是 35°高度角

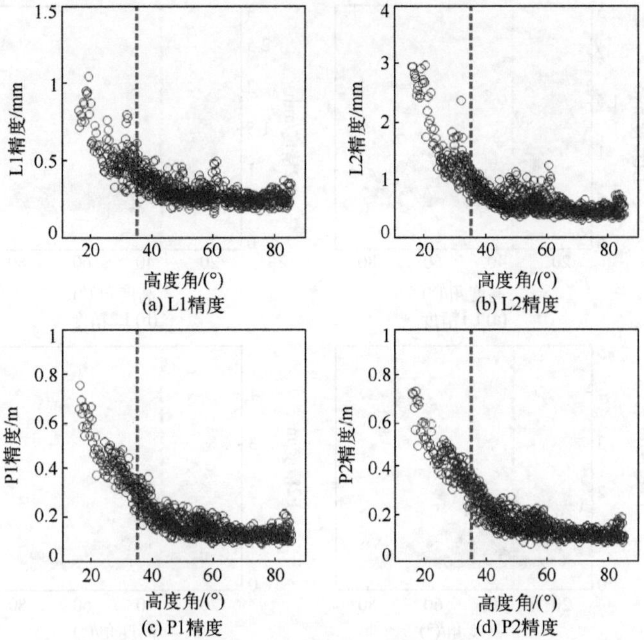

图 5.2　零基线中数据集 B 组的信号精度与高度角之间的关系

红色虚线代表的是 35° 高度角

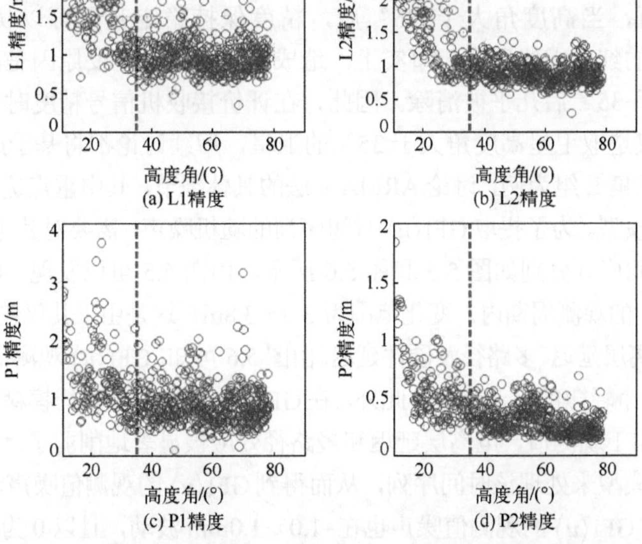

图 5.3　短基线中数据集 C 组的信号精度与高度角之间的关系

红色虚线代表的是 35° 高度角

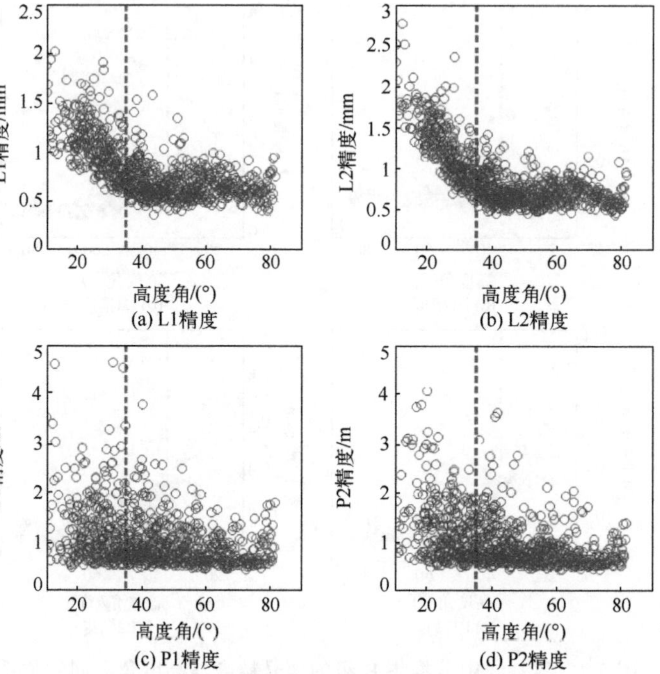

图 5.4　短基线中数据集 D 组的信号精度与高度角之间的关系
红色虚线代表的是 35° 高度角

高到最终大约 0.2mm，伪距观测值精度从最开始的 1.0m 提高到最终大约 0.1m。在短基线中，相位观测值和伪距观测值的精度分别从 3.0mm 和 3.0m 分别提高到 0.5mm 和 0.4m。然而，当高度角大于 35° 后，精度保持稳定甚至可以认为是常数，如图 5.1～图 5.4 的红色虚线所示。事实上，造成这一现象的主要原因是高度角相关的效应在高度角大于 35° 后几乎被消除。因此，在评价接收机信号精度时，为了不受外界环境的影响，仅选取卫星高度角大于 35° 的卫星，后续讨论都将基于此结论。

首先以数据集 E 组为例，讨论 ARMA-e 法的具体细节，其中重点选取了测站 1 中卫星 G15 的 GF1 模型。为了提取 $\mathrm{GF1}\langle u\rangle$ 时间序列的随机噪声，需要对其进行预处理。GF1 与 $\mathrm{GF1}\langle u\rangle$ 的时间序列分别如图 5.5 和图 5.6 所示。由图 5.5 可以发现，GF1 观测值较为平稳，在 45min 的观测周期内，变化范围为 3.0～3.8m，这是由于其仅包含两个频率上的整周模糊度、电离层延迟、多路径及硬件延迟。由图 5.6 可知，$\mathrm{GF1}\langle u\rangle$ 观测值在−1.0～1.0mm 波动，并伴有一个轻微的上升趋势。此外，在 $\mathrm{GF1}\langle u\rangle$ 观测值中整周模糊度和硬件延迟已被消去，相比 GF1 观测值，电离层延迟和多路径效应被显著地削弱了。接着使用二阶多项式和 ARMA 模型来处理该时间序列，从而得到 $\mathrm{GF1}\langle u\rangle$ 的观测值噪声，如图 5.7 所示。可以发现，此时 $\mathrm{GF1}\langle u\rangle$ 的观测值噪声也在−1.0～1.0mm 波动，且以 0 为中心。进一步比较图 5.6 和图 5.7， $\mathrm{GF1}\langle u\rangle$ 观测值噪声比 $\mathrm{GF1}\langle u\rangle$ 观测值具有更小的幅值且更稳定。

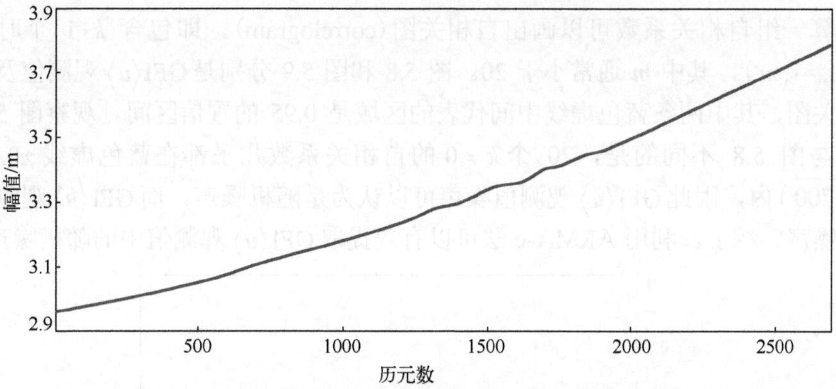

图 5.5　测站 1 中卫星 G15 的 GF1 观测值

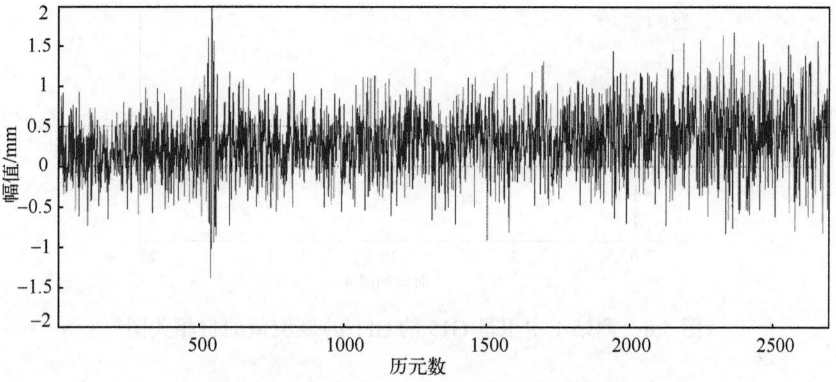

图 5.6　测站 1 中卫星 G15 的 GF1⟨u⟩ 观测值

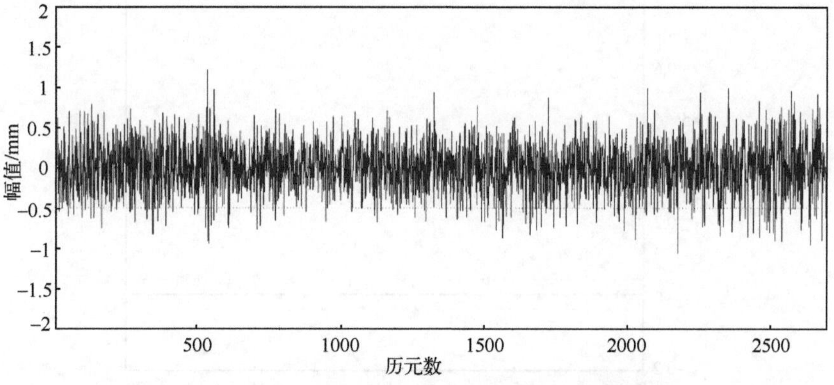

图 5.7　测站 1 中卫星 G15 的 GF1⟨u⟩ 观测值噪声

为了进一步验证 GF1⟨u⟩ 观测值及其噪声是否随机，采用了自相关函数进行计算。

通过计算一组自相关系数可以画出自相关图(correlogram)，即包含 $k+1$ 个时间延迟($k=0,1,\cdots,m$)，其中 m 通常小于 20。图 5.8 和图 5.9 分别是 $\mathrm{GF1}\langle u\rangle$ 观测值及其噪声的自相关图，其中两条蓝色虚线中间代表的区域是 0.95 的置信区间。观察图 5.9 可以发现，与图 5.8 不同的是，20 个 $k\neq 0$ 的自相关系数几乎都在蓝色虚线 ±0.038 (即 $\pm 2/\sqrt{2700}$) 内，因此 $\mathrm{GF1}\langle u\rangle$ 观测值噪声可以认为是随机噪声，而 $\mathrm{GF1}\langle u\rangle$ 观测值则不是随机噪声。综上，利用 ARMA-e 法可以有效提取 $\mathrm{GF1}\langle u\rangle$ 观测值中的随机噪声。

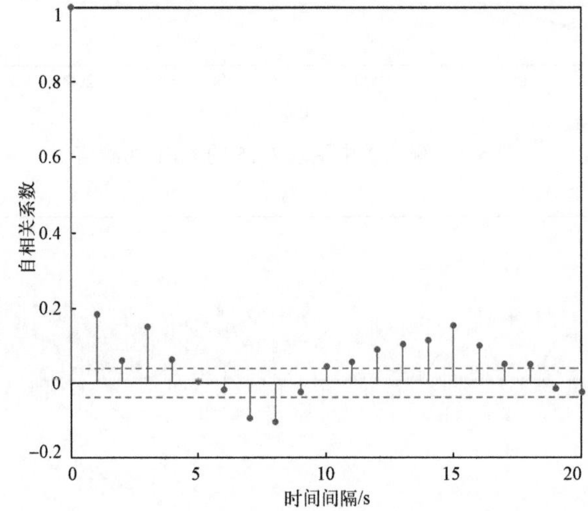

图 5.8　测站 1 中卫星 G15 的 $\mathrm{GF1}\langle u\rangle$ 观测值的自相关图

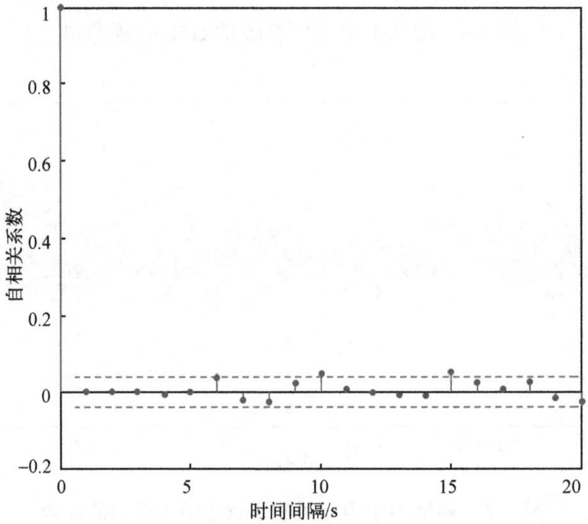

图 5.9　测站 1 中卫星 G15 的 $\mathrm{GF1}\langle u\rangle$ 观测值噪声的自相关图

类似地，应用 ARMA-e 法计算了其他高度角大于 35° 的卫星。所有相关卫星的 GF1⟨u⟩ 的趋势项和噪声分别如图 5.10 和图 5.11 所示。由图 5.10 可以发现，GF1⟨u⟩ 观测值的趋势项确实存在，且变化量最大达到了 0.2mm。此幅值与信号本身精度相当，因此去趋势项是有必要的。图 5.11 给出了所有相关卫星的噪声，其幅值大多都在−1.0～1.0mm，

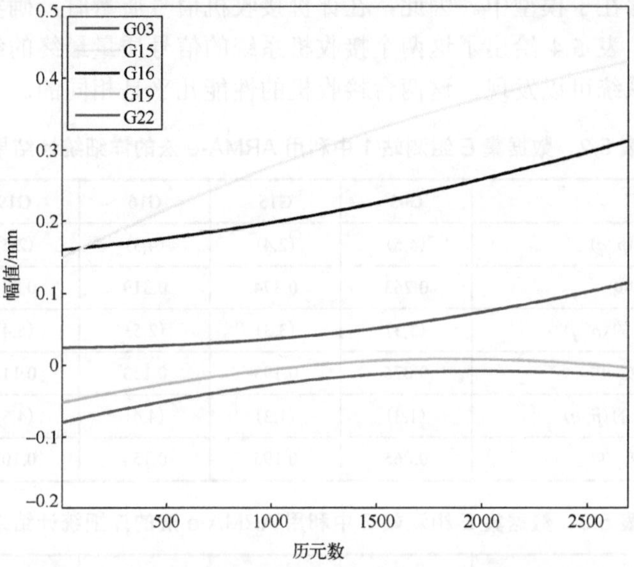

图 5.10　测站 1 中所有相关卫星的 GF1⟨u⟩ 的趋势项

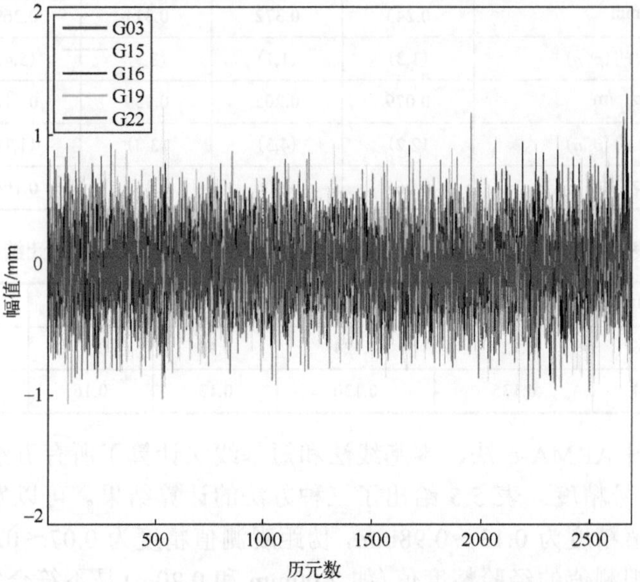

图 5.11　测站 1 中所有相关卫星的 GF1⟨u⟩ 的噪声

且相互之间并没有显著差别，从而表明了 ARMA-e 法的有效性。表 5.2 和表 5.3 给出的是数据集 E 组的两个测站信号噪声的详细统计结果。根据 ARMA 模型的参数 p 和 q 可以发现，不同卫星的 $\mathrm{GF1}\langle u\rangle$ 的数学模型存在差异。与此同时，除了 GF2 模型中测站 2 的 G15 和 G19，其余卫星的 p 和 q 都普遍大于 1，证明了数学相关性和物理相关性确实存在于模型中。因此，在评价接收机信号质量时，确实需要考虑时间相关性。最后，表 5.4 给出了这两个接收机系统的信号质量最终的统计结果。比较这两个接收机系统可以发现，这两台接收机的性能几乎是相同的。

表 5.2　数据集 E 组测站 1 中利用 ARMA-e 法的详细统计结果

项目	G03	G15	G16	G19	G22
GF1 的 (p, q)	(4,5)	(2,4)	(4,3)	(2,5)	(3,4)
σ_{e_1} /mm	0.263	0.374	0.319	0.281	0.295
GF2 中 P1 的 (p, q)	(3,3)	(3,3)	(2,5)	(5,4)	(5,3)
P1 的 σ_{e_2} /m	0.076	0.193	0.153	0.111	0.113
GF2 中 P2 的 (p, q)	(1,3)	(1,3)	(4,4)	(4,5)	(5,5)
P2 的 σ_{e_2} /m	0.065	0.195	0.154	0.102	0.104

表 5.3　数据集 E 组测站 2 中利用 ARMA-e 法的详细统计结果

项目	G03	G15	G16	G19	G22
GF1 的 (p, q)	(5,1)	(5,4)	(2,4)	(4,5)	(4,5)
σ_{e_1} /mm	0.243	0.372	0.311	0.269	0.276
GF2 中 P1 的 (p, q)	(1,3)	(1,1)	(3,3)	(5,4)	(2,5)
P1 的 σ_{e_2} /m	0.079	0.205	0.159	0.112	0.122
GF2 中 P2 的 (p, q)	(2,2)	(4,3)	(3,3)	(1,1)	(2,4)
P2 的 σ_{e_2} /m	0.067	0.206	0.157	0.104	0.114

表 5.4　数据集 E 组两个测站中利用 ARMA-e 法的最终统计结果

测站	$\bar{\sigma}_{e_1}$ /mm	P1 的 $\bar{\sigma}_{e_2}$ /m	P2 的 $\bar{\sigma}_{e_2}$ /m	σ_{ε_1} /mm	σ_{ε_2} /mm	σ_{ϵ_1} /m	σ_{ϵ_2} /m
1	0.306	0.129	0.124	0.13	0.17	0.11	0.10
2	0.294	0.135	0.130	0.13	0.16	0.11	0.11

最后，使用 ARMA-e 法、零基线法和短基线法计算了所有五组数据集每台接收机的 GPS 信号精度。表 5.5 给出了三种方法的计算结果。可以发现，这三种方法的相位观测值精度为 0.13～0.98mm，伪距观测值精度为 0.07～0.93m。这表明通常相位和伪距观测值的经验精度值(如 2.00mm 和 0.20m)是不符合实际的，尤其是

对于高端接收机来说，其真实值往往小于上述经验值。在 ARMA-e 法中，数据集A、B、C 和 D 组中的两台接收机的信号精度是不相同的，而 E 组相同。这表明即使拥有相同型号的两台接收机，也不能保证在实际应用中具有相同的信号精度。在零基线法中，计算得到的精度值要远远小于短基线法得到的精度值。这表明短基线法计算得到的信号精度确实包含了非模型化误差，如残余的大气延迟和多路径效应等。

表 5.5　所有五组数据集每台接收机中利用 ARMA-e 法、零基线法和短基线法的计算结果

组名	接收机系统	零基线/短基线				接收机系统	ARMA-e			
		L1	L2	P1	P2		L1	L2	P1	P2
A	Rec.1	0.19	0.35	0.12	0.12	Rec.1+Ant.1	0.16	0.21	0.15	0.15
	Rec.2					Rec.2+Ant.1	0.26	0.34	0.10	0.10
B	Rec.1	0.21	0.30	0.11	0.11	Rec.1+Ant.1	0.25	0.32	0.07	0.07
	Rec.2					Rec.2+Ant.1	0.15	0.19	0.12	0.11
C	Rec.1+Ant.1	0.98	0.89	0.87	0.30	Rec.1+Ant.1	0.20	0.25	0.11	0.11
	Rec.2+Ant.2					Rec.2+Ant.2	0.18	0.23	0.12	0.10
D	Rec.1+Ant.1	0.67	0.71	0.93	0.87	Rec.1+Ant.1	0.17	0.21	0.10	0.11
	Rec.2+Ant.2					Rec.2+Ant.2	0.18	0.23	0.11	0.11
E	Rec.1	0.13	0.18	0.10	0.10	Rec.1+Ant.1	0.13	0.17	0.11	0.10
	Rec.2					Rec.2+Ant.1	0.13	0.16	0.11	0.11

注：Rec.和 Ant.分别代表接收机和天线；L1 和 L2 精度的单位为 mm；P1 和 P2 精度的单位为 m。

利用单接收机进行数据采集并分析 ARMA-e 法的稳定性。该接收系统包含两部分：HITARGET V60 接收机及其天线。将接收机安放在楼顶或地面，在连续 3 天内收集了共五组不同观测时段中采样间隔为 1s 的数据集，时间间隔为 15～60min 不等，更多细节见表 5.6，可以发现这些数据集具有很好的代表性和多样性。首先，这些数据集观测时间和位置都不同，因此具有较好的时空代表性。其次，这些数据集的观测时长不同，从而可以证明该方法的可用性。

表 5.6　所有单站数据集的描述

数据集	位置	观测时间(GPS 时)	使用的卫星
No.1	楼顶	2015/4/12 11:00:00～11:59:59	G03 G16 G19 G23 G27
No.2	地面	2015/4/13 04:00:00～04:59:59	G12 G14 G18 G22 G25
No.3	楼顶	2015/4/13 11:00:00～11:29:59	G03 G16 G19 G23 G27
No.4	地面	2015/4/13 15:00:00～15:29:59	G01 G07 G08 G09 G28
No.5	楼顶	2015/4/14 01:00:00～01:14:59	G02 G05 G15 G26 G29

图 5.12 和图 5.13 给出了两种类型的噪声时间序列。GF1 观测值在−45.50～−46.90m 范围缓慢变化。这种变化主要受两个频率的模糊度、电离层延迟、多路径效应和硬件延迟等影响，如图 5.12 所示。GF1$\langle u\rangle$ 相位观测值的幅度在以 0 为中心的−2.00～2.00mm 波动，这显然比 GF1 观测值要稳定，这是由于此时仅存在残余的电离层延迟和多路径效应。GF1$\langle u\rangle$ 相位观测值噪声的精度为 0.67mm，而 GF1$\langle u\rangle$ 相位观测值的精度为 0.83mm，这是因为 GF1$\langle u\rangle$ 观测值通过 ARMA-e 法进行了正确建模。在 GF2 的 P1 观测值上也可以得到类似的结论，如图 5.13 所示。表 5.7 给出了每组数据集利用 ARMA-e 法得到的计算结果。可以看到每组数据集的结果是相对一致的。具体来说，所有五组数据集得到的 L1、L2、P1 和 P2 的精度差异最大在 0.03mm、0.03mm、0.02m 和 0.01m，因此这些不同数据集得到的结果可以视为等价的。实验结果表明，可以通过 ARMA-e 法得到该接收机系统的信号精度，且此时 L1、L2、P1 和 P2 的精度分别为 0.33mm、0.43mm、0.22m 以及 0.17m。总之，无论观测时间和观测地点如何变化，相位和伪距观测值的精度几乎是相同的，这证明了本书提出的方法对外界环境影响具有足够的稳健性。

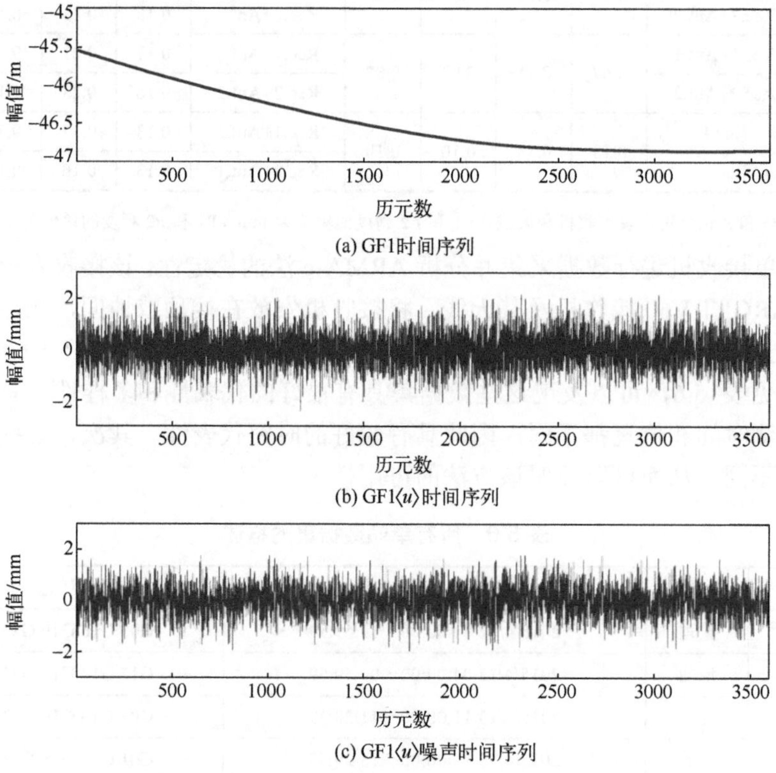

图 5.12　数据集 No.1 中卫星 G03 的 GF1 相关观测值

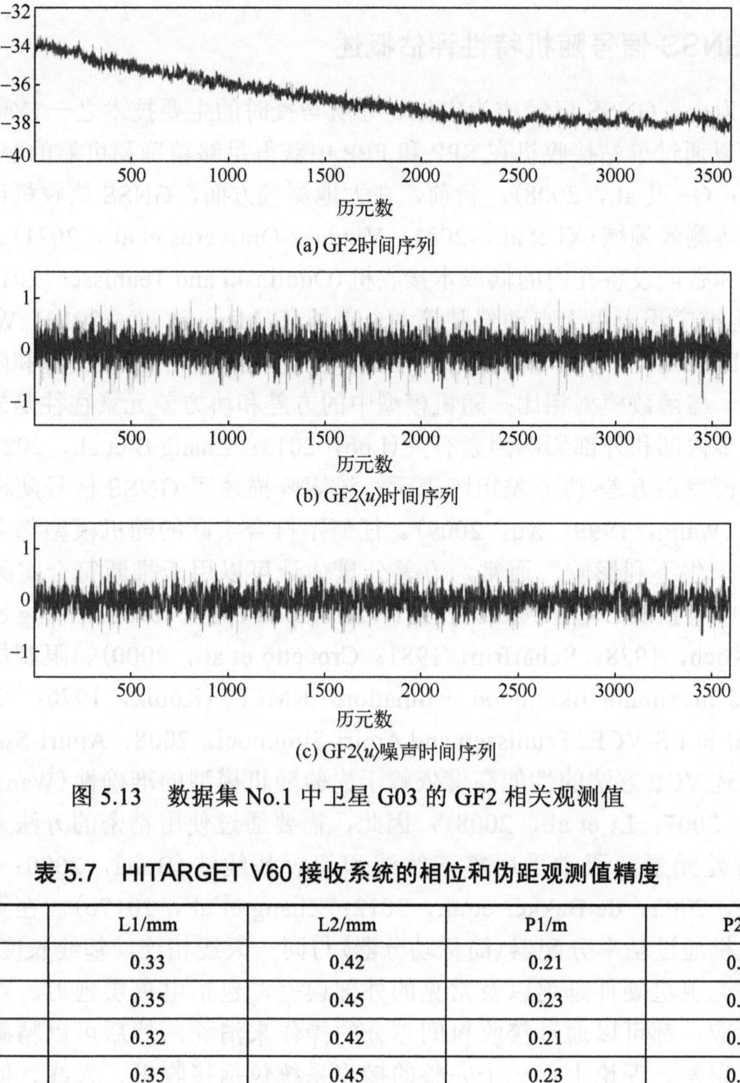

图 5.13　数据集 No.1 中卫星 G03 的 GF2 相关观测值

表 5.7　HITARGET V60 接收系统的相位和伪距观测值精度

数据集	L1/mm	L2/mm	P1/m	P2/m
No.1	0.33	0.42	0.21	0.17
No.2	0.35	0.45	0.23	0.18
No.3	0.32	0.42	0.21	0.17
No.4	0.35	0.45	0.23	0.17
No.5	0.32	0.42	0.23	0.17

5.2　适用于任意频率的单站 GNSS 信号随机特性评估理论

为了能准确评估单站 GNSS 信号的随机特性，并排除接收机可接收频率数的影响，提出了适用于任意频率的单站 GNSS 信号随机特性评估方法(Zhang et al., 2023c)。首先讨论了 GNSS 信号随机特性评估的基本情况；接着给出了适用于任意频率的单站 GNSS 信号随机特性评估方法，并用实测数据进行了验证。

5.2.1 GNSS 信号随机特性评估概述

目前为止，GNSS 已经成为定位、导航与授时的主要技术之一(Yang Y et al.，2020)，可以通过单站接收机在 SPP 和 PPP 中获得足够精确和可靠的解(Zumberge et al.，1997；Ge et al.，2008)。目前，在大地测量方面，GNSS 接收机已广泛应用于变形监测等测量领域(Xi et al.，2021；Vazquez-Ontiveros et al.，2021)。此外，包括微型板卡和智能设备在内的低成本接收机(Odolinski and Teunissen，2018；Paziewski，2020)，也被广泛应用于自动驾驶等大众市场(Caldera et al.，2016；Wanninger and Heßelbarth，2020)。为了获得高可信的结果，使用精确的函数模型和随机模型是至关重要的。与函数模型相比，随机模型中的方差和协方差元素往往是未知的，因为它们与许多内部和外部影响因素有关(Luo，2013；Zhang B et al.，2020)。

随机模型由方差-协方差矩阵表示，该矩阵描述了 GNSS 信号随机误差的期望和离散度(Wang，1999；Xu，2009)。任何不符合实际的随机模型都会对定位精度和可靠性产生不利影响。通常，方差分量估计可以用于推断符合实际的后验随机模型，其中包括 MINQUE(Rao，1971；Satirapod et al.，2002；Wang et al.，2002)、BIQUE(Koch，1978；Schaffrin，1981；Crocetto et al.，2000)、限制极大似然估计(restricted maximum likelihood estimation，RMLE)(Kubik，1970；Koch，1986；Yu，1996)和 LS-VCE(Teunissen and Amiri-Simkooei，2008；Amiri-Simkooei et al.，2009)。上述 VCE 方法的性能高度依赖于先验随机模型的准确性(Wang et al.，2002；Xu et al.，2007；Li et al.，2008)，因此，需要通过使用精密的方法来确定先验方差和协方差元素，通常采用零基线法和超短基线法(Bona，2000；Tiberius and Kenselaar，2003；de Bakker et al.，2012；Zhang et al.，2017b)。在零基线法中，两个接收机通过功率分配器(简称功分器)与同一天线相连，基线长度为零。其中，卫星钟差、卫星硬件延迟以及常见的外部误差，包括电离层延迟、对流层延迟和多路径效应，都可以通过接收机间差分的操作来消除，然后可以精确地估计观测值的随机误差。理论上，一个完整的接收系统包括接收机、天线、低噪声放大器和电缆，因此，需要更好地考虑系统噪声。在一些情况下，电缆长度可以长达 50m、100m，甚至更长，因此噪声不能忽略。而在零基线法中，由于两个接收机共用同一天线，因此排除了来自天线、低噪声放大器和电缆的噪声。此外，零基线法不适用于内置天线的接收机，如智能手机。对于超短基线，两个完整的接收系统间隔很短的距离，如小于 10m，通过接收机间单差，消除了卫星的钟差和硬件延迟，并且在足够短的基线中，包括电离层延迟和对流层延迟在内的外部误差几乎可以忽略。与零基线法相比，综合接收系统的噪声可以进行估计并更好地反映观测值的随机噪声。但非模型化误差特别是多路径效应仍然存在会影响后续的随机评估。与可模型化误差相比，非模型化误差是指由于时空复杂性和对它们的认识不足，无法通过差分组合、经验模型改正和适当参数化来抑制的误差(Li et al.，2018；Zhang and Li，2020)。

然而，无论零基线法还是超短基线法，都是基于相对定位模式的，应考虑如何基于单站接收机评估 GNSS 观测值的随机特性。首先，零基线和超短基线都无法完整估计接收系统的 GNSS 观测值的随机噪声。其次，一些 GNSS 接收机，特别是低成本接收机，没有外部天线接口，因此只能采用超短基线法。一些研究人员已经研究了基于单站接收机的随机评估方法(Zhang B et al.，2020；Zhang Z et al.，2017b)，其中可以应用基于几何或无几何的模型。具体地，在基于几何的模型中，三维坐标是参数化的，具有良好的几何强度、清楚的物理解析和足够的冗余观测，而未知数的参数化则相对复杂。此外，可能无法获得精确的轨道和钟差的产品，特别是对于新的信号或星座(Cai and Gao，2013；Kazmierski et al.，2018)。对于无几何模型，可以直接将卫地距参数化。GF 模型作为一个线性模型易于实现，但受到秩亏的限制(de Bakker et al.，2009；Li，2018)。虽然 *S*-system 理论可以在一定程度上缓解这一问题(Odijk et al.，2016；Zhang B et al.，2020)，但仍然不能在单频条件下发挥作用。

因此，无论单站模式还是相对定位模式，评估随机模型主要有三个限制因素。首先，GNSS 低成本接收机的天线通常是内置的，不能应用传统的零基线法。其次，在使用传统的独立基线或超短基线法时，GNSS 观测值中容易存在非模型化误差，尤其是多路径效应。最后，相关研究发现，伪距和相位观测值的随机评估方法在单频条件下效果不佳(Odolinski and Teunissen，2017)，特别是单站模式的无几何模型。然而，尽管目前有几款先进的双频手机(Gao R et al.，2021；Yong et al.，2021)，但是大多数低成本设备仍只能获得单频信号，而且非模型化误差的影响通常很严重。综上所述，零基线法只能用于获取安装外部天线的接收机内部的噪声，而基于相对定位模式的短基线法，无法完全消除非模型化误差，特别是多路径效应。此外，传统的单站方法适用于双频和多频场景，通常不考虑非模型化误差。因此，迫切需要有一种顾及非模型化误差的随机模型评估方法，且该方法最好能适用于单站接收机且不受频率数限制。

为了准确评估任意频率下的 GNSS 单站接收机观测值的随机特性，提出了一种新的随机评估方法，该方法特别适用于单频低成本一体式接收机。这种方法基于原始观测值，通过重新参数化和多历元参数合并，在无几何或基于几何的模型中改正伪距和相位观测值的非模型化误差，然后，可以根据残差进行 GNSS 观测值的随机特性分析。

5.2.2 适用于任意频率的单站 GNSS 信号随机特性评估方法

首先介绍基于零基线或超短基线的方式进行随机特性评估。对于确定的卫星和接收机，伪距和相位的原始观测模型如式(2.1)和式(2.2)所示(Leick et al.，2015)。在零基线或超短基线下，采用接收机间单差模型，消除了卫星钟差和硬件延迟，站间的电离层和对流层延迟因具有高度相关性经单差后可认为被消除了。相应地，站间单差观测方程为

$$\Delta P_{rq,f}^{s}=\Delta\rho_{rq}^{s}+c\Delta\delta t_{rq}+\Delta\xi_{rq,f}+\Delta\Omega_{rq,f}^{s}+\Delta\varepsilon_{rq,f}^{s} \tag{5.23}$$

$$\Delta\Phi_{rq,f}^{s}=\Delta\rho_{rq}^{s}+\lambda_{f}\Delta N_{rq,f}^{s}+c\Delta\delta t_{rq}+\Delta\zeta_{rq,f}+\Delta\omega_{rq,f}^{s}+\Delta\epsilon_{rq,f}^{s} \tag{5.24}$$

为了使单差观测方程具有可解性和可估计性，引入了参考卫星的单差模糊度 $\Delta N'_{qr,f}$。式(5.24)可改写为

$$\Delta\Phi_{rq,f}^{s}=\Delta\rho_{rq}^{s}+\lambda_{f}(\Delta N_{rq,f}^{s}-\Delta N'_{rq,f}+\Delta N'_{rq,f})+c\Delta\delta t_{rq}+\Delta\zeta_{rq,f}+\Delta\omega_{rq,f}^{s}+\Delta\epsilon_{rq,f}^{s} \tag{5.25}$$

因此，式(5.25)可推导为

$$\Delta\Phi_{rq,f}^{s}=\Delta\rho_{rq}^{s}+\lambda_{f}\nabla\Delta N_{rq,f}^{\prime s}+\Delta b_{f}+\Delta\omega_{rq,f}^{s}+\Delta\epsilon_{rq,f}^{s} \tag{5.26}$$

式中，$\nabla\Delta N_{rq,f}^{\prime s}=\Delta N_{rq,f}^{s}-\Delta N'_{rq,f}$；$\Delta b_{f}=\lambda_{f}\Delta N'_{rq,f}+c\Delta\delta t_{rq}+\Delta\zeta_{rq,f}$。同理，单差伪距观测方程可以表示为

$$\Delta P_{rq,f}^{s}=\Delta\rho_{rq}^{s}+\Delta B_{f}+\Delta\Omega_{rq,f}^{s}+\Delta\varepsilon_{rq,f}^{s} \tag{5.27}$$

式中，$\Delta B_{f}=c\Delta\delta t_{rq}+\Delta\xi_{rq,f}$。在式(5.26)和式(5.27)中，$\Delta b_f$ 和 ΔB_f 表示相位和伪距观测值的等效钟差。可以发现，等效钟差仅取决于所选择的参考卫星(仅在 Δb_f 中)所使用的接收机和应用的频率。这一特性至关重要，因为钟差和硬件延迟是具有相关性的(Odijk et al.，2016；Li，2016)，所以可以解决秩亏的问题。式(5.26)中的双差模糊度 $\nabla\Delta N_{rq,f}^{\prime s}$ 可以通过预先解算和检验的方法进行精确估计。此外，虽然多路径效应通常被认为不存在，但是在超短基线中并非如此。在改正双差模糊度后，收集所有单差伪距和相位观测值结果：

$$\mathrm{E}\begin{bmatrix}\Delta\boldsymbol{P}\\ \Delta\boldsymbol{\Phi}\end{bmatrix}=[\boldsymbol{e}_{2m}\otimes\boldsymbol{I}_{n}\quad \boldsymbol{I}_{2m}\otimes\boldsymbol{e}_{n}]\begin{bmatrix}\Delta\boldsymbol{\rho}\\ \boldsymbol{\Psi}\end{bmatrix} \tag{5.28}$$

式中，$\Delta\boldsymbol{P}=[\Delta\boldsymbol{P}_1^{\mathrm{T}},\cdots,\Delta\boldsymbol{P}_m^{\mathrm{T}}]^{\mathrm{T}}$，$\Delta\boldsymbol{P}_m=[\Delta P_{r,m}^{1},\cdots,\Delta P_{r,m}^{s}]^{\mathrm{T}}$；$\Delta\boldsymbol{\Phi}=[\Delta\boldsymbol{\Phi}_1^{\mathrm{T}},\cdots,\Delta\boldsymbol{\Phi}_m^{\mathrm{T}}]^{\mathrm{T}}$，$\Delta\boldsymbol{\Phi}_m=[\Delta\Phi_{r,m}^{1},\cdots,\Delta\Phi_{r,m}^{s}]^{\mathrm{T}}$；$\Delta\boldsymbol{\rho}=[\Delta\rho_{rq}^{1},\cdots,\Delta\rho_{rq}^{s}]^{\mathrm{T}}$；$\boldsymbol{\Psi}=[\Delta\boldsymbol{B}^{\mathrm{T}},\Delta\boldsymbol{b}^{\mathrm{T}}]^{\mathrm{T}}$；$\Delta\boldsymbol{B}=[\Delta B_1,\cdots,\Delta B_m]^{\mathrm{T}}$；$\Delta\boldsymbol{b}=[\Delta b_1,\cdots,\Delta b_m]^{\mathrm{T}}$。根据设计矩阵 $[\boldsymbol{e}_{2m}\otimes\boldsymbol{I}_n,\ \boldsymbol{I}_{2m}\otimes\boldsymbol{e}_n]$，可知式(5.28)秩亏，秩亏数为 1。因此，需要通过固定一个参数来进行重新参数化，如 ΔB_w。然后设计矩阵变为 $[\boldsymbol{e}_{2m}\otimes\boldsymbol{I}_n,\ \boldsymbol{\Theta}_{1,2m}\otimes\boldsymbol{e}_n]$，其中，$\boldsymbol{\Theta}_{1,2m}=\mathrm{blkdiag}(\boldsymbol{0},\boldsymbol{I}_{2m-1})$。参数的数量和含义也发

生了变化，$\Delta\check{\rho}_{qr}^{s}=\Delta\rho_{qr}^{s}+\Delta B_{w}$，$\Delta\check{B}_{f}=\Delta B_{f}-\Delta B_{w}$，$\Delta\check{b}_{f}=\Delta b_{f}-\Delta B_{w}$。最后，建立观测模型并通过最小二乘准则求解，然后根据残差进行随机特性评估。值得注意的是，式(5.28)中使用了克罗内克积，可使得 GNSS 模型的结构变简洁(Teunissen，1997c，1997d)。

在这一部分中介绍了两种新的随机评估方法，适用于单站接收机且无须考虑跟踪频率数量。对于可以接收任意频率的单站接收机，提出了考虑非模型化误差的随机估计方法。主要有两种方法：一种基于无几何模型，另一种基于几何模型。对于无几何模型，基于式(2.1)和式(2.2)，原始观测方程可以通过组合参数进行变换，具体如下：

$$P_{r,f}^{s}=\tilde{\rho}_{r}^{s}+\tilde{\Omega}_{r,f}^{s}+I_{r,f}^{s}+\varepsilon_{r,f}^{s} \tag{5.29}$$

$$\Phi_{r,f}^{s}=\tilde{\rho}_{r}^{s}+\tilde{\omega}_{r,f}^{s}-I_{r,f}^{s}+\epsilon_{r,f}^{s} \tag{5.30}$$

式中，等效卫地距 $\tilde{\rho}_{r}^{s}=\rho_{r}^{s}+c\delta t_{r}-c\delta t^{s}+T_{r}^{s}$ 表示非弥散项；等效伪距多路径 $\tilde{\Omega}_{r,f}^{s}=\Omega_{r,f}^{s}+\xi_{r,f}-\xi^{s,f}$ 包含伪距多路径本身，以及接收机端和卫星端的硬件延迟；等效相位多路径 $\tilde{\omega}_{r,f}^{s}=\omega_{r,f}^{s}+\zeta_{r,f}-\zeta^{s,f}+\lambda_{f}N_{r,f}^{s}$ 包含相位多路径本身、整周模糊度以及接收机和卫星端相位硬件延迟。对应的简化形式如下：

$$\mathrm{E}\begin{bmatrix}\boldsymbol{P}\\ \boldsymbol{\Phi}\end{bmatrix}=[\boldsymbol{e}_{2m}\otimes\boldsymbol{I}_{n}\quad \boldsymbol{I}_{2mn}\quad \boldsymbol{B}_{2m}\otimes\boldsymbol{I}_{n}]\begin{bmatrix}\tilde{\boldsymbol{\rho}}\\ \boldsymbol{\Omega}\\ \boldsymbol{\Gamma}\end{bmatrix} \tag{5.31}$$

式中，$\boldsymbol{P}=[\boldsymbol{P}_{1}^{\mathrm{T}},\boldsymbol{P}_{m}^{\mathrm{T}}]^{\mathrm{T}}$，$\boldsymbol{P}_{m}=[P_{r,m}^{1},\cdots,P_{r,m}^{s}]^{\mathrm{T}}$；$\boldsymbol{\Phi}=[\boldsymbol{\Phi}_{1}^{\mathrm{T}},\cdots,\boldsymbol{\Phi}_{m}^{\mathrm{T}}]^{\mathrm{T}}$；$\boldsymbol{\Phi}_{m}=[\Phi_{r,m}^{1},\cdots,\Phi_{r,m}^{s}]^{\mathrm{T}}$；$\boldsymbol{B}_{2m}=[\boldsymbol{\beta}_{m}^{\mathrm{T}},-\boldsymbol{\beta}_{m}^{\mathrm{T}}]^{\mathrm{T}}$，$\boldsymbol{\beta}_{m}=[\beta_{1},\cdots,\beta_{m}]^{\mathrm{T}}$；$\tilde{\boldsymbol{\rho}}=[\tilde{\rho}_{r}^{1},\cdots,\tilde{\rho}_{r}^{s}]^{\mathrm{T}}$；$\boldsymbol{\Omega}=[\tilde{\boldsymbol{\Omega}}^{\mathrm{T}},\tilde{\boldsymbol{\omega}}^{\mathrm{T}}]^{\mathrm{T}}$，$\tilde{\boldsymbol{\Omega}}=[\tilde{\boldsymbol{\Omega}}_{1}^{\mathrm{T}},\cdots,\tilde{\boldsymbol{\Omega}}_{m}^{\mathrm{T}}]^{\mathrm{T}}$，$\tilde{\boldsymbol{\omega}}=[\tilde{\boldsymbol{\omega}}_{1}^{\mathrm{T}},\cdots,\tilde{\boldsymbol{\omega}}_{m}^{\mathrm{T}}]^{\mathrm{T}}$，$\tilde{\boldsymbol{\Omega}}_{m}=[\tilde{\Omega}_{r,m}^{1},\cdots,\tilde{\Omega}_{r,m}^{s}]^{\mathrm{T}}$，$\tilde{\boldsymbol{\omega}}_{m}=[\tilde{\omega}_{r,m}^{1},\cdots,\tilde{\omega}_{r,m}^{s}]^{\mathrm{T}}$；$\boldsymbol{\Gamma}=[I_{r,m}^{1},\cdots,I_{r,m}^{s}]^{\mathrm{T}}$；电离层延迟系数 β_{j} 等于 $\lambda_{j}^{2}/\lambda_{i}^{2}$。由式(5.31)可知，在单历元模式下，总观测值个数为 $2mn$，未知参数个数为 $2n+2mn$。因此，此时无法求解观测模型，在多历元模式下也存在此问题。对于式(5.31)中的设计矩阵，有如下关系：

$$\operatorname{rank}([\boldsymbol{e}_{2m}\otimes\boldsymbol{I}_{n}\quad \boldsymbol{I}_{2mn}\quad \boldsymbol{B}_{2m}\otimes\boldsymbol{I}_{n}])=2mn \tag{5.32}$$

显然，由于设计矩阵不满足列满秩，参数也无法估计。同时，$\tilde{\rho}_{r}^{s}$ 和 $I_{r,f}^{s}$ 是与 $\tilde{\Omega}_{r,f}^{s}$ 和 $\tilde{\omega}_{r,f}^{s}$ 线性相关的，因此需要重新参数化。

为了避免秩亏，电离层延迟需要提前进行改正，例如，电离层改正模型使用了 Klobuchar 模型等外部电离层产品。当然也可以应用电离层固定、电离层估计或电离层加权模型等无偏模型。假设电离层误差得到改正，则将剩余电离层延迟和等效多路径效应组合成一个新的参数，称为非模型化误差。然后，观测模型可以进一步转换为

$$P_{r,f}^{s}=\tilde{\rho}_{r}^{s}+U_{r,f}^{s}+\varepsilon_{r,f}^{s} \tag{5.33}$$

$$\varPhi_{r,f}^{s}=\tilde{\rho}_{r}^{s}+u_{r,i}^{s}+\epsilon_{r,f}^{s} \tag{5.34}$$

式中，伪距非模型化误差$U_{r,f}^{s}=\tilde{\varOmega}_{r,f}^{s}+\mathrm{d}I_{r,f}^{s}$和相位非模型化误差$u_{r,f}^{s}=\tilde{\omega}_{r,f}^{s}-\mathrm{d}I_{r,f}^{s}$，$\mathrm{d}I$ 表示可能存在的残余电离层延迟，相应的简化形式如下：

$$\mathrm{E}\begin{bmatrix}\boldsymbol{P}\\ \boldsymbol{\varPhi}\end{bmatrix}=[\boldsymbol{e}_{2m}\otimes\boldsymbol{I}_{n}\quad \boldsymbol{I}_{2mn}]\begin{bmatrix}\tilde{\boldsymbol{\rho}}\\ \boldsymbol{\varLambda}\end{bmatrix} \tag{5.35}$$

式中，$\boldsymbol{\varLambda}=[\boldsymbol{U}^{\mathrm{T}},\boldsymbol{u}^{\mathrm{T}}]^{\mathrm{T}}$，$\boldsymbol{U}=[\boldsymbol{U}_{1}^{\mathrm{T}},\cdots,\boldsymbol{U}_{m}^{\mathrm{T}}]^{\mathrm{T}}$，$\boldsymbol{U}_{m}=[U_{r,m}^{1},\cdots,U_{r,m}^{s}]^{\mathrm{T}}$，$\boldsymbol{u}=[\boldsymbol{u}_{1}^{\mathrm{T}},\cdots,\boldsymbol{u}_{m}^{\mathrm{T}}]^{\mathrm{T}}$，$\boldsymbol{u}_{m}=[u_{r,m}^{1},\cdots,u_{r,m}^{s}]^{\mathrm{T}}$。显然，上述观测方程(5.35)仍然是秩亏的，因为观测值的总数是 $2mn$，而未知参数的个数是 $n+2nm$。此外，由于设计矩阵$[\boldsymbol{e}_{2f}\otimes\boldsymbol{I}_{n}\ ,\ \boldsymbol{I}_{2mn}]$秩亏，参数需要重新参数化。因此，为了使观测方程(5.35)具有可解性和可估计性，需要适当地处理伪距和相位的非模型化误差，特别是等效多路径效应。

对于基于几何的模型，原始观测方程如下：

$$P_{r,f}^{s}=\boldsymbol{A}_{r}^{s}\boldsymbol{x}+c\delta t_{r}-c\delta t^{s}+T_{r}^{s}+\tilde{\varOmega}_{r,f}^{s}+I_{r,f}^{s}+\varepsilon_{r,f}^{s} \tag{5.36}$$

$$\varPhi_{r,f}^{s}=\boldsymbol{A}_{r}^{s}\boldsymbol{x}+c\delta t_{r}-c\delta t^{s}+T_{r}^{s}+\tilde{\omega}_{r,f}^{s}-I_{r,f}^{s}+\epsilon_{r,f}^{s} \tag{5.37}$$

式中，$\boldsymbol{A}_{r}^{s}$表示接收机 r 和卫星 s 对坐标分量 $\boldsymbol{x}$ 的设计矩阵。如果用精密星历改正卫星钟差，并预先改正对流层和电离层延迟，则新的观测方程如下：

$$P_{r,f}^{s}=\boldsymbol{A}_{r}^{s}\boldsymbol{x}+c\delta t_{r}+\tilde{U}_{r,f}^{s}+\varepsilon_{r,f}^{s} \tag{5.38}$$

$$\varPhi_{r,f}^{s}=\boldsymbol{A}_{r}^{s}\boldsymbol{x}+c\delta t_{r}+\tilde{u}_{r,f}^{s}+\epsilon_{r,f}^{s} \tag{5.39}$$

式中，基于几何的伪距非模型化误差$\tilde{U}_{r,f}^{s}=\tilde{\varOmega}_{r,f}^{s}+\mathrm{d}T_{r}^{s}+\mathrm{d}I_{r,f}^{s}$，基于几何的相位非模型化误差$\tilde{u}_{r,f}^{s}=\tilde{\omega}_{r,f}^{s}+\mathrm{d}T_{r}^{s}-\mathrm{d}I_{r,f}^{s}$，$\mathrm{d}T$ 表示剩余的对流层延迟。简化形式如下：

$$\mathrm{E}\begin{bmatrix}\boldsymbol{P}\\ \boldsymbol{\varPhi}\end{bmatrix}=[\boldsymbol{e}_{2m}\otimes\boldsymbol{A}_{n}\quad \boldsymbol{e}_{2mn}\quad \boldsymbol{I}_{2mn}]\begin{bmatrix}\boldsymbol{x}\\ c\delta t_{r}\\ \tilde{\boldsymbol{\varLambda}}\end{bmatrix} \tag{5.40}$$

式中，$\boldsymbol{A}_{n}=\left[\boldsymbol{A}_{r}^{1},\cdots,\boldsymbol{A}_{r}^{s}\right]^{\mathrm{T}}$；$\boldsymbol{\varLambda}=\left[\tilde{\boldsymbol{U}}^{\mathrm{T}},\tilde{\boldsymbol{u}}^{\mathrm{T}}\right]^{\mathrm{T}}$，$\tilde{\boldsymbol{U}}=\left[\tilde{\boldsymbol{U}}_{1}^{\mathrm{T}},\cdots,\tilde{\boldsymbol{U}}_{m}^{\mathrm{T}}\right]^{\mathrm{T}}$，$\tilde{\boldsymbol{U}}_{m}=\left[\tilde{U}_{r,m}^{1},\cdots,\tilde{U}_{r,m}^{s}\right]^{\mathrm{T}}$，$\tilde{\boldsymbol{u}}=\left[\tilde{\boldsymbol{u}}_{1}^{\mathrm{T}},\cdots,\tilde{\boldsymbol{u}}_{m}^{\mathrm{T}}\right]^{\mathrm{T}}$，$\tilde{\boldsymbol{u}}_{m}=\left[\tilde{u}_{r,m}^{1},\cdots,\tilde{u}_{r,m}^{s}\right]^{\mathrm{T}}$。同理，式(5.40)中的观测模型也是秩亏的，因为观测值的总数是 $2mn$，而未知参数的个数为 $4+2mn$。同样地，由于设计矩阵$[\boldsymbol{e}_{2m}\otimes\boldsymbol{A}_{n}\ ,\ \boldsymbol{e}_{2mn}\ ,\ \boldsymbol{I}_{2mn}]$秩亏，需要重新参数化。因此，为了使观测模型具有可解性和可估计性，必须对等效非模型化误差进行处理。

上述模型会导致法方程秩亏，因此不能同时估计所有的参数，特别是在单频观测值的情况下。考虑到方法的可用性，在基本理论相同的情况下可优先应用无几何模型。首先，有两个主要问题需要解决。第一个问题是如何重新参数化处理，通过选择某些参数作为消除秩亏的基准，由于式(5.35)秩亏，选择频率 i 上的伪距非模型化误差作为基准，即 $\boldsymbol{U}_i$。具体地，将设计矩阵 $\boldsymbol{U}_i$ 改为 $\mathbf{0}$，从而使 $\boldsymbol{U}_i$ 被其他伪距和相位非模型化误差吸收。重新参数化的观测模型为

$$\mathrm{E}\begin{bmatrix}\boldsymbol{P}\\ \boldsymbol{\Phi}\end{bmatrix}=[e_{2m}\otimes\boldsymbol{I}_n\quad \boldsymbol{\Theta}_{n,2mn}]\begin{bmatrix}\check{\rho}\\ \check{\boldsymbol{\Lambda}}\end{bmatrix}\tag{5.41}$$

式中，$\boldsymbol{\Theta}_{n,2mn}=\mathrm{blkdiag}(\mathbf{0}_n,\boldsymbol{I}_{(2m-1)n})$；$\check{\boldsymbol{\rho}}=[\check{\rho}_r^1,\cdots,\check{\rho}_r^s]^{\mathrm{T}}$；$\check{\rho}_r^s=\tilde{\rho}_r^s+U_{r,1}^s$；$\check{\boldsymbol{\Lambda}}=[\check{\boldsymbol{U}}^{\mathrm{T}},\check{\boldsymbol{u}}^{\mathrm{T}}]^{\mathrm{T}}$；$\check{\boldsymbol{U}}=[\check{\boldsymbol{U}}_2^{\mathrm{T}},\cdots,\check{\boldsymbol{U}}_m^{\mathrm{T}}]^{\mathrm{T}}$ 没有 $\check{\boldsymbol{U}}_i^{\mathrm{T}}$，$\boldsymbol{U}_m=[\check{U}_{r,m}^1,\cdots,\check{U}_{r,m}^s]^{\mathrm{T}}$，$\check{\boldsymbol{u}}=[\check{\boldsymbol{u}}_1^{\mathrm{T}},\cdots,\check{\boldsymbol{u}}_m^{\mathrm{T}}]^{\mathrm{T}}$，$\boldsymbol{u}_m=[\check{u}_{r,m}^1,\cdots,\check{u}_{r,m}^s]^{\mathrm{T}}$，其中等效伪距和相位非模型化误差满足 $\check{U}_{r,m}^s=U_{r,m}^s-U_{r,i}^s(m\neq i)$ 和 $\check{u}_{r,m}^s=u_{r,m}^s-U_{r,i}^s$。之后，由于设计矩阵 $[\boldsymbol{e}_{2m}\otimes\boldsymbol{I}_n,\quad \boldsymbol{\Theta}_{n,2mn}]$ 为列满秩且秩为 $2mn$，可以进行参数估计。

第二个问题是如何在没有多余观测值的情况下有效处理等效非模型化误差，可采用多历元参数化吸收的策略。这是因为在等效伪距和相位非模型化误差中，如果没有周跳，则接收机端和卫星端的硬件延迟和模糊度(仅在相位)可视为常数(de Bakker et al.，2012；Zhang et al.，2017b)。此外，多路径和电离层误差在短时间内具有高度的时间相关性而不会在短观测时段内出现大的波动(Xu，2013；Shu et al.，2017；Zhang et al.，2017a)。具体而言，在短时间内非模型化误差可被视为时不变参数。因此，等效多路径效应可以通过多历元参数化来估计。此时，首先需要设置一个移动窗口，移动窗口的大小至关重要。对于 1Hz 的数据，两个连续历元间的非模型化误差引起的时间相关性通常高于 0.95 甚至 0.99，第 1 次和第 5 次观测之间的时间相关性仍至少高于 0.80(Zhang and Li，2020)。因此，移动窗口的大小最好为 5 个历元或更小。另外，如果移动窗口太小(如 2 个历元)，则会导致多余观测值数量有限，而无法准确地估计非模型化误差。因此，建议将移动窗口大小设置在 3～5 个历元。值得注意的是，如果采样率明显不同于 1Hz，则最优的移动窗口大小可能会改变。

相应地，观测模型可以推导如下：

$$\mathrm{E}\begin{bmatrix}\boldsymbol{P}_\tau\\ \boldsymbol{\Phi}_\tau\end{bmatrix}=[\boldsymbol{I}_\tau\otimes e_{2m}\otimes\boldsymbol{I}_n\quad e_\tau\otimes\boldsymbol{\Theta}_{n,2mn}]\begin{bmatrix}\check{\rho}_\tau\\ \check{\boldsymbol{\Lambda}}\end{bmatrix}\tag{5.42}$$

式中，$\boldsymbol{P}_\tau=[\boldsymbol{P}^{\mathrm{T}}(i-\tau+1),\cdots,\boldsymbol{P}^{\mathrm{T}}(i)]^{\mathrm{T}}$，$\boldsymbol{P}(i)$ 表示在历元 i 处的伪距观测值；$\boldsymbol{\Phi}_\tau=[\boldsymbol{\Phi}^{\mathrm{T}}(i-\tau+1),\cdots,\boldsymbol{\Phi}^{\mathrm{T}}(i)]^{\mathrm{T}}$，$\boldsymbol{\Phi}(i)$ 表示在历元 i 处的相位观测值；$\check{\boldsymbol{\rho}}_\tau=[\check{\boldsymbol{\rho}}^{\mathrm{T}}(i-\tau+1),\cdots,\check{\boldsymbol{\rho}}^{\mathrm{T}}(i)]^{\mathrm{T}}$，$\check{\boldsymbol{\rho}}(i)$ 表示历元 i 时的等效卫地距。由式(5.42)可知，观测值总数可达 $2mn\tau$，参数个数为 $n\tau+2mn-n$，可见即使只有一个频率的观测值，由于 $\tau>1$，也会存在

多余观测值。

为了精确求解观测模型(5.42)，同时涉及不同的观测值类型，最好使用 VCE。在这里应用 LS-VCE 主要是因为它相对简单。在考虑普遍性的情况下，函数模型和随机模型(5.42)可写成通常的线性高斯-马尔可夫模型(Xu et al.，2006；Amiri-Simkooei，2007)，即

$$\mathrm{E}[\boldsymbol{Y}]=\boldsymbol{H}\boldsymbol{X} \tag{5.43}$$

$$\mathrm{D}[\boldsymbol{Y}]=\boldsymbol{Q}_{\boldsymbol{Y}}=\sum_{i=1}^{l}\sigma_i\boldsymbol{Q}_i \tag{5.44}$$

式中，$\boldsymbol{Y}$ 和 $\boldsymbol{Q}_{\boldsymbol{Y}}$ 分别表示观测向量及其协方差矩阵；$\boldsymbol{H}$ 表示未知参数向量 $\boldsymbol{X}$ 的设计矩阵；σ_i 和 $\boldsymbol{Q}_i(i=1,2,\cdots,l)$ 分别表示待估计的未知方差分量和对应的协因数矩阵。方差分量的法方程可以推导如下：

$$\boldsymbol{N}\boldsymbol{\sigma}=\boldsymbol{\omega} \tag{5.45}$$

式中，$\boldsymbol{\sigma}=[\sigma_1,\cdots,\sigma_l]^{\mathrm{T}}$；$l\times l$ 矩阵 $\boldsymbol{N}$ 和 $l\times 1$ 矩阵 $\boldsymbol{\omega}$ 中的元素分别满足

$$n_{ij}=\frac{1}{2}\mathrm{trace}(\boldsymbol{Q}_i\boldsymbol{Q}_{\boldsymbol{Y}}^{-1}\boldsymbol{P}_{\boldsymbol{H}}^{\perp}\boldsymbol{Q}_j\boldsymbol{Q}_{\boldsymbol{Y}}^{-1}\boldsymbol{P}_{\boldsymbol{H}}^{\perp}) \tag{5.46}$$

$$\omega_i=\frac{1}{2}\boldsymbol{v}^{\mathrm{T}}\boldsymbol{Q}_{\boldsymbol{Y}}^{-1}\boldsymbol{Q}_i\boldsymbol{Q}_{\boldsymbol{Y}}^{-1}\boldsymbol{v} \tag{5.47}$$

式中，$\boldsymbol{P}_{\boldsymbol{H}}^{\perp}=\boldsymbol{I}_{2mn\tau}-\boldsymbol{H}(\boldsymbol{H}^{\mathrm{T}}\boldsymbol{Q}_{\boldsymbol{Y}}^{-1}\boldsymbol{H})^{-1}\boldsymbol{H}^{\mathrm{T}}\boldsymbol{Q}_{\boldsymbol{Y}}^{-1}$ 表示正交变换；$\boldsymbol{v}=\boldsymbol{P}_{\boldsymbol{H}}^{\perp}\boldsymbol{Y}$ 表示残差。然后，未知方差分量和相应的协方差矩阵可以估计为 $\hat{\boldsymbol{\sigma}}=\boldsymbol{N}^{-1}\boldsymbol{\omega}$ 和 $\boldsymbol{Q}_{\hat{\boldsymbol{\sigma}}}=\boldsymbol{N}^{-1}$。最后，利用 LS 估计伪距和相位观测值的残差，进行详细的随机估计。

5.2.3　GNSS 信号随机特性评估方法性能分析及其应用

为了验证和评估所提出的方法的性能，采集了三组不同的实验数据。第一组是利用 Mengxin 生产的带外接普通天线的低成本板卡的零基线实验数据；第二组是利用 High Gain 生产的带内置低成本天线的一体式接收机采集的数据；第三组是利用华为 Mate 系列智能手机采集的数据。实验数据信息如表 5.8 所示，从表 5.8 可以看出，这三个数据集考虑了不同的频率数、不同的数据采集时间、不同的采样间隔和不同的跟踪卫星。值得一提的是，C1C 和 L1C 分别表示 GPS L1 伪距和相位观测值，C2X 和 L2X 分别表示 GPS L2 伪距和相位观测值，C2I 和 L2I 分别表示 BDS B1 伪距和相位观测值，C7I 和 L7I 表示 BDS B2 伪距和相位观测值，C1B 和 L1B 分别表示 Galileo E1 伪距和相位观测值。

表 5.8　关于三个数据集的说明

数据集	接收机类型	天线类型	观测值类型	观测时间	采样间隔/s	跟踪卫星
No.1	低成本板卡	外接普通天线	GPS: C1C/L1C BDS: C2I/L2I	00:00:00～23:59:59	1	GPS BDS-2/BDS-3
No.2	一体式接收机	内置低成本天线	GPS: C1C/L1C GPS: C2X/L2X BDS: C2I/L2I BDS: C7I/L7I	00:00:00～11:45:00	5	GPS BDS-2
No.3	智能手机	内置低成本天线	GPS: C1C/L1C BDS: C2I/L2I Galileo: C1B/L1B	05:05:00～11:00:00	1	GPS BDS-2/BDS-3 Galileo

所提出的考虑非模型化误差改正的随机评估方法采用无几何模型。准确的随机估计依赖于准确的方差分量，因此，采用 LS-VCE 估计不同观测值类型的方差分量。具体来说，利用式(5.45)～式(5.47)估计来自不同系统在不同频率上的伪距和相位观测值的方差分量。以第一频率(即 C1C、C2I 和 C1B)上的伪距非模型化误差作为消除秩亏的基准，并用电离层改正模型处理电离层延迟。对于零基线，伪距观测值的等效钟差通过重新参数化进行固定。双差模糊度需要预先解算。截止高度角设置为 10°，其他常见的处理策略与所提出的方法保持一致。

图 5.14 展示了三个数据集观测数据的 C/N0 随高度角变化的情况。这三个不同的接收机都位于建筑物的屋顶上。从数据集 No.1 和数据集 No.2 的 C/N0 变化来看，它们具有高度的稳定性，并且随着高度角的增大而平稳变化。结果表明，此时的非模型化误差并不严重。对于数据集 No.3，C/N0 值波动很大，C/N0 与高度角之间也没有表现出明显的相关性。这表明可能存在非模型化误差。因此，这三个数据集可以代表不同的应用场景，从而更好地验证了该方法的有效性。

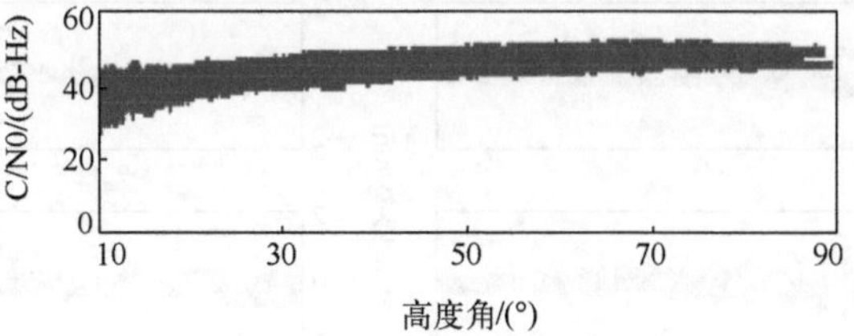

(a) 低成本板卡

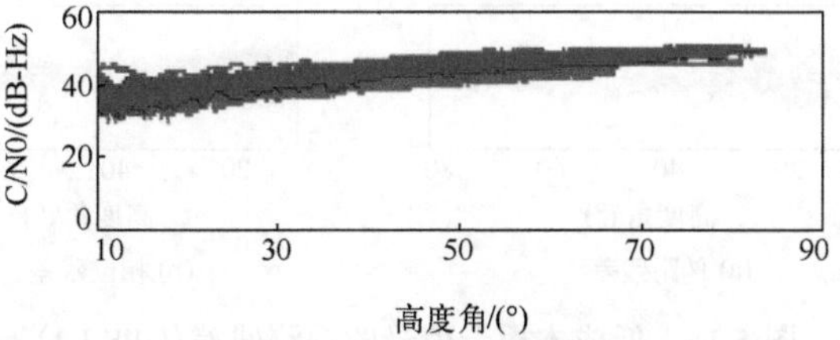

(b) 一体式接收机

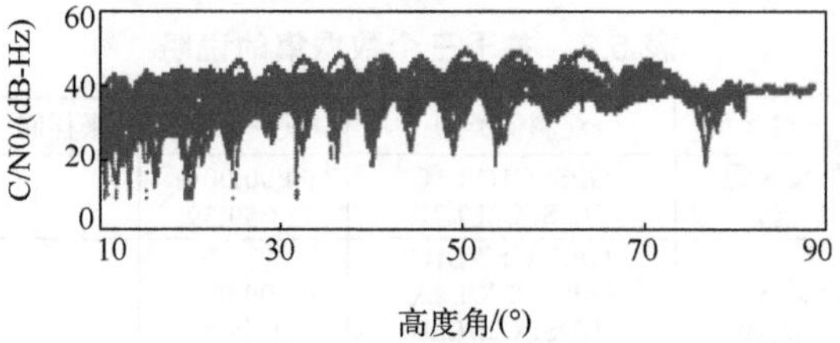

(c) 智能手机

图 5.14　C/N0 与高度角的关系

蓝点和红点分别为 L1/B1/E1 和 L2/B2 观测到的 C/N0

为了确定该方法的最优移动窗口宽度，将不同窗口宽度下的结果与零基线法进行了比较。图 5.15 和图 5.16 分别表示来自低成本板卡的 GPS 和 BDS 的观测值残差。除了零基线外，还测试了 3 个历元、4 个历元和 5 个历元窗口宽度下所提方法的结果。可以清楚地看到，在单站接收机的结果中观测值残差随着窗口宽度的增大而变大。原因可能是当时间间隔较大时非模型化误差之间的相关性变得较弱。因此，移动窗口的宽度不应该很大。此外，还可以发现，3 个历元窗宽的计算结果与零基线的计算结果高度一致。结果表明，3 个历元窗宽是最合适的，因为可以在很大程度上消除非模型化误差，同时又能保证足够的多余观测数。值得注意的是，当采样间隔变得小于 1s 时，最佳窗口大小可以大于 3 个历元，因为此时观测值具有高度的时间相关性。

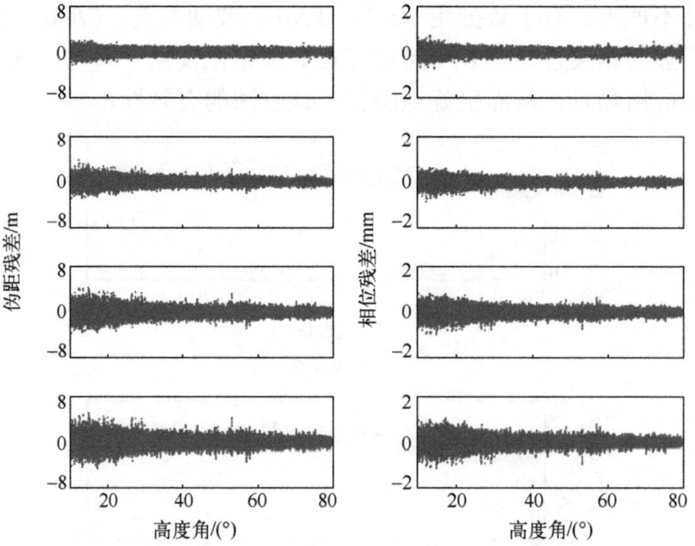

(a) 伪距残差　　(b) 相位残差

图 5.15　低成本板卡信号的观测残差(GPS L1)

从上到下分别表示 3 个历元、4 个历元和 5 个历元窗口宽度的零基线和单站接收机的结果

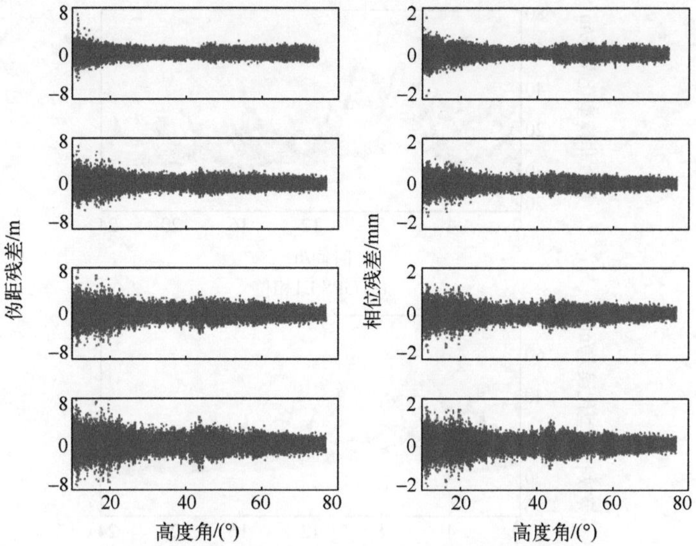

(a) 伪距残差　　　　(b) 相位残差

图 5.16　低成本板卡信号的观测残差(BDS B1)
从上到下分别表示 3 个历元、4 个历元和 5 个历元窗口宽度的零基线和单站接收机的结果

图 5.17～图 5.19 分别展示了低成本板卡、一体式接收机和智能手机的 GPS 和 BDS 信号的等效非模型化误差的估计结果，同时包含了伪距和相位的等效非模型化误差。对于伪距等效非模型化误差，仍然存在第一个频率的伪距非模型化误差、残余的电离层延迟、伪距多路径效应和伪距硬件延迟。相位等效非模型化误差中包含了第一个频率上的伪距非模型化误差、残余的电离层延迟、相位多路径效应、相位硬件延迟和整周模糊度。仔细观察图 5.17 所示结果可知，GPS L1 和 BDS B1 的相位等效非模型化误差相似，其值大约集中在 0～60m。同理，一体式接收机的结果如图 5.18 所示。这些相位等效非模型化误差是同样连续的，因此表明，如果没有周跳，非模型化误差确实具有高度的时间相关性。对于图 5.18 的伪距等效非模型化误差，以及如图 5.19 所示的智能手机的等效非模型化误差，仍然是相对连续的，但有时会有一些不连续。此外，还可以在智能手机中发现一种特殊的非模型化误差。具体而言，BDS 卫星中存在异常锯齿状现象，这可能是由智能手机中锁相环(phase locked loop，PLL)运行不连续造成的(Li and Geng，2019)，这种误差与芯片组类型和操作系统版本有关(Geng and Li，2019；Li B et al.，2022)。伪距等效非模型化误差仅在图 5.18 中出现的原因是一体式接收机有两个频率，在单频观测的情况下伪距非模型化误差将被相位非模型化误差吸收。综上所述，非模型化误差总体上具有高度的时间相关性，通过多历元参数化来获取非模型化误差是可行的。

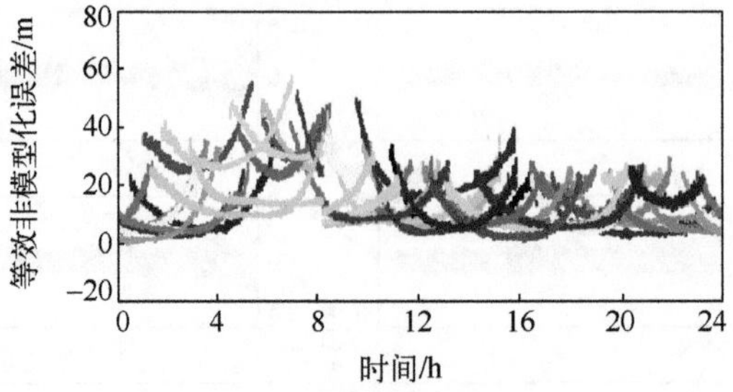

(a) GPS L1相位

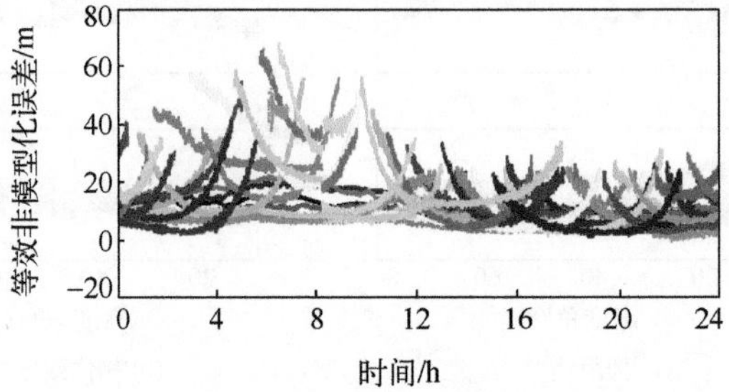

(b) BDS B1相位

图 5.17　低成本板卡的等效非模型化误差

一种颜色表示一颗卫星

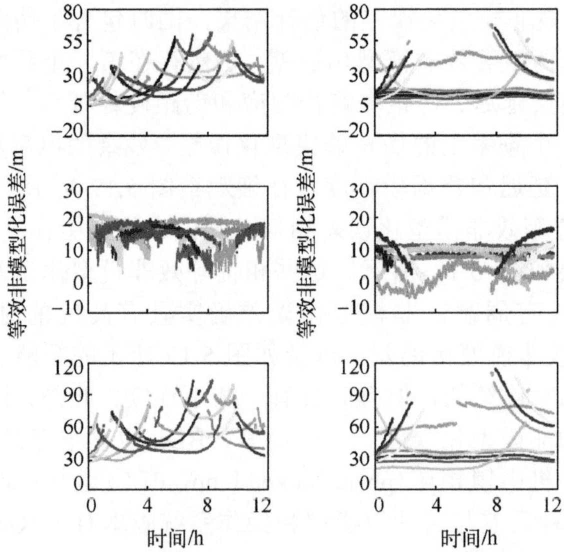

(a) GPS卫星　　(b) BDS卫星

图 5.18　一体式接收机的等效非模型化误差

从上到下分别表示 L1/B1 相位、L2/B2 伪距和 L2/B2 相位的结果，一种颜色表示一颗卫星

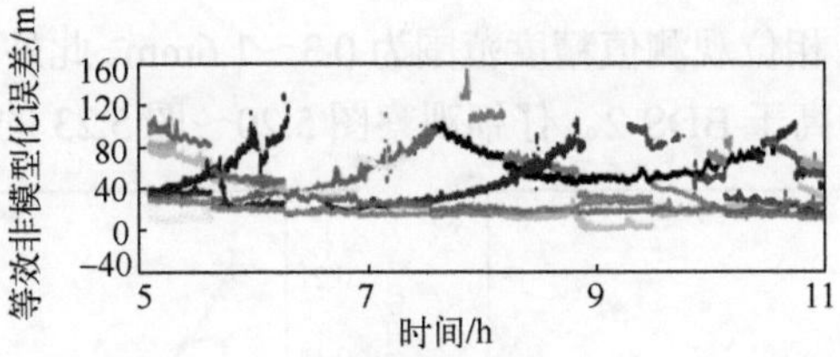

(a) GPS L1相位

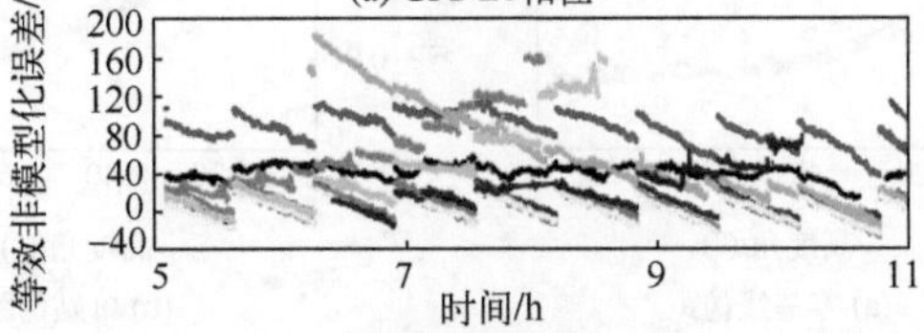

(b) BDS B1相位

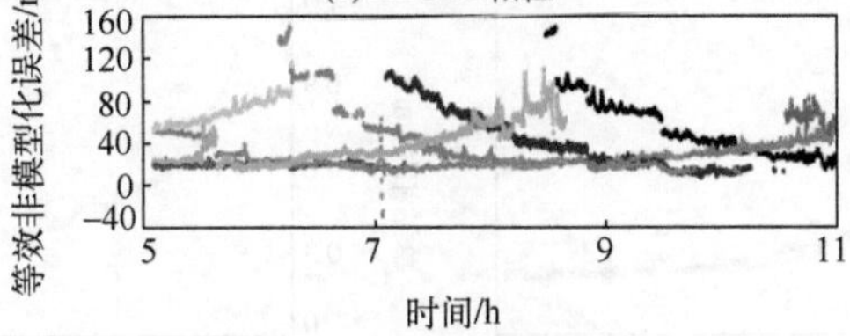

(c) Galileo E1相位

图 5.19　智能手机的等效非模型化误差

一种颜色表示一颗卫星

紧接着，分析了单频低成本板卡、双频一体式接收机和单频智能手机三种不同类型的接收机的随机特性。众所周知，由于硬件的限制，低成本接收机的观测值精度通常不如高端接收机。此外，还对低成本板卡进行了零基线测试，因此重点比较了零基线接收机和单站接收机的结果。首先，通过残差来估计观测值精度，具体地，需要计算某一高度角区间内残差的 STD，其中高度角区间设置为 0.5°。然后，根据观测值噪声与高度角间的相关性，可采用先验高度角函数模型进行拟合，其中应用最广泛的模型如下(Amiri-Simkooei et al.，2009；Li，2016)：

$$\sigma_{\text{ele}} = \frac{a}{\sin(\theta) + b} \tag{5.48}$$

式中，σ_{ele} 为由高度角 θ 估计的观测值精度；a 和 b 为最小二乘准则确定的系数。

图 5.20～图 5.23 分别展示了原始观测值精度以及 GPS MEO、BDS-3 MEO、BDS-2 MEO 和 BDS-2 IGSO 卫星的拟合精度。值得一提的是，由于零基线是基于接收机间的单差，残差同时包含两个接收机的噪声，而单站接收机的残差包含接收机、天线甚至低噪声放大器和电缆的噪声。从零基线和单站接收机的结果来看，两者是一致的。虽然零基线和单站接收机方法得到的噪声是不同来源的综合噪声，但仍然表明所提出的随机评估方法是相当准确和可靠的。对于伪距观测值，精度为 0.1～0.4m。可以看出，BDS-2 IGSO 卫星的伪距观测值精度低于其他任何类型的卫星，其中 GPS

MEO 卫星的精度最高。相位观测值精度范围为 0.3～1.6mm。此外，还发现 GPS 和 BDS-3 的相位观测值精度普遍高于 BDS-2。仔细观察图 5.20～图 5.23 的结果，来自单站接收

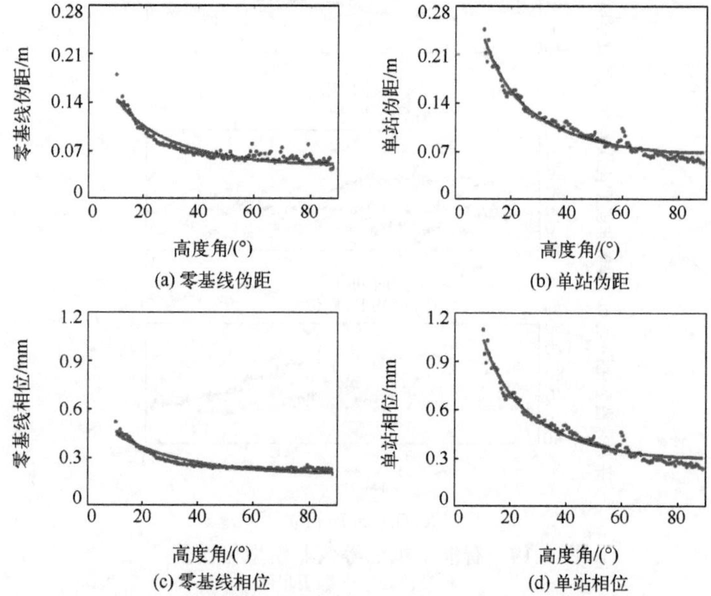

图 5.20　观测值精度与 GPS MEO 卫星高度角的函数关系
其中点和线分别表示每个 0.5° 间隔内的精度和拟合精度

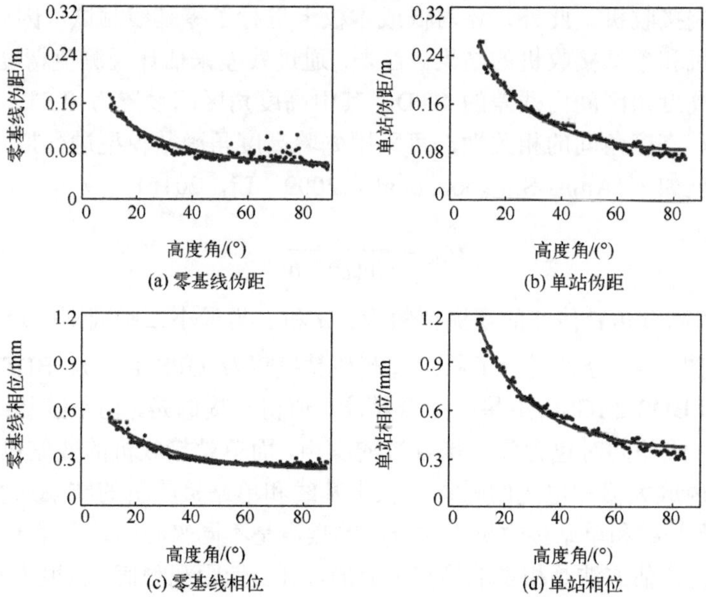

图 5.21　观测值精度与 BDS-3 MEO 卫星高度角的函数关系
其中点和线分别表示每个 0.5° 间隔内的精度和拟合精度

机的相位观测值精度通常优于零基线相位观测值精度。这表明天线甚至低噪声放大器和电缆的噪声与低成本板卡的噪声几乎相同，因此不容忽视。这也证明了所提出方法的必要性，特别是在仅有单站接收机的情况下。

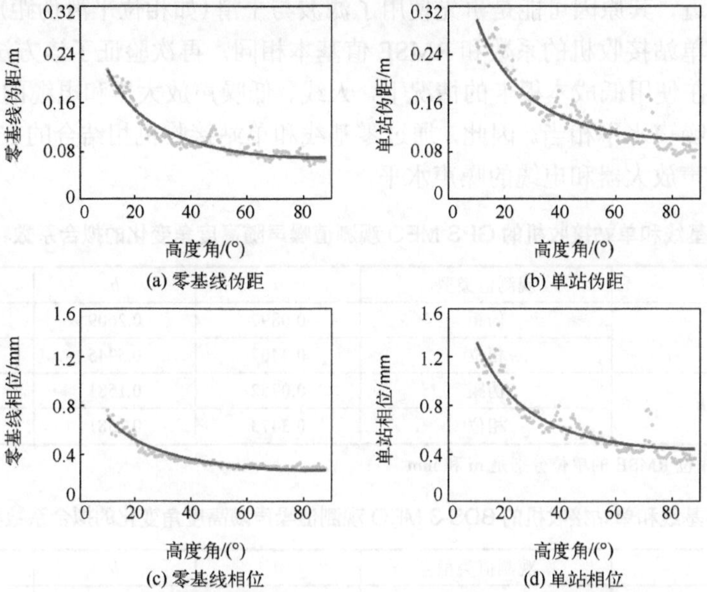

(a) 零基线伪距 (b) 单站伪距

(c) 零基线相位 (d) 单站相位

图 5.22 观测值精度与 BDS-2 MEO 卫星高度角的函数关系

其中点和线分别表示每个 0.5° 间隔内的精度和拟合精度

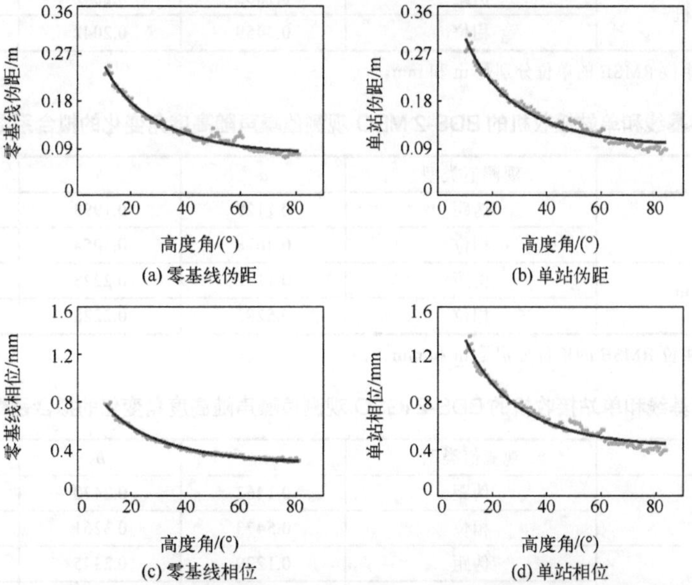

(a) 零基线伪距 (b) 单站伪距

(c) 零基线相位 (d) 单站相位

图 5.23 观测值精度与 BDS-2 IGSO 卫星高度角的函数关系

其中点和线分别表示每个 0.5° 间隔内的精度和拟合精度

表 5.9～表 5.12 列出了零基线和单站接收机的伪距和相位观测值噪声的拟合系数和观测值精度。对于零基线法，天顶方向的伪距精度和相位精度，即理想精度，分别约为亚分米级和亚毫米级。低成本板卡的伪距观测值精度与大地测量型接收机的伪距观测值精度相近，其原因可能是事先使用了滤波与平滑(如相位平滑伪距)。此外，零基线接收机和单站接收机的系数和 RMSE 值基本相同，再次验证了该方法的有效性。还可以发现，在使用低成本板卡的情况下，天线、低噪声放大器和电缆的噪声水平几乎与接收机的噪声水平相当。因此，通过零基线和单站接收机相结合的方法，可以估计天线、低噪声放大器和电缆的噪声水平。

表 5.9　基于零基线和单站接收机的 GPS MEO 观测值噪声随高度角变化的拟合系数和观测值精度

方法	观测值类型	a	b	RMSE
零基线	伪距	0.0897	0.2609	0.0112
	相位	0.4407	0.5245	0.0291
单站接收机	伪距	0.0782	0.1581	0.0079
	相位	0.3473	0.1581	0.0351

注：伪距和相位 RMSE 的单位分别是 m 和 mm。

表 5.10　基于零基线和单站接收机的 BDS-3 MEO 观测值噪声随高度角变化的拟合系数和观测值精度

方法	观测值类型	a	b	RMSE
零基线	伪距	0.1158	0.3582	0.0150
	相位	0.4931	0.4869	0.0317
单站接收机	伪距	0.1003	0.2042	0.0074
	相位	0.4459	0.2042	0.0329

注：伪距和相位 RMSE 的单位分别是 m 和 mm。

表 5.11　基于零基线和单站接收机的 BDS-2 MEO 观测值噪声随高度角变化的拟合系数和观测值精度

方法	观测值类型	a	b	RMSE
零基线	伪距	0.1129	0.1993	0.0175
	相位	0.4678	0.3054	0.0464
单站接收机	伪距	0.1192	0.2228	0.0221
	相位	0.5297	0.2228	0.0982

注：伪距和相位 RMSE 的单位分别是 m 和 mm。

表 5.12　基于零基线和单站接收机的 BDS-2 IGSO 观测值噪声随高度角变化的拟合系数和观测值精度

方法	观测值类型	a	b	RMSE
零基线	伪距	0.1462	0.2470	0.0109
	相位	0.5473	0.3261	0.0189
单站接收机	伪距	0.1229	0.2345	0.0096
	相位	0.5461	0.2345	0.0425

注：伪距和相位 RMSE 的单位分别是 m 和 mm。

为了验证该方法的有效性，采用了双频一体式接收机。图 5.24～图 5.27 分别展示了 GPS MEO、BDS-2 MEO、BDS-2 IGSO 和 BDS-2 GEO 卫星在两个频率下的观

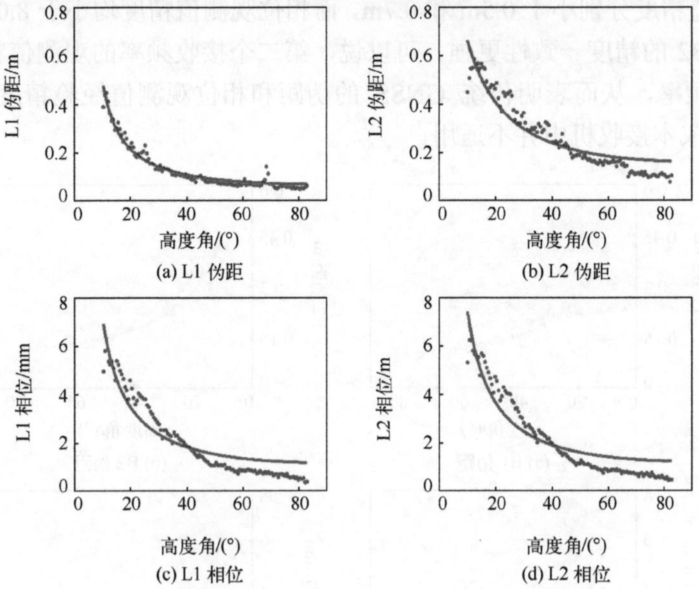

图 5.24 观测值精度与 GPS MEO 卫星高度角的函数关系
点和线分别表示每个 0.5° 间隔内的精度和拟合精度

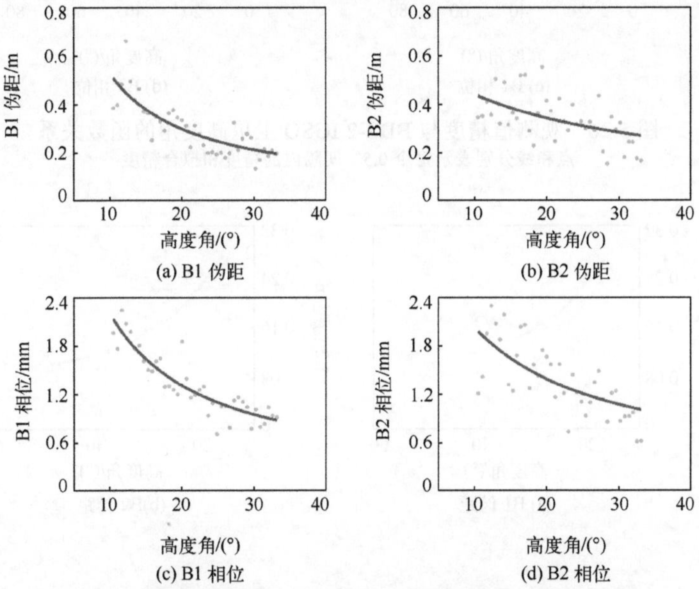

图 5.25 观测值精度与 BDS-2 MEO 卫星高度角的函数关系
点和线分别表示每个 0.5° 间隔内的精度和拟合精度

测值精度及其拟合精度。对于 GPS MEO 卫星，L1 伪距观测值精度高于 L2 伪距观测值精度，而 L1 相位观测值精度与 L2 相位观测值精度相近。具体来说，GPS L1 和 L2 的伪距观测值精度分别小于 0.5m 和 0.7m，而相位观测值精度均小于 8.0mm。而 BDS B1 和 BDS B2 的精度一致性更强。可以说，第二个接收频率的观测值精度普遍低于第一个接收频率，从而表明传统 GNSS 的伪距和相位观测值经验精度(如 0.2m 和 2.0mm)在低成本接收机中并不适用。

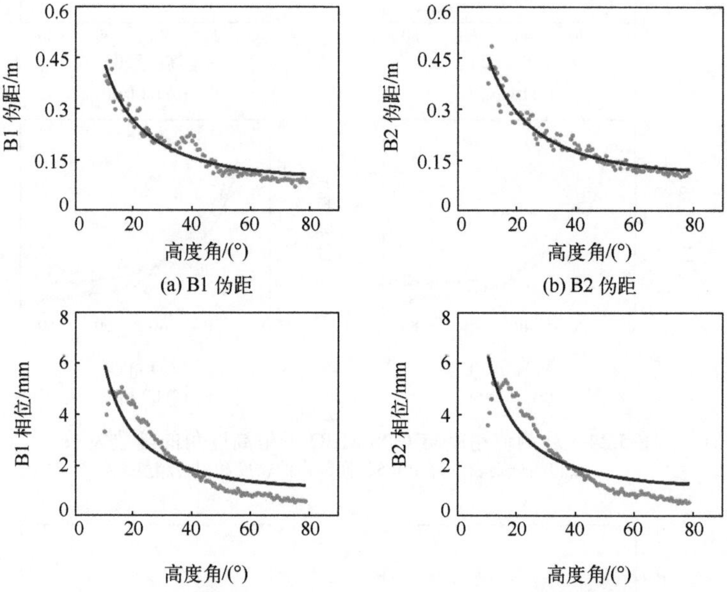

(a) B1 伪距　(b) B2 伪距

(c) B1 相位　(d) B2 相位

图 5.26　观测值精度与 BDS-2 IGSO 卫星高度角的函数关系

点和线分别表示每个 0.5° 间隔内的精度和拟合精度

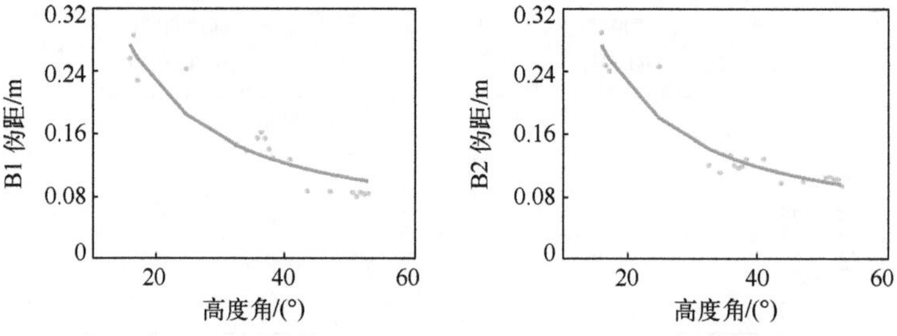

(a) B1 伪距　(b)B2 伪距

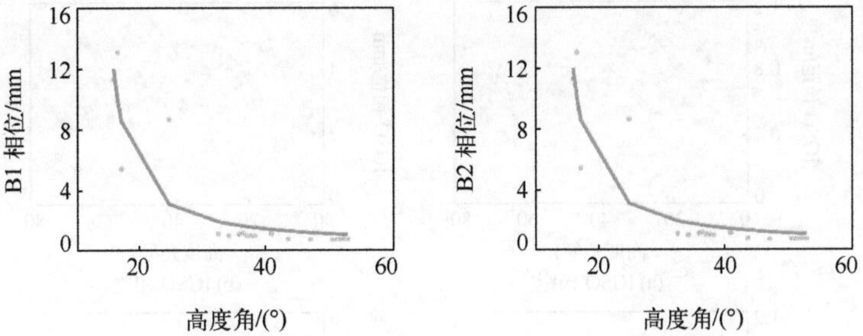

(c) B1 相位　　(d) B2 相位

图 5.27　观测值精度与 BDS-2 GEO 卫星高度角的函数关系
点和线分别表示每个 0.5° 间隔内的精度和拟合精度

为了进一步验证所提出的随机评估方法的可行性，对单频智能手机进行了分析。图 5.28～图 5.31 分别展示了伪距和相位的观测值精度，其中 GPS、BDS-2、BDS-3 和 Galileo 数据的精度用不同颜色进行标记。图 5.28～图 5.31 没有拟合函数的原因是观测值精度与高度角高度之间没有表现出明显的相关性。这表明，广泛使用的基于高度角的权重方案可能不适合智能手机。其中，GPS MEO、BDS-2 IGSO、BDS-3 MEO 和 Galileo MEO 卫星的伪距平均精度分别为 0.774m、0.784m、0.540m 和 0.684m。显然，与以前的低成本板卡和一体式接收机相比，精度要差得多。同样，所有相应的相位精度都在 1.0～6.0mm。也就是说，GPS MEO、BDS-2 IGSO、BDS-3 MEO 和 Galileo MEO 卫星的平均精度分别为 3.4mm、3.5mm、2.4mm 和 3.0mm。此外，发现 GPS 卫星的结果比 BDS-3 和 Galileo 卫星差，而 BDS-3 卫星的结果最好。这与前两个数据集有很大的不同。综上所述，因为传统的零基线法和经验随机模型并不适合智能手机，所以对智能手机信号的随机特性评估至关重要，这也直接证明了所提出的单站随机特性评估方法的必要性。

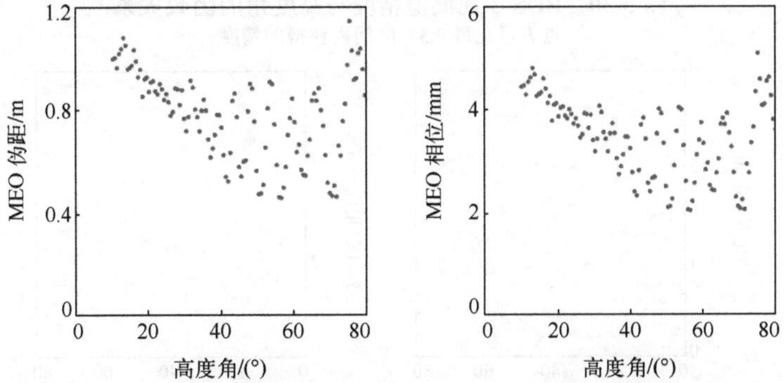

(a) MEO 伪距　　(b) MEO 相位

图 5.28　GPS 观测值精度与高度角的函数关系
点表示在每 0.5° 区间内获得的精度

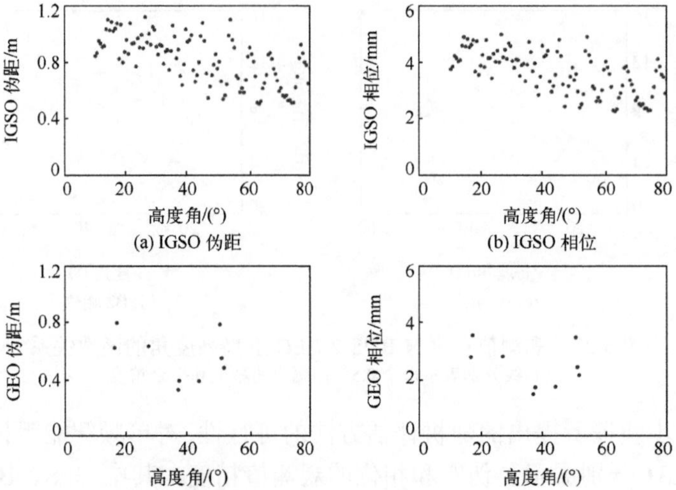

(a) IGSO 伪距　(b) IGSO 相位

(c) GEO 伪距　(d) GEO 相位

图 5.29　BDS-2 观测值精度与高度角的函数关系

点表示在每 0.5° 区间内获得的精度

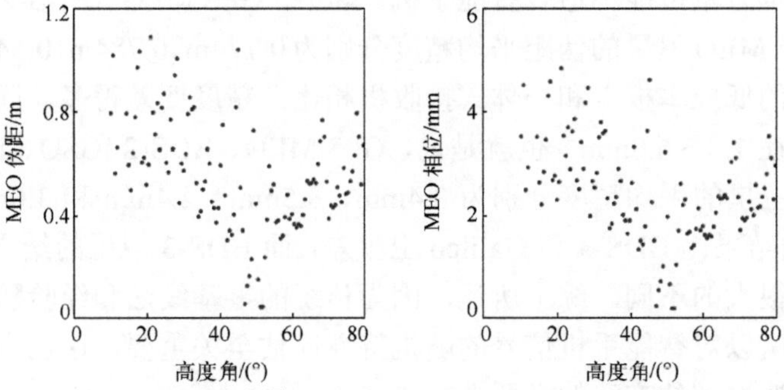

(a) MEO 伪距　(b) MEO 相位

图 5.30　BDS-3 观测值精度与高度角的函数关系

点表示在每 0.5° 区间内获得的精度

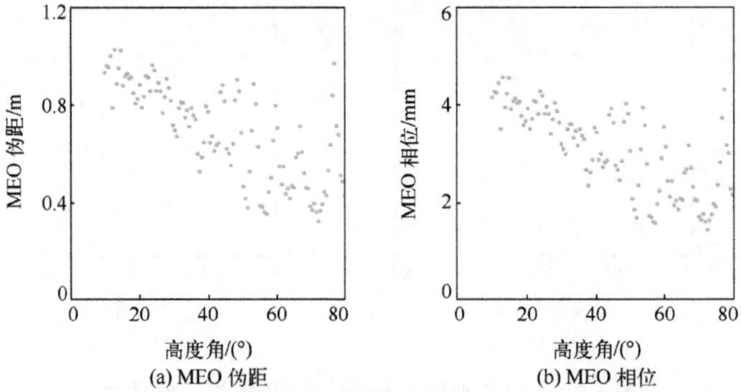

(a) MEO 伪距　(b) MEO 相位

图 5.31　Galileo 观测值精度与高度角的函数关系

点表示在每 0.5° 区间内获得的精度

5.3 顾及多路径及大气延迟的低成本设备随机模型估计方法

为了构建适用于低成本设备的随机模型，同时该随机模型能顾及多路径及大气延迟等非模型化误差带来的影响，提出了顾及多路径及大气延迟的低成本设备随机模型构建方法(Yuan et al.，2022a)。首先讨论了低成本设备随机模型估计的重要性和特殊性，接着提出了顾及多路径及大气延迟的低成本设备随机模型估计方法，并利用各类实测数据进行了验证。

5.3.1 低成本设备随机模型估计概述

正确的函数模型和随机模型在 GNSS 数据处理中是非常重要的(Koch，1977)。函数模型描述了 GNSS 观测值和待估参数间的关系。随机模型通过定义一个方差-协方差矩阵描述观测值随机误差的期望和离散程度。随机模型对于参数估计、整周模糊度固定、质量控制等都非常重要(Teunissen，2007；Wang et al.，2002；Teunissen，2018)。如今，低成本设备已成为 GNSS 定位应用的主流趋势，如低成本接收机和智能手机，这些低成本设备通常只需要几百美元(Odolinski and Teunissen，2017)，但是，对低成本设备的随机模型的研究较少。因此，我们应该更加关注低成本设备观测值的方差-协方差矩阵，尤其是当低成本设备的函数模型描述不准确时(Teunissen and Amiri-Simkooei，2008；Amiri-Simkooei，2016)。

目前，许多学者研究了随机模型在 GNSS 定位、导航与授时中的应用(Gao Y et al.，2021；Zhang Z et al.，2018a；Miao et al.，2020)。随机模型评估方法通常采用零基线或短基线，其在很大程度上消除或削弱了多路径和大气延迟等系统误差(de Bakker et al.，2012)。部分研究讨论分析了不同频率和不同轨道卫星的观测值精度(Hou et al.，2019)。除了 GNSS 观测值精度，物理相关性也很重要，如不同类型观测值间的交叉相关性和历元间的时间相关性(Jiang et al.，2021；Wu et al.，2019；Li，2016)。近年来，学者开始研究低成本设备(Yi et al.，2021；Paziewski et al.，2019)，其中涉及了观测值质量(Zhang et al.，2021)和精密定位性能(Odolinski and Teunissen，2017)方面的研究。然而，很少有研究关注考虑低成本设备的观测值精度和物理相关性在内的随机模型评估，尤其是智能手机方面。由于低成本设备的天线性能较差，其观测值精度有待进一步研究。此外，随机模型评估通常只考虑接收机设备的内部噪声。但是，低成本设备存在着更严重的系统误差(Hakansson，2019；Gogoi et al.，2018)。因此，考虑多路径和大气延迟(Zhang Z et al.，2018b，2019)等非模型化误差的影响对于低成本设备的随机模型评估具有重要意义。

为了对低成本设备进行随机模型评估，推导了两种评估方法，即双差 GB 函数模型和双差几何固定(geometry-fixed，GFix)函数模型。然后，为准确评估 GNSS 观测值的随机特性，获取了单差残差。采用低成本接收机获取零基线、短基线和中长基线的观测数据，利用智能手机采集短基线和中长基线的观测数据，系统研究不同基线长度下的低成本设备的观测值精度和物理相关性。同时，系统讨论了考虑多路径和大气延迟影响的低成本设备的随机模型评估。

5.3.2 低成本设备随机模型估计方法

首先以广泛应用的低成本设备为研究对象，提出了两种适用于低成本设备的顾及测站多路径及大气误差的随机模型构建方法。然后，基于单差残差推导观测值精度和物理相关性的分析方法。通常，双差伪距和相位观测可表示为(Teunissen，1997a)

$$\nabla\Delta P_{rq,f}^{sg} = \nabla\Delta\rho_{rq}^{sg} + \nabla\Delta I_{rq,f}^{sg} + \nabla\Delta T_{rq}^{sg} + \nabla\Delta\Omega_{rq,f}^{sg} + \nabla\Delta\varepsilon_{rq,f}^{sg} \tag{5.49}$$

$$\nabla\Delta\Phi_{rq,f}^{sg} = \nabla\Delta\rho_{rq}^{sg} + \lambda_f\nabla\Delta N_{rq,f}^{sg} - \nabla\Delta I_{rq,f}^{sg} + \nabla\Delta T_{rq}^{sg} + \nabla\Delta\omega_{rq,f}^{sg} + \nabla\Delta\epsilon_{rq,f}^{sg} \tag{5.50}$$

式中，s 和 g 分别是参考卫星和共视卫星；r 和 q 分别是基准站和移动站；P 和 Φ 分别是伪距和相位观测值；ρ 和 λ 分别是卫地距和载波波长；N 是整周模糊度；I 和 T 分别是电离层延迟和对流层延迟；Ω 和 ω 分别是伪距和相位多路径；ε 和 ϵ 分别是伪距和相位观测值噪声。在短基线中，大气延迟通常可以忽略。此时，双差伪距和相位观测方程可表示为

$$\nabla\Delta P_{rq,f}^{sg} = \nabla\Delta\rho_{rq}^{sg} + \nabla\Delta\Omega_{rq,f}^{sg} + \nabla\Delta\varepsilon_{rq,f}^{sg} \tag{5.51}$$

$$\nabla\Delta\Phi_{rq,f}^{sg} = \nabla\Delta\rho_{rq}^{sg} + \lambda_f\nabla\Delta N_{rq,f}^{sg} + \nabla\Delta\omega_{rq,f}^{sg} + \nabla\Delta\epsilon_{rq,f}^{sg} \tag{5.52}$$

此外，当接收机处于一个理想的观测环境，或者当函数模型可准确地描述观测值和待估参数间的关系时，双差伪距和相位观测值方程可进一步表示为

$$\nabla\Delta P_{rq,f}^{sg} = \nabla\Delta\rho_{rq}^{sg} + \nabla\Delta\varepsilon_{rq,f}^{sg} \tag{5.53}$$

$$\nabla\Delta\Phi_{rq,f}^{sg} = \nabla\Delta\rho_{rq}^{sg} + \lambda_f\nabla\Delta N_{rq,f}^{sg} + \nabla\Delta\epsilon_{rq,f}^{sg} \tag{5.54}$$

当应用 GB 模型时，卫地距需要进一步转换为基线坐标分量(Odolinski et al.，2014)。此时，GB 模型为

$$\begin{bmatrix} \nabla\Delta\boldsymbol{P} \\ \nabla\Delta\boldsymbol{\Phi} \end{bmatrix} = \begin{bmatrix} \boldsymbol{e}_m \otimes \boldsymbol{A}_n & \boldsymbol{0} \\ \boldsymbol{e}_m \otimes \boldsymbol{A}_n & \boldsymbol{\Lambda}_m \otimes \boldsymbol{I}_n \end{bmatrix} \begin{bmatrix} \boldsymbol{b} \\ \boldsymbol{a} \end{bmatrix} + \begin{bmatrix} \nabla\Delta\boldsymbol{\varepsilon} \\ \nabla\Delta\boldsymbol{\epsilon} \end{bmatrix} \tag{5.55}$$

式中，$\nabla\Delta\boldsymbol{P} = [\nabla\Delta\boldsymbol{P}_1^{\mathrm{T}},\cdots,\nabla\Delta\boldsymbol{P}_m^{\mathrm{T}}]^{\mathrm{T}}$，$\nabla\Delta\boldsymbol{P}_m = [\nabla\Delta P_{rq,m}^{s1},\cdots,\nabla\Delta P_{rq,m}^{sn}]^{\mathrm{T}}$；$\nabla\Delta\boldsymbol{\Phi} = [\nabla\Delta\boldsymbol{\Phi}_1^{\mathrm{T}},\cdots,\nabla\Delta\boldsymbol{\Phi}_m^{\mathrm{T}}]^{\mathrm{T}}$，$\nabla\Delta\boldsymbol{\Phi}_m = [\nabla\Delta\Phi_{rq,m}^{s1},\cdots,\nabla\Delta\Phi_{rq,m}^{sn}]^{\mathrm{T}}$；$\nabla\Delta\boldsymbol{\varepsilon} = [\nabla\Delta\boldsymbol{\varepsilon}_1^{\mathrm{T}},\cdots,\nabla\Delta\boldsymbol{\varepsilon}_m^{\mathrm{T}}]^{\mathrm{T}}$，$\nabla\Delta\boldsymbol{\varepsilon}_m = [\nabla\Delta\varepsilon_{rq,m}^{s1},\cdots,\nabla\Delta\varepsilon_{rq,m}^{sn}]^{\mathrm{T}}$；$\nabla\Delta\boldsymbol{\epsilon} = [\nabla\Delta\boldsymbol{\epsilon}_1^{\mathrm{T}},\cdots,\nabla\Delta\boldsymbol{\epsilon}_m^{\mathrm{T}}]^{\mathrm{T}}$，$\nabla\Delta\boldsymbol{\epsilon}_m = [\nabla\Delta\epsilon_{rq,m}^{s1},\cdots,\nabla\Delta\epsilon_{rq,m}^{sn}]^{\mathrm{T}}$；$\boldsymbol{a} = [\nabla\Delta\boldsymbol{a}_1^{\mathrm{T}},\cdots,\nabla\Delta\boldsymbol{a}_m^{\mathrm{T}}]^{\mathrm{T}}$，$\nabla\Delta\boldsymbol{a}_m = [\nabla\Delta N_{rq,m}^{s1},\cdots,\nabla\Delta N_{rq,m}^{sn}]^{\mathrm{T}}$；$\boldsymbol{A}_n$ 表示三个方向 $\boldsymbol{b} = [\mathrm{d}x,\mathrm{d}y,\mathrm{d}z]^{\mathrm{T}}$ 上基线分

量的设计矩阵；$\Lambda_m = \text{diag}(\lambda_1, \cdots, \lambda_m)$ 表示 $\boldsymbol{a}$ 的设计矩阵；$\boldsymbol{e}_m$ 和 $\boldsymbol{I}_n$ 分别表示全为 1 的列向量和 $n \times n$ 的单位矩阵。

当基准站和移动站的精确坐标已知时，可应用 GFix 模型。事实上，低成本设备的基线很难准确获知，因此该模型非常适用于低成本设备。此时，GFix 模型为

$$\nabla\Delta P_{rq,f}^{sg} - \nabla\Delta\hat{\rho}_{rq}^{sg} = \nabla\Delta\varepsilon_{rq,f}^{sg} \tag{5.56}$$

$$\nabla\Delta\Phi_{rq,f}^{sg} - \nabla\Delta\hat{\rho}_{rq}^{sg} = \lambda_f \nabla\Delta N_{rq,f}^{sg} + \nabla\Delta\epsilon_{rq,f}^{sg} \tag{5.57}$$

式中，$\nabla\Delta\hat{\rho}_{rq}^{sg}$ 是卫地距的估计值。在以上 GB 或 GFix 模型中，电离层延迟和对流层延迟可分别利用 Klobuchar 模型和 Saastamoinen 模型改正(Zhu et al.，2021)。此外，广播星历和精密星历可分别应用于 GB 或 GFix 模型中，因为精密轨道的三维均方根误差大约是 4.3cm(Montenbruck et al.，2017)，所以每公里的站间单差的几何误差大约只有 0.00000215mm(Han，1997b)。于是，根据误差传播定律，GFix 模型中的轨道误差大约仅有 0.000003mm，所以当基线长度小于 28km 时 GFix 模型中由精密星历引起的误差大约只有 0.000084mm。因此评估观测值随机特性时，这点误差完全可以忽视。此外，整周模糊度的固定采用 LAMBDA 算法(Teunissen，1995)。当获取到 GB 或 GFix 模型的观测值残差后，GNSS 观测值的随机特性可被评估。

下面给出基于单差残差的观测值精度和物理相关性分析方法。具体来说，当获取到 GB 或 GFix 模型的双差观测值残差后，需要进一步将双差残差转换成单差残差，这是因为单差残差的观测值之间不存在数学相关性。双差残差和单差残差间的关系可表示为

$$\mathbf{DD} = \boldsymbol{H} \cdot \mathbf{SD} \tag{5.58}$$

式中，**DD** 和 **SD** 分别是双差残差和单差残差向量；$\boldsymbol{H}$ 是一个秩亏的设计矩阵，因此单差残差不能直接进行估计。为解决这一问题，可以增加一个独立的限制条件(Zhong et al.，2010)来估计单差残差，基于单差残差可以估计观测值的精度和物理相关性。对于观测值精度，可估计某一间隔内的残差标准差，如果此间隔采用卫星高度角来划分，则观测值精度和卫星高度角间存在以下关系：

$$\sigma_{\text{ele}} = \frac{a}{b + \sin(\theta)} \tag{5.59}$$

式中，a 和 b 分别是拟合参数；σ_{ele} 是高度角 θ 时估计的观测值精度。式(5.59)实际上是被广泛使用的高度角随机模型(Li et al.，2016)。

对于观测值间的物理相关性，即交叉相关性和时间相关性，可以用相关性系数来描述。在单差模式下，交叉相关性定义为不同类型观测值间的相关性，或者是不

同频率观测值间的相关性。对于存在于不同类型观测值间的相关性，其可利用式(5.60)进行估计：

$$\rho_{ij} = \frac{1}{t-1}\sum_{u=1}^{t}\left[\frac{v_i(u)-\overline{v}_i}{\sigma_i}\right]\left[\frac{v_j(u)-\overline{v}_j}{\sigma_j}\right] \tag{5.60}$$

式中，σ_i 和 σ_j 是两个不同残差 v_i 和 v_j 的 STD；$\overline{v}_i$ 和 $\overline{v}_j$ 是两个不同残差 v_i 和 v_j 的平均值。另外一个重要的物理相关性是时间相关性。时间相关性定义为给定观测值类型和频率下的不同历元观测值的相关性，可表示为

$$\rho_\tau = \frac{c_\tau}{c_0} \tag{5.61}$$

式中，$c_\tau = \frac{1}{t-\tau}\sum_{u=1}^{t-\tau}[v(u)-\overline{v}][v(u+\tau)-\overline{v}]$，$\tau$ 是时间间隔；c_0 代表时间间隔为零。

5.3.3 低成本设备随机模型估计应用

为了研究考虑多路径和大气延迟下的低成本设备的随机特性，采用了三种不同基线和两种观测方案。短基线和中长基线最显著的区别就在于大气延迟是否可以被轻易忽视。因此，本节以 20km 的经验基线长度(Li et al.，2018)来区分短基线和中长基线。第一种方案采用价格约 300 美元的双频 Mengxin MXT906 低成本接收机(Zhang et al.，2021)在 2021 年 DOY 1 的 GPS 时 18:00:00～23:59:59 以 1s 采样间隔收集三个不同的观测数据集。其中，第一个观测数据集是连接到同一个天线的两个 Mengxin 低成本接收机的零基线数据。另外两个观测数据集分别是使用一台 Mengxin 低成本接收机和两台带扼流圈天线的 Trimble 高端大地测量型接收机的短基线和中长基线数据。根据误差传播定律(Bona，2000)，对于零基线，利用零基线观测值精度除以 $\sqrt{2}$ 即可得到单站低成本接收机的精度。而对于短基线和中长基线，由于高端大地测量型接收机的精度远高于低成本接收机，因此可以认为单站低成本接收机的精度等同于短基线和中长基线的观测值精度。第二个方案是利用一部华为 Mate40 智能手机，将智能手机和地面呈 45°角安置，以满足实验需求。由于智能手机内部天线无法形成零基线，因此利用智能手机和两个带扼流圈天线的大地测量型接收机，在 2021 年 DOY 141 的 GPS 时 06:30:00～08:30:00 分别采集了两组采样间隔为 1s 的短基线和中长基线的观测数据集。图 5.32 展示了不同基线情况下的测量设备的位置，具体观测数据集信息如表 5.13 所示，卫星的截止高度角设置为 10°。在使用 GFix 模型时，参考站和移动站的精确坐标是事先确定的，低成本设备同样可以观测到 GPS MEO，BDS MEO、IGSO 和 GEO，Galileo MEO 卫星。

(a)

(b)

图 5.32　不同基线长度下的测量设备的位置

MX01 和 MX02 代表低成本接收机；PH01 代表智能手机；TB01、TB02、TB03 和 TB04 代表高端大地测量型接收机；MX01、MX02 和 TB01 以及 PH01 和 TB03 都安置在某高楼楼顶；TB02 和 TB04 安置于良好观测环境下；MX01-MX02、MX01-TB01 和 MX01-TB02 分别表示零基线、短基线和中长基线；PH01-TB03 和 PH01-TB04 分别表示短基线和中长基线

表 5.13　实验观测数据集的数据描述

接收机类型	数据集	基线长度/m	观测值类型
低成本接收机	No.1	0	GPS:C1C/C2X/L1C/L2X BDS:C2I/C7I/L2I/L7I
	No.2	31	GPS:C1C/C2X/L1C/L2X BDS:C2I/C7I/L2I/L7I
	No.3	27582	GPS:C1C/C2X/L1C/L2X BDS:C2I/C7I/L2I/L7I
智能手机	No.1	24	GPS:C1C/L1C BDS:C2I/L2I Galileo:C1C/L1C
	No.2	25326	GPS:C1C/L1C BDS:C2I/L2I Galileo:C1C/L1C

如前所述，随机模型包括观测值精度和物理相关性。接下来，将从这两方面分析零基线、短基线和中长基线等三种不同基线长度下的低成本接收机的结果。

首先是不同类型卫星下的精度分析。本书对三种不同基线长度下的低成本接收机的观测值精度进行了系统研究。按卫星高度角升序排序，计算每个 0.5° 高度角区间内的平均值。然后，利用高度角模型式(5.59)拟合各高度角区间内的观测值精度，以评估观测值精度和卫星高度角间的关系。图 5.33～图 5.39 分别给出了 GPS MEO、BDS-2 MEO、BDS-2 IGSO 和 BDS-3 MEO 卫星的观测值精度及其对应的高度角函数模型。需要指出的是，低成本接收机只有 BDS-3 MEO 卫星的 B1 观测值。此外，由于 GEO 卫星是在几乎不变且特定的高度角下运动的，因此没有对其 STD 进行拟合。通过将 MEO 或 IGSO 卫星的高度角模型乘以经验的 1.5 倍关系即可得到 GEO 卫星的高度角模型。显然，当用户需要获取精确的 GEO 卫星的方差因子时，可以使用 VCE 方法。

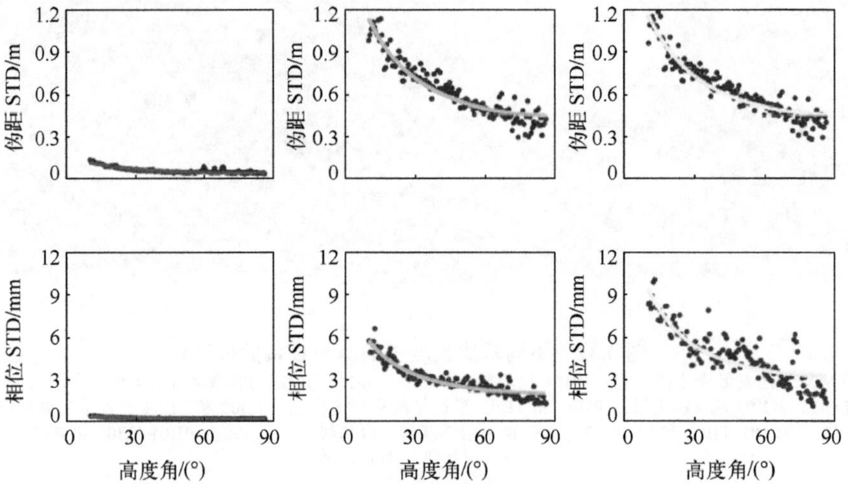

(a) 零基线　(b) 短基线　(c) 中长基线

图 5.33　GPS MEO 卫星 L1 观测值精度

从上到下分别表示伪距和相位的结果，紫色点表示每个高度角间隔内估计的精度，红色、绿色和黄色线条分别表示零基线、短基线和中长基线拟合的高度角随机模型

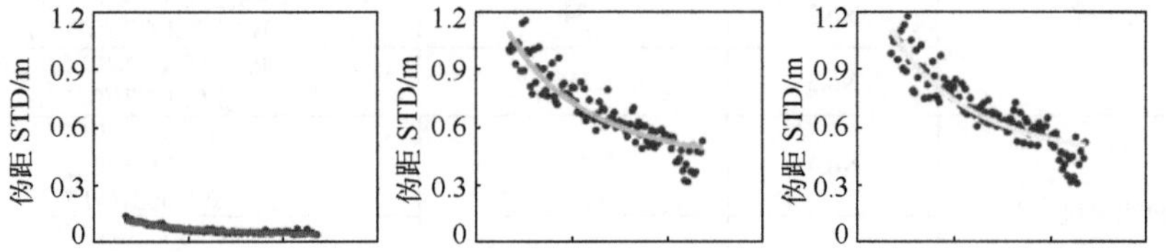

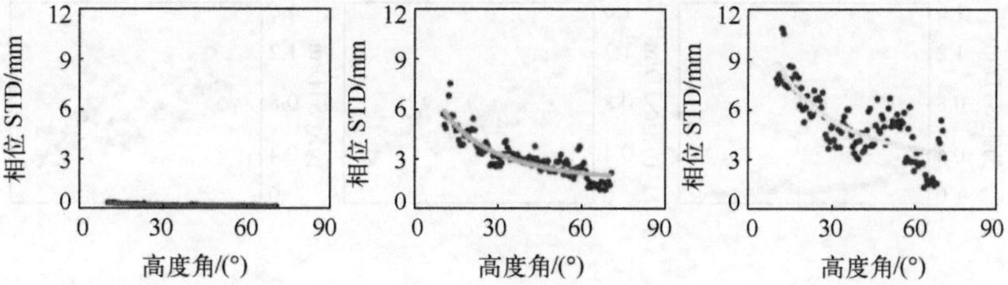

(a) 零基线　　(b)短基线　　(c) 中长基线

图 5.34　GPS MEO 卫星 L2 观测值精度

从上到下分别表示伪距和相位的结果，紫色点表示每个高度角间隔内估计的精度，红色、绿色和黄色线条分别表示零基线、短基线和中长基线拟合的高度角随机模型

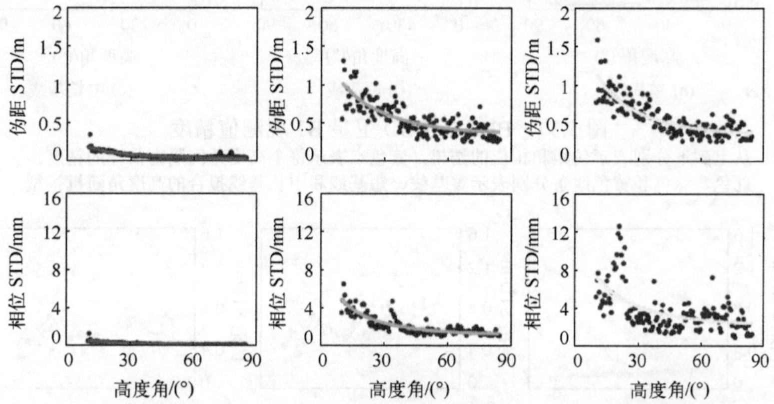

(a) 零基线　　(b) 短基线　　(c) 中长基线

图 5.35　BDS-2 MEO 卫星 B1 观测值精度

从上到下分别表示伪距和相位的结果，紫色点表示每个高度角间隔内估计的精度，红色、绿色和黄色线条分别表示零基线、短基线和中长基线拟合的高度角随机模型

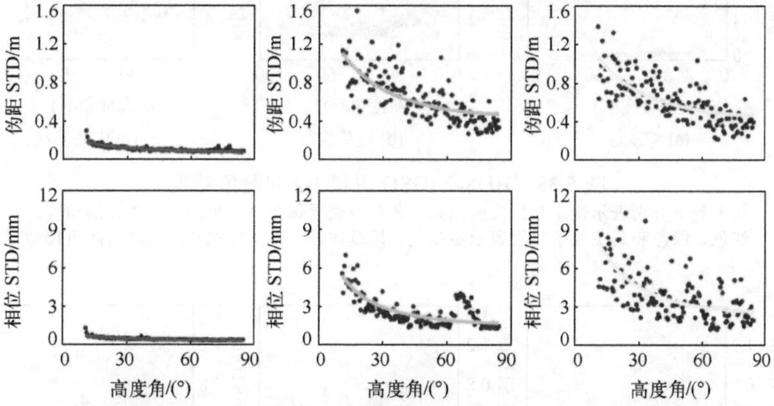

(a) 零基线　　(b) 短基线　　(c) 中长基线

图 5.36　BDS-2 MEO 卫星 B2 观测值精度

从上到下分别表示伪距和相位的结果，紫色点表示每个高度角间隔内估计的精度，红色、绿色和黄色线条分别表示零基线、短基线和中长基线拟合的高度角随机模型

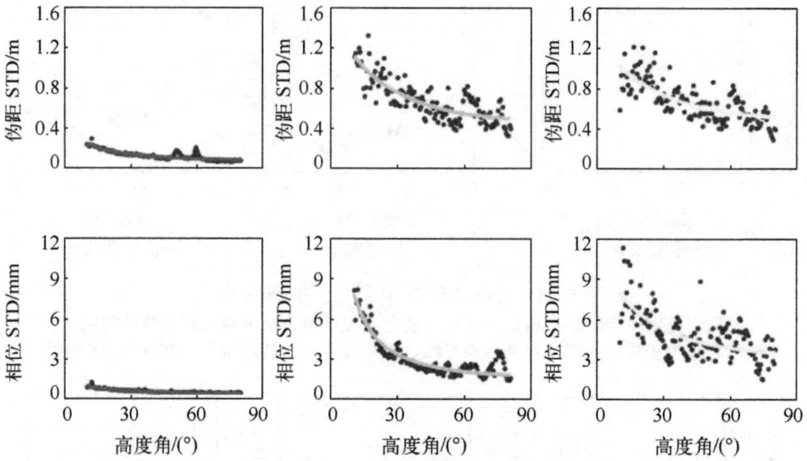

(a) 零基线　(b) 短基线　(c) 中长基线

图 5.37　BDS-2 IGSO 卫星 B1 观测值精度

从上到下分别表示伪距和相位的结果，紫色点表示每个高度角间隔内估计的精度，红色、绿色和黄色线条分别表示零基线、短基线和中长基线拟合的高度角随机模型

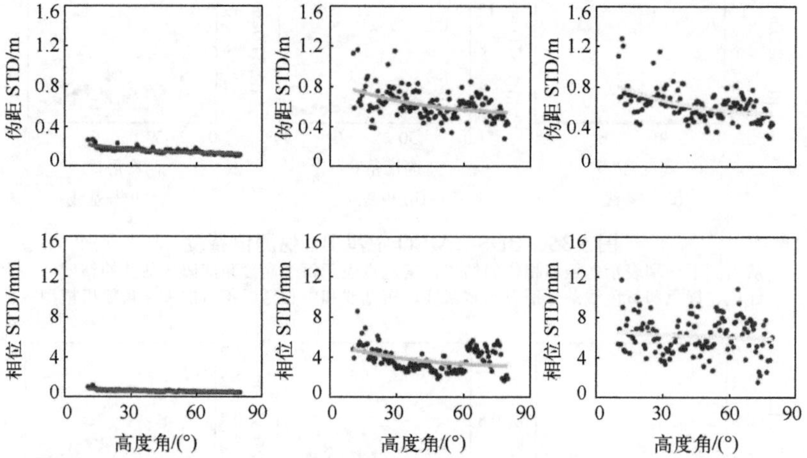

(a) 零基线　(b) 短基线　(c) 中长基线

图 5.38　BDS-2 IGSO 卫星 B2 观测值精度

从上到下分别表示伪距和相位的结果，紫色点表示每个高度角间隔内估计的精度，红色、绿色和黄色线条分别表示零基线、短基线和中长基线拟合的高度角随机模型

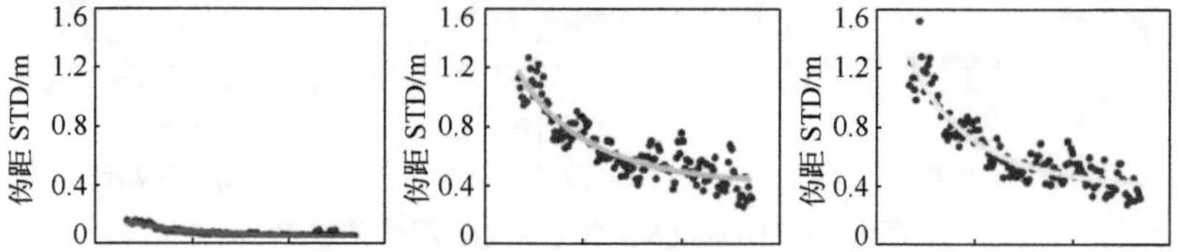

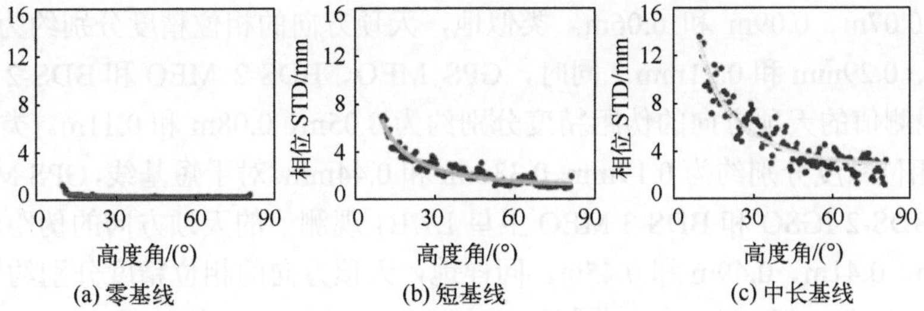

图 5.39 BDS-3 MEO 卫星 B1 观测值精度

从上到下分别表示伪距和相位的结果，紫色点表示每个高度角间隔内估计的精度，红色、绿色和黄色线条分别表示零基线、短基线和中长基线拟合的高度角随机模型

对于零基线结果，GPS MEO、BDS-2 MEO、BDS-2 IGSO 和 BDS-3 MEO 卫星的 L1/B1 伪距观测值精度分别约小于 0.14m、0.22m、0.29m 和 0.16m，相位观测值精度分别约小于 0.45mm、0.79mm、0.80mm 和 0.85mm。GPS MEO、BDS-2 MEO 和 BDS-2 IGSO 卫星的 L2/B2 伪距观测值精度分别约小于 0.14m、0.29m 和 0.26m，相位观测值精度分别约小于 0.46mm、0.89mm 和 0.94mm。对于短基线，GPS MEO、BDS-2 MEO、BDS-2 IGSO 和 BDS-3 MEO 卫星 L1/B1 伪距观测值精度分别约小于 1.14m、1.32m、1.32m 和 1.26m，相位观测值精度分别约小于 6.61mm、6.62mm、8.07mm 和 6.99mm，GPS MEO、BDS-2 MEO 和 BDS-2 IGSO 卫星的 L2/B2 伪距观测值精度分别约小于 1.13m、1.53m 和 1.15m，相位观测值精度分别约小于 7.38mm、7.90mm 和 8.50mm。对于中长基线，GPS MEO、BDS-2 MEO、BDS-2 IGSO 和 BDS-3 MEO 卫星 L1/B1 伪距观测值精度分别约小于 1.18m、1.59m、1.21m 和 1.51m，相位观测值精度分别约小于 10.03mm、11.91mm、11.17mm 和 12.56mm，GPS MEO、BDS-2 MEO 和 BDS-2 IGSO 卫星的 L2/B2 伪距观测值精度分别约小于 1.15m、1.40m 和 1.26m，相位观测值精度分别约小于 10.57mm、10.82mm 和 11.68mm。从以上三个不同基线的结果中发现，由于系统误差的影响，短基线和中长基线的伪距和相位观测值精度较零基线有所下降。再仔细观察短基线和中长基线的伪距和相位结果，可以发现两个基线的伪距观测值精度的结果相似。而相位观测值精度的结果存在差异，即中长基线的相位观测值精度低于短基线。这表明相位观测值更容易受到非模型化误差的影响，如大气延迟。因此，在对低成本接收机进行符合实际的随机模型评估时，应考虑多路径和大气延迟等系统误差的影响。这也说明基于零基线的随机模型可能不适合此时的短基线或中长基线的随机模型。因此，不同的基线在精密定位时应该使用符合实际的随机模型。

表 5.14～表 5.17 分别是 GPS MEO、BDS-2 MEO、BDS-2 IGSO 和 BDS-3 MEO 卫星高度角模型的拟合系数和结果，包括零基线、短基线和中长基线的伪距和相位观测值精度。结果表明，伪距和相位观测值的均方根误差分别小于 0.18m 和 1.83mm，这表明高度角模型适用于低成本接收机。对于零基线结果，GPS MEO、BDS-2 MEO、BDS-2 IGSO 和 BDS-3 MEO 卫星 L1/B1 观测值的天顶方向的伪距精度分别约为

0.05m、0.07m、0.09m 和 0.06m。类似地，天顶方向的相位精度分别约为 0.19mm、0.25mm、0.29mm 和 0.21mm。同时，GPS MEO、BDS-2 MEO 和 BDS-2 IGSO 卫星 L2/B2 观测值的天顶方向的伪距精度分别约为 0.05m、0.08m 和 0.11m。类似地，天顶方向的相位精度分别约为 0.19mm、0.33mm 和 0.44mm。对于短基线，GPS MEO、BDS-2 MEO、BDS-2 IGSO 和 BDS-3 MEO 卫星 L1/B1 观测值的天顶方向的伪距精度分别约为 0.45m、0.41m、0.49m 和 0.45m。同样地，天顶方向的相位精度分别约为 2.03mm、1.48mm、1.68mm 和 1.37mm。同时，GPS MEO、BDS-2 MEO 和 BDS-2 IGSO 卫星 L2/B2 观测值的天顶方向的伪距精度分别约为 0.47m、0.47m 和 0.53m。同样地，天顶方向的相位精度分别约为 1.95mm、1.71mm 和 3.10mm。对于中长基线，GPS MEO、BDS-2 MEO、BDS-2 IGSO 和 BDS-3 MEO 卫星 L1/B1 观测值的天顶方向的伪距精度分别约为 0.46m、0.40m、0.52m 和 0.42m。同样地，天顶方向的相位精度分别约为 3.25mm、2.60mm、3.37mm 和 2.89mm。同时，GPS MEO、BDS-2 MEO 和 BDS-2 IGSO 卫星 L2/B2 观测值的天顶方向的伪距精度分别约为 0.48m、0.46m 和 0.51m。同样地，天顶方向的相位精度分别约为 3.24mm、2.63mm 和 5.80mm。可以看出，BDS 卫星 B1 观测值的精度略高于 B2 观测值，短基线和中长基线的观测值精度均低于零基线。还可以发现，短基线和中长基线的伪距精度相近，而相位精度不同，即中长基线的相位精度低于短基线。这表明，相位观测值更容易受到大气延迟等非模型化误差的影响。因此，在符合实际的低成本接收机的随机模型中，应考虑多路径和大气延迟等系统误差的影响。这再次证明了基于零基线的随机模型可能不适用于其他基线，不同基线在精密定位中应考虑合适的随机模型，类似的结论也可以在图 5.33～图 5.39 中发现。

表 5.14 零基线、短基线和中长基线下的 GPS MEO 卫星拟合的高度角模型

类型	零基线				短基线				中长基线			
	a	*b*	天顶方向	RMSE	*a*	*b*	天顶方向	RMSE	*a*	*b*	天顶方向	RMSE
L1 伪距	0.06	0.32	0.05	0.01	0.62	0.37	0.45	0.06	0.63	0.37	0.46	0.07
L1 相位	0.31	0.60	0.19	0.02	2.58	0.27	2.03	0.41	4.06	0.25	3.25	0.10
L2 伪距	0.06	0.31	0.05	0.01	0.68	0.46	0.47	0.07	0.70	0.47	0.48	0.08
L2 相位	0.30	0.54	0.19	0.02	2.40	0.23	1.95	0.55	4.21	0.30	3.24	1.15

注：伪距和相位观测值的单位分别为 m 和 mm。

表 5.15 零基线、短基线和中长基线下的 BDS-2 MEO 卫星拟合的高度角模型

类型	零基线				短基线				中长基线			
	a	*b*	天顶方向	RMSE	*a*	*b*	天顶方向	RMSE	*a*	*b*	天顶方向	RMSE
B1 伪距	0.08	0.20	0.07	0.02	0.55	0.35	0.41	0.13	0.50	0.25	0.40	0.13
B1 相位	0.31	0.26	0.25	0.07	1.73	0.17	1.48	0.52	3.27	0.26	2.60	1.82
B2 伪距	0.12	0.46	0.08	0.02	0.66	0.41	0.47	0.17	0.66	0.43	0.46	0.17
B2 相位	0.51	0.56	0.33	0.07	2.02	0.18	1.71	0.77	3.15	0.20	2.63	1.60

注：伪距和相位观测值的单位分别为 m 和 mm。

表 5.16　零基线、短基线和中长基线下的 BDS-2 IGSO 卫星拟合的高度角模型

类型	零基线				短基线				中长基线			
	a	*b*	天顶方向	RMSE	*a*	*b*	天顶方向	RMSE	*a*	*b*	天顶方向	RMSE
B1 伪距	0.11	0.29	0.09	0.02	0.73	0.48	0.49	0.12	0.86	0.67	0.52	0.13
B1 相位	0.37	0.28	0.29	0.04	1.76	0.05	1.68	0.56	4.89	0.45	3.37	1.33
B2 伪距	0.22	0.93	0.11	0.02	1.42	1.70	0.53	0.13	1.18	1.32	0.51	0.13
B2 相位	0.83	0.89	0.44	0.05	7.38	1.38	3.10	1.11	47.02	7.11	5.80	1.82

注：伪距和相位观测值的单位分别为 m 和 mm。

表 5.17　零基线、短基线和中长基线下的 BDS-3 MEO 卫星拟合的高度角模型

类型	零基线				短基线				中长基线			
	a	*b*	天顶方向	RMSE	*a*	*b*	天顶方向	RMSE	*a*	*b*	天顶方向	RMSE
B1 伪距	0.07	0.25	0.06	0.01	0.59	0.32	0.45	0.10	0.51	0.21	0.42	0.10
B1 相位	0.25	0.20	0.21	0.08	1.41	0.03	1.37	0.39	3.06	0.06	2.89	0.97

注：伪距和相位观测值的单位分别为 m 和 mm。

为进行交叉相关性分析，将 3 条不同基线的单差残差分别划分为以 100 个历元为间隔的 216 个集合，对这些集合估计值取平均得到交叉相关性分析的结果。图 5.40 展示了 GPS 观测值间的交叉相关性结果，图 5.41 是 BDS-2 观测值间在零基线、短基线和中长基线下的结果，不同颜色的线表示不同的类型。需要说明的是，由于 BDS-3 卫星只有一种 B1 伪距和相位的关系，因此没有展示其结果。可以发现，GPS 观测值间的交叉相关性系数对于零基线接近于零，表明它们之间不存在交叉相关性。而对于短基线和中长基线，它们的交叉相关性的波动明显大于零基线。这表明不同基线的交叉相关性和该基线使用的接收机类型有关，在 BDS-2 观测值的结果中也可以得到类似的结论，特别是对于 B1 相位和 B2 相位间的关系，再次证明了交叉相关性和接收机类型是相关的。同时，短基线和中长基线的结果间也存在一定的差异，这可能与非模型化误差(Zhang Z et al.，2020)有关。

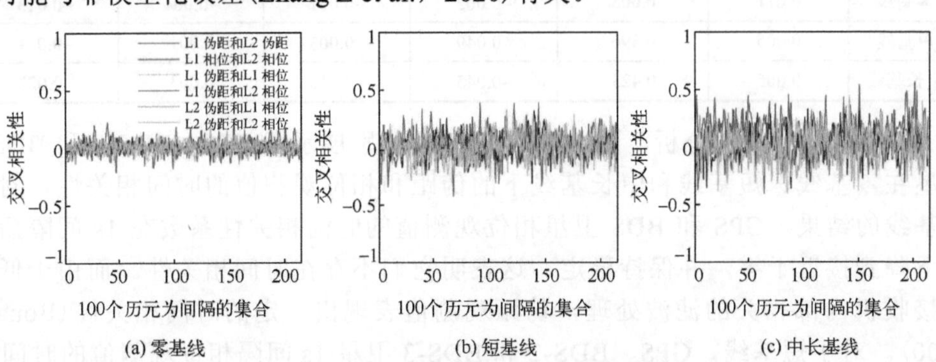

图 5.40　GPS 卫星观测值间的交叉相关性

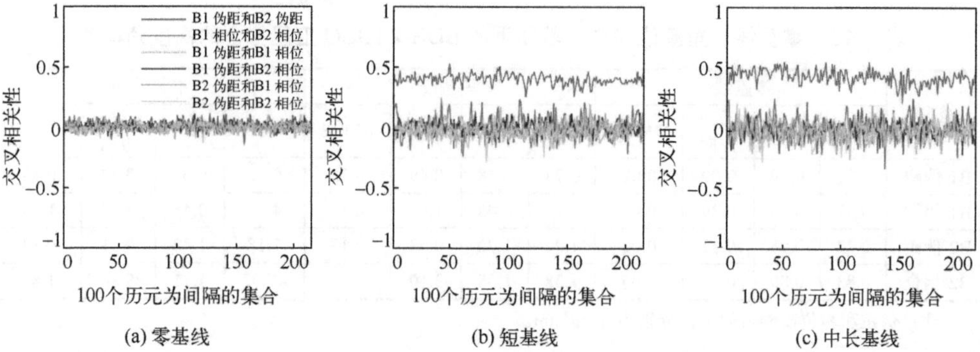

图 5.41 BDS-2 卫星观测值间的交叉相关性

表 5.18 和表 5.19 分别列出了 GPS 观测值和 BDS-2 观测值在零基线、短基线和中长基线下的交叉相关性系数均值。结果表明，零基线的交叉相关性系数均值均小于 0.014，表明 GPS 和 BDS-2 卫星的伪距和相位观测值在零基线不存在交叉相关性。而 GPS 和 BDS-2 卫星的伪距和相位观测值在短基线和中长基线都存在交叉相关性，如 B1 相位和 B2 相位观测值间的最大值可达 0.423。这表明在实际数据处理中，BDS-2 相位观测值应考虑短基线和中长基线的交叉相关性。

表 5.18 零基线、短基线和中长基线下的 GPS 观测值的交叉相关性系数均值

类型	L1 伪距和 L2 伪距	L1 相位和 L2 相位	L1 伪距和 L1 相位	L1 伪距和 L2 相位	L2 伪距和 L1 相位	L2 伪距和 L2 相位
零基线	0.006	0.004	−0.000	−0.003	−0.004	0.005
短基线	0.015	0.017	0.020	0.005	0.016	−0.013
中长基线	0.018	0.139	0.016	−0.006	0.003	−0.010

表 5.19 零基线、短基线和中长基线下的 BDS-2 观测值的交叉相关性系数均值

类型	B1 伪距和 B2 伪距	B1 相位和 B2 相位	B1 伪距和 B1 相位	B1 伪距和 B2 相位	B2 伪距和 B1 相位	B2 伪距和 B2 相位
零基线	0.011	0.005	−0.002	−0.001	−0.004	−0.013
短基线	0.005	0.396	−0.049	−0.003	0.001	−0.031
中长基线	0.005	0.423	−0.045	−0.010	0.003	−0.023

对于时间相关性分析，图 5.42～图 5.44 分别展示了 GPS、BDS-2 和 BDS-3 卫星在零基线、短基线和中长基线下的伪距和相位观测值的时间相关性。对于零基线的结果，GPS 和 BDS 卫星相位观测值的时间相关性系数在 1s 间隔后急剧下降到接近于零，并保持稳定，这表明它们不存在时间相关性。而由于低成本接收机内部相关的滤波处理，伪距观测值表现出一定的时间相关性(Bona，2000)。对于短基线，GPS、BDS-2 和 BDS-3 卫星 1s 间隔相位观测值的时间相

关性系数分别约大于 0.3、0.1 和 0.3。GPS、BDS-2 和 BDS-3 卫星 1s 间隔伪距观测值的时间相关性系数分别约大于 0.7、0.6 和 0.8。结果表明，GPS 和 BDS 卫星相位和伪距观测值在短基线下存在时间相关性。此外，由于多路径的影响，短基线的结果大于零基线，相位观测值的时间相关性低于伪距观测值，因为相位多路径小于伪距多路径。对于中长基线的结果，GPS、BDS-2 和 BDS-3 卫星 1s 间隔相位观测值的时间相关性系数分别约大于 0.4、0.2 和 0.4。GPS、BDS-2 和 BDS-3 卫星 1s 间隔伪距观测值的时间相关性系数分别约大于 0.7、0.6 和 0.8。可以看出，伪距观测值的时间相关性和短基线相似，而相位观测值的时间相关性大于短基线。这是由于相位观测值精度高于伪距观测值，且容易受到残余大气延迟的影响。综上所述，GPS 和 BDS 卫星相位和伪距观测值的时间相关性会受到多路径和大气延迟的影响。因此，在实际的随机模型建模中，应当考虑这些系统误差的影响。

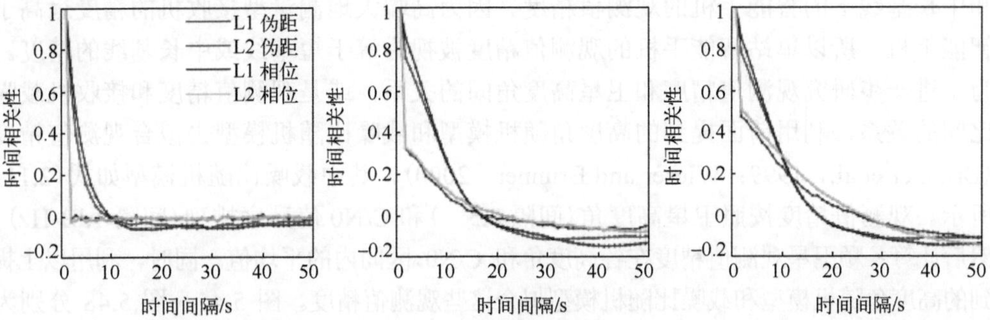

(a) 零基线　(b) 短基线　(c) 中长基线

图 5.42　GPS 卫星观测值间的时间相关性

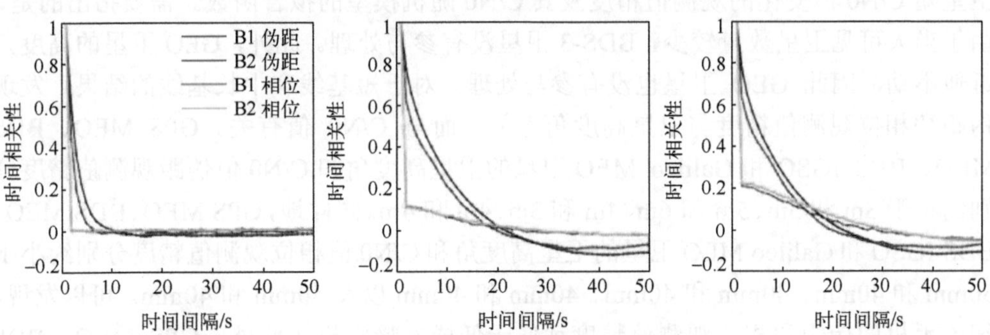

(a) 零基线　(b) 短基线　(c) 中长基线

图 5.43　BDS-2 卫星观测值间的时间相关性

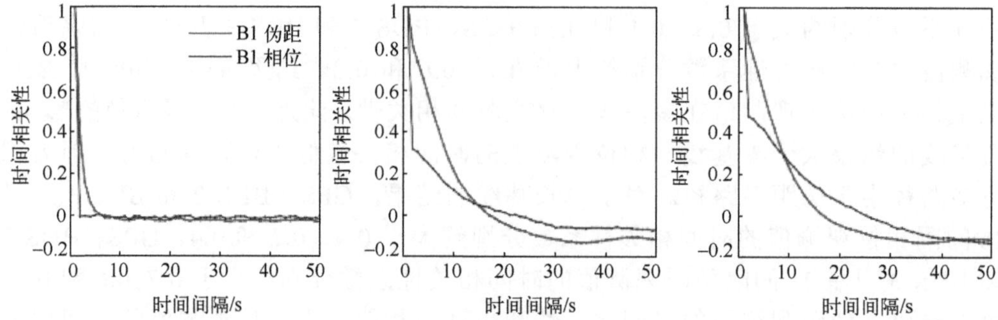

(a) 零基线　　(b) 短基线　　(c) 中长基线

图 5.44　BDS-3 卫星观测值间的时间相关性

符合实际的随机模型应当描述观测值精度及其物理相关性，在本书中系统分析了短基线和中长基线等不同基线长度下的智能手机的结果。首先系统研究了短基线和中长基线下的智能手机的观测值精度。因为高端大地测量型接收机的精度远高于智能手机，所以单站智能手机的观测值精度被视为等于短基线或中长基线的精度。为了进一步研究观测值精度和卫星高度角间的关系，或是观测值精度和接收机载噪比间的关系，利用前面提到的高度角随机模型和载噪比随机模型去拟合观测值精度(Brunner et al.，1999；Wieser and Brunner，2000)，其中载噪比随机模型如式(2.11)所示。观测值精度按照卫星高度角(间隔 0.5°)和 C/N0 值升序排列(间隔 1dB-Hz)，然后计算各颗卫星观测值精度在各高度角和 C/N0 区间内的平均值。同时，利用以上提到的高度角随机模型和载噪比随机模型拟合这些观测值精度。图 5.45～图 5.48 分别为 GPS MEO、BDS MEO、BDS IGSO 和 Galileo MEO 卫星随卫星高度角变化的观测值精度。图 5.49～图 5.52 分别为 GPS MEO、BDS MEO、BDS IGSO 和 Galileo MEO 卫星随 C/N0 值变化的观测值精度及其 C/N0 随机模型的拟合函数。需要指出的是，由于当天可见卫星数量较少，BDS-3 卫星没有参与处理。此外，GEO 卫星的高度角近似不动，因此 GEO 卫星也没有参与处理。对于短基线和中长基线的结果，发现伪距和相位观测值精度与卫星高度角无关，而与 C/N0 值有关。GPS MEO、BDS MEO、BDS IGSO 和 Galileo MEO 卫星的卫星高度角和 C/N0 值伪距观测值精度分别约小于 3m 和 5m、5m 和 6m、4m 和 3m、4m 和 4m。同样地，GPS MEO、BDS MEO、BDS IGSO 和 Galileo MEO 卫星的卫星高度角和 C/N0 值相位观测值精度分别约小于 50mm 和 40mm、40mm 和 40mm、40mm 和 40mm 以及 40mm 和 40mm。可以发现，智能手机的伪距和相位观测值精度远低于低成本接收机。此外，GPS MEO、BDS MEO、BDS IGSO 和 Galileo MEO 卫星在短基线和中长基线下的伪距和相位观测值精度近似相等，这可能是由智能手机的环形极化天线引起了显著的多路径误差，从而掩盖了中长基线中残余的大气延迟影响(Wang et al.，2021)。

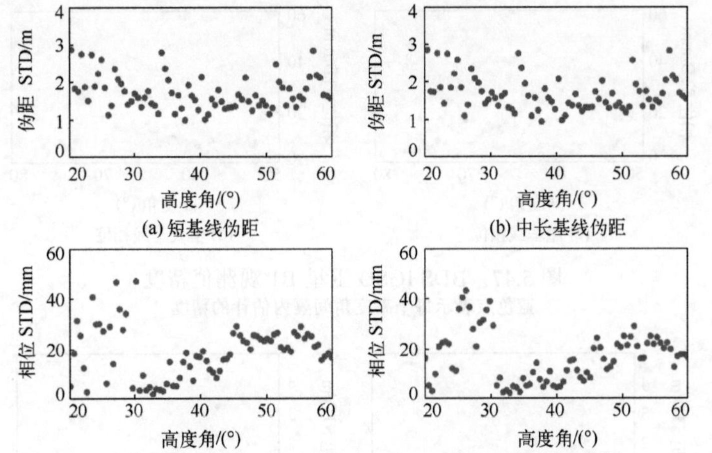

(a) 短基线伪距　(b) 中长基线伪距

(c) 短基线相位　(d) 中长基线相位

图 5.45　GPS MEO 卫星 L1 观测值精度

蓝色点表示每个高度角间隔内估计的精度

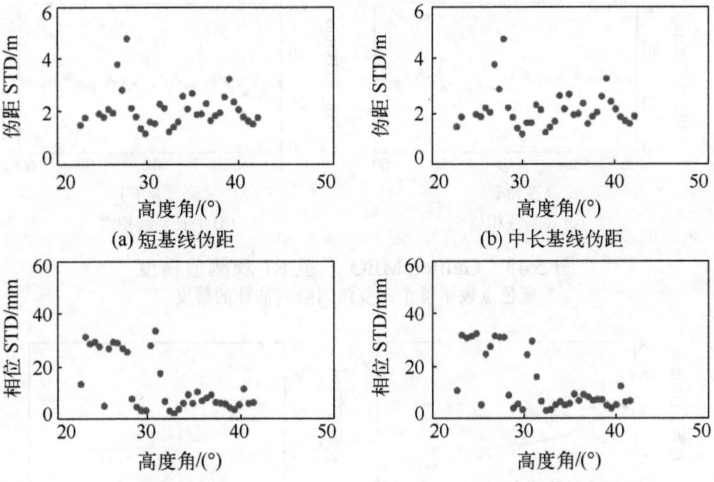

(a) 短基线伪距　(b) 中长基线伪距

(c) 短基线相位　(d) 中长基线相位

图 5.46　BDS MEO 卫星 B1 观测值精度

蓝色点表示每个高度角间隔内估计的精度

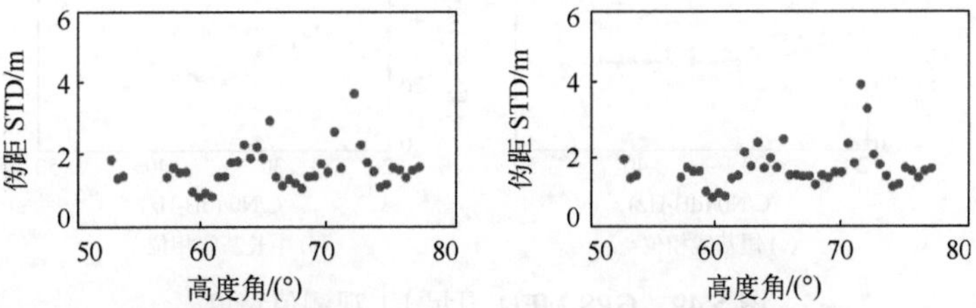

(a) 短基线伪距　(b) 中长基线伪距

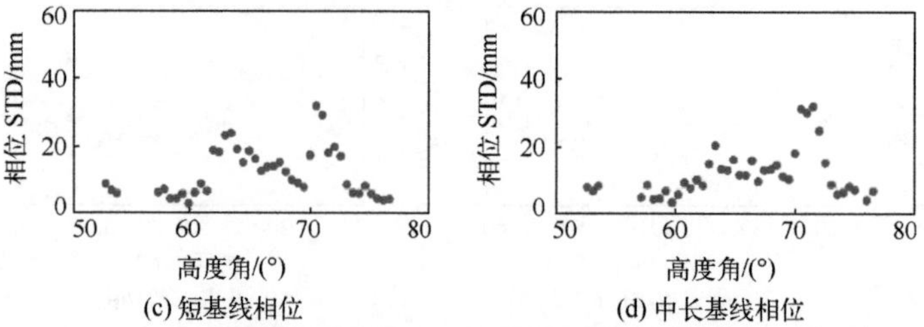

图 5.47　BDS IGSO 卫星 B1 观测值精度

蓝色点表示每个高度角间隔内估计的精度

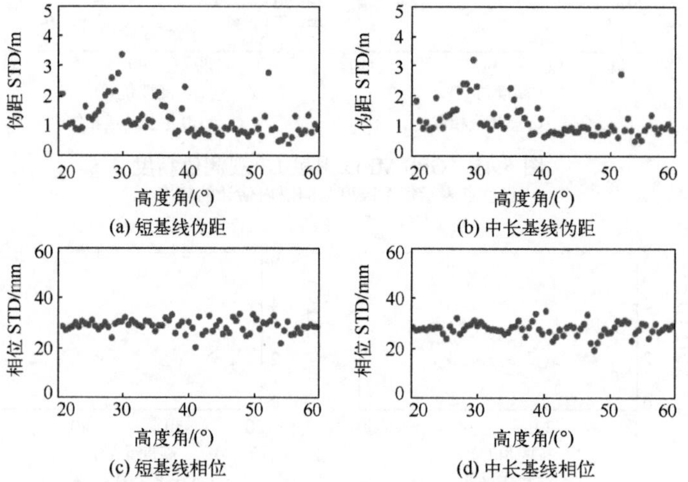

图 5.48　Galileo MEO 卫星 E1 观测值精度

蓝色点表示每个高度角间隔内估计的精度

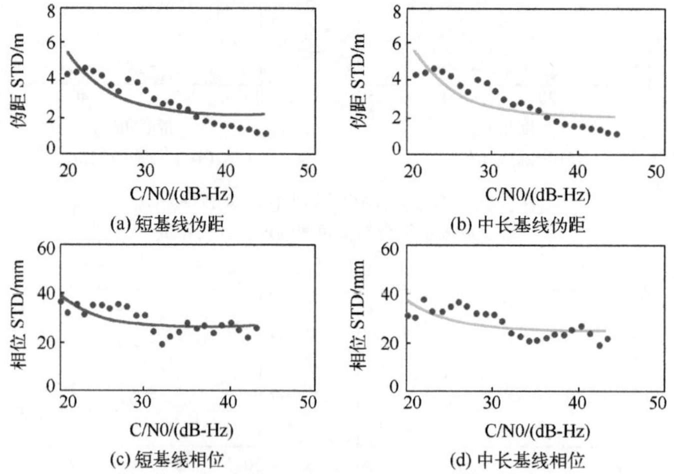

图 5.49　GPS MEO 卫星 L1 观测值精度

蓝色点表示每个 C/N0 间隔内估计的精度，红色和绿色线条分别表示短基线和中长基线拟合的载噪比随机模型

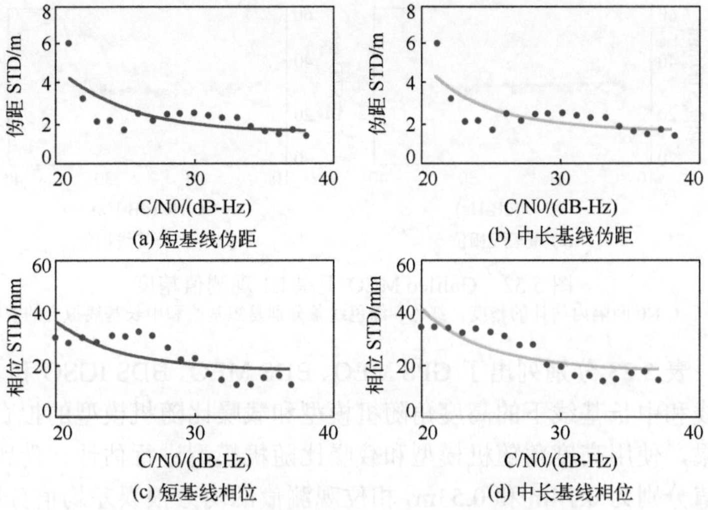

图 5.50　BDS MEO 卫星 B1 观测值精度

蓝色点表示每个 C/N0 间隔内估计的精度，红色和绿色线条分别表示短基线和中长基线拟合的载噪比随机模型

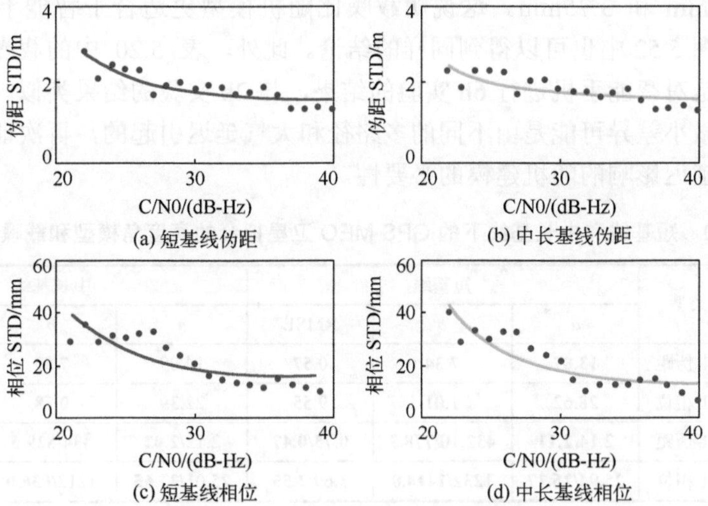

图 5.51　BDS IGSO 卫星 B1 观测值精度

蓝色点表示每个 C/N0 间隔内估计的精度，红色和绿色线条分别表示短基线和中长基线拟合的载噪比随机模型

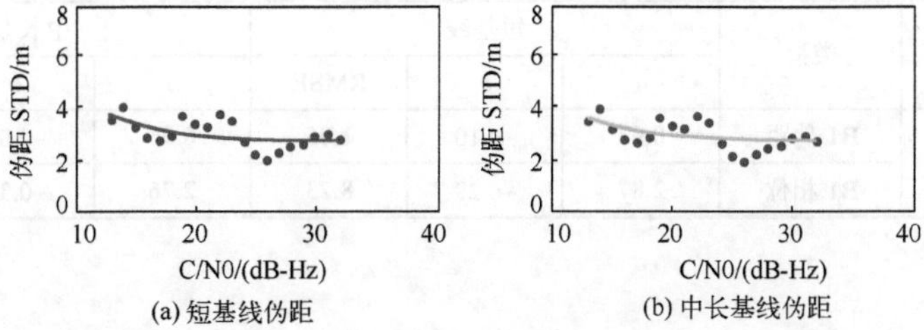

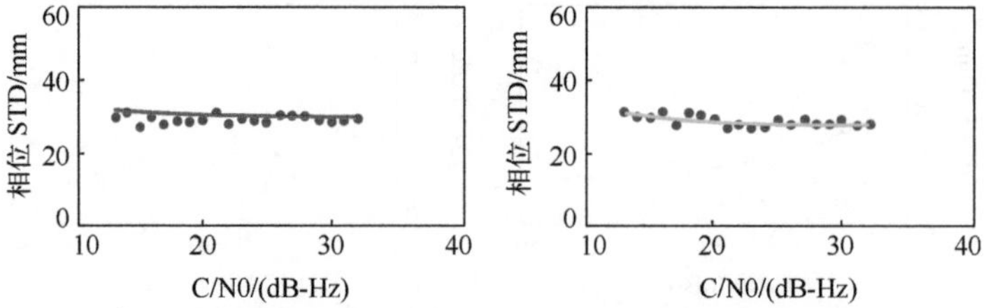

(c) 短基线相位　　(d) 中长基线相位

图 5.52　Galileo MEO 卫星 E1 观测值精度

蓝色点表示每个 C/N0 间隔内估计的精度，红色和绿色线条分别是短基线和中长基线拟合的载噪比随机模型

表 5.20～表 5.23 分别列出了 GPS MEO、BDS MEO、BDS IGSO 和 Galileo MEO 卫星在短基线和中长基线下的高度角随机模型和载噪比随机模型的拟合结果。对于短基线的结果，使用高度角随机模型和载噪比随机模型进行估计，伪距观测值的均方根误差均值分别为 0.74m 和 0.53m，相位观测值的均方根误差均值分别为 6.85mm 和 4.02mm。而在中长基线的情况下，使用高度角随机模型和载噪比随机模型，伪距观测值的均方根误差均值分别为 0.72m 和 0.54m，相位观测值的均方根误差均值分别为 6.64mm 和 3.75mm。这说明载噪比随机模型更适合于智能手机观测值，在图 5.45～图 5.52 中也可以得到同样的结论。此外，表 5.20 中的载噪比随机模型中的粗体值是对智能手机进行 6h 实验的结果，与 2h 实验的结果类似。显然，两者在载噪比的微小差异可能是由不同的多路径和大气延迟引起的，再次证明了考虑多路径和大气延迟影响的随机建模的必要性。

表 5.20　短基线和中长基线下的 GPS MEO 卫星拟合的高度角模型和载噪比模型

随机模型	类型	短基线			中长基线		
		a	*b*	RMSE	*a*	*b*	RMSE
高度角	L1 伪距	13.87	7.34	0.57	14.09	7.59	0.59
	L1 相位	28.62	1.01	9.55	22.39	0.78	8.99
载噪比	L1 伪距	2.14/**2.11**	432.10/**778.3**	0.73/**0.47**	2.12/**2.02**	434/**829.5**	0.74/**0.44**
	L1 相位	25.94/**26.17**	1232/**1414.0**	3.69/**2.55**	25.01/**27.65**	1212/**636.0**	4.40/**2.89**

注：伪距和相位观测值的单位分别为 m 和 mm；载噪比模型中的粗体值是 6h 实验的结果。

表 5.21　短基线和中长基线下的 BDS MEO 卫星拟合的高度角模型和载噪比模型

随机模型	类型	短基线			中长基线		
		a	*b*	RMSE	*a*	*b*	RMSE
高度角	B1 伪距	0.97	−0.10	1.05	0.96	−0.09	1.04
	B1 相位	2.87	−0.29	8.23	2.76	−0.30	7.89

续表

随机模型	类型	短基线			中长基线		
		a	*b*	RMSE	*a*	*b*	RMSE
载噪比	B1 伪距	1.63	332.90	0.70	1.62	340	0.71
	B1 相位	18.11	1808	5.59	17.87	2338	4.76

注：伪距和相位观测值的 STD 分别以 m 和 mm 为单位。

表 5.22　短基线和中长基线下的 BDS IGSO 卫星拟合的高度角模型和载噪比模型

随机模型	类型	短基线			中长基线		
		a	*b*	RMSE	*a*	*b*	RMSE
高度角	B1 伪距	1703	1001	0.78	1123	691	0.67
	B1 相位	81620	7113	7.05	122400	10780	7.04
载噪比	B1 伪距	1.60	184.10	0.21	1.61	135.40	0.22
	B1 相位	15.63	2945	5.70	13.14	4713	4.83

注：伪距和相位观测值的 STD 分别以 m 和 mm 为单位。

表 5.23　短基线和中长基线下的 Galileo MEO 卫星拟合的高度角模型和载噪比模型

随机模型	类型	短基线			中长基线		
		a	*b*	RMSE	*a*	*b*	RMSE
高度角	E1 伪距	1.01	0.26	0.55	0.75	0.04	0.57
	E1 相位	465.4	15.41	2.57	623.2	21.71	2.66
载噪比	E1 伪距	2.73	20.36	0.47	2.78	18.11	0.48
	E1 相位	29.70	32.34	1.08	28.11	63.52	1.03

注：伪距和相位观测值的 STD 分别以 m 和 mm 为单位。

为进行交叉相关性分析，将智能手机短基线和中长基线的单差残差分别以 100 个历元为间隔划分为 72 个集合，交叉相关性分析的结果是对这些集合估计值取平均得到的。图 5.53 分别是 GPS、BDS 和 Galileo 观测值在短基线和中长基线下的交叉

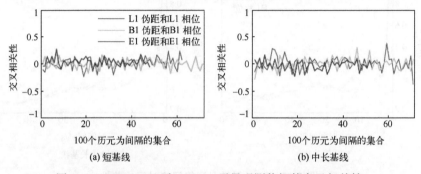

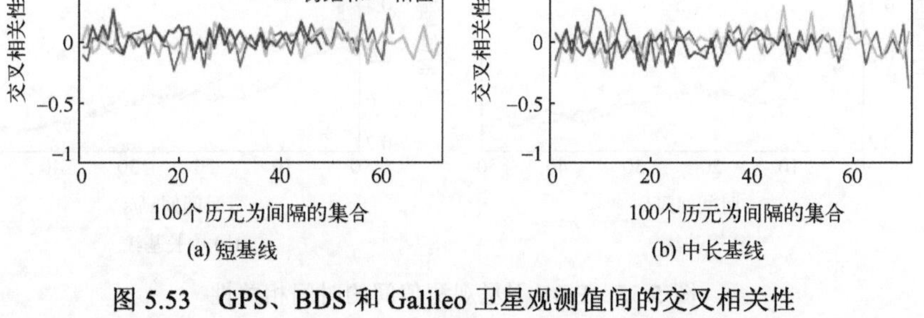

图 5.53　GPS、BDS 和 Galileo 卫星观测值间的交叉相关性

相关性分析结果。同时，GPS、BDS 和 Galileo 观测值的平均交叉相关性系数结果如表 5.24 所示。可以发现，GPS、BDS 和 Galileo 观测值的平均交叉相关性系数分别小于 0.016、0.006 和 0.036，由此表明智能手机的伪距和相位观测值不存在显著的交叉相关性。

表 5.24　短基线和中长基线下的 GPS、BDS 和 Galileo 观测值的交叉相关性系数均值

类型	L1 伪距和 L1 相位	B1 伪距和 B1 相位	E1 伪距和 E1 相位
短基线	0.016	0.003	0.036
中长基线	0.011	0.006	–0.021

对于时间相关性的分析，图 5.54 和图 5.55 分别展示了 GPS 和 BDS 卫星的伪距和相位观测值的时间相关性，红色和紫色线分别表示伪距和相位观测值。可以看出，GPS 和 BDS 卫星的伪距和相位观测值在短基线和中长基线下都存在时间相关性。对于伪距观测值，GPS 和 BDS 卫星的短基线和中长基线的时间相关性相似。对于相位观测值，短基线下的 GPS 和 BDS 卫星在 1s 间隔的时间相关性系数分别约大于 0.45

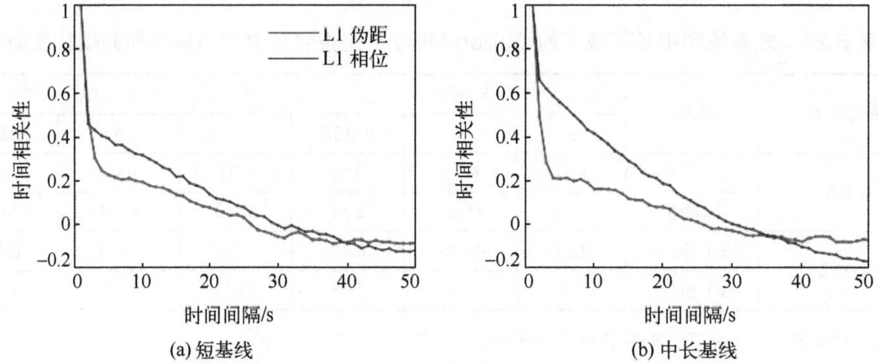

图 5.54　GPS 卫星观测值间的时间相关性

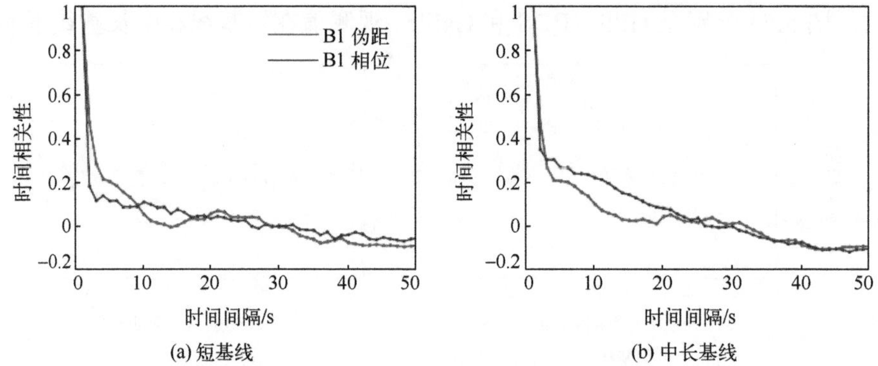

图 5.55　BDS 卫星观测值间的时间相关性

和 0.15，中长基线下的 GPS 和 BDS 卫星在 1s 间隔的时间相关性系数分别约大于 0.65 和 0.35。因此，智能手机 GPS 和 BDS 卫星的相位观测值更容易受到中长基线残留大气延迟的影响。这再次表明，在符合实际的随机模型评估中应考虑大气延迟。图 5.56 展示了 Galileo 卫星的伪距观测值的时间相关性，同样可在 GPS 和 BDS 卫星得到类似的结论。由于 Galileo 卫星相位观测值的结果存在严重的不连续解，因此未进行详细论述。

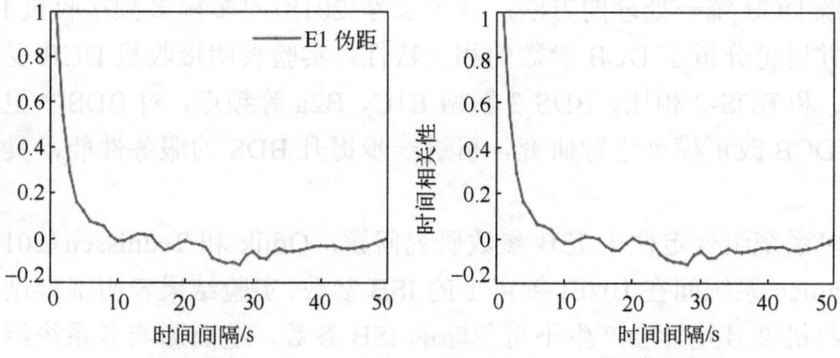

(a) 短基线　　(b) 中长基线

图 5.56　Galileo 卫星观测值间的时间相关性

5.4　易于实现的多路径、DCB 和 ISB 分析方法

常规的多路径、DCB 和 ISB 分析方法存在许多限制，尤其是在使用低成本设备时，频率数和卫星数的限制往往会导致这些方法失效，基于此，提出了几种易于实现的多路径、DCB 和 ISB 分析方法(Zhang et al.，2021)。首先讨论了目前多路径、DCB 和 ISB 分析方法的现状，接着给出了几种易于实现的多路径、DCB 和 ISB 分析方法的基本步骤，并利用实测数据对这些方法进行了验证。

5.4.1　多路径、DCB 和 ISB 分析概述

如前所述，多路径误差是 GNSS 高精度定位中重要的系统误差，因此，针对多路径误差参数研究具有十分重要的意义。然而，目前针对单频条件下的多路径误差估计方法相对缺乏，因此，对于单频条件下低成本接收机中的多路径误差的分析不仅具有十分重要的理论意义，在实际应用上也有着重要的价值。

差分码偏差不仅影响电离层总电子含量的精确监测和建模，还是卫星导航定位与授时中的重要系统误差。针对 BDS 卫星 DCB 参数研究，基于全球电离层格网(global ionospheric map，GIM)产品，对采用了两种不同基准约束下的 BDS DCB 参数进行了解算和精度评估，两种方案下的卫星 DCB 差值整体趋势一致。目前仍然

较为缺乏对 BDS-3 卫星端 DCB 产品或改正模型的相关研究，虽然，已有研究基于多 GNSS 实验(multi-GNSS experiment，MGEX)监测网和国际 GNSS 监测评估系统监测网进行了 BDS-3 DCB 参数的解算，并进一步讨论分析了 BDS-2 和 BDS-3 系统间的 DCB 差异，但未对卫星端 DCB 改正模型进行相关研究(Li et al.，2019)；李子申等(2020)提出了多模多频卫星导航系统的码偏差统一定义和相关处理方法。聂文锋(2019)采用卫星钟差基准将差分码偏差还原为绝对码偏差的方式，进一步提出了一种多系统 DCB 统一处理的方法。袁运斌等(2018)对多模多频接收机 DCB 进行了精密估计并讨论分析了 DCB 参数的相关特性，实验表明接收机 DCB 受几个方面因素的影响。和 BDS-2 相比，BDS-3 新增 B1C、B2a 等频点，对 BDS-3 卫星多频数据处理中的 DCB 改正模型进行研究，可进一步提升 BDS 的服务性能，具有重要的研究意义。

针对多系统组合定位中 ISB 参数研究问题，Odijk 和 Teunissen(2013)讨论分析了 GPS/Galileo 系统间在 L1/EI 频点上的 ISB 参数，实验结果表明基准站和移动站所使用的接收机型号差异会产生不可忽略的 ISB 参数，进而影响多系统组合定位的精度；Paziewski 和 Wielgosz(2015)提出了一种将载波 ISB 整数部分和载波相位模糊度进行参数合并的方法，该方法仅需估计载波 ISB 小数部分，通过采用序贯最小二乘方法估计 ISB 参数并进行改正，取得了较好的效果。因此，对 ISB 参数进行估计方法的研究，可根据参数估计结果全面分析其性质，从而有利于进行先验改正或合理参数化处理等，对提升 BDS 的服务性能具有重要的意义。

5.4.2　多路径误差参数处理方法及应用

首先总结两种传统估计方法，其中 GF 和 IF 组合估计方法是评估多路径误差使用最广泛的估计方法，即多路径误差函数。但使用该方法时需要双频及以上的观测值，可表示为

$$\bar{\Omega}_{r,i}^{s}=p_{r,i}^{s}-\frac{f_i^2+f_j^2}{f_i^2-f_j^2}\Phi_{r,i}^{s}+\frac{2f_j^2}{f_i^2-f_j^2}\Phi_{r,i}^{s}+\frac{f_i^2+f_j^2}{f_i^2-f_j^2}\lambda_i N_i\frac{2f_j^2}{f_i^2-f_j^2}A_j N_j-\xi_{r,i}+\xi^{s,i}+\varepsilon_{\bar{\Omega}_{r,i}^{s}} \tag{5.62}$$

式中，j 表示第 2 个频率；$\bar{\Omega}_{r,i}^{s}$ 表示等效伪距多路径误差，其包括两个频率的整周模糊度以及卫星和接收机端硬件延迟。载波相位观测值未发生周跳时，上述误差项在一段时间内可视为常数。因此，可通过在一段时间内取平均值的方式来获取伪距多路径误差，如式(5.63)所示：

$$\Omega_{r,f}^{s}=\bar{\Omega}_{r,f}^{s}-\frac{1}{t}\sum_{u=1}^{t}[\bar{\Omega}_{r,f}^{s}(u)] \tag{5.63}$$

式中，u 表示第 u 个历元；t 表示历元数。GF 和 IF 组合估计方法因具有高可靠性而被广泛使用。然而，该方法仅在双频及以上频率数的条件下才能使用。

GB 和电离层改正(IC)组合多路径误差估计方法通常基于相对定位或单站模式。相对定位中进行接收机和卫星间双差后，可消除卫星和接收机钟差以及硬件延迟等影响。当基线较短时，电离层延迟和对流层延迟改正残差也可忽略不计。此时，伪距和载波双差相位观测方程可表示为

$$\nabla\Delta P_{rq,f}^{sg} = \nabla\Delta\rho_{rq}^{sg} + \nabla\Delta\Omega_{rq,f}^{sg} + \nabla\Delta\varepsilon_{rq,f}^{sg} \tag{5.64}$$

$$\nabla\Delta\Phi_{rq,f}^{sg} = \nabla\Delta\rho_{rq}^{sg} + \lambda_f\nabla\Delta N_{rq,f}^{sg} + \nabla\Delta\omega_{rq,f}^{sg} + \nabla\Delta\epsilon_{rq,f}^{sg} \tag{5.65}$$

式中，GB 模型中将多路径误差和观测值噪声合并，因此当基线足够短时，可根据双差残差评估多路径误差。

GB 和 IC 组合估计方法由于可充分处理系统误差而足够精确，但该方法仍存在一定的局限性。该方法基于复杂的非线性 GB 模型，需要准确固定模糊度参数，同时测站附近还需要存在参考站。此外，该方法所评估的多路径误差包括测站和基准站两部分的多路径误差。

接着，给出两种新的估计方法。为便于评估单频接收机的多路径误差，提出了一种简单易实现的 GFix 和 IC 组合估计方法。该方法需要预先基于星历文件改正卫星钟差以及基于经验模型改正电离层延迟和对流层延迟。此时，伪距和载波相位观测方程可表示为

$$P_{r,f}^{s} = \rho_r^s + \delta t_r + \xi_{r,f} + \Omega_{r,f}^{s} + \varepsilon_{r,f}^{s} \tag{5.66}$$

$$\Phi_{r,f}^{s} = \rho_r^s + \lambda_f N_{r,f}^{s} + \delta t_r + \zeta_{r,f} - \zeta^{s,f} + \xi^{s,f} + \omega_{r,f}^{s} + \epsilon_{r,f}^{s} \tag{5.67}$$

由于需进一步消除接收机钟差和硬件延迟的影响，因此采取星间单差方式：

$$\nabla P_{r,f}^{sg} = \nabla\rho_r^{sg} + \nabla\Omega_{r,f}^{sg} + \nabla\varepsilon_{r,f}^{sg} \tag{5.68}$$

$$\nabla\Phi_{r,f}^{sg} = \nabla\rho_r^{sg} + \lambda_f\nabla N_{r,f}^{sg} - \nabla\zeta^{sg,f} + \nabla\xi^{sg,f} + \nabla\omega_{r,f}^{sg} + \nabla\epsilon_{r,f}^{sg} \tag{5.69}$$

若基于先验已知的精确测站坐标，即 GFix 模型，则伪距多路径误差可由式(5.70)估计：

$$\mathrm{E}[\Omega_{r,f}^{sg}] = P_{r,f}^{sg} - \rho_r^{sg} \tag{5.70}$$

针对相位多路径误差，未发生周跳时，$b = \lambda_f N_{r,f}^{sg} - \zeta^{sg,f} + \xi^{sg,f}$ 可视为常数，采用在一段时间内取平均值的方式来消去该项。因此，相位多路径误差可由式(5.71)估计：

$$\mathrm{E}[\omega_{r,f}^{sg}] = \Phi_{r,f}^{sg} - \rho_r^{sg} - b \tag{5.71}$$

GFix 和 IC 组合估计方法的最大优点是，即使仅有单个频率及单颗可观测卫星，

该方法仍有效。但该方法的缺点在于依赖高精度的测站和卫星坐标，此外参考星的多路径误差也将被吸收。

另一种简单易实现的多路径误差估计方法是 GF 和 IC 组合估计方法。该方法需进行历元间差分，当未发生周跳时可认为消除了硬件延迟和相位模糊度。此时，伪距和载波相位观测方程可表示为

$$P_{r,f}^{s}\langle u\rangle=\rho_{r}^{s}\langle u\rangle+\delta t_{r}\langle u\rangle+\Omega_{r,f}^{s}\langle u\rangle+\varepsilon_{r,f}^{s}\langle u\rangle \tag{5.72}$$

$$\Phi_{r,f}^{s}\langle u\rangle=\rho_{r}^{s}\langle u\rangle+\delta t_{r}\langle u\rangle+\omega_{r,f}^{s}\langle u\rangle+\epsilon_{r,f}^{s}\langle u\rangle \tag{5.73}$$

上述观测方程秩亏，因此需按以下方式进行参数合并：

$$P_{r,f}^{s}\langle u\rangle=\tilde{\rho}_{r}^{s}\langle u\rangle+\Omega_{r,f}^{s}\langle u\rangle+\varepsilon_{r,f}^{s}\langle u\rangle \tag{5.74}$$

$$\Phi_{r,f}^{s}\langle u\rangle=\tilde{\rho}_{r}^{s}\langle u\rangle+\tilde{\epsilon}_{r,f}^{s}\langle u\rangle \tag{5.75}$$

式中，$\tilde{\rho}_{r}^{s}\langle u\rangle=\rho_{r}^{s}\langle u\rangle+\delta t_{r}\langle u\rangle$；$\tilde{\epsilon}_{r,f}^{s}\langle u\rangle=\omega_{r,f}^{s}\langle u\rangle+\epsilon_{r,f}^{s}\langle u\rangle$。此时，历元间差分后的伪距多路径误差可表示为

$$\mathrm{E}[\Omega_{r,f}^{s}\langle u\rangle]=P_{r,f}^{s}\langle u\rangle-\Phi_{r,f}^{s}\langle u\rangle \tag{5.76}$$

显然，该方法易于实现且可在任何条件下进行多路径误差估计，即该方法对测站和卫星坐标精度以及可观测卫星数和频率数无要求，但该方法仅可估计差分伪距多路径误差。

下面用实测数据进行分析，实验数据选取 2020 年 DOY 222 的 Mengxin 接收机双频和 u-blox 接收机单频观测数据，采样间隔为 30s。将上述四种多路径误差估计方法分别记为方法 A、B、C 和 D，使用上述四种估计方法全面评估 Mengxin 和 u-blox 接收机的多路径误差。由于单频条件下的方法 A 无法使用，u-blox 接收机仅讨论其他三种估计方法，同时仅重点讨论分析更为严重的伪距多路径误差。为便于直观地进行比较分析，挑选了不同星座类型(GEO、IGSO 和 MEO)中可见性相对较好的 3 颗卫星。

通过使用上述四种多路径误差估计方法，图 5.57～图 5.60 分别给出了 Mengxin 接收机不同类型卫星的 L1/B1 伪距多路径误差，图中从上到下分别表示方法 A、B、C 和 D。可以发现，四种估计方法所获得的伪距多路径误差在某种程度上较为相似，但仍存在些许差异。具体而言，方法 A 和 B 的实验结果高度一致，但方法 B 结果似乎存在较大波动。主要是方法 B 包含了非参考星和参考星的伪距多路径误差，存在 IC 模型中残留的电离层延迟误差。方法 B 和 C 的实验结果具有相似的波动幅度，但方法 C 似乎存在一定的系统误差，可能与测站和卫星坐标精度有关。方法 D 虽然仅能获得差分伪距多路径误差，但此时外部残余系统误差可充分消除，因此能以较高的可靠性估计观测值噪声水平。

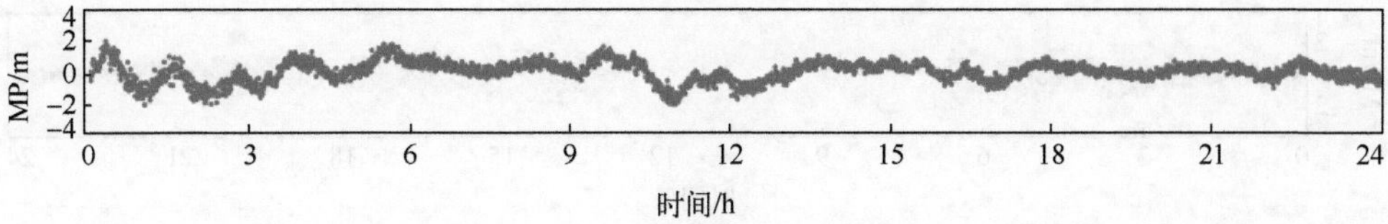

(a) 方法A

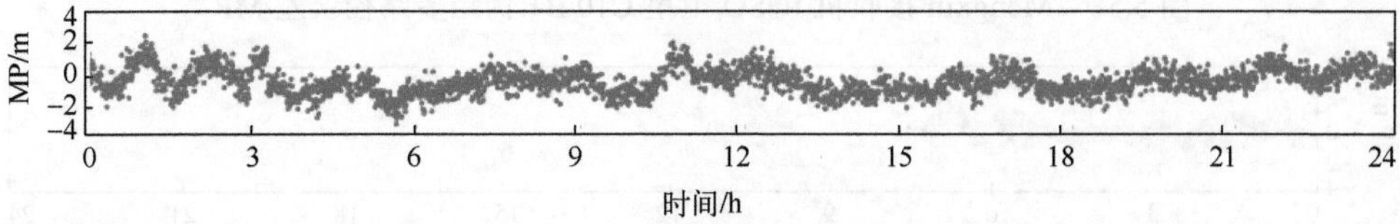

(b) 方法B

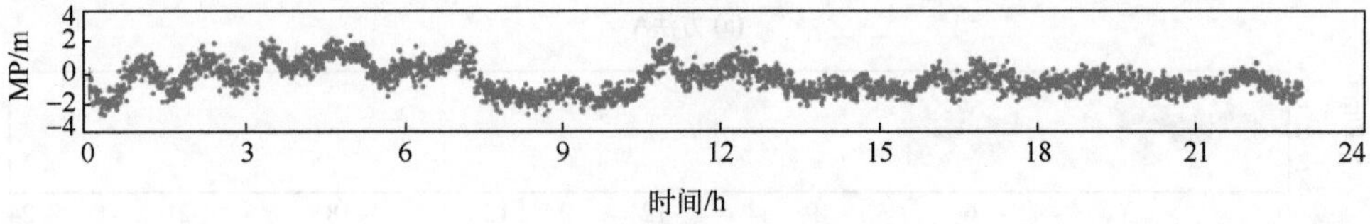

(c) 方法C

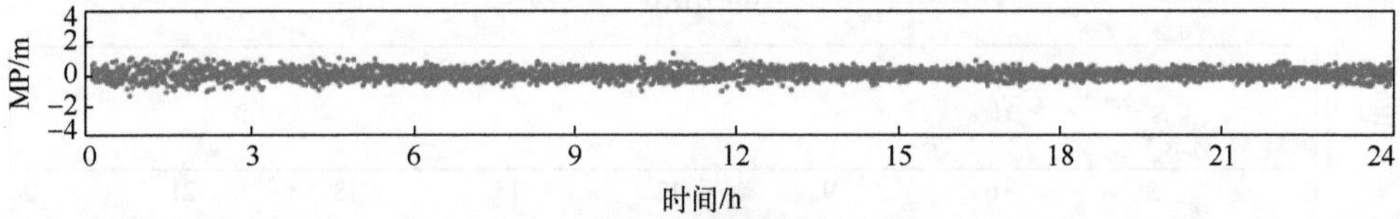

(d) 方法D

图 5.57　Mengxin 接收机 GEO 卫星 C01 B1 伪距多路径误差 MP

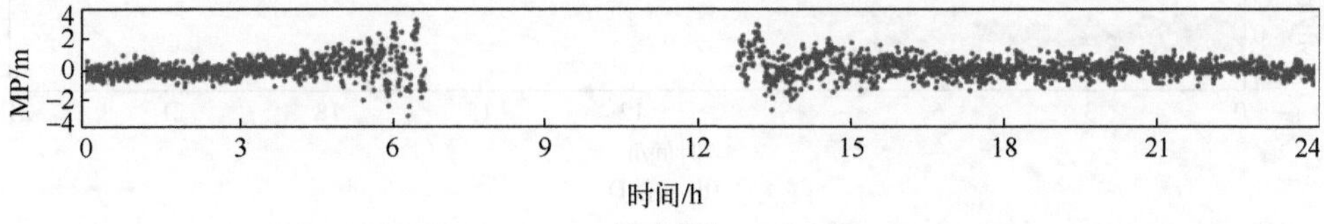

(a) 方法A

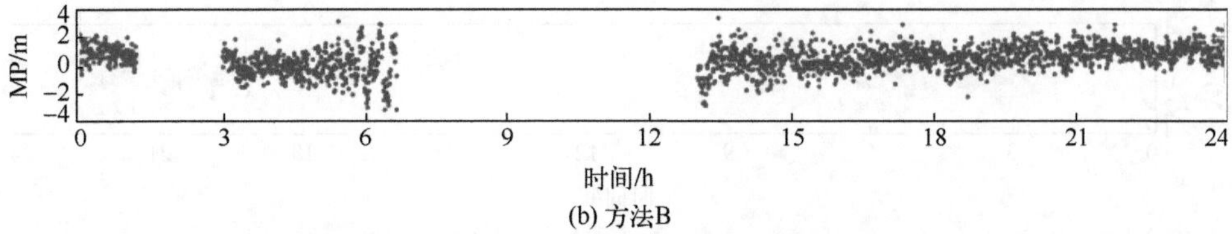

(b) 方法B

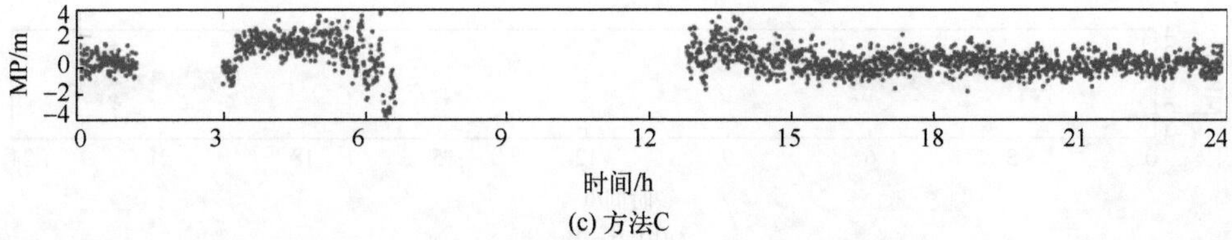

(c) 方法C

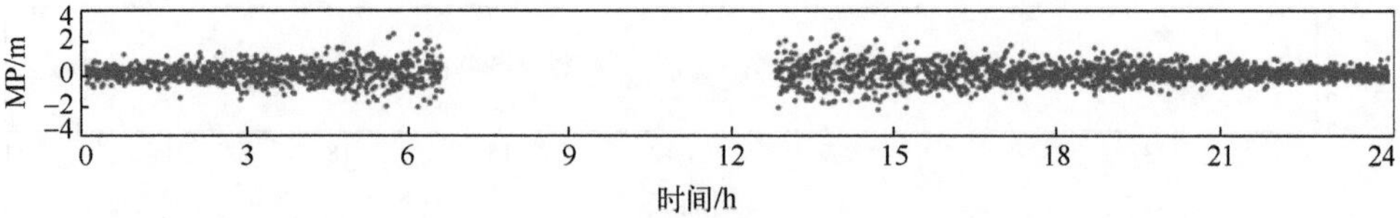

(d) 方法D

图 5.58　Mengxin 接收机 IGSO 卫星 C10 B1 伪距多路径误差 MP

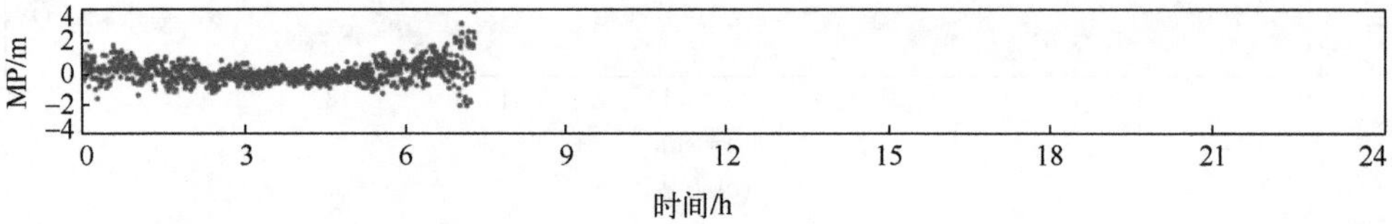

(a) 方法A

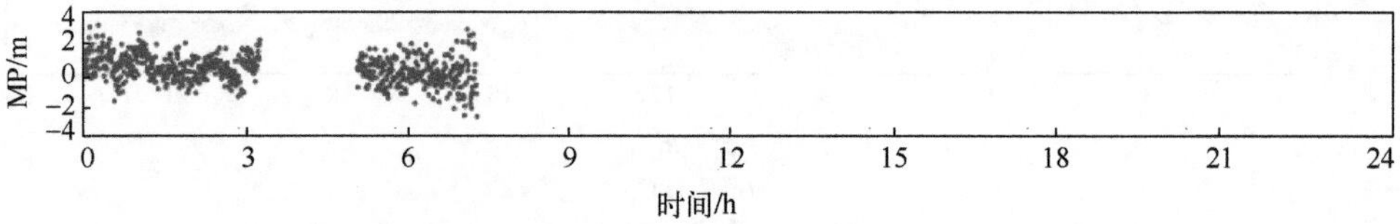

(b) 方法B

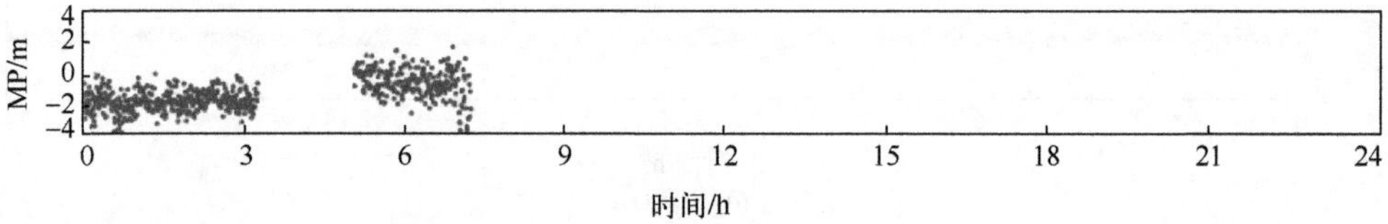

(c) 方法C

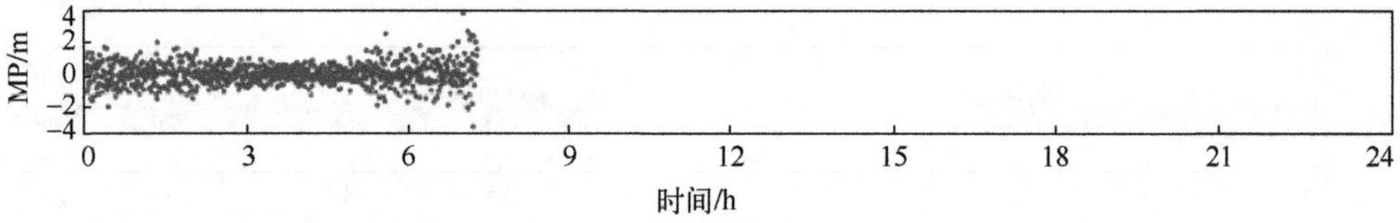

(d) 方法D

图 5.59　Mengxin 接收机 MEO 卫星 C12 B1 伪距多路径误差 MP

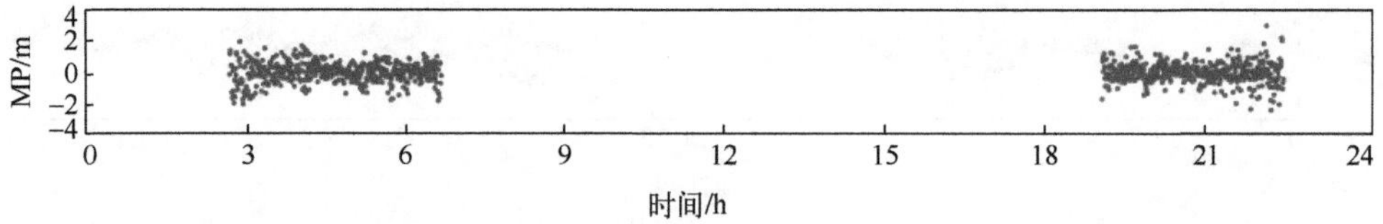

(a) 方法A

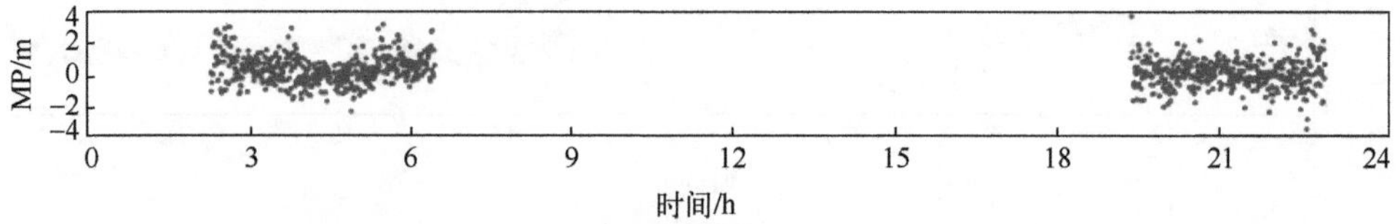

(b) 方法B

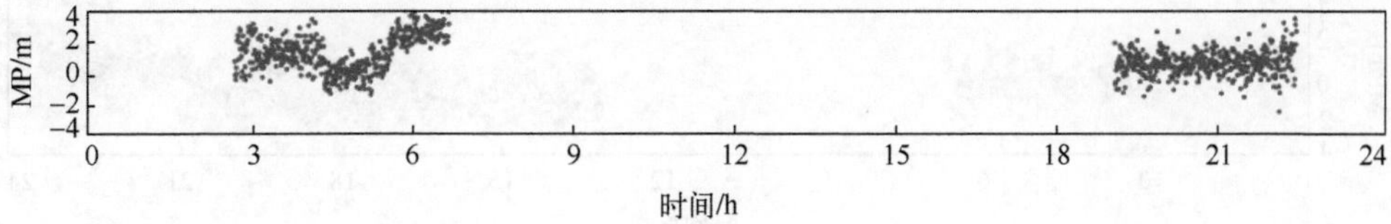

(c) 方法C

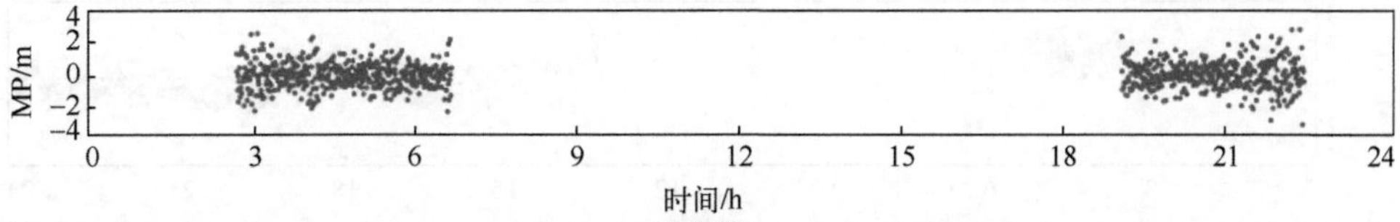

(d) 方法D

图 5.60　Mengxin 接收机 MEO 卫星 G09 L1 伪距多路径误差 MP

图 5.61～图 5.64 分别给出了 u-blox 接收机不同类型卫星的 L1/B1 伪距多路径误差，图中从上到下分别表示方法 B、C 和 D。可以发现，u-blox 和 Mengxin 接收机存在相似的实验结果，进一步证明了所提易实现的估计方法具有较高的可行性。综上，上述四种估计方法获得的多路径误差较为相似。和方法 A 相比，方法 B 吸收了参考站和参考星的多路径误差，方法 C 依赖于所使用测站和卫星坐标的精度，方法 D 因可获取差分伪距多路径误差而可用于评估观测值噪声水平。

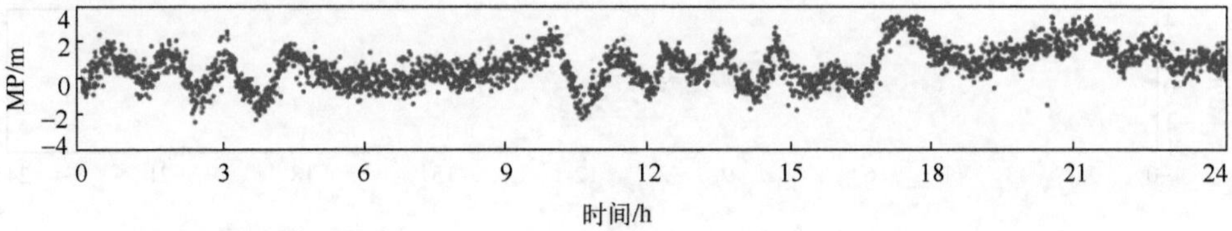

(a) 方法B

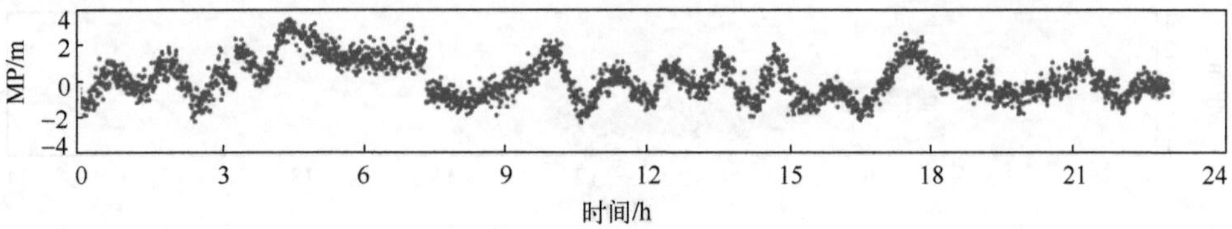

(b) 方法C

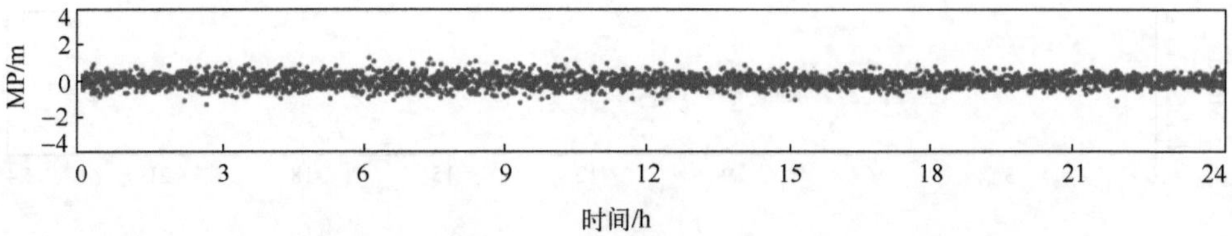

(c) 方法D

图 5.61　u-blox 接收机 GEO 卫星 C01 B1 伪距多路径误差 MP

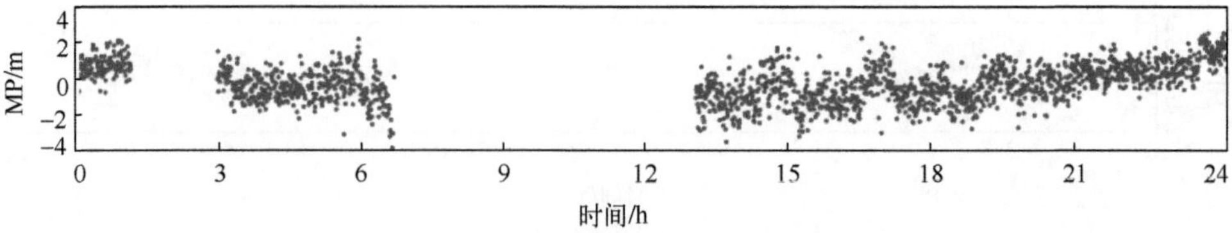

(a) 方法B

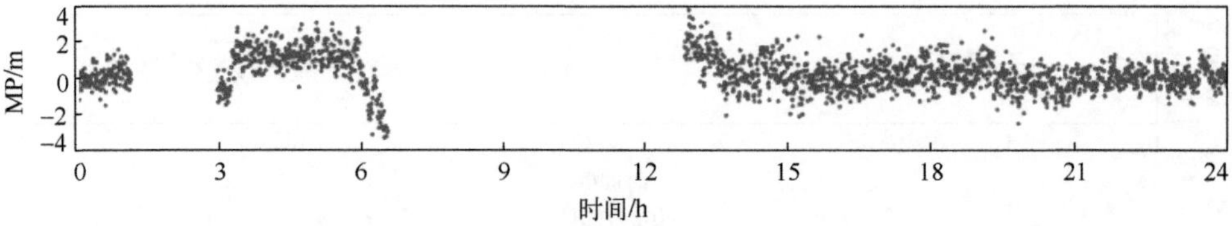

(b) 方法C

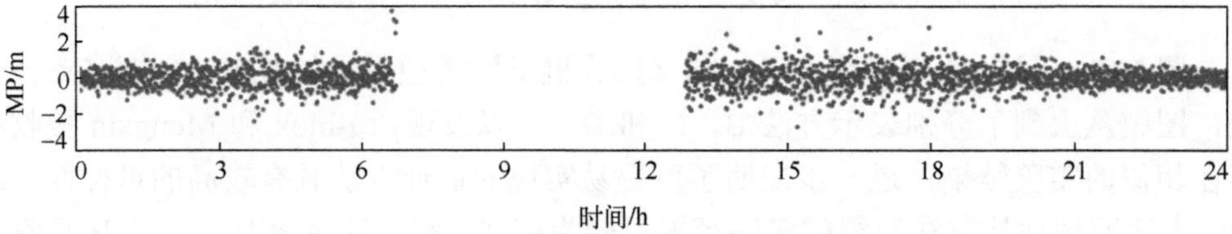

(c) 方法D

图 5.62　u-blox 接收机 IGSO 卫星 C10 B1 伪距多路径误差 MP

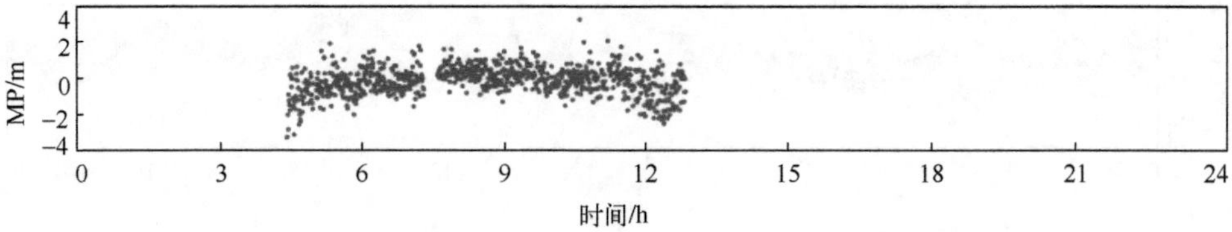

(a) 方法B

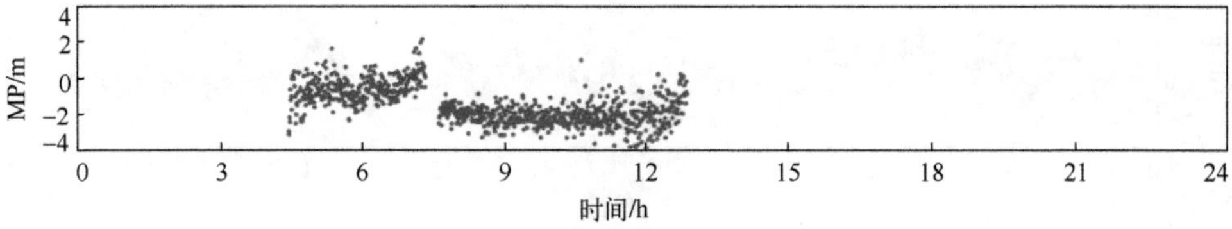

(b) 方法C

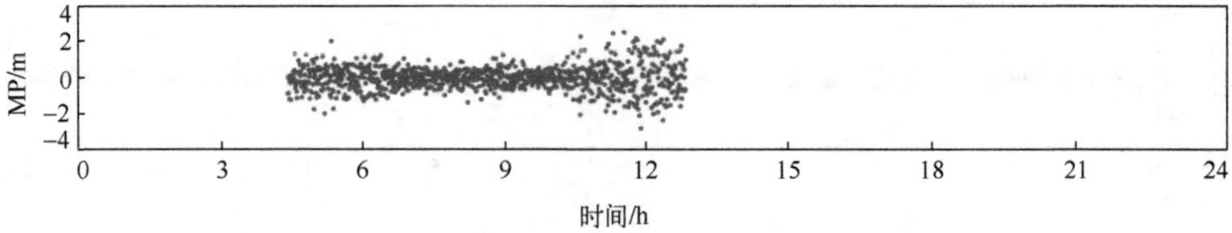

(c) 方法D

图 5.63　u-blox 接收机 MEO 卫星 C14 B1 伪距多路径误差 MP

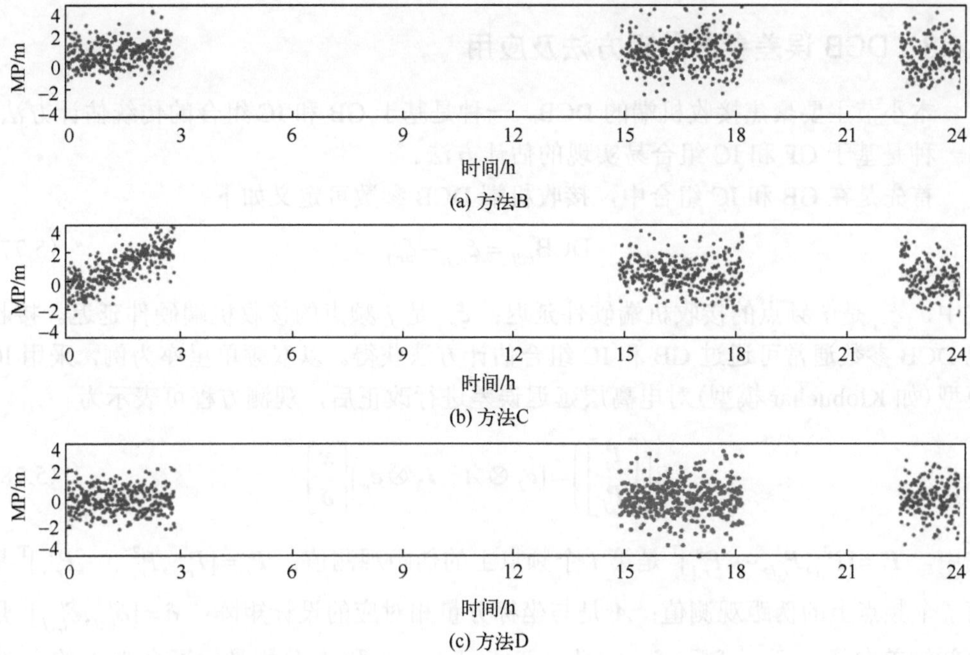

图 5.64　u-blox 接收机 MEO 卫星 G22 L1 伪距多路径误差

为进一步评估四种多路径误差估计方法，表 5.25 和表 5.26 分别给出了 Mengxin 和 u-blox 接收机伪距多路径误差的 STD 值和平均值(Mean)。可以发现，方法 D 因进行了历元间差分而噪声水平最低。方法 A、B 和 C 的实验结果和先前讨论分析高度一致。因此，当实际应用中只有一个频率或可观测卫星数有限时，所提出的两种易实现的多路径误差估计方法 C 和 D 可在很大程度上代替传统估计方法。

表 5.25　Mengxin 接收机伪距多路径误差统计量　　　　(单位：m)

观测值	Mean				STD			
	A	B	C	D	A	B	C	D
B1	0.48	0.75	1.28	0.35	0.63	0.81	0.93	0.45
B2	0.56	0.84	1.72	0.34	0.74	0.85	1.16	0.45
L1	0.49	0.68	0.77	0.58	0.66	0.85	0.96	0.78
L2	0.76	0.92	1.31	0.84	1.04	1.17	1.55	1.12

表 5.26　u-blox 接收机伪距多路径误差统计量　　　　(单位：m)

观测值	Mean			STD		
	B	C	D	B	C	D
B1	0.90	1.23	0.41	1.07	1.25	0.55
L1	0.81	1.13	0.76	0.99	1.30	1.00

5.4.3　DCB 误差参数处理方法及应用

本小节主要聚焦接收机端的 DCB，一种是基于 GB 和 IC 组合的传统估计方法，另一种是基于 GF 和 IC 组合易实现的估计方法。

首先是在 GB 和 IC 组合中，接收机端 DCB 参数可定义如下：

$$\mathrm{DCB}_{r,ij} = \xi_{r,j} - \xi_{r,i} \tag{5.77}$$

式中，$\xi_{r,i}$ 是 i 频点的接收机端硬件延迟；$\xi_{r,j}$ 是 j 频点的接收机端硬件延迟。接收机 DCB 参数通常可通过 GB 和 IC 组合估计方法获得。以双频单星座为例，采用 IC 模型(如 Klobuchar 模型)对电离层延迟误差进行改正后，观测方程可表示为

$$\mathrm{E}\left(\begin{bmatrix} \boldsymbol{P}_i \\ \boldsymbol{P}_j \end{bmatrix}\right) = [\boldsymbol{e}_2 \otimes \boldsymbol{A} \quad \boldsymbol{I}_2 \otimes \boldsymbol{e}_n] \begin{bmatrix} \boldsymbol{x} \\ \boldsymbol{\delta} \end{bmatrix} \tag{5.78}$$

式中，$\boldsymbol{P}_i = [P_{r,i}^1, P_{r,i}^2, \cdots, P_{r,i}^n]^{\mathrm{T}}$ 是第 i 个频点上的伪距观测值；$\boldsymbol{P}_j = [P_{r,j}^1, P_{r,j}^2, \cdots, P_{r,j}^n]^{\mathrm{T}}$ 是第 j 个频点上的伪距观测值；$\boldsymbol{A}$ 是与坐标分量相对应的设计矩阵；$\boldsymbol{\delta} = [\delta'_{t_r,i}, \delta'_{t_r,j}]^{\mathrm{T}}$ 是等效钟差向量，$\delta'_{t_r,i} = \delta t_r + \xi_{r,i}$，$\delta'_{t_r,j} = \delta t_r + \xi_{r,j}$；$\boldsymbol{e}_m$ 和 $\boldsymbol{I}_2$ 分别是元素全为 1 的 m 列向量和 2×2 单位矩阵。因此，i 和 j 频点间的接收机 $\mathrm{DCB}_{r,ij}$ 可由式(5.79)进行估计：

$$\mathrm{DCB}_{r,ij} = \delta'_{t_r,j} - \delta'_{t_r,i} \tag{5.79}$$

显然，该方法不仅有效且足够精确，但该方法基于非线性 GB 模型进行参数估计，因此需要足够的多余观测值(如双频单星座条件下，卫星的最低数量要求是 5)。然而在某些实际应用(如低成本接收机)中，或者在峡谷环境中，卫星数量很可能不满足要求。

为解决使用 GB 和 IC 组合估计方法时可能遇到的问题，提出了一种基于 GF 和 IC 组合的简单易实现的接收机 DCB 估计方法。当进行卫星钟差和大气延迟等误差项改正后，i 和 j 频点的伪距观测值可表示为

$$P_{r,i}^s = \rho_r^s + \delta t_r + \xi_{r,i} + \bar{\varepsilon}_{r,i}^s \tag{5.80}$$

$$P_{r,j}^s = \rho_r^s + \delta t_r + \xi_{r,j} + \bar{\varepsilon}_{r,j}^s \tag{5.81}$$

式中，$\bar{\varepsilon}$ 是观测值噪声和非模型化误差等。进行频间单差后，可估计卫星 s 的接收机 $\mathrm{DCB}_{r,ij}^s$，即

$$\mathrm{DCB}_{r,ij}^s = P_{r,j}^s - P_{r,i}^s \tag{5.82}$$

由于每颗卫星都可获得各自的接收机 $DCB_{r,ij}^{s}$，为尽可能提高 DCB 参数的估计精度，可通过整体取平均的方式来获取精度更高的接收机 $DCB_{r,ij}$，即

$$E[DCB_{r,ij}]=\frac{1}{n}\sum_{s=1}^{n}[DCB_{r,ij}^{s}] \tag{5.83}$$

式中，n 表示卫星数。GF 和 IC 组合估计方法的最大优点在于该方法基于简单易实现的线性 GF 模型，即使只有一颗可观测卫星，也可进行接收机 DCB 参数估计。

下面进行实验分析，数据选取 2020 年连续 6 天(DOY 218～DOY 223)的 Mengxin 接收机双频实测数据，采样间隔为 30s。将上述两种接收机 DCB 估计方法分别记为方法 A 和 B，使用上述两种不同估计方法进行接收机 DCB 估计，截止高度角是 10°，IC 模型采用 Klobuchar 模型，对流层延迟采用改进的 Hopfield 模型进行改正。

图 5.65 和图 5.66 分别是使用上述两种不同估计方法下的 BDS B1/B2 和 GPS L1/L2 频间的 DCB 值。可以发现，两种估计方法下的实验结果极其相似，由此验证了两种估计方法的有效性，并且所提方法可在很大程度上代替传统估计方法。此外，6 天内的 BDS 和 GPS DCB 值分别在 42～44m 和 45～47m 内波动，表明接收机 DCB 具有相对较高的稳定性。

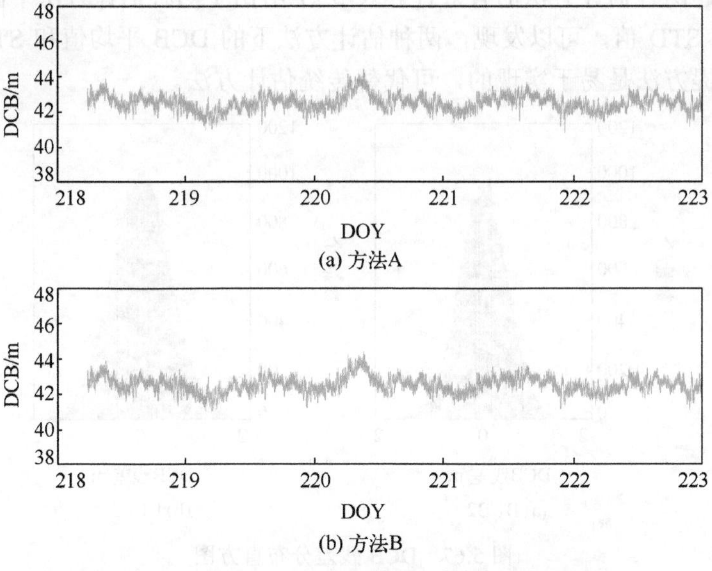

(a) 方法A

(b) 方法B

图 5.65　BDS B1/B2 频间接收机 DCB 时序图

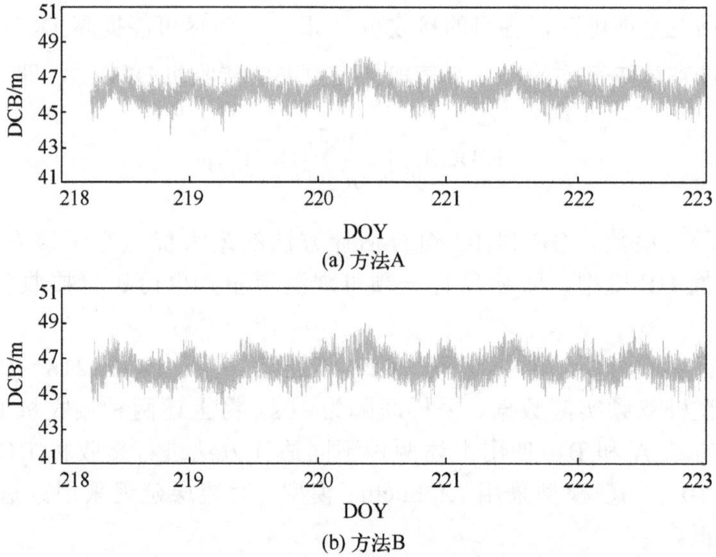

图 5.66　GPS L1/L2 频间接收机 DCB 时序图

为进一步证明接收机 DCB 参数估计方法的有效性，采用传统估计方法下的实验结果计算了相应的残差分布直方图，见图 5.67。可以发现，残差分布直方图和零均值正态分布曲线非常吻合，由此表明，所估计的 DCB 值具有很高的可靠性，进而证明了上述两种估计方法的有效性。表 5.27 给出了两种估计方法下的 DCB 平均(Mean)值和 STD 值，可以发现，两种估计方法下的 DCB 平均值和 STD 值差异较小，表明所提方法是易于实现的，可代替传统估计方法。

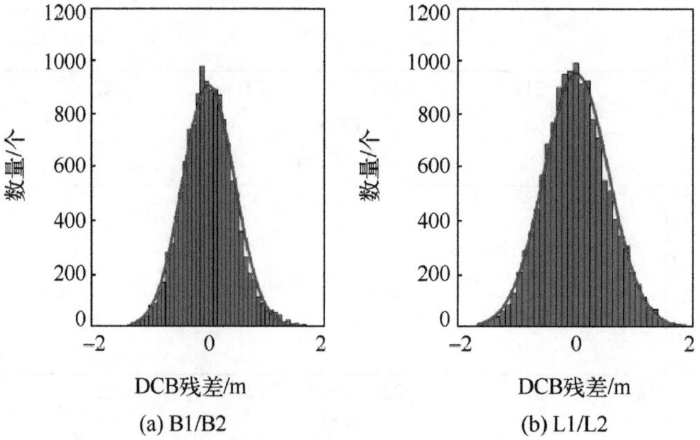

图 5.67　DCB 残差分布直方图
红线表示零均值正态分布曲线

表 5.27　DCB 平均值和 STD 值统计量　（单位：m）

观测值	Mean		STD	
	A	B	A	B
B1/B2	42.53	42.53	0.44	0.45
L1/L2	46.39	46.35	0.55	0.61

5.4.4　ISB 误差参数处理方法及应用

本小节将以 BDS 和 GPS 为例，讨论分析两种不同的 ISB 参数估计方法，一种是基于 GB 和 IC 组合的传统估计方法，另一种是基于 GFix 和 IC 组合易实现的估计方法。

首先介绍在 GB 和 IC 组合中，BDS/GPS ISB 参数可定义如下：

$$\mathrm{ISB}_r^{CG} = (\delta t_{r,G} - \delta t_{r,C}) + (\xi_{r,G} - \xi_{r,C}) \tag{5.84}$$

$$\mathrm{ISB}_{r,ji}^{CG} = (\delta t_{r,G} - \delta t_{r,C}) + (\xi_{r,G_i} - \xi_{r,C_j}) \tag{5.85}$$

式中，上标 C 和 G 分别表示 BDS 和 GPS 系统。GB 和 IC 组合估计方法的电离层延迟可通过 IC 模型(如 Klobuchar 模型)进行改正，观测方程可表示如下：

$$\mathrm{E}\left(\begin{bmatrix} \boldsymbol{P}^G \\ \boldsymbol{P}^C \end{bmatrix}\right) = [\boldsymbol{e}_2 \otimes \boldsymbol{A} \quad \boldsymbol{I}_2 \otimes \boldsymbol{e}_n]\begin{bmatrix} \boldsymbol{x} \\ \boldsymbol{\delta}' \end{bmatrix} \tag{5.86}$$

式中，$\boldsymbol{P}^G = [P_{r,i}^{1,G}, P_{r,i}^{2,G}, \cdots, P_{r,i}^{n_G,G}]^{\mathrm{T}}$ 是 GPS 观测值向量；$\boldsymbol{P}^C = [P_{r,j}^{1,C}, P_{r,j}^{2,C}, \cdots, P_{r,j}^{n_C,C}]^{\mathrm{T}}$ 是 BDS 观测值向量；$\boldsymbol{\delta}' = [\delta'_{t_r,G}, \delta'_{t_r,C}]^{\mathrm{T}}$ 是等效钟差向量，其中 $\delta'_{t_r,G} = \delta t_{r,G} + \xi_{r,G_i}$，$\delta'_{t_r,C} = \delta t_{r,C} + \xi_{r,C_j}$。此时，BDS/GPS ISB 参数可由式(5.87)估计：

$$\mathrm{ISB}_{r,ji}^{CG} = \delta'_{t_r,G} - \delta'_{t_r,C} \tag{5.87}$$

显然，该方法具有很高的可靠性，但该方法基于非线性的 GB 模型进行参数估计，因此需要足够的多余观测值，但在部分定位场景(如低成本接收机或峡谷环境)下通常不能满足该条件。

为便于进行 BDS/GPS ISB 参数估计，提出了一种基于 GFix 和 IC 组合的易实现估计方法。在对卫星钟差、对流层延迟和电离层延迟误差进行改正后，观测方程可表示为

$$P_{r,i}^{s_G,G} = \rho_r^{s_G,G} + \delta t_{r,G} + \xi_{r,G_i} + \bar{\varepsilon}_{r,i}^{s_G,G} \tag{5.88}$$

$$P_{r,j}^{s_C,C} = \rho_r^{s_C,C} + \delta t_{r,C} + \xi_{r,C_j} + \bar{\varepsilon}_{r,j}^{s_C,C} \tag{5.89}$$

通过 GFix 模型可分别获得 GPS 和 BDS 卫星到接收机间的卫地距，然后可获得两个系统中任意一颗卫星的等效钟差，最后可通过对所有观测卫星整体取平均的方式来估计各系统的等效钟差，即

$$\mathrm{E}[\delta'_{t_r,G}] = \frac{1}{n_G}\sum_{s_G=1}^{n_G}[P_{r,i}^{s_G,G} - \rho_r^{s_G,G}] \tag{5.90}$$

$$\mathrm{E}[\delta'_{t_r,C}] = \frac{1}{n_C}\sum_{s_C=1}^{n_C}[P_{r,j}^{s_C,C} - \rho_r^{s_C,C}] \tag{5.91}$$

此时，BDS/GPS ISB 参数可由式(5.92)估计：

$$\mathrm{E}[\mathrm{ISB}_{r,ji}^{CG}] = \frac{1}{n_G}\sum_{s_G=1}^{n_G}(P_{r,i}^{s_G,G} - \rho_r^{s_G,G}) - \frac{1}{n_C}\sum_{s_C=1}^{n_C}(P_{r,j}^{s_C,C} - \rho_r^{s_C,C}) \tag{5.92}$$

和传统估计方法相比，所提出的易实现的估计方法避免了非线性 GB 模型的使用，因此较为简便。此外，该方法不受可观测卫星数量的限制，因此可作为对传统估计方法的补充。

同样进行实验分析，选取 2020 年连续 6 天(DOY 218～DOY 223)的 Mengxin 接收机双频和 u-blox 接收机单频实测数据，采样间隔为 30s。将上述两种 BDS/GPS ISB 估计方法分别记为方法 A 和 B，使用上述两种不同估计方法进行 BDS/GPS ISB 参数估计，截止高度角是 10°，IC 模型采用 Klobuchar 模型，对流层延迟采用改进的 Hopfield 模型进行改正。图 5.68～图 5.71 分别给出了 Mengxin 接收机不同类型 ISB 连续 6 天的估计值，即 L1/B1、L1/B2、L2/B1 和 L2/B2 频点间 ISB。可以发现，两种估计方法下的各类型 ISB 实验结果高度一致，验证了所提方法的有效性。但实验结果仍存在些许差异，原因可能与卫星坐标精度有关。此外，可以发现 5 天内的 ISB 值相对较为稳定并呈现出一定的周期性。

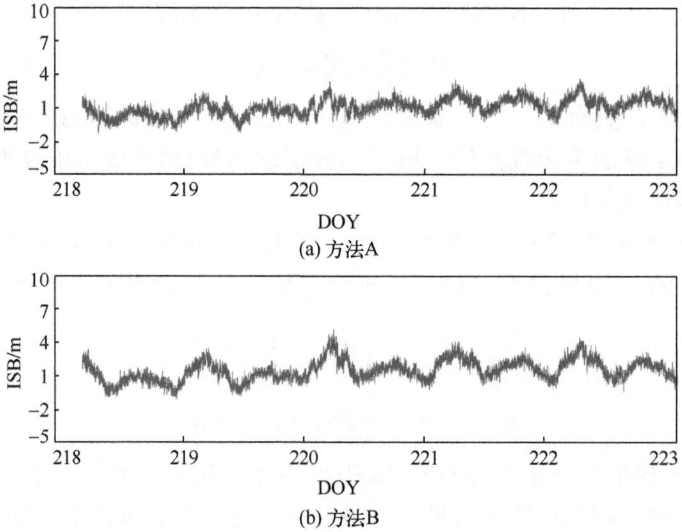

图 5.68　Mengxin 接收机 L1/B1 ISB 时序图

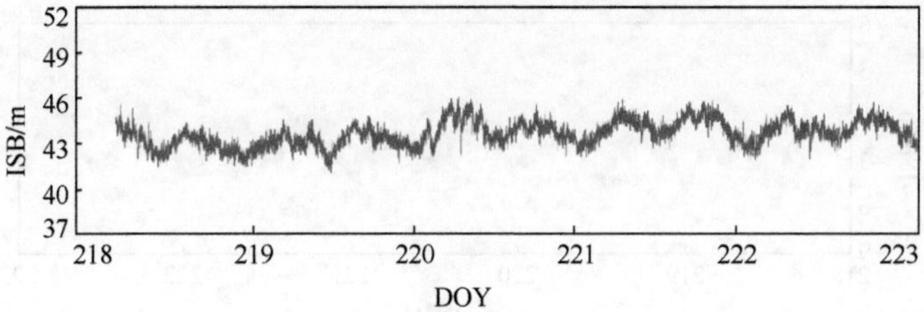

(a) 方法A

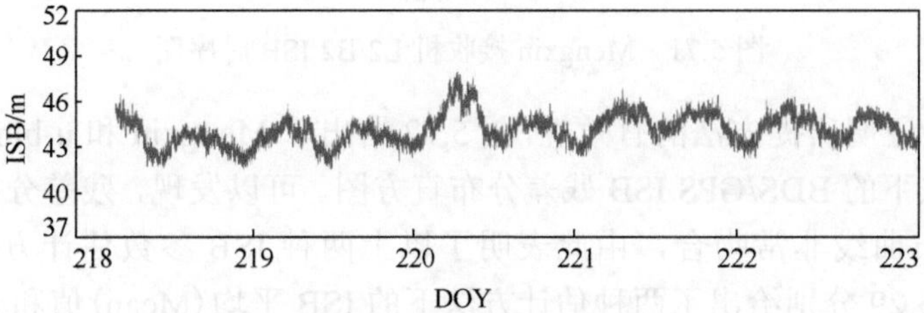

(b) 方法B

图 5.69　Mengxin 接收机 L1/B2 ISB 时序图

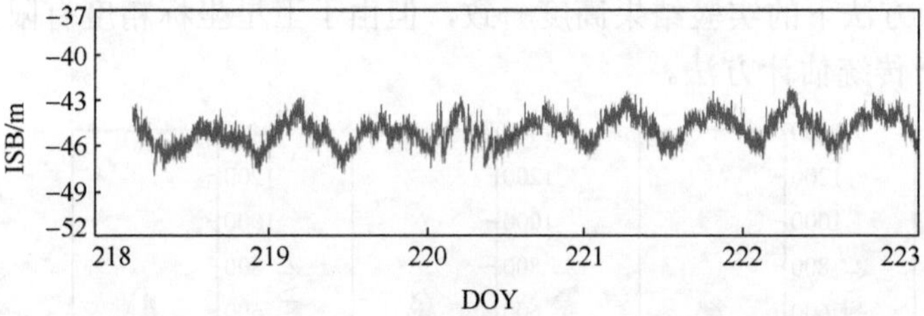

(a) 方法A

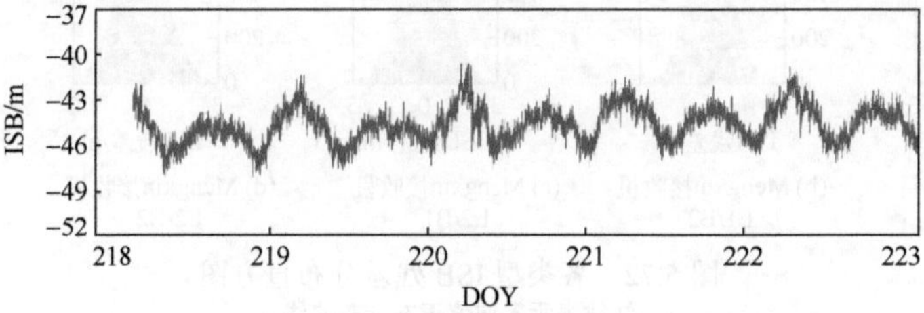

(b) 方法B

图 5.70　Mengxin 接收机 L2/B1 ISB 时序图

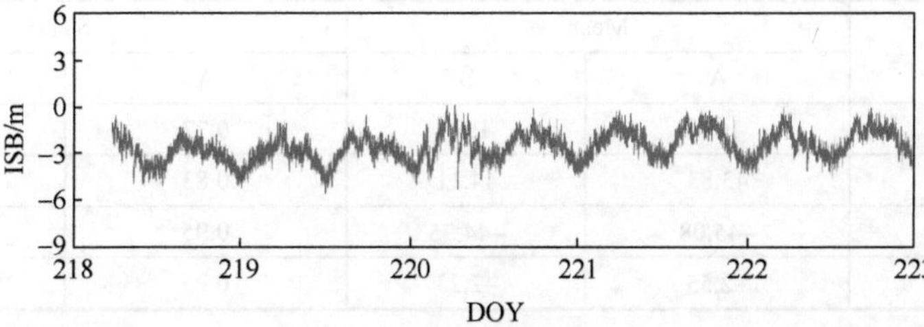

(a) 方法A

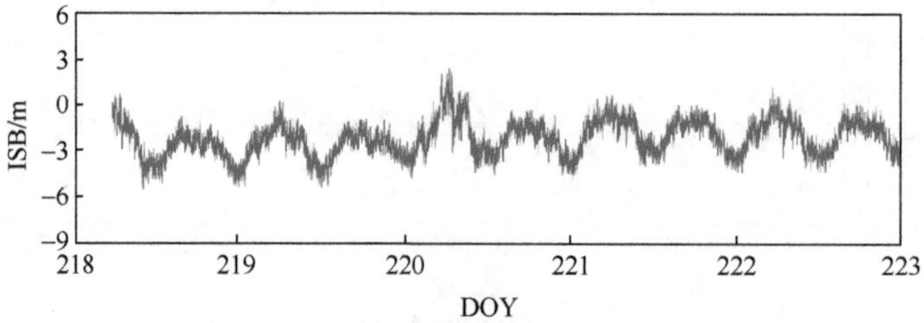

(b) 方法B

图 5.71　Mengxin 接收机 L2/B2 ISB 时序图

为进一步证明所提方法的有效性，图 5.72 给出了 Mengxin 和 u-blox 接收机采用传统估计方法下的 BDS/GPS ISB 残差分布直方图。可以发现，残差分布直方图和零均值正态分布曲线非常吻合，由此表明了以上两种 ISB 参数估计方法的有效性。表 5.28 和表 5.29 分别给出了两种估计方法下的 ISB 平均(Mean)值和 STD 值。由表可知，Mengxin 接收机 BDS/GPS L1/B1、L1/B2、L2/B1 和 L2/B2 ISB 平均值分别约为 1.5m、44.0m、−45.0m 和−2.4m，u-blox 接收机 BDS/GPS L1/B1 约为−4.1m。综上，两种估计方法下的实验结果高度一致，但由于卫星坐标精度有限，所提方法的 STD 值略大于传统估计方法。

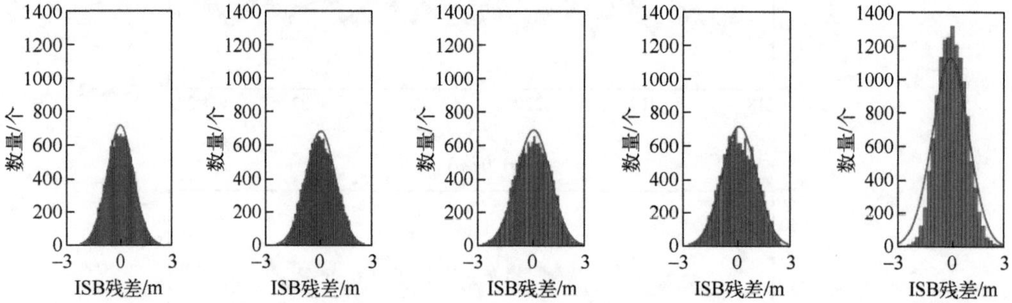

(a) Mengxin接收机 L1/B1　(b) Mengxin接收机 L1/B2　(c) Mengxin接收机 L2/B1　(d) Mengxin接收机 L2/B2　(e) u-blox接收机 L1/B1

图 5.72　各类型 ISB 残差分布直方图

红线表示零均值正态分布曲线

表 5.28　Mengxin 接收机 ISB 平均值和 STD 值统计量　（单位：m）

观测值	Mean		STD	
	A	B	A	B
L1/B1	1.31	1.59	0.77	0.94
L1/B2	43.83	44.11	0.83	1.00
L2/B1	−45.08	−44.75	0.95	1.16
L2/B2	−2.55	−2.23	0.95	1.17

表 5.29　u-blox 接收机 ISB 平均值和 STD 值统计量　（单位：m）

观测值	Mean		STD	
	A	B	A	B
L1/B1	−4.26	−4.02	1.01	1.02

5.5　顾及多路径的扩展稳健估计及其 GNSS 应用

在实际复杂条件下，GNSS 观测值往往同时含有多路径和粗差，因此妥善处理这些异常观测值显得尤为重要。基于此，提出了一种考虑多路径效应的扩展稳健估计方法(Yuan et al.，2022b)。首先讨论了 GNSS 观测值中的异常数据处理问题，接着给出了顾及多路径的扩展稳健估计方法基本原理，最后利用实际数据进行了验证和分析。

5.5.1　GNSS 观测值中的异常数据处理概述

随着 GNSS 的快速发展，RTK 定位技术得到了广泛应用(Mayer et al.，2020；Shu et al.，2022)。然而，RTK 定位精度和可靠性会受 GNSS 数据中异常值的严重影响。因此，在 RTK 定位中应剔除异常值(Huber，1992)。通常，有数据探测法(Baarda，1968；Hardle et al.，1998；Teunissen，2018)和稳健估计法(Yang，1999；Wieser and Brunner，2002)两类异常值处理方法。数据探测法主要在原假设和单个或多个备选假设之间使用假设检验的方法来判断(Koch，2015；Lehmann，2013)，其中可以根据异常值的类型、数量和位置进行假设，并基于函数模型构建统计量(Zaminpardaz and Teunissen，2019；Knight et al.，2010)，其中 DIA 方法最为流行(Koch，1999；Teunissen，2018)。然而，DIA 方法在实际应用中不能完全保证估计参数的无偏性和探测识别的正确性(Yang et al.，2021)。此外，观测模型的几何形状、假设之间的可分离性、选择的检验统计量和预定临界值的存在，导致产生漏检、误报和错误排除现象(Leick and Emmons，1994；Lehmann，2012；Zaminpardaz et al.，2020)。稳健估计法主要是基于随机模型的等价权函数，可以排除或减小不准确的观测值对参数估计的影响(Huber，2004；Qu et al.，2021)。稳健估计广泛应用于如 GNSS 形变分析、三维控制网平差、最小二乘配置和卡尔曼滤波(Nowel，2015；Yang and Shen，2020；Schaffrin，1989；Zhang Q et al.，2018；Shen et al.，2021)等数据处理。此外，为提升稳定性和抗干扰能力，可采用中值法、最小截平方和估计法、符号约束的稳健估计法等(Duchnowski，2010；Koch et al.，2017；Xu，2005)。而 M 估计在实际应用中存在易于实现的优点，因此被广泛应用于高效和准确处理独立观测值和相关观测值(Xu，1989；Beaton and Tukey，1974；Yu et al.，2019)。对于相关观测值，在 IGG3(institute of geodesy and geophysics 3)的基础上，首次提出了双因子等价权模型(Yang et al.,2002)，并广泛应用于 RTK 定位。IGG3 方法对异常的 GNSS 观测值进行三段处理：①剔除；②降权；③保持权重。但是传统的 IGG3 方法只针对异常值进行处理，在实际的 RTK 应用中，尤其是在低成本设备中经常会出现比较强的多路径效应。

多路径效应主要是由周围环境的信号反射、衍射甚至遮挡而产生，包括多路径干扰和 NLOS 接收的影响(Hsu et al.，2015；Sun et al.，2022)。多路径效应会影响 GNSS 观测值，从而严重影响 RTK 定位的精度和可靠性(Chiang et al.，2020b)。此时，传统的 IGG3 方法可能无法满足实际需求。为了削弱多路径效应，可以使用一些 C/N0 辅助方法(Sun et al.，2021；Chiang et al.，2020a)。然而，这些方法通常在实际应用中实施起来效率较低。本节提出了一种基于 IGG3 双因子等价权函数的扩展稳健估计法(EIGG3)并用于 RTK 定位。具体来说，EIGG3 方法的主要贡献如下：①提出了一种基于 C/N0 观测值的易于实现的多路径处理策略；②提出了一种考虑多路径效应的五段重定权策略的收缩因子；③扩展了双因子等价权稳健估计。

5.5.2 顾及多路径的扩展稳健估计方法

本小节首先介绍传统的 IGG3 稳健估计方法；接着介绍 C/N0 模板函数；最后，针对 RTK 定位提出了考虑多路径效应的扩展稳健估计方法。

卡尔曼估计常用于 GNSS 定位，卡尔曼估计的状态和观测方程通常如下：

$$\begin{cases} \boldsymbol{L}_u = \boldsymbol{A}_u \boldsymbol{X}_u + \boldsymbol{E}_u \\ \boldsymbol{X}_u = \boldsymbol{\Psi}_{u,u-1} \hat{\boldsymbol{X}}_{u-1} + \boldsymbol{W}_u \end{cases} \tag{5.93}$$

式中，$\boldsymbol{X}_u$ 和 $\boldsymbol{L}_u$ 分别为状态向量和 GNSS 观测向量；$\boldsymbol{W}_u$ 为系统的噪声向量；$\boldsymbol{E}_u$ 为服从正态分布的观测误差向量，其协方差矩阵为 $\boldsymbol{Q}$，权阵 $\boldsymbol{P}$ 为 $\boldsymbol{Q}$ 的倒数，即 $\boldsymbol{P}=\boldsymbol{Q}^{-1}$。

对于 RTK 定位，传统的 IGG3 方法(Yang and Shen，2020；Yang et al.，2002)使用双因子等价权阵 $\bar{\boldsymbol{P}}$ 代替权阵 $\boldsymbol{P}$。权阵 $\bar{\boldsymbol{P}}$ 为

$$\bar{\boldsymbol{P}} = \begin{bmatrix} \gamma_{11}P_{11} & \gamma_{12}P_{12} & \cdots & \gamma_{1n}P_{1n} \\ \gamma_{21}P_{21} & \gamma_{22}P_{22} & \cdots & \gamma_{2n}P_{2n} \\ \vdots & \vdots & & \vdots \\ \gamma_{n1}P_{n1} & \gamma_{n2}P_{n2} & \cdots & \gamma_{nn}P_{nn} \end{bmatrix} \tag{5.94}$$

式中，P_{ij} 为权阵 $\boldsymbol{P}$ 的第 i 行 j 列的元素；γ_{ij} 为收缩因子，如下所示：

$$\gamma_{ij} = \gamma_{ji} = \sqrt{\gamma_{ii}\gamma_{jj}} \tag{5.95}$$

等价权阵 $\bar{\boldsymbol{P}}$ 是对称的，与权阵 $\boldsymbol{P}$ 具有相同的相关系数。γ_{ii} 为收缩因子，如下所示：

$$\gamma_{ii}=\begin{cases}1, & |\tilde{v}_i|\leqslant k_0\\ \dfrac{k_0}{|\tilde{v}_i|}\left(\dfrac{k_1-|\tilde{v}_i|}{k_1-k_0}\right)^2, & k_0<|\tilde{v}_i|\leqslant k_1\\ 0, & |\tilde{v}_i|>k_1\end{cases} \tag{5.96}$$

式中，k_0 和 k_1 是两个常数阈值，通常 k_0=1.0 和 k_1=3.0（Yang et al.，2002）；$\tilde{v}_i$ 为标准化残差，如下所示：

$$\tilde{v}_i=\frac{v_i}{\hat{\sigma}_0\sqrt{q_{v_iv_i}}} \tag{5.97}$$

式中，v_i 为残差向量 $\boldsymbol{v}$ 的第 i 个元素；$q_{v_iv_i}$ 为协因数矩阵 $\boldsymbol{Q}$ 的第 i 个对角线元素；$\hat{\sigma}_0$ 为后验单位权方差，如下所示：

$$\hat{\sigma}_0=\sqrt{\frac{\boldsymbol{v}^{\mathrm{T}}\boldsymbol{P}\boldsymbol{v}}{r}} \tag{5.98}$$

式中，r 是多余观测数。

多路径效应是直接信号和由反射和衍射等引起的间接信号的叠加，C/N0 是 1Hz 带宽中接收信号功率与噪声功率的比值(Sun et al.，2021)。如果没有多路径效应，接收信号的振幅正好等于直接信号的振幅。在这种情况下，测得的 C/N0 主要受依赖于高度角的天线增益、接收系统、卫星发射机的功率输出以及信号传播变化的影响(Zhang Z et al.，2018b；2019)。因此，在理想的弱多路径环境下，C/N0 观测值与卫星高度角 θ 之间存在一定的关系。具体来说，对于给定的接收系统和卫星，C/N0 观测值可以表示为高度角 θ 的函数，即 C/N0 模板函数。C/N0 模板函数可以通过在弱多路径环境中观测到的参考数据来确定(Zhang Z et al.，2018b；Strode and Groves，2016)，即

$$\mathrm{C/N0_{nom}}(\theta)=a_1+a_2\times\theta+a_3\times\theta^2+a_4\times\theta^3 \tag{5.99}$$

式中，$\mathrm{C/N0_{nom}}$ 是可以通过模板函数估计的标称 C/N0 值；$a_k(k=1,2,3,4)$ 是系数。类似地，相应的 $\mathrm{C/N0_{nom}}$ 的 STD 也可以由弱多路径环境中的相同参考数据确定，即

$$\sigma_{\mathrm{C/N0_{nom}}}(\theta)=b_1+b_2\times\theta+b_3\times\theta^2+b_4\times\theta^3 \tag{5.100}$$

式中，$\sigma_{\mathrm{C/N0_{nom}}}$ 是 $\mathrm{C/N0_{nom}}$ 的 STD；b_k（$k=1,2,3,4$）是系数。由于模板函数稳定性高，只需提前确定一次，更详细的建立过程可参考文献(Zhang Z et al.，2019)。

在实际的 RTK 应用中，可能会出现比较强的多路径效应，尤其是对于低成本设备。当存在多路径时，测得的 C/N0 就是复合信号的幅度。因此，C/N0 观测值与多路径效应相关并受其影响。此时，在实际应用中可以通过 C/N0 指标来探测多路径

效应，即 C/N0 观测值容易偏离模板函数的 $C/N0_{nom}$。因此，多路径效应对频率 f 的影响可以通过 $C/N0_f$ 与 $C/N0_{f,nom}$ 的差值来检测，即 $\left|C/N0_f(\theta)-C/N0_{f,nom}(\theta)\right|$。

为了进一步同时考虑异常值和多路径效应的影响程度，提出了一种五段重定权方法，如图 5.73 所示。具体来说：①在认为观测值不受异常值和多路径效应影响时保持权重；②当观测值仅受多路径效应影响时，通过引入 C/N0 统计量来降权；③当观测值仅受异常值影响时，通过引入残差统计量来降权；④当观测值同时受到多路径效应和异常值的影响时，通过引入 C/N0 和残差统计量来降权；⑤排除观测值，即当观测值被认为受到强多路径效应或异常值的影响时，权重设置为零。

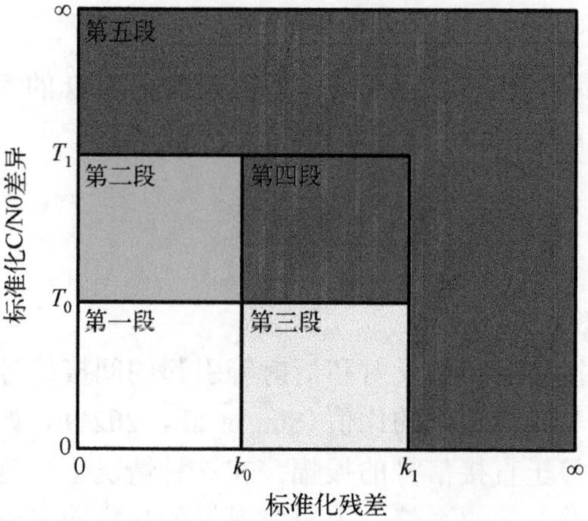

图 5.73　五段重定权方法示意图

因此，一个收缩因子 γ'_{ii} 被扩展为一个五段处理策略，如下：

$$\gamma'_{ii}=\begin{cases}1, & |\tilde{v}_i|\leqslant k_0;|S_i|\leqslant T_0\\ \dfrac{T_0}{|S_i|}\left(\dfrac{T_1-|S_i|}{T_1-T_0}\right)^2, & |\tilde{v}_i|\leqslant k_0;T_0<|S_i|\leqslant T_1\\ \dfrac{k_0}{|\tilde{v}_i|}\left(\dfrac{k_1-|\tilde{v}_i|}{k_1-k_0}\right)^2, & k_0<|\tilde{v}_i|\leqslant k_1;|S_i|\leqslant T_0\\ \dfrac{1}{\alpha}, & k_0<|\tilde{v}_i|\leqslant k_1;T_0<|S_i|\leqslant T_1\\ 0, & |\tilde{v}_i|>k_1;|S_i|>T_1\end{cases} \tag{5.101}$$

式中，T_0 和 T_1 是两个常量；α 是方差膨胀因子；S_i 是 $C/N0_f$ 和 $C/N0_{f,nom}$ 之间的标准差：

$$S_i = \frac{\left| C/N0_f(\theta) - C/N0_{f,\text{nom}}(\theta) \right|}{\sigma_{C/N0_{f,\text{nom}}}(\theta)} \tag{5.102}$$

对于第四段，GNSS 观测值被认为同时受到多路径效应和异常值的影响。此时应扩大方差，即减小权重，同时考虑多路径效应和异常值的影响，减轻其对参数估计的影响。根据方差与权的关系，通过引入标准化的 S_i 和 $\tilde{v}_i$，得到 γ'_{ii} 的方差膨胀因子 α，即

$$\alpha = \frac{|S_i|}{T_0}\left(\frac{T_1 - T_0}{T_1 - |S_i|}\right)^2 + \frac{|\tilde{v}_i|}{k_0}\left(\frac{k_1 - k_0}{k_1 - |\tilde{v}_i|}\right)^2 \tag{5.103}$$

然后，可以通过 γ'_{ii} 进行扩展的稳健估计，即 EIGG3 方法的等价权矩阵 $\bar{\boldsymbol{P}}$ 如下：

$$\bar{\boldsymbol{P}} = \begin{bmatrix} \gamma'_{11}P_{11} & \gamma'_{12}P_{12} & \cdots & \gamma'_{1n}P_{1n} \\ \gamma'_{21}P_{21} & \gamma'_{22}P_{22} & \cdots & \gamma'_{2n}P_{2n} \\ \vdots & \vdots & & \vdots \\ \gamma'_{n1}P_{n1} & \gamma'_{n2}P_{n2} & \cdots & \gamma'_{nn}P_{nn} \end{bmatrix} \tag{5.104}$$

5.5.3　扩展稳健估计方法及其 GNSS 应用

为了验证 EIGG3 方法的性能，进行静态实验，实验装置是两个带有 HighGain 制造的嵌入式天线的双频低成本设备 BX-RAG360，成本约为几百美元，分别作为具有开阔天空视野的参考站和移动站，基线长度约为 30.0m。在 2021 年 DOY 288 以 10s 为采样间隔收集了 24h 的静态数据。图 5.74 展示了静态数据的天空图，其中蓝线和绿线分别表示 GPS 和 BDS 卫星。可以发现，GPS 和 BDS 卫星受周围环境影响，导致卫星信号被反射、衍射、衰减和遮挡。图 5.75 展示了 C/N0 观测值与卫星高度角之间的关系，可以看出，GPS 和 BDS 卫星即使存在高的卫星高度角时，其 C/N0 波动也较大。因此，多路径效应相对较强，并保留在 GNSS 观测值中。

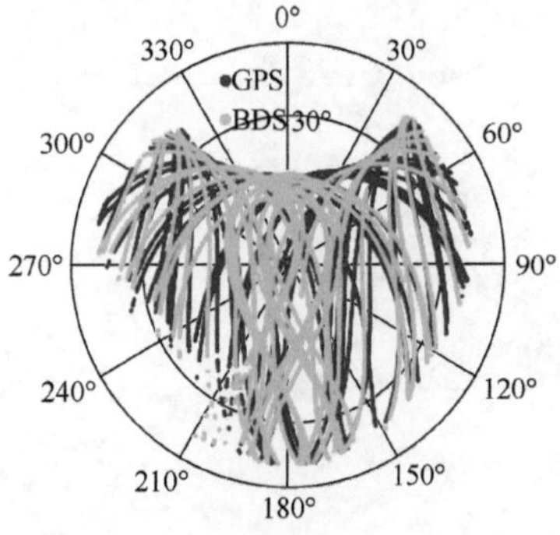

图 5.74　静态数据的天空图

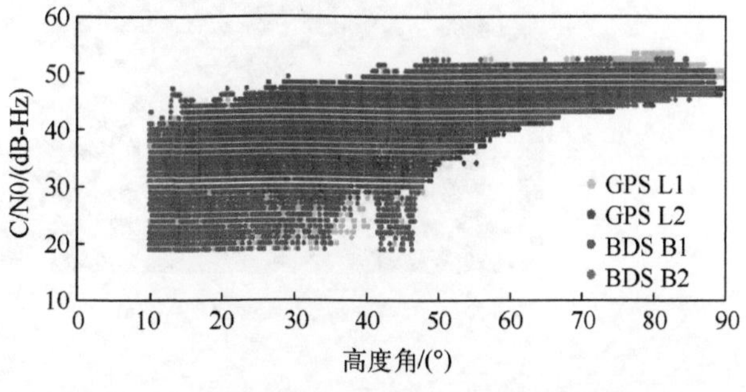

图 5.75　静态数据 C/N0 与卫星高度角之间的关系

动态车载实验装置是两个相同的低成本设备和一个带有扼流圈天线的高端大地测量接收机，大地接收机型号为 P5，天线为 AT312。一台低成本设备安置在一栋建筑物的屋顶上，作为具有开阔天空视野的参考站。另一台低成本设备和一台高端大地测量接收机被放置在一辆车的车顶上作为移动站，如图 5.76 所示。在 2022 年 DOY 11 以 5s 的采样间隔采集了一个 50min（GPS 时 04:27:25～05:17:25）的动态数据。图 5.77 展示了在中国南京市数据采集的三个真实场景，可以发现，动态数据的采集环境存在树木、立交桥和高层建筑。此外，从图 5.78 可以看出，C/N0 观测值与卫星高度角之间存在一定的关系。即使在较高的高度角，GPS 和 BDS 卫星的 C/N0 观测值波动较大且相对较低。这表明在城市动态数据中，GNSS 观测值容易受到异常值和多路径效应的影响。

图 5.76 动态数据的动态实验装置

(a)

(b)

(c)

图 5.77　动态数据的三个真实场景

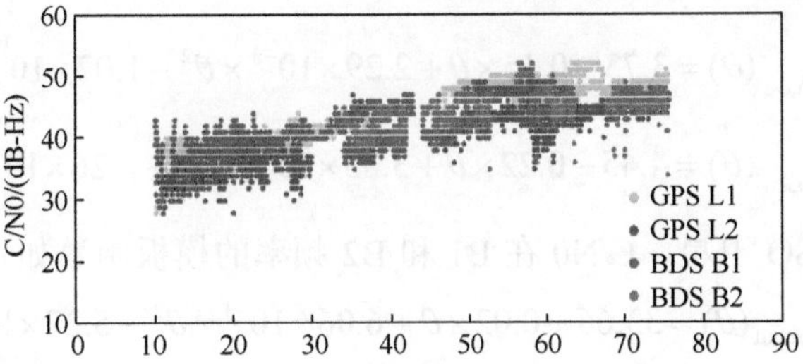

图 5.78　动态数据的 C/N0 观测值与卫星高度角之间的关系

为了实施 EIGG3 方法，需要提前建立所用低成本设备的高度可靠的 C/N0 模板函数。对于一个给定的卫星系统，相同类型的卫星轨道之间可以使用相同的 C/N0 模板函数。使用的低成本设备能接收 GPS 和 BDS 卫星的观测值。因此，GPS MEO 卫星的 L1 和 L2 频率、BDS MEO 卫星的 B1 和 B2 频率、BDS IGSO 卫星 B1 和 B2 频率的模板函数由参考数据确定。BDS GEO 卫星在几乎不变的特定高度角上运行，因此被排除在外。GPS MEO 卫星 L1 频率的 C/N0 观测值和 C/N0 模板函数结果如图 5.79 所示，可以发现，C/N0 观测值可以通过三阶多项式(即模板函数)进行拟合。

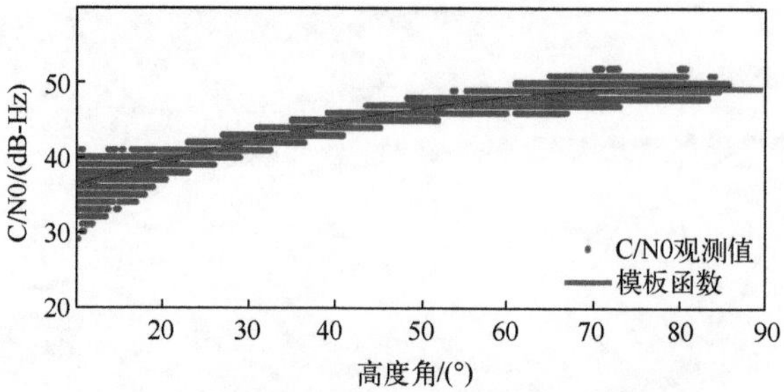

图 5.79　L1 频率的 C/N0 观测值和 C/N0 模板函数

对于 GPS MEO 卫星，L1 和 L2 频率的 C/N0 模板函数如下：

$$C/N0_{1,\text{nom}}(\theta)=32.45+0.37\times\theta-1.67\times10^{-3}\times\theta^2-4.60\times10^{-6}\times\theta^3 \tag{5.105}$$

$$C/N0_{2,\text{nom}}(\theta)=30.69+0.36\times\theta-3.51\times10^{-3}\times\theta^2+1.84\times10^{-5}\times\theta^3 \tag{5.106}$$

$$\sigma_{C/N0_{1,\text{nom}}}(\theta)=3.87-0.21\times\theta+4.17\times10^{-3}\times\theta^2-2.55\times10^{-5}\times\theta^3 \tag{5.107}$$

$$\sigma_{C/N0_{2,\text{nom}}}(\theta)=3.15-0.12\times\theta+2.11\times10^{-3}\times\theta^2-1.24\times10^{-5}\times\theta^3 \tag{5.108}$$

对于 BDS MEO 卫星，B1 和 B2 频率的 C/N0 模板函数如下：

$$C/N0_{1,\text{nom}}(\theta)=33.48+0.35\times\theta-0.23\times10^{-3}\times\theta^2-1.85\times10^{-5}\times\theta^3 \tag{5.109}$$

$$C/N0_{2,\text{nom}}(\theta)=35.57+0.48\times\theta-5.30\times10^{-3}\times\theta^2+2.13\times10^{-5}\times\theta^3 \tag{5.110}$$

$$\sigma_{C/N0_{1,\text{nom}}}(\theta)=3.73-0.15\times\theta+2.29\times10^{-3}\times\theta^2-1.07\times10^{-5}\times\theta^3 \tag{5.111}$$

$$\sigma_{C/N0_{2,\text{nom}}}(\theta)=4.45-0.22\times\theta+3.83\times10^{-3}\times\theta^2-2.26\times10^{-5}\times\theta^3 \tag{5.112}$$

对于 BDS IGSO 卫星，C/N0 在 B1 和 B2 频率的模板函数如下：

$$C/N0_{1,\text{nom}}(\theta)=33.66+0.02\times\theta+6.06\times10^{-3}\times\theta^2-5.27\times10^{-5}\times\theta^3 \tag{5.113}$$

$$C/N0_{2,\text{nom}}(\theta)=35.82+0.30\times\theta-2.59\times10^{-3}\times\theta^2+8.75\times10^{-6}\times\theta^3 \tag{5.114}$$

$$\sigma_{C/N0_{1,\text{nom}}}(\theta)=2.40-0.08\times\theta+1.67\times10^{-3}\times\theta^2-1.06\times10^{-5}\times\theta^3 \tag{5.115}$$

$$\sigma_{C/N0_{2,\text{nom}}}(\theta)=2.39-0.08\times\theta+1.14\times10^{-3}\times\theta^2-5.08\times10^{-6}\times\theta^3 \tag{5.116}$$

下面介绍静态实验结果并研究 EIGG3 方法的性能。分别使用无稳健估计法(原始方案)、IGG3 方法和 EIGG3 方法三种不同的模式对 GNSS 观测值进行处理，具体处理策略如表 5.30 所示。这里采用单历元模式的 LAMBDA 算法来固定整周模糊度，从而避免周跳的影响。根据所用的低成本设备的 C/N0 观测值的实际性能，本书设

定 $T_0 = 2.0$ 和 $T_1 = 4.0$。事实上，GNSS 用户可以根据自己的实际定位情况和需求确定取值。在定位可用性、定位精度和模糊度固定方面对三种模式的结果进行了详细的分析和比较。本书中，定位可用性定义为定位误差小于特定阈值的历元占总历元数的百分比。

表 5.30　三种模式的常用处理策略

项目	策略	项目	策略
观测值	GPS：L1+L2； BDS：B1+B2	定位模式	实时单历元解
排除卫星	BDS GEO 卫星	对流层延迟改正	Saastamoinen 模型
星历	广播星历	电离层延迟改正	Klobuchar 模型
截止高度角/(°)	10	加权模型	高度角模型
观测值方差	伪距：0.3m； 相位：0.003m	模糊度解算	单历元 LAMBDA
		Ratio	2.5

图 5.80 给出了三种模式的 E、N、U 方向的定位误差和 C/N0 观测值，可以发现，紫色虚线矩形中的定位精度得到了明显改善。另外，相比原始方案，使用 IGG3 方法定位结果的提升不大。然而，使用 EIGG3 方法的定位结果比原始方案和 IGG3 方法有很大提升，尤其是紫色虚线矩形中的结果。然而，在 GNSS 观测值中异常值的类型、数量和位置问题较为复杂，异常值通常难以处理(Huber，1992)，因此，EIGG3 方法的定位结果有时似乎没有太大改善，这可在未来进一步地深入研究。

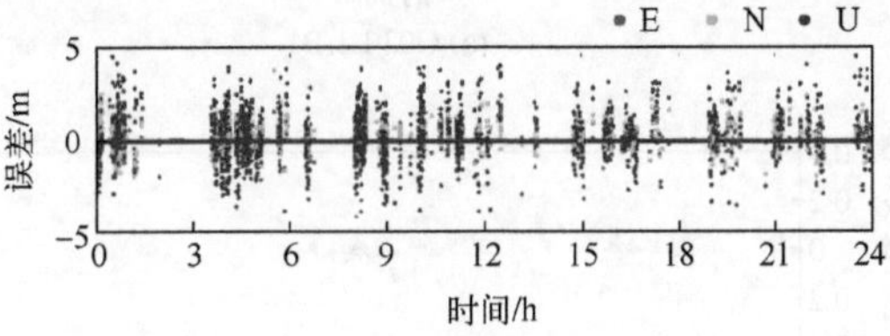

(a) 原始方案

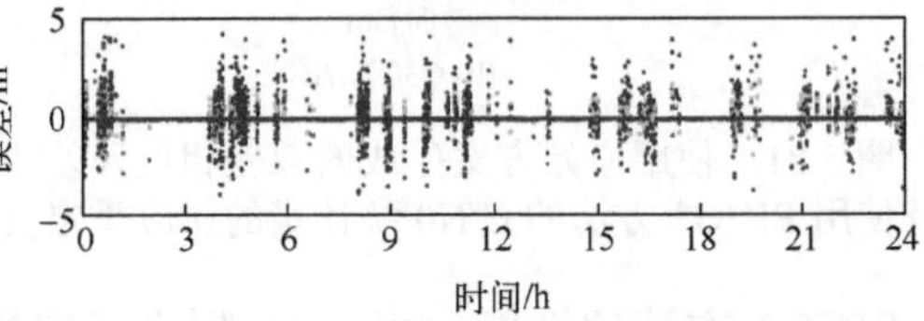

(b) IGG3方法

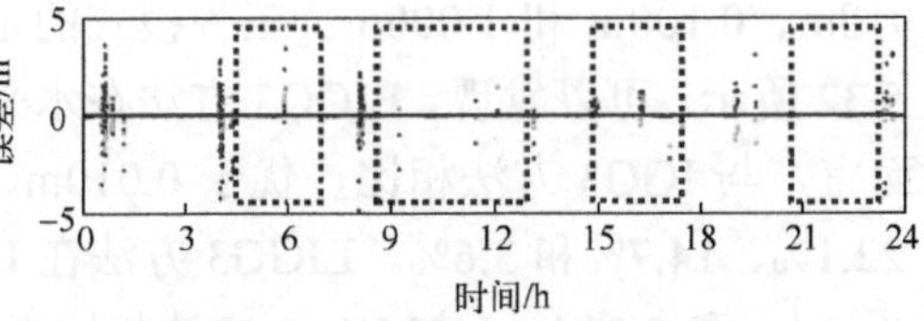

(c) EIGG3方法

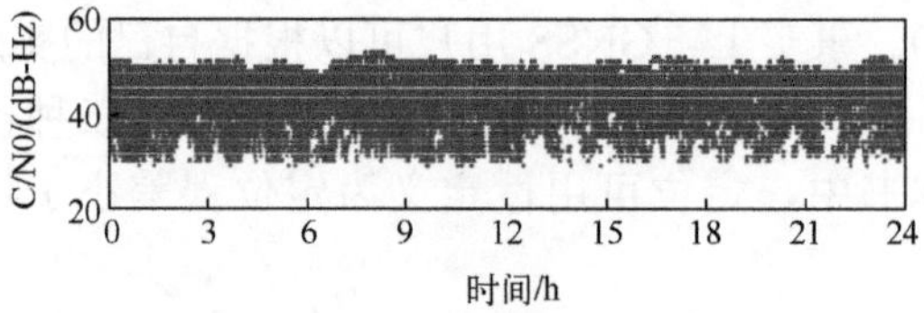

(d) 静态数据

图 5.80　三种模式的定位误差和静态数据的 C/N0 观测值

为了进一步验证使用 C/N0 反映多路径的有效性，使用原始方案生成每个历元的双差相位残差，双差相位残差在很大程度上主要反映了相位多路径效应。此外，每个历元的重定权结果仅使用 EIGG3 方法的 C/N0 统计量来确定。以 G03 和 C30 每个历元的 L1/B1 双差相位残差为例，使用 EIGG3 方法对每个历元进行重定权的结果如图 5.81 所示，蓝色、绿色和红色的点表示由 EIGG3 方法确定的每个历元的重定权部分。可以发现，利用 EIGG3 方法的 C/N0 统计可以正确地对 GNSS 观测值进行重定权。具体而言，当 C/N0 统计量满足 $T_0 < |S_i| \leqslant T_1$ 或 $|S_i| > T_1$ 时，出现明显的相位多路径效应，再次证明 EIGG3 方法对多路径效应的处理是有效的。

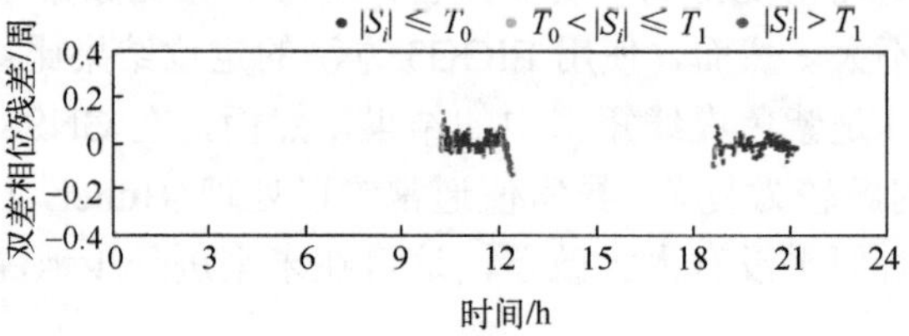

(a) G03 L1/B1

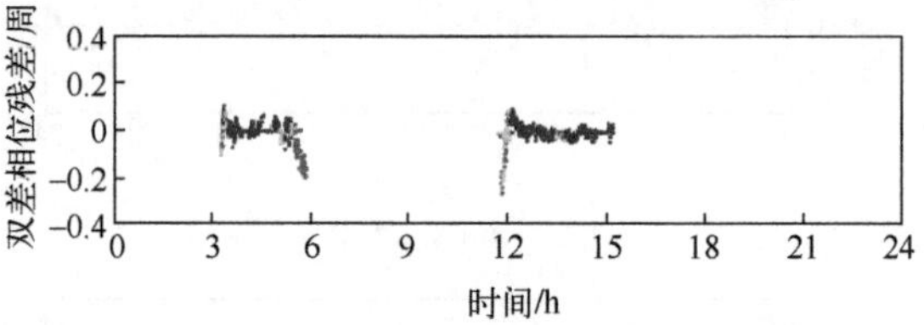

(b) C30 L1/B1

图 5.81　使用原始方案生成的双差相位残差，
以及使用 EIGG3 方法的 C/N0 统计量的相应重定权结果

为了进一步评估 EIGG3 方法的性能，表 5.31 列出了定位可用性，水平方向的可用性标准分别为 0.010m、0.100m 和 1.000m。三种模式的定位精度和模糊度解算成功率统计结果如表 5.32 所示。可以发现，EIGG3 方法在水平方向的可用性方面表现出最优性能。具体而言，与 IGG3 方法相比，优于 0.010m、0.100m 和 1.000m 的水平分量分别提高了 22.1%、14.7%和 3.6%。EIGG3 方法在 E、N 和 U 方向的定位精度分别为 0.109m、0.104m 和 0.314m，与 IGG3 方法相比提高了 62.7%、61.6%和

52.1%。此外，EIGG3 方法具有最高的模糊度解算成功率，与 IGG3 方法相比提高了 15.0%，表明 EIGG3 方法可以提高模糊度解算的性能。图 5.82 进一步展示了三种模式在每个历元的详细模糊度固定标志。红点和绿点分别表示每个历元的浮点解和固定解。

表 5.31　三种模式解决方案的定位可用性　（单位：%）

模式	水平(<0.01m)	水平(<0.1m)	水平(<1.0m)
原始	40.8	78.9	93.2
IGG3	42.4	83.0	95.8
EIGG3	64.5	97.7	99.4

表 5.32　三种模式的定位精度和模糊度解算成功率

模式	E/m	N/m	U/m	模糊度解算成功率/%
原始	0.353	0.339	0.811	78.6
IGG3	0.292	0.271	0.656	82.6
EIGG3	0.109	0.104	0.314	97.6

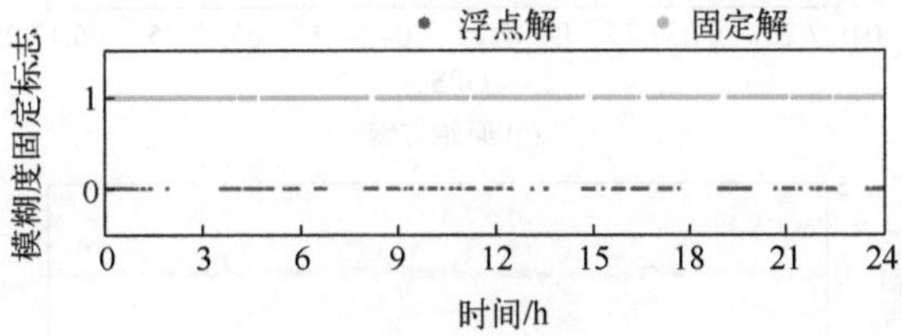

(a) 原始方案

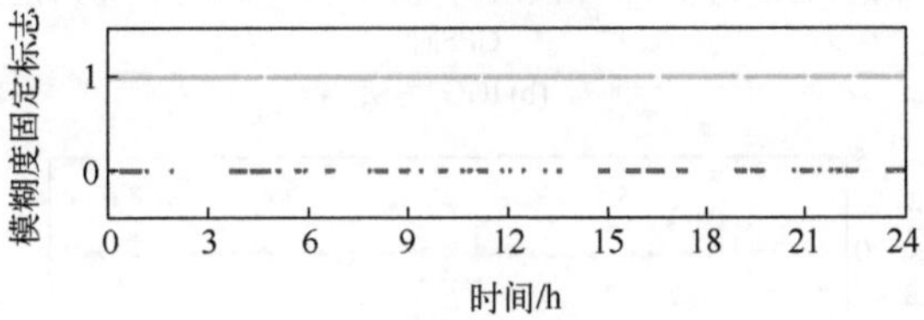

(b) IGG3方法

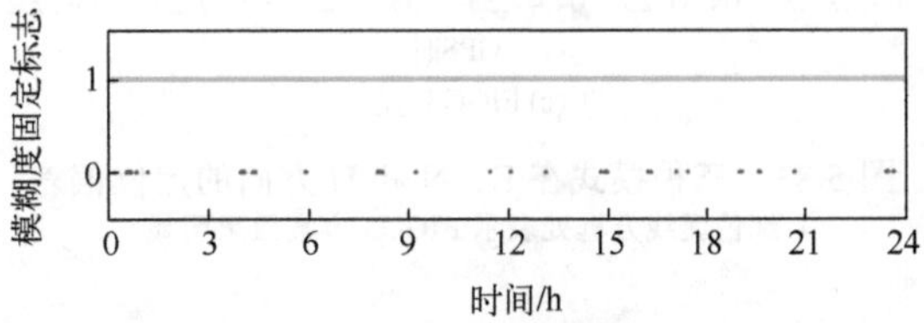

(c) EIGG3方法

图 5.82　静态数据在每个历元的三种模式的模糊度固定标志

为了进一步研究 EIGG3 方法在真实动态环境下的性能，使用与静态实验相同的三种模式处理动态实验数据。具体处理策略与静态实验处理策略相同。对三种模式的解决方案在定位偏差、精度和模糊度固定方面进行了仔细的分析和比较。其中，定位偏差定义为低成本设备与高端大地测量接收机定位结果之间的差异。利用自主研发的 Canyon RTK 软件处理高端大地接收机的数据。高端大地接收机的解算方案在很大程度上是可信的，因此可以将其定位偏差作为评价指标。此外，使用低成本设备和大地测量接收机之间每个历元计算距离的 RMSE 值来评估定位精度。

图 5.83 分别展示了 GPS 时下三种模式在 E、N 和 U 方向的定位偏差。在一些典型场景中，红色虚线方框中的解算结果得到了明显的改进。可以发现，使用 EIGG3 方法的定位结果与原始方案和 IGG3 方法结果相比更加平滑和稳定，特别是红色虚线方框中的结果。三种模式的定位精度和模糊度解算成功率的统计结果如表 5.33 所示，EIGG3 方法比 IGG3 方法的定位精度提高了 15.4%，模糊度解算成功率提高了 2.5%。图 5.84 进一步展示了每个历元的三种模式的详细模糊度固定标志，红点和绿点分别表示每个历元的浮点解和固定解。

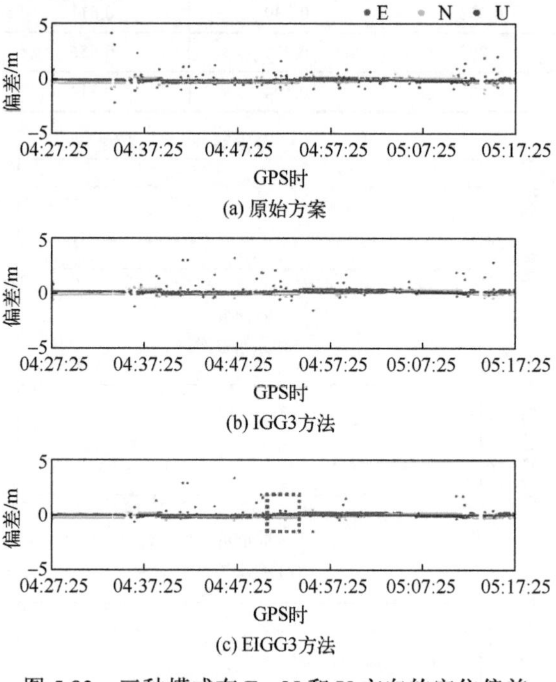

图 5.83　三种模式在 E、N 和 U 方向的定位偏差

红色虚线方框处表示 EIGG3 方案效果明显

表 5.33　三种模式的定位精度和模糊度解算成功率

模式	RMSE/m	模糊度解算成功率/%
原始	0.387	85.4

续表

模式	RMSE/m	模糊度解算成功率/%
IGG3	0.345	89.4
EIGG3	0.292	91.9

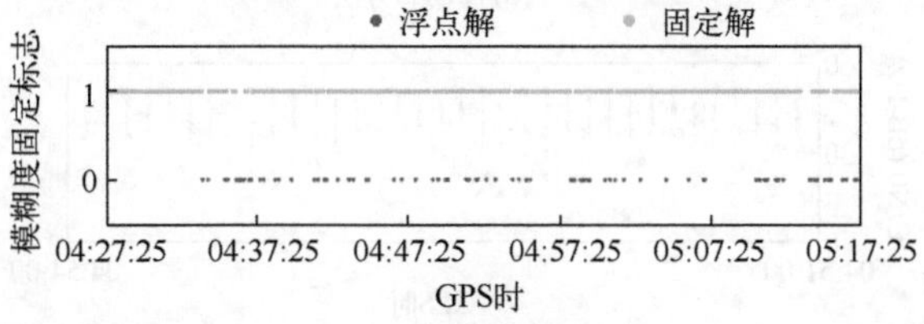

(a) 原始方案

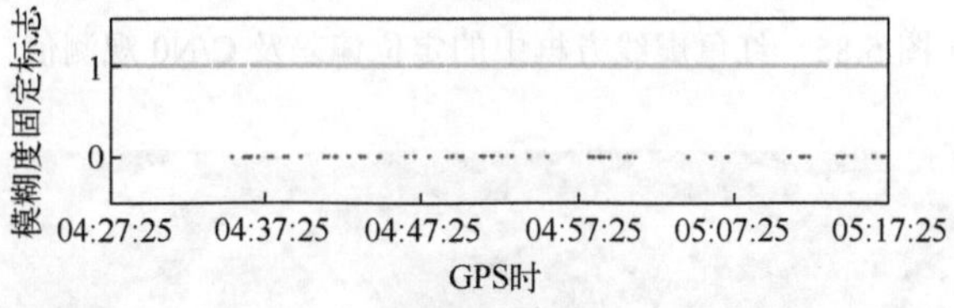

(b) IGG3方法

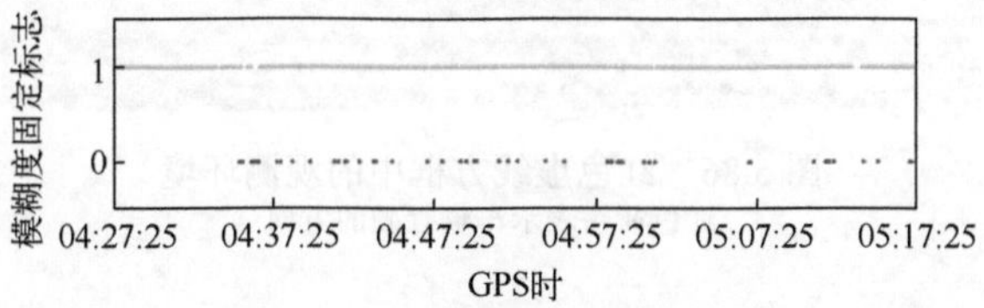

(c) EIGG3方法

图 5.84　动态数据在每个历元的三种模式的模糊度固定标志

此外，对于红色虚线方框(GPS 时 04:51:00～04:54:00)中的这些解算结果，IGG3 方法和 EIGG3 方法的定位偏差序列如图 5.85 所示。实验车辆在道路上行驶时的周围观测环境，如图 5.86 所示。可以发现，实验所处环境有一些高楼，可能会产生强烈的多路径效应。此外，C/N0 观测值如图 5.85 所示，在很大程度上主要反映了多路径效应的影响。可以看出，当 C/N0 观测值较小时，IGG3 方法的定位偏差变大，而 EIGG3 方法表现出更好的性能。此外，IGG3 方法的定位精度为 0.381m，而 EIGG3 方法的定位精度为 0.290m，提高了 23.9%。

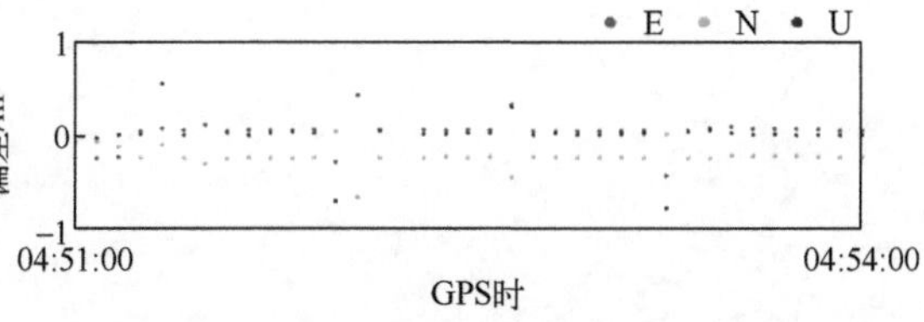

(a) IGG3方法

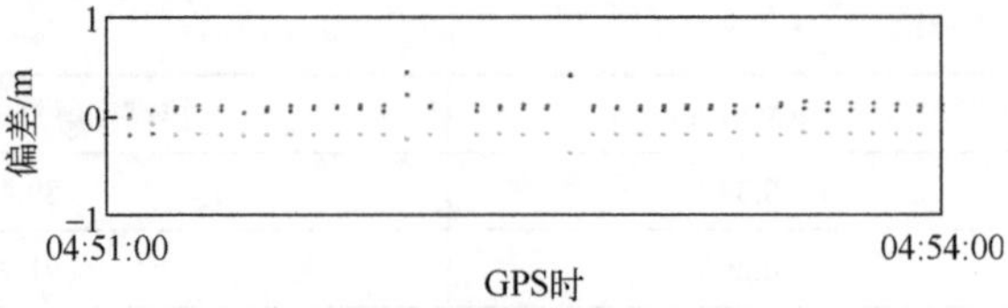

(b) EIGG3方法

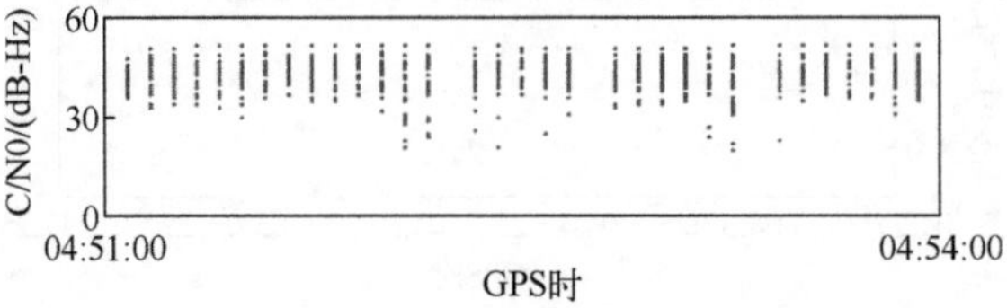

(c) C/N0观测值

图 5.85　红色虚线方框中的定位偏差及 C/N0 观测值

图 5.86　红色虚线方框中的观测环境

红色箭头表示车辆行驶的方向

第 6 章 总结及展望

本书深入研究了复杂条件下的 GNSS 精密导航定位问题，给出了一些关键技术原理与方法，并进行了实际应用测试。本章主要对本书内容进行总结，同时也对未来进行展望。

6.1 总 结

针对多频多模场景、恶劣观测环境以及低成本接收机三类复杂条件进行了深入研究，给出的主要结论如下。

6.1.1 多频多模场景的快速精密导航定位

系统研究了北斗四频相位模糊度固定理论。使用单历元和多历元策略对 FCAR 方法的 GF 和 GB 模型进行了理论和数值分析。以北斗三号系统为例，给出了四频线性组合的基本方程，确定了最优线性组合。根据四频数据的特点讨论了 GF-FCAR 方法和 GB-FCAR 方法的具体步骤。通过使用真实的北斗三号数据，结果表明 FCAR 方法可以高效可靠地工作。因此，FCAR 方法应用于复杂环境下的大规模 RTK 定位非常有前景。主要结论如下：①与 TCAR 相比，FCAR 方法具有更好的高质量线性组合，噪声放大因子的值或电离层尺度因子的绝对值更小。此外，FCAR 方法在相同准则下具有更多高质量的线性组合，尤其是对于 WL 信号。②根据 TNL，当使用 FCAR 方法时，$\Delta\Phi_{(1,-1,0,0)}$ 是最好的 EWL 信号，其 TNL 只有大约 0.08 周。在短基线中 $\Delta\Phi_{(0,0,1,-1)}$ 和 $\Delta\Phi_{(0,1,-2,1)}$ 可以用做第二个和第三个独立的虚拟信号，此时，$\Delta P_{(0,0,1,1)}$ 是最优的线性码组合。③通过使用北斗三号的真实数据证明了三个独立的 EWL/WL 信号可以在瞬间以大约 100%的成功率固定模糊度。借助以上三种线性组合可以高效、高成功率地固定第四个独立信号。

系统研究了 GNSS 多频相位模糊度固定理论。围绕解决多频相位观测值中的模糊度解算问题，深入系统地研究了 MCAR 的模糊度单历元固定方法，包括基于 GF 和 GB 模型的 TCAR 方法、FCAR 方法和 FiCAR 方法。以北斗三号为例分析了几种 MCAR 的最优线性组合，以及模糊度固定基本模型和方法及其性能，得出以下几点结论：①在 MCAR 中，随着频率数量的增加，高质量的信号越多，且信号质量越好，即拥有更长的波长，更小的电离层延迟尺度因子和观测值噪声比例系数；②MCAR 可以高效可靠地快速固定模糊度，尤其是当频率数量增加时，显著提高模糊度固定率；

③未来可考虑将 MCAR 应用于快速精密定位中，尤其是大尺度条件和复杂环境下，具有较好的应用前景。

提出了多源异构北斗多路径半天球图建模方法。系统地研究了 BDS-2 和 BDS-3 精密相对定位中基于半天球的多路径削弱建模、精化和评估问题。具体而言，首先提出了带质量控制的高精度和高可靠性 MHM 建模方法。其次建立了考虑系统、卫星和频率类型的 MHM 模型，并进行了综合比较。最后系统评价了不同的 MHM 模型的定位性能，包括模糊度固定率、浮点解和固定解定位精度。通常情况下，对于 MHM 模型，低高度角的多路径改正数比高高度角的多路径改正数更为显著。此外，多路径效应在不同方向上通常是不同的，它们取决于接收机周围的环境。以单天 MHM 模型为研究对象，由于样本数较大，BDS-3 MHM 模型的可靠性高于 BDS-2 模型。比较 MEO、IGSO 和 GEO 三种类型卫星的模型发现，它们之间存在差异，特别是在分布范围上。对于 B1I 和 B3I 信号的模型，B3I 信号具有较长的波长，因此 B3I 信号的多路径改正数比 B1I 信号的多路径改正数更显著。仔细观察连续 7 天的 MHM 模型，MHM 的多路径改正数相当稳定。事实证明，通过精细的质量控制建模过程得到的 MHM 是有效和可靠的。此外，与 MEO 卫星的 MHM 模型相比，由于轨道重复周期的影响，IGSO 和 GEO 卫星的 MHM 模型更稳定。对于 MHM 方法，使用后可以提高模糊度固定率，平均可提高 2.34%。在所有 MHM 方法中，Fre-MHM 方法成功率最高，连续 7 天的平均值高达 90%。对于浮点解，应用 MHM 模型后，在 3D 方向上可以获得大约 7cm 的提升。此外，连续 7 天的实验表明 All-MHM 方法的效果最好，3D RMSE 为 0.69m。对于固定解，使用 MHM 改正后可以获得毫米级的定位精度。MHM 模型可以在 3D 方向上将定位性能提高约 13%。最后，在讨论了 MEO 卫星轨道重复周期的影响后，同时兼顾精度和效率的前提下，在单天建模中，附有质量控制的 Uni-MHM 建模方法在一定程度上可以代替精化的 MHM 方法。

提出了基于观测值域的多频多路径参数化方法。具体地，该方法基于观测值域参数化了伪距和相位的多路径误差，可用于 FCAR 和 FiCAR 中。首先，讨论了 FiCAR 中的多路径效应。可以发现，多路径的存在可能导致难以实现 MCAR。其次，提出了多路径抑制方法。具体而言，该方法构建来自不同频率的不同 MCM 和 MPM，并对其进行适当的预处理。然后基于 LS 准则估计伪距和相位多路径。为了验证该方法的有效性，应用了实测的五频 BDS-3 观测数据，测试了单历元 GF-FiCAR 方法和 GB-FiCAR 方法，以及多历元 GF-FiCAR 方法和 GB-FiCAR 方法。结果表明，该方法确实可以提高 AR 性能。首先，与传统方法相比，该方法固定的信号 RMSE 值较小。其次，对于前四个信号，该方法的 AR 成功率为 100%。固定第五个信号时，AR 成功率的平均改善率约为 19.4%。最后，该方法的前四个信号的 TTFF 为 1.00s，明显短于传统方法的 TTFF。对于第五个信号，可缩短约 49s 的 TTFF。总之，使用该方法可以显著提高 AR 的成功率和效率。将来，非差或双差多路径也可以用类似的方式进行参数化，此外该方法还可用于其他的 GNSS 应用。

提出了高效的多频多模观测值全协方差矩阵估计方法。分析了 GNSS 观测值的物理相关性，包括空间相关性、交叉相关性和时间相关性。接着，提出了一种高计算效率的全方差-协方差矩阵估计方法。具体结论包括：GNSS 中，以 RTK 为例，只要基线长度不是太长，空间相关性一般可以忽略；交叉相关性基本存在于相位与相位之间或者伪距与伪距之间；只要不是零基线，时间相关性一般都会存在。提出的高计算效率的全方差-协方差矩阵估计方法的核心主要包括两个部分，一是简化了协方差元素的估计，因此随机模型的估计显得更为容易；二是应用了序贯模型将时间相关的方差-协方差矩阵变为时间独立的分块对角矩阵，从而可以应用于实时计算。根据数据验证，发现对于较传统的 RTK 定位模式而言，本书提出的方法具有更高计算效率的同时，还能得到更为符合实际的基线解及其精度。

6.1.2　恶劣观测环境的实时动态导航定位

提出了一种附加质量控制的最优整数等变(BIE)估计方法。与传统的浮点解和固定解方案相比，BIE 解基于全概率估计的思想充分考虑了所有备选模糊度，更适用于如峡谷等恶劣观测环境。最优和次优的备选模糊度通常无法通过模糊度验证(如 Ratio 检验)。然而，即使是 BIE 解有时候也无法在如此恶劣的条件下正常工作。因此，在 BIE 估计中增加了基于观测域和状态域的质量控制策略。准确地说，对于观测域质量控制，应用了改进的多路径处理方法和改进的 DIA 方法。对于状态域质量控制，提出了两步筛选和分段估计来改进 BIE 估计。结果表明，所提出的方法是精确可靠的，而且能够在很大程度上提升模糊度解算效率，在无法轻易解算模糊度的自然和城市峡谷环境中非常有应用前景。

提出了附不等式和等式约束的弹性精密导航定位方法。该方法尤其适用于峡谷等复杂观测环境。具体地，探讨了弹性 RTK 基本理论，并给出了实时动态场景下不等式约束的一般形式。通过复杂环境下四组数据实验表明，所提出的方法可显著提高模糊度固定率和定位精度。一方面，不等式约束可使浮点模糊度更可靠，超过 72.0%的模糊度被成功固定，改进率约为 42.2%。另一方面，所提方法可根据每个移动站的具体情况较好地保持原始定位结果的准确性，仅抑制较大的定位偏差，四组数据 MAD 和 RMSE 平均改进率分别约为 49.6%和 77.2%。未来，该方法还可应用于其他定位模式，如网络 RTK、PPP 甚至 PPP-RTK 中，且不同定位模式可以提出不同类型的不等式约束。

提出了符合实际的顾及卫星空间几何分布的方差因子构建方法。为提升峡谷等遮挡环境下的 GNSS 导航定位精度，PDOP 被用来衡量每颗卫星空间几何分布的贡献，充当每颗卫星方差因子。另外，通过静态和动态实验验证了新方法的有效性，与以往利用 PDOP 确定系统间方差因子的方法不同，新方法对每颗卫星权重都进行了有效调整，在高遮挡等复杂环境下特别适用。总之，新随机模型在定位精度和可靠性上都比原始随机模型更佳。特别地，新方法对民航领域有一定的参考价值，可获得更可靠的导航定位结果。当然，除对每颗卫星权重都进行调整，也可仅增加对 PDOP 贡献较大的卫星权重。此外，其他精度因子值也可用于量化卫星空间几何分布的贡献。

提出了顾及地形地貌的复合随机模型构建方法。具体地，该复合随机模型综合考虑了高度角、方位角和 C/N0，可以在很大程度上反映实时 GNSS 监测的地形地貌。因此，它在具有高遮挡和强反射特点的峡谷环境中特别有用。此外，开展了两个实验来验证新随机模型的有效性。与传统的等权、高度角、C/N0 模型以及没有模板函数或映射函数的复合随机模型相比，所提出的复合模型具有最佳的定位性能，可获得单历元厘米级甚至毫米级精度。此外，在 E、N 及 U 方向上偏差和 RMSE 平均可获得 17.1%～31.2%和 25.0%～66.7%的改进。同时，模糊度的固定率也可提高约 19.5%。这表明复合随机模型可以有效缓解多路径、衍射、非视距传播甚至异常值的不利影响。将来，根据所提出的方法可以生成新的复合随机模型，无须方位角或 C/N0。此外还可以应用于其他定位模式，例如，实时 PPP-AR 甚至 PPP-RTK，帮助准确估计相位小数偏差。最后，该方法还可以扩展到多星座和多频率的情况中。由于所提出的方法采用高度角模型，可以较容易地移植到当前的 GNSS 定位软件中。

提出了一种顾及非模型化误差的约束随机模型。针对现有随机模型未过多考虑实际观测场景及峡谷环境下多路径、非视距等误差显著的问题，有机结合高度角、载噪比两种指标及稳健估计思想提出了一种载噪比约束高度角随机模型来更准确地反映 GNSS 观测值精度，得到以下几点结论：①首次系统构建的低成本接收机 GPS/BDS 分频率分卫星类型载噪比模板函数应用于定位解算具有现实意义；②新模型可以减轻多路径和非视距等误差的不利影响，在动态载体实验中能有效提高模糊度固定率，改善定位精度；③在实际使用中，当用户有足够多的多余观测数时，可以考虑结合使用验后方差分量估计方法提高定位精度和可靠性。此外，该模型可以无缝衔接到现有软件中。未来，新模型也可以应用于 PPP，甚至 PPP-RTK 等其他定位模式中。

6.1.3 低成本接收机的高可靠性导航定位

首先，系统研究了非模型化误差抑制单接收机信号噪声分析理论。讨论了传统 GNSS 信号噪声分析方法及对非模型化误差的控制；其次，提出了一种单站接收机 GNSS 信号噪声分析中非模型化误差的抑制方法；最后，通过实验进行验证。具体结论包括：提出的 GNSS 信号噪声分析方法可以有效应用于单接收机系统。

为了获取观测值信号的精度，ARMA-e 法可以有效抑制非模型化误差的影响。本书的方法适合处理单接收机系统，因此特别适合挑选合适的接收机并应用于 PPP。提出的 GNSS 信号噪声分析方法同样可以处理其他类型的数据，如 BDS、Galileo 和 GLONASS 等，因此在建立多频多模的 PPP 随机模型时，同样具有很重要的作用。

系统研究了适用于任意频率的单站 GNSS 信号随机特性评估理论。给出了一种新的用于单站接收机数据且不考虑频率数量的随机估计方法。与其他方法不同，本书充分考虑了非模型化误差。具体地，推导了无几何模型或基于几何模型。选取了若干参数作为基准以解决秩亏问题。然后，采用多历元参数化和 LS-VCE 方法进行处理。为了能够充分理解所提出的方法，测试了三种不同的接收机，得出以下结论：①非模型化误差确实具有高度的时间相关性，并且可以适当地进行参数化，在零基线方法中，排除了天线、低噪声放大器和电缆的噪声，而超短基线方法仍存在多路径效应；②根据低成本板卡的结果，零基线方法和单站接收机方法具有一致性，表明了该方法的可行性，此外，通过结合使用零基线和单站接收机方法，可以分别估计天线、低噪声放大器和电缆的噪声水平；③根据一体式接收机的结果，传统的 GNSS 观测值经验精度往往不适用，尤其是在低成本接收机中，其观测值精度因情况而异，因此，提出的非模型化误差改正随机评估方法是必要和有效的；④根据智能手机的结果，非模型化误差存在异常现象，广泛使用的高度角加权方案可能不适用，此外，智能手机的观测值精度比低成本设备要差得多。

提出了顾及多路径及大气延迟的低成本设备随机模型估计方法。本书重点研究随机模型评估并系统研究了考虑多路径和大气延迟对低成本设备影响的随机特性。推导了两种低成本设备的随机模型评估方法，即基于几何的双差函数模型和几何固定的双差函数模型。然后，采用零基线、短基线和中长基线的单差残差对低成本接收机和智能手机的随机建模进行了系统研究。对于低成本接收机的观测值精度，由于系统误差的存在，短基线和中长基线的观测值精度均低于零基线。短基线和中长基线的伪距观测值精度相近，而中长基线的相位观测值精度低于短基线。对于智能手机的观测值精度，由于嵌入了线性极化天线，观测值精度远远低于低成本接收机。此外，智能手机观测值精度和 C/N0 值有关，因此 C/N0 随机模型更适合于智能手机。在低成本设备的实际随机建模中，应该考虑到多路径和大气延迟的影响。同时，不同长度基线下的精密定位应该更好地考虑自己的随机模型。对于低成本接收机的交叉相关性分析，不同基线的交叉相关性和所在基线中使用的接收机类型有关。针对低成本接收机的时间相关性，其可能受到多路径和大气延迟的影响。因此，在实际的随机模型评估中，如低成本设备的时间相关性，需要更全面地考虑这些系统误差的影响。

提出了几种易于实现的多路径、DCB 和 ISB 分析方法。具体地，针对多路径误差参数的估计方法研究，提出了两种简单易实现的估计方法，即 GFix 和 IC 组合以及 GF 和 IC 组合估计方法。和传统估计方法相比，当实际应用中仅是单频条件或可观测卫星数受限时，所提出的两种易实现的估计方法可在很大程度上代替传统估计方法。针对接收机 DCB 参数，给出了基于 GB 和 IC 组合的传统估计方法，提出了基于 GF 和 IC 组合的易实现的估计方法。针对 ISB 参数，给出了基于 GB 和 IC 组合的传统估计方法，提出了基于 GFix 和 IC 组合的易实现的估计方法。采用了 Mengxin 接收机双频和 u-blox 接收机单频实测数据对以上关键参数的不同估计方法进行评估，结果表明，传统估计方法和所提估计方法的实验结果高度一致，证明了所提估计方法的有效性，该方法特别适合低成本接收机。

提出了顾及多路径的扩展稳健估计方法。具体来说，在使用考虑多路径效应的五段处理策略的情况下，建立了一个扩展的收缩因子估计方案，为所使用的低成本设备建立了 GPS 和 BDS 卫星的 C/N0 模板函数。此外，通过使用静态实验和动态实验，在定位可用性、定位精度和模糊度解算方面评估所提出的 EIGG3 方法的性能。具体结论如下：对于静态实验，使用 IGG3 方法与原始方案相比，定位结果改善不大，但是，与原始方案和 IGG3 方法相比，使用 EIGG3 方法可以极大地提高定位结果。具体而言，与 IGG3 方法相比， EIGG3 方法在优于 0.01m、0.1m 和 1.0m 的水平方向定位精度分别提高了 22.1%、14.7%和 3.6%，在 E、N、U 方向定位精度分别提高了 62.7%、61.6%和 52.1%。此外，EIGG3 方法可以进一步提高模糊度固定的性能，与 IGG3 方法相比，模糊度解算成功率提高了 15.0%。对于动态实验，与 IGG3 方法相比，使用 EIGG3 方法的定位结果更平滑、更稳定，定位精度提高了 15.4%。当 C/N0 观测值较小时，IGG3 方法的定位偏差变大，而 EIGG3 方法表现出更好的性能。具体而言，IGG3 方法的定位精度为 0.381m，而 EIGG3 方法的定位精度为 0.290m，提高了 23.9%。

6.2 展 望

本书主要围绕复杂条件下的 GNSS 精密导航定位问题，以微 PNT、综合 PNT、弹性 PNT 以及智能 PNT 为指导思想，以非模型化误差为突破口，系统研究了 GNSS 高精度高可靠性导航定位理论、方法及其应用。本书所探讨的内容是 GNSS 应用面临的重要研究内容，也是国内外探索的前沿领域和热点问题，并拥有较高的科学意义和应用价值。此外，本书可以丰富和拓展 GNSS 乃至大地测量数据处理理论，并为复杂条件下的高精度高可靠性实时位置服务提供新的理论基础和应用支撑。

然而，随着卫星导航定位技术尤其是 PNT 技术的不断发展，未来也会逐渐出现一些新的问题与挑战，主要体现在两个方面：首先是随着 GNSS 应用的百花齐放，未来将面临更为复杂多变的应用场景，如何在更为复杂的应用条件下实现 GNSS 精密导航定位，是一个迫切而又亟待解决的问题，举例来说，如利用多频多模的低成本板卡应用于恶劣观测条件下，解决这种多重复杂条件下的精密导航定位问题，势必会遇到新的挑战；其次是随着 IMU、LiDAR 和视觉等其他多源传感器的出现，给复杂条件下的 GNSS 精密导航定位问题带来了新的机遇。理论上，GNSS 融合 IMU、LiDAR 和视觉等多源传感器的导航定位具有更好的导航定位性能，因此这也是未来的主要发展趋势之一。然而，如何有效地将不同传感器融合在导航定位载体中，解决空间标定、时间同步以及数据融合等问题，需要未来细致而又深入的研究。

参考文献

陈德忠, 叶世榕, 刘炎炎, 等. 2014. 基于观测值域的 GPS 多路径误差应用分析. 武汉大学学报(信息科学版), 39(2): 147-151.

戴吾蛟, 丁晓利, 朱建军. 2008. 基于观测值质量指标的 GPS 观测量随机模型分析. 武汉大学学报(信息科学版), 33(7): 718-722.

冯光财, 朱建军, 陈正阳, 等. 2007. 基于有效约束的附不等式约束平差的一种新算法. 测绘学报, 36(2): 119-123.

高为广, 苗维凯, 陈谷仓, 等. 2020. 北斗系统 GEO/IGSO/MEO 卫星观测信息随机特性评估与分析. 测绘学报, 49(12): 1511-1522.

耿江辉, 常华, 郭将, 等. 2020. 面向城市复杂环境的 3 种多频多系统 GNSS 单点高精度定位方法及性能分析. 测绘学报, 49(1): 1-13.

何海波, 杨元喜. 2001. GPS 观测量先验方差-协方差矩阵实时估计. 测绘学报, 30(1): 42-47.

李博峰. 2014. 混合整数 GNSS 模型参数估计理论与方法. 北京: 测绘出版社.

李博峰, 沈云中, 张兴福. 2012. 纳伪概率可控的四舍五入法及其在RTK模糊度固定中的应用. 测绘学报, 41(4): 483-489,495.

李星星. 2013. GNSS 精密单点定位及非差模糊度快速确定方法研究. 武汉: 武汉大学.

李彦杰, 杨元喜, 何海波. 2017. 附加约束条件对 GNSS/INS 组合导航结果的影响分析. 武汉大学学报(信息科学版), 42(9): 1249-1255.

李征航, 黄劲松. 2010. GPS 测量与数据处理. 武汉: 武汉大学出版社.

李子申, 王宁波, 袁运斌. 2020. 多模多频卫星导航系统码偏差统一定义与处理方法. 导航定位与授时, 7(5): 10-20.

刘帅. 2012. GPS/INS 组合导航算法研究与实现. 郑州: 解放军信息工程大学.

刘万科, 农旗, 陶贤露, 等. 2022. 非完整约束的OD/SINS 自适应组合导航方法. 测绘学报, 51(1): 9-17.

刘万科, 史翔, 朱锋, 等. 2019. 谷歌 Nexus 9 智能终端原始 GNSS 观测值的质量分析. 武汉大学学报(信息科学版), 44(12): 1749-1756.

罗小敏, 蔡昌盛, 戴吾蛟, 等. 2013. 顾及 PDOP 的 GPS/GLONASS 组合单点定位的观测值定权. 导航定位学报, 1(1): 56-60.

聂文锋. 2019. 多系统 GNSS 全球电离层监测及差分码偏差统一处理. 济南: 山东大学.

潘林, 蔡昌盛, 戴吾蛟, 等. 2014. 一种顾及卫星几何分布的 GPS/北斗组合定位定权方法. 测绘工程, 23(12): 25-30.

王乐洋, 韩澍豪. 2022. 不等式约束下加乘性混合误差模型的简单迭代解法. 武汉大学学报(信息科学版), 49(6): 996-1004.
王乐洋, 李海燕, 陈晓勇. 2018. 拟牛顿修正法解算不等式约束加权总体最小二乘问题. 武汉大学学报(信息科学版), 43(1): 127-132.
魏子卿, 葛茂荣. 1998. GPS 相对定位数学模型. 北京: 测绘出版社.
吴富梅, 杨元喜. 2010. 附加速度先验信息的车载GPS/INS/ODOMETER组合导航算法. 宇航学报, 31(10): 2314-2320.
肖国锐, 隋立芬, 刘长建, 等. 2014. 北斗导航定位系统单点定位中的一种定权方法. 测绘学报, 43(9):902-907,916.
谢建. 2009. 不等式约束最小二乘平差及在卡尔曼滤波中的应用. 长沙: 中南大学.
谢建. 2014. 附有先验信息的测量数据处理理论及在大地测量中的应用. 长沙: 中南大学.
徐天扬, 章浙涛, 何秀凤, 等. 2021. 低成本BDS双频单点定位方差分量估计方法. 导航定位学报, 9(4): 19-23,39.
杨元喜. 2006. 动态自适应导航定位. 北京: 测绘出版社.
杨元喜. 2018. 弹性 PNT 基本框架. 测绘学报, 47(7): 893-898.
杨元喜, 李晓燕. 2017. 微 PNT 与综合 PNT. 测绘学报, 46(10): 1249-1254.
杨元喜, 任夏, 贾小林, 等. 2023. 以北斗系统为核心的国家安全 PNT 体系发展趋势. 中国科学: 地球科学, 53(5): 917-927.
杨元喜, 徐天河. 2003. 基于移动开窗法协方差估计和方差分量估计的自适应滤波. 武汉大学学报(信息科学版), 28(6): 714-718.
杨元喜, 杨诚, 任夏. 2021. PNT 智能服务. 测绘学报, 50(8): 1006-1012.
杨元喜, 曾安敏, 景一帆. 2014. 函数模型和随机模型双约束的GNSS 数据融合及其性质. 武汉大学学报(信息科学版), 39(2): 127-131.
袁运斌. 2002. 基于 GPS 的电离层监测及延迟改正理论与方法的研究. 武汉: 中国科学院测量与地球物理研究所.
袁运斌, 张宝成, 李敏. 2018. 多频多模接收机差分码偏差的精密估计与特性分析. 武汉大学学报(信息科学版), 43(12): 2106-2111.
张勤, 白正伟, 黄观文, 等. 2022. GNSS 滑坡监测预警技术进展. 测绘学报, 51(10): 1985-2000.
张小红, 丁乐乐. 2013. 北斗二代观测值质量分析及随机模型精化. 武汉大学学报(信息科学版), 38(7): 832-836.
张小红, 周宇辉, 朱锋, 等. 2022. 参数自主学习的车辆运动约束新模型及其惯性推算误差抑制分析. 测绘学报, 51(7): 1249-1258.
章浙涛. 2020. GNSS 非模型化误差处理理论与方法. 测绘学报, 49(7): 936.
章浙涛, 李博峰, 何秀凤. 2020. 北斗三号多频相位模糊度无几何单历元固定方法. 测绘学报, 49(9): 1139-1148.
赵长胜, 陶本藻. 2008. 有色噪声作用下的卡尔曼滤波. 武汉大学学报(信息科学版), 33(2): 180-182, 207.

中国卫星导航系统管理办公室. 2018. 北斗卫星导航系统发展报告(3.0 版). http://www.beidou.gov.cn/xt/gfxz/201812/P020181227529525428336.pdf.

中国卫星导航系统管理办公室. 2019. 北斗卫星导航系统发展报告(4.0 版). http://www.beidou.gov.cn/yw/xwzx/201912/W020191227723202425641.pdf.

周乐韬. 2007. 连续运行参考站网络实时动态定位理论、算法和系统实现. 成都: 西南交通大学.

朱建军, 谢建. 2011. 附不等式约束平差的一种简单迭代算法. 测绘学报, 40(2): 209-212.

Adjrad M, Groves P. 2017. Enhancing least squares GNSS positioning with 3D mapping without accurate prior knowledge: GNSS positioning and 3D mapping. Navigation, 64(1): 75-91.

Afifi A, El-Rabbany A. 2013. Stochastic modeling of Galileo E1 and E5a signals. International Journal of Innovation and Technology Management, 3(6): 188-192.

Alber C, Ware R, Rocken C, et al. 2000. Obtaining single path phase delays from GPS double differences. Geophysical Research Letters, 27(17): 2661-2664.

Amiri-Simkooei A. 2007. Least-squares variance component estimation: Theory and GPS applications. Delft: Delft University of Technology.

Amiri-Simkooei A. 2016. Non-negative least-squares variance component estimation with application to GPS time series. Journal of Geodesy, 90: 451-466.

Amiri-Simkooei A, Teunissen P, Tiberius C. 2009. Application of least-squares variance component estimation to GPS observables. Journal of Surveying Engineering, 135(4): 149-160.

Amiri-Simkooei A, Tiberius C. 2007. Assessing receiver noise using GPS short baseline time series. GPS Solutions, 11: 21-35.

Amiri-Simkooei A, Zangeneh-Nejad F, Asgari J. 2013. Least-squares variance component estimation applied to GPS geometry-based observation model. Journal of Surveying Engineering, 139(4): 176-187.

Aquino M, Monico J, Dodson A, et al. 2009. Improving the GNSS positioning stochastic model in the presence of ionospheric scintillation. Journal of Geodesy, 83: 953-966.

Atilaw T, Cilliers P, Martinez P. 2017. Azimuth-dependent elevation threshold (ADET) masks to reduce multipath errors in ionospheric studies using GNSS. Advances in Space Research, 59(11): 2726-2739.

Axelrad P, Comp C, Macdoran P. 1996. SNR-based multipath error correction for GPS differential phase. IEEE Transactions on Aerospace and Electronic Systems, 32(2): 650-660.

Baarda W. 1968. A testing procedure for use in geodetic networks. Netherlands Geodetic Commission, 2(5): 97.

Bai X, Wen W, Hsu L. 2020. Using sky-pointing fish-eye camera and lidar to aid GNSS single-point positioning in urban canyons. IET Intelligent Transport Systems, 14(8): 908-914.

Beaton W, Tukey J. 1974. The fitting of power series, meaning polynomials, illustrated on band-spectroscopic data. Technometrics, 16(2): 147-185.

Bétaille D, Cross P, Euler H. 2006. Assessment and improvement of the capabilities of a window correlator to model GPS multipath phase errors. IEEE Transactions on Aerospace and Electronic Systems, 42(2): 705-717.

Bilich A, Larson K, Axelrad P. 2008. Modeling GPS phase multipath with SNR: Case study from the Salar de Uyuni, Boliva. Journal of Geophysical Research: Solid Earth, 113: B04401.

Bischoff W, Heck B, Howind J, et al. 2005. A procedure for testing the assumption of homoscedasticity in least squares residuals: A case study of GPS carrier-phase observations. Journal of Geodesy, 78: 397-404.

Bock Y, Nikolaidis R, de Jonge P, et al. 2000. Instantaneous geodetic positioning at medium distances with the global positioning system. Journal of Geophysical Research: Solid Earth, 105(B12): 28223-28253.

Bona P. 2000. Precision, cross correlation, and time correlation of GPS phase and code observations. GPS Solutions, 4: 3-13.

Borsa A, Minster J, Bills B, et al. 2007. Modeling long-period noise in kinematic GPS applications. Journal of Geodesy, 81: 157-170.

Braasch M. 2001. Performance comparison of multipath mitigating receiver architectures. Proceedings of IEEE Aerospace Conference, Big Sky: 1309-1315.

Braasch M. 2017. Multipath//Springer Handbook of Global Navigation Satellite Systems. Berlin: Springer: 443-468.

Brack A, Günther C. 2014. Generalized integer aperture estimation for partial GNSS ambiguity fixing. Journal of Geodesy, 88: 479-490.

Brunner F, Hartinger H, Troyer L. 1999. GPS signal diffraction modelling: The stochastic SIGMA-δ model. Journal of Geodesy, 73: 259-267.

Cai C, Gao Y. 2013. Modeling and assessment of combined GPS/GLONASS precise point positioning. GPS Solutions, 17: 223-236.

Caldera S, Realini E, Barzaghi R, et al. 2016. Experimental study on low-cost satellite-based geodetic monitoring over short baselines. Journal of Surveying Engineering, 142(3): 04015016.

Causa F, Fasano G. 2021. Improving navigation in GNSS-challenging environments: Multi-UAS cooperation and generalized dilution of precision. IEEE Transactions on Aerospace and Electronic Systems, 57(3): 1462-1479.

Chang L, Niu X, Liu T, et al. 2019. GNSS/INS/LiDAR-SLAM integrated navigation system based on graph optimization. Remote Sensing, 11(9): 1462-1479.

Chang X, Yang X, Zhou T. 2005. MLAMBDA: A modified LAMBDA method for integer least-squares estimation. Journal of Geodesy, 79: 552-565.

Chatfield C. 1984. The Analysis of Time Series: An Introduction. Boca Raton: CRC Press.

Chen D, Ye S, Xia J, et al. 2016. A geometry-free and ionosphere-free multipath mitigation method for

BDS three-frequency ambiguity resolution. Journal of Geodesy, 90: 703-714.

Chen H, Rizos C, Han S. 2004. An instantaneous ambiguity resolution procedure suitable for medium-scale GPS reference station networks. Survey Review, 37 (291) : 396-410.

Chiang K, Li Y, Hsu L, et al. 2020a. The design a TDCP-smoothed GNSS/Odometer integration scheme with vehicular-motion constraint and robust regression. Remote Sensing, 12 (6) : 2550.

Chiang K, Tsai G, Chu H, et al. 2020b. Performance enhancement of INS/GNSS/Refreshed-SLAM integration for acceptable lane-level navigation accuracy. IEEE Transactions on Vehicular Technology, 69 (3) : 2463-2476.

Choi K, Bilich A, Larson K, et al. 2004. Modified sidereal filtering: Implications for high-rate GPS positioning. Geophysical Research Letters, 31 (22) : L22608.

Cocard M, Bourgon S, Kamali O, et al. 2008. A systematic investigation of optimal carrier-phase combinations for modernized triple-frequency GPS. Journal of Geodesy, 82: 555-564.

Colombo O, Hernández-Pajares M, Juan J, et al. 1999. Resolving carrier phase ambiguities on the fly at more than 100 km from nearest reference site with the help of ionospheric tomography. Proceedings of the 12th International Technical Meeting of the Satellite Division of the Institute of Navigation, Nashville: 1635-1642.

Crocetto N, Gatti M, Russo P. 2000. Simplified formulae for the BIQUE estimation of variance components in disjunctive observation groups. Journal of Geodesy, 74: 447-457.

Dach R, Lutz S, Walser P, et al. 2015. Bernese GNSS software version 5.2. Bern: Bern University.

Dai L, Wang J, Rizos C, et al. 2003. Predicting atmospheric biases for real-time ambiguity resolution in GPS/GLONASS reference station networks. Journal of Geodesy, 76: 617-628.

Dai W, Shi Q, Cai C. 2017. Characteristics of the BDS carrier phase multipath and its mitigation methods in relative positioning. Sensors, 17 (4) : 796.

Daneshmand S, Broumandan A, Sokhandan N, et al. 2013. GNSS multipath mitigation with a moving antenna array. IEEE Transactions on Aerospace Electronic Systems, 49 (1) : 693-698.

de Bakker P, Tiberius C, van der Marel H, et al. 2012. Short and zero baseline analysis of GPS L1 C/A, L5Q, GIOVE E1B, and E5aQ signals. GPS Solutions, 16: 53-64.

de Bakker P, van der Marel H, Tiberius C. 2009. Geometry-free undifferenced, single and double differenced analysis of single frequency GPS, EGNOS and GIOVE-A/B measurements. GPS Solutions, 13: 305-314.

de Jonge P, Teunissen P, Jonkman N, et al. 2000. The distributional dependence of the range on triple frequency GPS ambiguity resolution. Proceedings of the 2000 National Technical Meeting of the Institute of Navigation, Anaheim: 601-612.

Dong D, Bock Y. 1989. Global positioning system network analysis with phase ambiguity resolution applied to crustal deformation studies in California. Journal of Geophysical Research: Solid Earth, 94 (B4) : 3949-3966.

Dong D, Wang M, Chen W, et al. 2016. Mitigation of multipath effect in GNSS short baseline positioning by the multipath hemispherical map. Journal of Geodesy, 90: 255-262.

Duchnowski R. 2010. Median-based estimates and their application in controlling reference mark stability. Journal of Surveying Engineering, 136 (2): 47-52.

Duong V, Harima K, Choy S, et al. 2021. GNSS best integer equivariant estimation using multivariant t-distribution: A case study for precise point positioning. Journal of Geodesy, 95: 10.

Elósegui P, Davis J, Jaldehag R, et al. 1995. Geodesy using the global positioning system: The effects of signal scattering on estimates of site position. Journal of Geophysical Research: Solid Earth, 100 (B6): 9921-9934.

El-Rabbany A. 1994. The effect of physical correlations on the ambiguity resolution and accuracy estimation in GPS differential positioning. New Brunswick: University of New Brunswick.

El-Rabbany A, Kleusberg A. 2003. Effect of temporal physical correlation on accuracy estimation in GPS relative positioning. Journal of Surveying Engineering, 129 (1): 28-32.

Eueler H, Goad C. 1991. On optimal filtering of GPS dual frequency observations without using orbit information. Bulletin Géodésique, 65: 130-143.

Feng Y. 2008. GNSS three carrier ambiguity resolution using ionosphere-reduced virtual signals. Journal of Geodesy, 82: 847-862.

Feng Y, Li B. 2008. A benefit of multiple carrier GNSS signals: Regional scale network-based RTK with doubled inter-station distances. Journal of Spatial Science, 53 (2): 135-147.

Feng Y, Rizos C. 2005. Three carrier approaches for future global, regional and local GNSS positioning services: Concepts and performance perspectives. Proceedings of the 18th International Technical Meeting of the Satellite Division of the Institute of Navigation, Long Beach: 2277-2278.

Forssell B, Martin-Neira M, Harris R. 1997. Carrier phase ambiguity resolution in GNSS-2. Proceedings of the 10th International Technical Meeting of the Satellite Division of the Institute of Navigation, Kansas City: 1727-1736.

Fuhrmann T, Luo X, Knöpfler A, et al. 2015. Generating statistically robust multipath stacking maps using congruent cells. GPS Solutions, 19: 83-92.

Gao R, Xu L, Zhang B, et al. 2021. Raw GNSS observations from Android smartphones: Characteristics and short-baseline RTK positioning performance. Measurement Science and Technology, 32 (8): 084012.

Gao W, Meng X, Gao C, et al. 2019. Analysis of the carrier-phase multipath in GNSS triple-frequency observation combinations. Advances in Space Research, 63 (9): 2735-2744.

Gao Y, Jiang Y, Gao Y, et al. 2021. A linear Kalman filter-based integrity monitoring considering colored measurement noise. GPS Solutions, 25: 59.

Gazit R. 1997. Digital tracking filters with high order correlated measurement noise. IEEE Transactions on Aerospace and Electronic Systems, 33 (1): 171-177.

Ge L, Han S, Rizos C. 2000. Multipath mitigation of continuous GPS measurements using an adaptive filter. GPS Solutions, 4: 19-30.

Ge M, Gendt G, Rothacher M, et al. 2008. Resolution of GPS carrier-phase ambiguities in precise point positioning（PPP）with daily observations. Journal of Geodesy, 82: 389-399.

Geng J. 2011. Rapid integer ambiguity resolution in GPS precise point positioning. Nottingham: University of Nottingham.

Geng J, Li G. 2019. On the feasibility of resolving Android GNSS carrier-phase ambiguities. Journal of Geodesy, 93: 2621-2635.

Geng J, Meng X, Dodson A, et al. 2010. Rapid re-convergences to ambiguity-fixed solutions in precise point positioning. Journal of Geodesy, 84: 705-714.

Genrich J, Bock Y. 1992. Rapid resolution of crustal motion at short ranges with the global positioning system. Journal of Geophysical Research: Solid Earth, 97 (B3): 3261-3269.

Gogoi N, Minetto A, Linty N, et al. 2018. A controlled-environment quality assessment of Android GNSS raw measurements. Electronics, 8 (1): 5.

Groves P. 2011. Shadow matching: A new GNSS positioning technique for urban canyons. Journal of Navigation, 64 (3): 417-430.

Groves P, Adjrad M. 2019. Performance assessment of 3D-mapping-aided GNSS part 1: Algorithms, user equipment, and review. Navigation, 66 (2): 341-362.

Gu S, Dai C, Fang W, et al. 2021. Multi-GNSS PPP/INS tightly coupled integration with atmospheric augmentation and its application in urban vehicle navigation. Journal of Geodesy, 95: 64.

Hakansson M. 2019. Characterization of GNSS observations from a Nexus 9 Android tablet. GPS Solutions, 23: 21.

Hamilton J. 1994. Time Series Analysis. Princeton: Princeton University Press.

Han J, Huang G, Zhang Q, et al. 2018. A new azimuth-dependent elevation weight（ADEW）model for real-time deformation monitoring in complex environment by multi-GNSS. Sensors, 18 (8): 2473.

Han J, Tu R, Zhang R, et al. 2019. SNR-dependent environmental model: Application in real-time GNSS landslide monitoring. Sensors, 19 (22): 5017.

Han S. 1997a. Quality control issues relating to instantaneous ambiguity resolution for real-time GPS kinematic positioning. Journal of Geodesy, 71: 351-361.

Han S. 1997b. Carrier phase-based long-range GPS kinematic positioning. New South Wales: The University of New South Wales.

Hardle W, Mammen E, Muller M. 1998. Testing parametric versus semiparametric modeling in generalized linear models. Journal of the American Statistical Association, 93 (444): 1461-1474.

Hartinger H, Brunner F. 1999. Variances of GPS phase observations: The SIGMA-ε model. GPS Solutions, 2: 35-43.

Hatch R, Jung J, Enge P, et al. 2000. Civilian GPS: The benefits of three frequencies. GPS Solutions, 3: 1-9.

He K, Xu T, Forste C, et al. 2021. Integrated GNSS Doppler velocity determination for GEOHALO airborne gravimetry. GPS Solutions, 25: 146.

Henkel P, Iafrancesco M, Sperl A. 2016. Precise point positioning with multipath estimation. Proceedings of 2016 IEEE/ION Position, Location and Navigation Symposium, Savannah: 144-149.

Hofmann-Wellenhof B, Lichtenegger H, Wasle E. 2007. GNSS—Global Navigation Satellite Systems: GPS, GLONASS, Galileo, and More. New York: Springer.

Hoque M, Jakowski N. 2007. Higher order ionospheric effects in precise GNSS positioning. Journal of Geodesy, 81: 259-268.

Hou P, Zhang B, Yuan Y, et al. 2019. Stochastic modeling of BDS2/3 observations with application to RTD/RTK positioning. Measurement Science and Technology, 30(9): 095002.

Howind J, Kutterer H, Heck B. 1999. Impact of temporal correlations on GPS-derived relative point positions. Journal of Geodesy, 73: 246-258.

Hsu L. 2017. Analysis and modeling GPS NLOS effect in highly urbanized area. GPS Solutions, 22: 7.

Hsu L, Jan S, Groves P, et al. 2015. Multipath mitigation and NLOS detection using vector tracking in urban environments. GPS Solutions, 19: 249-262.

Hu M, Yao Y, Ge M, et al. 2023. Random walk multipath method for Galileo real-time phase multipath mitigation. GPS Solutions, 27: 58.

Huber P. 1992. Robust Estimation of a Location Parameter. Breakthroughs in Statistics: Methodology and Distribution. New York: Springer: 492-518.

Huber P. 2004. Robust Statistics. New Jersey: John Wiley & Sons.

Jazwinski A. 1970. Stochastic Processes and Filtering Theory. New York: Academic Press.

Ji S, Chen W, Zhao C, et al. 2007. Single epoch ambiguity resolution for Galileo with the CAR and LAMBDA methods. GPS Solutions, 11: 259-268.

Jiang Y, Gao Y, Zhou P, et al. 2021. Real-time cascading PPP-WAR based on Kalman filter considering time-correlation. Journal of Geodesy, 95: 69.

Judge G, Takayama T. 1966. Inequality restrictions in regression analysis. Journal of the American Statistical Association, 61(313): 166-181.

Kaloop M, Yigit C, El-Mowafy A, et al. 2020. Evaluation of multi-GNSS high-rate relative positioning for monitoring dynamic structural movements in the urban environment. Geomatics Natural Hazards and Risk,11(1): 2239-2262.

Kazmierski K, Hadas T, Sośnica K. 2018. Weighting of multi-GNSS observations in real-time precise point positioning. Remote Sensing, 10(1): 84.

Kermarrec G, Schön S. 2014. On the Mátern covariance family: A proposal for modeling temporal correlations based on turbulence theory. Journal of Geodesy, 88: 1061-1079.

Kermarrec G, Schön S. 2017a. A priori fully populated covariance matrices in least-squares adjustment-Case study: GPS relative positioning. Journal of Geodesy, 91: 465-484.

Kermarrec G, Schön S. 2017b. Fully populated VCM or the hidden parameter. Journal of Geodetic Science, 7(1): 151-161.

Kermarrec G, Schön S. 2017c. Taking correlations into account: A diagonal correlation model. GPS Solutions, 21: 1895-1906.

King R. 1995. Documentation for the GAMIT GPS analysis software. Cambridge: Massachusetts Institute of Technology.

Klostius R, Wieser A, Brunner F. 2006. Treatment of diffraction effects caused by mountain ridges. Proceedings of the 3rd IAG/12th FIG Symposium, Baden.

Knight N, Wang J, Rizos C. 2010. Generalised measures of reliability for multiple outliers. Journal of Geodesy, 84: 625-635.

Koch I, Veronez M, da Silva R, et al. 2017. Least trimmed squares estimator with redundancy constraint for outlier detection in GNSS networks. Expert Systems with Applications, 88: 230-237.

Koch K. 1977. Least squares adjustment and collocation. Bulletin Géodésique, 51: 127-135.

Koch K. 1978. Schätzung von varianzkomponenten. Allgemeine Vermessungs Nachrichten, 85: 264-269.

Koch K. 1986. Maximum likelihood estimate of variance components. Bulletin Géodésique, 60: 329-338.

Koch K. 1999. Parameter Estimation and Hypothesis Testing in linear Models. Berlin: Springer.

Koch K. 2015. Minimal detectable outliers as measures of reliability. Journal of Geodesy, 89: 483-490.

Kotsakis C. 2005. On the trade-off between model expansion, model shrinking, and parameter estimation accuracy in least-squares data analysis. Journal of Geodesy, 79: 460-466.

Kubik K. 1970. The estimation of the weights of measured quantities within the method of least squares. Bulletin Géodésique, 95: 21-40.

Langley R. 1997. GPS receiver system noise. GPS World, 8(6): 40-45.

Langley R. 1999. Dilution of precision. GPS World, 10(5): 52-59.

Lau L, Cross P. 2007a. Development and testing of a new ray-tracing approach to GNSS carrier-phase multipath modelling. Journal of Geodesy, 81: 713-732.

Lau L, Cross P. 2007b. Investigations into phase multipath mitigation techniques for high precision positioning in difficult environments. Journal of Navigation, 60(3): 457-482.

Laurichesse D, Banville S. 2018. Instantaneous centimeter-level multi-frequency precise point positioning. GPS World, 4: 42-47.

Lehmann R. 2012. Improved critical values for extreme normalized and studentized residuals in Gauss-Markov models. Journal of Geodesy, 86: 1137-1146.

Lehmann R. 2013. On the formulation of the alternative hypothesis for geodetic outlier detection. Journal of Geodesy, 87: 373-386.

Leick A, Emmons M. 1994. Quality control with reliability for large GPS networks. Journal of

Surveying Engineering, 120(1): 25-41.

Leick A, Rapoport L, Tatarnikov D. 2015. GPS Satellite Surveying. Hoboken: John Wiley & Sons.

Li B. 2016. Stochastic modeling of triple-frequency Beidou signals: Estimation, assessment and impact analysis. Journal of Geodesy, 90: 593-610.

Li B. 2018. Review of triple-frequency GNSS: Ambiguity resolution, benefits and challenges. The Journal of Global Positioning Systems, 16: 1.

Li B, Feng Y, Shen Y. 2010. Three carrier ambiguity resolution: Distance-independent performance demonstrated using semi-generated triple frequency GPS signals. GPS Solutions, 14: 177-184.

Li B, Li Z, Zhang Z, et al. 2017a. ERTK: extra-wide-lane RTK of triple-frequency GNSS signals. Journal of Geodesy, 91: 1031-1047.

Li B, Lou L, Shen Y. 2016. GNSS elevation-dependent stochastic modeling and its impacts on the statistic testing. Journal of Surveying Engineering, 142(2): 04015012.

Li B, Mao W, Chen G, et al. 2022. Ambiguity resolution for smartphone GNSS precise positioning: Effect factors and performance. Journal of Geodesy, 96: 63.

Li B, Shen Y, Feng Y, et al. 2014a. GNSS ambiguity resolution with controllable failure rate for long baseline network RTK. Journal of Geodesy, 88: 99-112.

Li B, Shen Y, Lou L. 2011. Efficient estimation of variance and covariance components: A case study for GPS stochastic model evaluation. IEEE Transactions on Geoscience and Remote Sensing, 49(1): 203-210.

Li B, Shen Y, Xu P. 2008. Assessment of stochastic models for GPS measurements with different types of receivers. Chinese Science Bulletin, 53(20): 3219-3225.

Li B, Verhagen S, Teunissen P. 2014b. Robustness of GNSS integer ambiguity resolution in the presence of atmospheric biases. GPS Solutions, 18: 283-296.

Li B, Zhang L, Verhagen S. 2017b. Impacts of BeiDou stochastic model on reliability: Overall test, *w*-test and minimal detectable bias. GPS Solutions, 21: 1095-1112.

Li B, Zhang Z. 2019. Several kinematic data processing methods for time-correlated observations. Journal of Geodesy and Geoinformation Science, 2(4): 1-9.

Li B, Zhang Z, Shen Y, et al. 2018. A procedure for the significance testing of unmodeled errors in GNSS observations. Journal of Geodesy, 92: 1171-1186.

Li G, Geng J. 2019. Characteristics of raw multi-GNSS measurement error from Google Android smart devices. GPS Solutions, 23: 90.

Li J, Yang Y, He H, et al. 2020. Benefits of BDS-3 B1C/B1I/B2a triple-frequency signals on precise positioning and ambiguity resolution. GPS Solutions, 24: 100.

Li T, Wang J, Laurichesse D. 2014. Modeling and quality control for reliable precise point positioning integer ambiguity resolution with GNSS modernization. GPS Solutions, 18: 429-442.

Li X, Xie W, Huang J，et al. 2019. Estimation and analysis of differential code biases for BDS3/BDS2 using iGMAS and MGEX observations. Journal of Geodesy, 93: 419-435.

Li Y, Zhang Z, He X, et al. 2022a. Realistic stochastic modeling considering the PDOP and its application in real time GNSS point positioning under challenging environments. Measurement, 197: 111342.

Li Y, Zhang Z, He X, et al. 2022b. An elevation stochastic model constrained by C/N0 for GNSS real-time kinematic positioning in harsh environments. Measurement Science and Technology, 34(1): 015011.

Liew C. 1976. Inequality constrained least-squares estimation. Journal of the American Statistical Association, 71(355): 746-751.

Lima F V, Moraes A. 2021. Modeling multi-frequency GPS multipath fading in land vehicle environments. GPS Solutions, 25: 14.

Liu N, Dai W, Santerre R, et al. 2018. High spatio-temporal resolution deformation time series with the fusion of InSAR and GNSS data using spatio-temporal random effect model. IEEE Transactions on Geoscience and Remote Sensing, 57(1): 364-380.

Liu Z. 2011. A new automated cycle slip detection and repair method for a single dual-frequency GPS receiver. Journal of Geodesy, 85: 171-183.

Lu G, Krakiwsky E, Lachapelle G. 1993. Application of inequality constraint least squares to GPS navigation under selective availability. Manuscripta Geodaetica, 18: 124-130.

Lu R, Chen W, Dong D, et al. 2021. Multipath mitigation in GNSS precise point positioning based on trend-surface analysis and multipath hemispherical map. GPS Solutions, 25: 119.

Luo X. 2013. GPS Stochastic Modelling: Signal Quality Measures and ARMA Processes. Berlin: Springer.

Luo X, Gu S, Lou Y, et al. 2019. Better thresholds and weights to improve GNSS PPP under ionospheric scintillation activity at low latitudes. GPS Solutions, 24:17.

Luo X, Mayer M, Heck B. 2011. On the probability distribution of GNSS carrier phase observations. GPS Solutions, 15: 369-379.

Luo X, Mayer M, Heck B, et al. 2014. A realistic and easy-to-implement weighting model for GPS phase observations. IEEE Transactions on Geoscience and Remote Sensing, 52(10): 6110-6118.

Ma L, Lu L, Zhu F, et al. 2021. Baseline length constraint approaches for enhancing GNSS ambiguity resolution: Comparative study. GPS Solutions, 25: 40.

Mayer P, Magno M, Berger A, et al. 2020. RTK-LoRa: High-precision, long-range, and energy-efficient localization for mobile IoT devices. IEEE Transactions on Instrumentation and Measurement, 70: 3000611.

McGraw G, Braasch M. 1999. GNSS multipath mitigation using gated and high resolution correlator concepts. Proceedings of the National Technical Meeting of the Institute of Navigation, San Diego: 333-342.

Meguro J, Murata T, Takiguchi J, et al. 2009. GPS multipath mitigation for urban area using omnidirectional infrared camera. IEEE Transactions on Intelligent Transportation Systems, 20(1): 22-30.

Meng X, Dodson A, Roberts G. 2007. Detecting bridge dynamics with GPS and triaxial accelerometers. Engineering Structures, 29(11): 3178-3184.

Miao W, Li B, Zhang Z, et al. 2020. Combined BeiDou-2 and BeiDou-3 instantaneous RTK positioning: Stochastic modeling and positioning performance assessment. Journal of Spatial Science, 65(1): 7-24.

Miller I, Campbell M. 2012. Sensitivity analysis of a tightly-coupled GPS/INS system for autonomous navigation. IEEE Transactions on Aerospace and Electronic Systems, 48(2): 1115-1135.

Miura S, Hsu L, Chen F, et al. 2015. GPS error correction with pseudorange evaluation using three-dimensional maps. IEEE Transactions on Intelligent Transportation Systems, 16(6): 3104-3115.

Montenbruck O, Steigenberger P, Prange L, et al. 2017. The Multi-GNSS Experiment (MGEX) of the International GNSS service (IGS)-achievements, prospects and challenges. Advances in Space Research, 59(7): 1671-1697.

Moore M, Watson C, King M, et al. 2014. Empirical modelling of site-specific errors in continuous GPS data. Journal of Geodesy, 88: 887-900.

Moradi R, Schuster W, Feng S, et al. 2015. The carrier-multipath observable: A new carrier-phase multipath mitigation technique. GPS Solutions, 19: 73-82.

Moreau J, Ambellouis S, Ruichek Y. 2017. Fisheye-based method for GPS localization improvement in unknown semi-obstructed areas. Sensors, 17(1): 119.

Ng H, Hsu L. 2021. 3D mapping database-aided GNSS RTK and its assessments in urban canyons. IEEE Transactions on Aerospace and Electronic Systems, 57(5): 3150-3166.

Niu X, Chen Q, Zhang Q, et al. 2014. Using Allan variance to analyze the error characteristics of GNSS positioning. GPS Solutions, 18: 231-242.

Nolan J, Gourevitch S, Ladd J. 1992. Geodetic processing using full dual band observables. Proceedings of the 5th International Technical Meeting of the Satellite Division of the Institute of Navigation, Albuquerquea: 1033-1041.

Nowel K. 2015. Robust M-estimation in analysis of control network deformations: Classical and new method. Journal of Surveying Engineering, 141(4): 04015002.

Odijk D. 2000. Weighting ionospheric corrections to improve fast GPS positioning over medium distances. Proceedings of the 13th International Technical Meeting of the Satellite Division of the Institute of Navigation, Salt Lake City: 1113-1123.

Odijk D, Teunissen P. 2013. Characterization of between-receiver GPS-Galileo inter-system biases and their effect on mixed ambiguity resolution. GPS Solutions, 17: 521-533.

Odijk D, Zhang B, Khodabandeh A, et al. 2016. On the estimability of parameters in undifferenced, uncombined GNSS network and PPP-RTK user models by means of S-system theory. Journal of Geodesy, 90: 15-44.

Odolinski R, Teunissen P. 2017. Low-cost, high-precision, single-frequency GPS-BDS RTK positioning. GPS Solutions, 21: 1315-1330.

Odolinski R, Teunissen P. 2018. An assessment of smartphone and low-cost multi-GNSS single-frequency RTK positioning for low, medium and high ionospheric disturbance periods. Journal of Geodesy, 93: 701-722.

Odolinski R, Teunissen P. 2020. Best integer equivariant estimation: Performance analysis using real data collected by low-cost, single- and dual-frequency, multi-GNSS receivers for short- to long-baseline RTK positioning. Journal of Geodesy, 94: 91.

Odolinski R, Teunissen P. 2022. Best integer equivariant position estimation for multi-GNSS RTK: A multivariate normal and t-distributed performance comparison. Journal of Geodesy, 96: 3.

Odolinski R, Teunissen P, Odijk D. 2014. First combined COMPASS/BeiDou-2 and GPS positioning results in Australia. Part II: single- and multiple-frequency single-baseline RTK positioning. Journal of Spatial Science, 59 (1): 25-46.

Park K, Nerem R, Schenewerk M, et al. 2004. Site-specific multipath characteristics of global IGS and CORS GPS sites. Journal of Geodesy, 77: 799-803.

Paziewski J. 2020. Recent advances and perspectives for positioning and applications with smartphone GNSS observations. Measurement Science and Technology, 31 (9): 091001.

Paziewski J, Sieradzki R, Baryla R. 2019. Signal characterization and assessment of code GNSS positioning with low-power consumption smartphones. GPS Solutions, 23: 98.

Paziewski J, Wielgosz P. 2015. Accounting for Galileo-GPS inter-system biases in precise satellite positioning. Journal of Geodesy, 89: 81-93.

Peng J, Zhang H, Shong S, et al. 2006. An aggregate constraint method for inequality-constrained least squares problems. Journal of Geodesy, 79: 705-713.

Petovello M, Lachapelle G. 2006. Comparison of vector-based software receiver implementations with application to ultra-tight GPS/INS integration. Proceedings of the 19th International Technical Meeting of the Satellite Division of the Institute of Navigation, Fort Worth: 1790-1799.

Petovello M, O'Keefe K, Lachapelle G, et al. 2009. Consideration of time-correlated errors in a Kalman filter applicable to GNSS. Journal of Geodesy, 83: 51-56.

Phan Q, Tan S, Mcloughlin I. 2013. GPS multipath mitigation: A nonlinear regression approach. GPS Solutions, 17: 371-380.

Psimoulis P, Pytharouli S, Karambalis D, et al. 2008. Potential of global positioning system (GPS) to measure frequencies of oscillations of engineering structures. Journal of Sound and Vibration, 318 (3): 606-623.

Pugliano G, Robustelli U, Rossi F, et al. 2016. A new method for specular and diffuse pseudorange multipath error extraction using wavelet analysis. GPS Solutions, 20: 499-508.

Pukelsheim F. 1976. Estimating variance components in linear models. Journal of Multivariate Analysis, 6(4): 626-629.

Qu W, Chen H, Zhang Q, et al. 2021. A robust estimation algorithm for the increasing breakdown point based on quasi-accurate detection and its application to parameter estimation of the GNSS crustal deformation model. Journal of Geodesy, 95: 125.

Ragheb A, Clarke P, Edwards S. 2007. GPS sidereal filtering: Coordinate- and carrier-phase-level strategies. Journal of Geodesy, 81: 325-335.

Rao C. 1971. Estimation of variance and covariance components—MINQUE theory. Journal of Multivariate Analysis, 1(3): 257-275.

Rao C, Toutenburg H. 1999. Linear Models: Least Squares and Alternatives. New York: Springer.

Raquet J, Lachapelle G. 1999. Development and testing of a kinematic carrier-phase ambiguity resolution method using a reference receiver network. Navigation, 46(4): 283-295.

Remondi B. 1993. Real-time centimeter-accuracy GPS: Initializing while in motion (warm start versus cold start). Navigation, 40(2): 199-208.

Rodríguez-pérez J, Álvarez M, Sanz-Ablanedo E. 2007. Assessment of low-cost GPS receiver accuracy and precision in forest environments. Journal of Surveying Engineering, 133(4): 159-167.

Salzmann M. 1995. Real-time adaptation for model errors in dynamic systems. Bulletin Géodésique, 69: 81-91.

Santerre R, Geiger A, Banville S. 2017. Geometry of GPS dilution of precision: Revisited. GPS Solutions, 21: 1747-1763.

Satirapod C, Wang J, Rizos C. 2001. A new stochastic modelling procedure for precise static GPS positioning. Zeitschrift für Vermessungswesen, 126(6): 365-373.

Satirapod C, Wang J, Rizos C. 2002. A simplified MINQUE procedure for the estimation of variance-covariance components of GPS observables. Survey Review, 36(286): 582-590.

Schaffrin B. 1981. Best invariant covariance component estimators and its application to the generalized multivariate adjustment of heterogeneous deformation observations. Bulletin Géodésique, 55: 73-85.

Schaffrin B. 1989. An alternative approach to robust collocation. Bulletin Géodésique, 63: 395-404.

Schön S, Brunner F. 2008a. Atmospheric turbulence theory applied to GPS carrier-phase data. Journal of Geodesy, 82: 47-57.

Schön S, Brunner F. 2008b. A proposal for modelling physical correlations of GPS phase observations. Journal of Geodesy, 82: 601-612.

Schön S, Wieser A, Macheiner K. 2005. Accurate tropospheric correction for local GPS monitoring networks with large height differences. Proceedings of the 18th International Technical Meeting of the Satellite Division of the Institute of Navigation, Long Beach: 250-260.

Schüler T. 2006. Impact of systematic errors on precise long-baseline kinematic GPS positioning. GPS Solutions, 10: 108-125.

Schwarz G. 1978. Estimating the dimension of a model. The Annals of Statistics, 6(2): 461-464.

Shen N, Chen L, Wang L, et al. 2021. Short-term landslide displacement detection based on GNSS real-time kinematic positioning. IEEE Transactions on Instrumentation and Measurement, 70: 1004714.

Shu Y, Fang R, Liu J. 2017. Stochastic models of very high-rate (50 Hz) GPS/Beidou code and phase observations. Remote Sensing, 9(11): 1188.

Shu Y, Xu P, Niu X, et al. 2022. High-rate attitude determination of moving vehicles with GNSS: GPS, BDS, GLONASS, and Galileo. IEEE Transactions on Instrumentation and Measurement, 71: 5501813.

Sokhandan N, Broumandan A, Curran J, et al. 2014. High resolution GNSS delay estimation for vehicular navigation utilizing a Doppler combining technique. Journal of Navigation, 67(4): 579-602.

Strode P, Groves P. 2016. GNSS multipath detection using three-frequency signal-to-noise measurements. GPS Solutions, 20: 399-412.

Su M, Zheng J, Yang Y, et al. 2018. A new multipath mitigation method based on adaptive thresholding wavelet denoising and double reference shift strategy. GPS Solutions, 22: 40.

Sun R, Wang G, Cheng Q, et al. 2021. Improving GPS code phase positioning accuracy in urban environments using machine learning. IEEE Internet of Things Journal, 8(8): 7065-7078.

Sun R, Zhang Z, Cheng Q, et al. 2022. Pseudorange error prediction for adaptive tightly coupled GNSS/IMU navigation in urban areas. GPS Solutions, 26: 28.

Talbot N. 1988. Optimal weighting of GPS carrier phase observations based on the signal-to-noise ratio. Proceedings of the International Symposia on Global Positioning Systems, Brisbane: 1-17.

Tang W, Deng C, Shi C, et al. 2014. Triple-frequency carrier ambiguity resolution for Beidou navigation satellite system. GPS Solutions, 18: 335-344.

Tang W, Wang Y, Zou X, et al. 2021. Visualization of GNSS multipath effects and its potential application in IGS data processing. Journal of Geodesy, 95: 103.

Teunissen P. 1990a. Quality control in integrated navigation systems. IEEE Aerospace and Electronic Systems Magazine, 5(7): 35-41.

Teunissen P. 1990b. An integrity and quality control procedure for use in multi sensor integration. Proceedings of the 3rd International Technical Meeting of the Satellite Division of the Institute of Navigation, Colorado Springs: 513-522.

Teunissen P. 1993. Least squares estimation of the integer GPS ambiguities. Invited Lecture, Section IV Theory and Methodology, IAG General Meeting, Beijing.

Teunissen P. 1995. The least-squares ambiguity decorrelation adjustment: A method for fast GPS integer ambiguity estimation. Journal of Geodesy, 70: 65-82.

Teunissen P. 1997a. A canonical theory for short GPS baselines. Part I: The baseline precision. Journal of Geodesy, 71: 320-336.

Teunissen P. 1997b. A canonical theory for short GPS baselines. Part IV: Precision versus reliability. Journal of Geodesy, 71: 513-525.

Teunissen P. 1997c. GPS double difference statistics: With and without using satellite geometry. Journal of Geodesy, 71: 137-148.

Teunissen P. 1997d. On the sensitivity of the location, size and shape of the GPS ambiguity search space to certain changes in the stochastic model. Journal of Geodesy, 71: 541-551.

Teunissen P. 1998. Success probability of integer GPS ambiguity rounding and bootstrapping. Journal of Geodesy, 72: 606-612.

Teunissen P. 1999. An optimality property of the integer least-squares estimator. Journal of Geodesy, 73: 587-593.

Teunissen P. 2003. Theory of integer equivariant estimation with application to GNSS. Journal of Geodesy, 77: 402-410.

Teunissen P. 2006. Testing Theory: An Introduction. 2nd ed. Delft: de Vereniging voor Studie-en Studentenbelangen te Delft（VSSD）Press.

Teunissen P. 2007. Influence of ambiguity precision on the success rate of GNSS integer ambiguity bootstrapping. Journal of Geodesy, 81: 351-358.

Teunissen P. 2018. Distributional theory for the DIA method. Journal of Geodesy, 92: 59-80.

Teunissen P. 2020. Best integer equivariant estimation for elliptically contoured distributions. Journal of Geodesy, 94: 82.

Teunissen P, Amiri-Simkooei A. 2008. Least-squares variance component estimation. Journal of Geodesy, 82: 65-82.

Teunissen P, Giorgi G, Buist P. 2011. Testing of a new single-frequency GNSS carrier phase attitude determination method: Land, ship and aircraft experiments. GPS Solutions, 15: 15-28.

Teunissen P, Jonkman N, Tiberius C. 1998. Weighting GPS dual frequency observations: Bearing the cross of cross-correlation. GPS Solutions, 2: 28-37.

Teunissen P, Joosten P, Tiberius C. 2002. A comparison of TCAR, CIR and LAMBDA GNSS ambiguity resolution. Proceedings of the 15th International Technical Meeting of the Satellite Division of the Institute of Navigation, Portland: 2799-2808.

Teunissen P, Montenbruck O. 2017. Springer Handbook of Global Navigation Satellite Systems. Berlin: Springer.

Tiberius C, de Bakker P, van der Marel H, et al. 2009. Geometry-free analysis of GIOVE-A/B E1-E5a, and GPS L1-L5 measurements. Proceedings of the 22nd International Technical Meeting of the

Satellite Division of the Institute of Navigation, Savannah: 2911-2925.

Tiberius C, Kenselaar F. 2000. Estimation of the stochastic model for GPS code and phase observables. Survey Review, 35(277): 441-454.

Tiberius C, Kenselaar F. 2003. Variance component estimation and precise GPS positioning: Case study. Journal of Surveying Engineering, 129(1): 11-18.

van der Marel H, de Bakker P, Tiberius C. 2009. Zero, single and double difference analysis of GPS, EGNOS and GIOVE-A/B pseudorange and carrier phase measurements. Proceedings of ENC GNSS 2009, Naples.

Vazquez-Ontiveros J, Vazquez-Becerra G, Quintana J, et al. 2021. Implementation of PPP-GNSS measurement technology in the probabilistic SHM of bridge structures. Measurement, 173: 108677.

Verhagen S, Li B, Teunissen P. 2013. Ps-LAMBDA: Ambiguity success rate evaluation software for interferometric applications. Computers & Geosciences, 54: 361-376.

Verhagen S, Teunissen P. 2005. Performance comparison of the BIE estimator with the float and fixed GNSS ambiguity estimators. Proceedings of the International Association of Geodesy General Assembly, Sapporo: 428-433.

Verhagen S, Tiberius C, Li B, et al. 2012. Challenges in ambiguity resolution: Biases, weak models, and dimensional curse. Proceedings of NAVITEC 2012 6th ESA Workshop and European Workshop, Noordwijk: 1-8.

Vollath U, Birnbach S, Landau L, et al. 1999. Analysis of three-carrier ambiguity resolution technique for precise relative positioning in GNSS-2. Navigation, 46(1): 13-23.

Wang D, Dong Y, Li Q, et al. 2018. Using Allan variance to improve stochastic modeling for accurate GNSS/INS integrated navigation. GPS Solutions, 22: 53.

Wang G, de Jong K, Zhao Q, et al. 2015. Multipath analysis of code measurements for Beidou geostationary satellites. GPS Solutions, 19: 129-139.

Wang J. 1999. Stochastic modeling for real-time kinematic GPS/GLONASS positioning. Navigation, 46(4): 297-305.

Wang J, Satirapod C, Rizos C. 2002. Stochastic assessment of GPS carrier phase measurements for precise static relative positioning. Journal of Geodesy, 76: 95-104.

Wang K, Khodabandeh A, Teunissen P. 2018. Five-frequency Galileo long-baseline ambiguity resolution with multipath mitigation. GPS Solutions, 22: 75.

Wang K, Rothacher M. 2013. Ambiguity resolution for triple-frequency geometry-free and ionosphere-free combination tested with real data. Journal of Geodesy, 87: 539-553.

Wang L, Li Z, Wang N, et al. 2021. Real-time GNSS precise point positioning for low-cost smart devices. GPS Solutions, 25: 1-13.

Wanninger L, Beer S. 2015. Beidou satellite-induced code pseudorange variations: Diagnosis and therapy. GPS Solutions, 19: 639-648.

Wanninger L, Heßelbarth A. 2020. GNSS code and carrier phase observations of a Huawei P30 smartphone: Quality assessment and centimeter-accurate positioning. GPS Solutions, 24: 64.

Welford B. 1962. Note on a method for calculating corrected sums of squares and products. Technometrics, 4(3): 419-420.

Wen W, Hsu L. 2022. 3D LiDAR aided GNSS NLOS mitigation in urban canyons. IEEE Transactions on Intelligent Transportation Systems, 23(10): 18224-18236.

Werner W, Winkel J. 2003. TCAR and MCAR options with Galileo and GPS. Proceedings of the 16th International Technical Meeting of the Satellite Division of the Institute of Navigation, Portland: 790-800.

Wieser A, Brunner F. 2000. An extended weight model for GPS phase observations. Earth Planets Space, 52(10): 777-782.

Wieser A, Brunner F. 2002. Short static GPS sessions: Robust estimation results. GPS Solutions, 5: 70-79.

Won D, Ahn J, Lee E, et al. 2015. GNSS carrier phase anomaly detection and validation for precise land vehicle positioning. IEEE Transactions on Instrumentation and Measurement, 64(9): 2389-2398.

Won D, Ahn J, Lee S, et al. 2012. Weighted DOP with consideration on elevation-dependent range errors of GNSS satellites. IEEE Transactions on Instrumentation and Measurement, 61(12): 3241-3250.

Wu S, Zhao X, Pang C, et al. 2019. A new strategy of stochastic modeling aiming at BDS hybrid constellation in precise relative positioning. Advances in Space Research, 63(9): 2757-2770.

Xi R, He Q, Meng X. 2021. Bridge monitoring using multi-GNSS observations with high cutoff elevations: A case study. Measurement, 168: 108303.

Xi R, Jiang W, Meng X, et al. 2018. Bridge monitoring using BDS-RTK and GPS-RTK techniques. Measurement, 120: 128-139.

Xiao R, Shi H, He X, et al. 2019. Deformation monitoring of reservoir dams using GNSS: An application to south-to-north water diversion project, China. IEEE Access, 7: 54981-54992.

Xie J, Lin D, Long S. 2022. Total least squares adjustment in inequality constrained partial errors-in-variables models: Optimality conditions and algorithms. Survey Review, 54(384): 209-222.

Xin S, Geng J, Zhang G, et al. 2022. 3D-mapping-aided PPP-RTK aiming at deep urban canyons. Journal of Geodesy, 96: 78.

Xu P. 1989. On robust estimation with correlated observations. Bulletin Géodésique, 63: 237-252.

Xu P. 1998. Mixed integer geodetic observation models and integer programming with applications to GPS ambiguity resolution. Journal of Geodesy, 44: 169-187.

Xu P. 2005. Sign-constrained robust least squares, subjective breakdown point and the effect of weights of observations on robustness. Journal of Geodesy, 79: 146-159.

Xu P. 2006. Voronoi cells, probabilistic bounds, and hypothesis testing in mixed integer linear models. IEEE Transactions on Information Theory, 52(7): 3122-3138.

Xu P. 2009. Iterative generalized cross-validation for fusing heteroscedastic data of inverse ill-posed problems. Geophysical Journal International, 179(1): 182-200.

Xu P. 2013. The effect of incorrect weights on estimating the variance of unit weight. Studia Geophysica et Geodaetica, 57(3): 339-352.

Xu P, Liu J. 2014. Variance components in errors-in-variables models: Estimability, stability and bias analysis. Journal of Geodesy, 88: 719-734.

Xu P, Liu Y, Shen Y, et al. 2007. Estimability analysis of variance and covariance components. Journal of Geodesy, 81: 593-602.

Xu P, Shen Y, Fukuda Y, et al. 2006. Variance component estimation in linear inverse ill-posed models. Journal of Geodesy, 80: 69-81.

Xu P, Shi C, Liu J. 2012. Integer estimation methods for GPS ambiguity resolution: An applications oriented review and improvement. Survey Review, 44(324): 59-71.

Yang L, Li B, Li H, et al. 2017. The influence of improper stochastic modeling of Beidou pseudoranges on system reliability. Advances in Space Research, 60(12): 2680-2690.

Yang L, Shen Y. 2020. Robust M estimation for 3D correlated vector observations based on modified bifactor weight reduction model. Journal of Geodesy, 94: 31.

Yang L, Shen Y, Li B, et al. 2021. Simplified algebraic estimation for the quality control of DIA estimator. Journal of Geodesy, 95: 14.

Yang R, Xu D, Morton Y. 2020. Generalized multi-frequency GPS carrier tracking architecture: Design and performance analysis. IEEE Transactions on Aerospace Electronic Systems, 56(4): 2548-2563.

Yang Y. 1999. Robust estimation of geodetic datum transformation. Journal of Geodesy, 73: 268-274.

Yang Y, Gao W, Guo S, et al. 2019. Introduction to BeiDou-3 navigation satellite system. Navigation, 66(1): 7-18.

Yang Y, He H, Xu G. 2001. A new adaptively robust filtering for kinematic geodetic positioning. Journal of Geodesy, 75: 109-116.

Yang Y, Mao Y, Sun B. 2020. Basic performance and future developments of Beidou global navigation satellite system. Satellite Navigation, 1:1.

Yang Y, Song L, Xu T. 2002. Robust estimator for correlated observations based on bifactor equivalent weights. Journal of Geodesy, 76: 353-358.

Yang Y, Zhang S. 2005. Adaptive fitting of systematic errors in navigation. Journal of Geodesy, 79: 43-49.

Ye S, Chen D, Liu Y, et al. 2015. Carrier phase multipath mitigation for Beidou navigation satellite system. GPS Solutions, 19: 545-557.

Yi D, Bisnath S, Naciri N, et al. 2021. Effects of ionospheric constraints in precise point positioning processing of geodetic, low-cost and smartphone GNSS measurements. Measurement, 183: 109887.

Yong C, Odolinski R, Zaminpardaz S, et al. 2021. Instantaneous, dual-frequency, multi-GNSS precise RTK positioning using google pixel 4 and Samsung Galaxy S20 smartphones for zero and short baselines. Sensors, 21 (24) : 8318.

Yu H, Shen Y, Yang L, et al. 2019. Robust M-estimation using the equivalent weights constructed by removing the influence of an outlier on the residuals. Survey Review, 51 (364) : 60-69.

Yu Z. 1996. A universal formula of maximum likelihood estimation of variance-covariance components. Journal of Geodesy, 70: 233-240.

Yuan H, Zhang Z, He X, et al. 2022a. Stochastic model assessment of low-cost devices considering the impacts of multipath effects and atmospheric delays. Measurement, 188: 110619.

Yuan H, Zhang Z, He X, et al. 2022b. An extended robust estimation method considering the multipath effects in GNSS real-time kinematic positioning. IEEE Transactions on Instrumentation and Measurement, 71: 8504509.

Zaminpardaz S, Teunissen P. 2019. DIA-datasnooping and identifiability. Journal of Geodesy, 93: 85-101.

Zaminpardaz S, Teunissen P, Tiberius C. 2020. A risk evaluation method for deformation monitoring systems. Journal of Geodesy, 94: 28.

Zhang B, Chen Y, Yuan Y. 2019. PPP-RTK based on undifferenced and uncombined observations: Theoretical and practical aspects. Journal of Geodesy, 93: 1011-1024.

Zhang B, Hou P, Liu T, et al. 2020. A single-receiver geometry-free approach to stochastic modeling of multi-frequency GNSS observables. Journal of Geodesy, 94: 37.

Zhang C, Wu X, Hao J, et al. 2004. ISO2002: An analytical stochastic model of multi-difference GPS carrier-phase data. Journal of Geodesy, 78: 263-271.

Zhang J, Lachapelle G. 2001. Precise estimation of residual tropospheric delays using a regional GPS network for real-time kinematic applications. Journal of Geodesy, 75: 255-266.

Zhang Q, Zhao L, Zhao L, et al. 2018. An improved robust adaptive Kalman filter for GNSS precise point positioning. IEEE Sensors Journal, 18 (10) : 4176-4186.

Zhang X, He X. 2016. Performance analysis of triple-frequency ambiguity resolution with Beidou observations. GPS Solutions, 20: 269-281.

Zhang X, Li X. 2011. Instantaneous re-initialization in real-time kinematic PPP with cycle slip fixing. GPS Solutions, 16: 315-327.

Zhang Z. 2021. Code and phase multipath mitigation by using the observation-domain parameterization and its application in five-frequency GNSS ambiguity resolution. GPS Solutions, 25: 144.

Zhang Z, Dong Y, Wen Y, et al. 2023a. Modeling, refinement and evaluation of multipath mitigation based on the hemispherical map in BDS2/BDS3 relative precise positioning. Measurement, 213:

112722.

Zhang Z, Li B. 2020. Unmodeled error mitigation for single-frequency multi-GNSS precise positioning based on multi-epoch partial parameterization. Measurement Science and Technology, 31(2): 025008.

Zhang Z, Li B, Gao Y, et al. 2019. Real-time carrier phase multipath detection based on dual-frequency C/N0 data. GPS Solutions, 23: 7.

Zhang Z, Li B, He X, et al. 2020. Models, methods and assessment of four-frequency carrier ambiguity resolution for Beidou-3 observations. GPS Solutions, 24: 96.

Zhang Z, Li B, Shen Y. 2017a. Comparison and analysis of unmodelled errors in GPS and Beidou signals. Geodesy and Geodynamics, 8(1): 41-48.

Zhang Z, Li B, Shen Y, et al. 2017b. A noise analysis method for GNSS signals of a standalone receiver. Acta Geodaetica et Geophysica, 52(3): 301-316.

Zhang Z, Li B, Shen Y. 2018a. Efficient approximation for a fully populated variance-covariance matrix in RTK positioning. Journal of Surveying Engineering, 144(4): 04018005.

Zhang Z, Li B, Shen Y, et al. 2018b. Site-specific unmodeled error mitigation for GNSS positioning in urban environments using a real-time adaptive weighting model. Remote Sensing, 10(7): 1157.

Zhang Z, Li Y, He X, et al. 2022. A composite stochastic model considering the terrain topography for real-time GNSS monitoring in canyon environments. Journal of Geodesy, 96: 79.

Zhang Z, Li Y, He X, et al. 2023b. Resilient GNSS real-time kinematic precise positioning with inequality and equality constraints. GPS Solutions, 27: 116.

Zhang Z, Yuan H, He X, et al. 2023c. Unmodeled-error-corrected stochastic assessment for a standalone GNSS receiver regardless of the number of tracked frequencies. Measurement, 206: 112265.

Zhang Z, Yuan H, He X, et al. 2023d. Best integer equivariant estimation with quality control in GNSS RTK for canyon environments. IEEE Transactions on Aerospace and Electronic Systems, 59(4): 4105-4117.

Zhang Z, Yuan H, Li B, et al. 2021. Feasibility of easy-to-implement methods to analyze systematic errors of multipath, differential code bias, and inter-system bias for low-cost receivers. GPS Solutions, 25: 116.

Zhao Q, Dai Z, Hu Z, et al. 2015. Three-carrier ambiguity resolution using the modified TCAR method. GPS Solutions, 19: 589-599.

Zhao Q, Wang G, Liu Z, et al. 2016. Analysis of Beidou satellite measurements with code multipath and geometry-free ionosphere-free combinations. Sensors, 16(1): 123.

Zheng D, Zhong P, Ding X, et al. 2005. Filtering GPS time-series using a Vondrak filter and cross-validation. Journal of Geodesy, 79: 363-369.

Zheng K, Zhang X, Li P, et al. 2019. Multipath extraction and mitigation for high-rate multi-GNSS precise point positioning. Journal of Geodesy, 93: 2037-2051.

Zhong P, Ding X, Yuan L, et al. 2010. Sidereal filtering based on single differences for mitigating GPS multipath effects on short baselines. Journal of Geodesy, 84: 145-158.

Zhou Z, Li B. 2017. Optimal Doppler-aided smoothing strategy for GNSS navigation. GPS Solutions, 21: 197-210.

Zhu J, Santerre R, Chang X. 2005. A Bayesian method for linear, inequality-constrained adjustment and its application to GPS positioning. Journal of Geodesy, 78: 528-534.

Zhu S, Yue D, He L, et al. 2021. Modeling and performance assessment of BDS-2/BDS-3 triple-frequency ionosphere-free and uncombined precise point positioning. Measurement, 180: 109564.

Zumberge J, Heflin M, Jefferson D, et al. 1997. Precise point positioning for the efficient and robust analysis of GPS data from large networks. Journal of Geophysical Research: Solid Earth, 102(B3): 5005-5017.

编 后 记

“博士后文库”是汇集自然科学领域博士后研究人员优秀学术成果的系列丛书。“博士后文库”致力于打造专属于博士后学术创新的旗舰品牌，营造博士后百花齐放的学术氛围，提升博士后优秀成果的学术影响力和社会影响力。

“博士后文库”出版资助工作开展以来，得到了全国博士后管委会办公室、中国博士后科学基金会、中国科学院、科学出版社等有关单位领导的大力支持，众多热心博士后事业的专家学者给予积极的建议，工作人员做了大量艰苦细致的工作。在此，我们一并表示感谢！

“博士后文库”编委会